工程试验检测系列教材

地基基础工程检测技术

杨永波　主编

中国建筑工业出版社

图书在版编目（CIP）数据

地基基础工程检测技术/杨永波主编. —北京：中国
建筑工业出版社，2018.12（2025.1重印）
工程试验检测系列教材
ISBN 978-7-112-22770-9

Ⅰ．①地…　Ⅱ．①杨…　Ⅲ．①地基-基础（工
程)-质量检验-教材　Ⅳ．①TU47

中国版本图书馆 CIP 数据核字（2018）第 227775 号

本书为"工程试验检测系列教材"丛书之一，介绍了目前已经成熟应用于工程检测的几种常用方法及一些与地基基础工程相关的检测方法，除介绍各种方法的基本理论、仪器设备、现场检测和室内分析技术外，还收集了大量的实测数据，并重点介绍了在实际应用过程中应该注意的问题，以期能为现场检测人员解决一些实际的疑惑。全书共 10 章，主要内容包括：桩的基础知识；基桩检测基本规定；应力波基本理论；低应变法；高应变法；声波透射法；钻芯法；静载试验法；地基基础检测实时监控平台；其他相关检测方法。

责任编辑：辛海丽
责任设计：李志立
责任校对：姜小莲

工程试验检测系列教材
地基基础工程检测技术
杨永波　主编

*

中国建筑工业出版社出版、发行（北京海淀三里河路 9 号）
各地新华书店、建筑书店经销
霸州市顺浩图文科技发展有限公司制版
建工社（河北）印刷有限公司印刷

*

开本：787×1092 毫米　1/16　印张：27½　字数：680 千字
2019 年 1 月第一版　2025 年 1 月第九次印刷
定价：**66.00** 元
ISBN 978-7-112-22770-9
（32912）

本书编委会

主编单位：武汉中岩科技股份有限公司

主　　审：刘明贵　张　杰　罗津辉

主　　编：杨永波

参　　编：张琦涛　邹　宇　杨　鑫　付　海

　　　　　吴小勐　高　远　曹定富

序

地球，是太阳系从内到外的第三颗行星，诞生于45.4亿年前。历经漫长的演化过程，地球表面形成了一个主要由岩石组成的壳体以及海洋，地球诞生后的10亿年内最终有了生命。人类，是地球上唯一的智慧生物种群，以自己的双手和大脑建设自己的家园，从原始走向现代，各种各样的建筑物就是人类创造出来的物质文明的重要部分。由于地心万有引力的原因，除了空中的飞行器、水中的航行器以外，绝大部分人工建筑都在地表。地基基础就是随着人类科学技术的进步和建筑选址地质条件的复杂化过程而发展起来的一个工程技术领域，近100年来出现突飞猛进的进步。

地基基础工程实质上也是一种工业产品，必须经过规划、设计、勘测、施工以及验收全过程。俗话说"万丈高楼平地起"，地基基础的质量影响到未来上部建筑的长期安全性，最终与人们的生命财产休戚相关。地基基础工程的检测技术是保证工程建设质量和运行安全的有效验收和监测手段，几十年来受到社会的高度重视，职能部门出台了系列的规范、标准，检测技术人员的队伍规模也迅速扩张，大大促进了建筑业的繁荣。然而，由于人们在科学技术知识方面的局限性、地质条件的复杂性以及职业道德尚欠缺等方面的原因所致，各类严重的工程质量问题还是屡见不鲜，向我们提出了严峻的挑战，使得培养训练出一支支有水平的检测技术队伍和一个个能胜任的检测技术人员成为重要课题。

武汉中岩科技股份有限公司每年两度举办的检测技术培训班以中国科学院武汉岩土力学研究所的科技力量为依托，经过20余年的沿革，得到业界的广泛认可和参与，为该领域的技术人员搭建了一个学术交流、技术合作和专业培训的平台。本人作为一名科学工作者，也有幸长期参与互动，更感欣慰的是看到武汉中岩科技股份有限公司的青年科技人员为培训班新编了这本《地基基础工程检测技术》教材，还能先睹清样为快。阅后深感此套教材从原理、方法、技术、试验到实际工程经验都有全面、系统的囊括，更可贵的是还将近年来的研究成果和新技术手段、设备也有所体现，确系一部对广大检测技术人员和管理人员有很高参考价值的工具书。

借此机会，以自己的粗浅领悟与感受向参与教材编写的各位青年专家表达敬意，亦为简序。

刘明贵

刘明贵先生简介：

中国科学院武汉岩土力学研究所岩土力学与工程国家重点实验室研究员，博士生导师，理学博士，武汉中岩科技股份有限公司首席科学家，享受国务院终身政府特殊津贴、湖北省有特殊贡献的中青年专家等荣誉。兼任湖北省无损检测学会荣誉理事长、湖北省仪器仪表学会副理事长，曾任中国无损检测学会副理事长、中国声学学会检测声学分会副主任，是中华人民共和国行业标准《建筑基桩检测技术规范》JGJ 106—2003 主编之一，主持研发了 RSM 系列检测仪器，取得多项重大科研成果和专利权、软件著作权，并在国际、国内得到成功推广与应用。在 EI 收录等学术期刊发表学术论文数十篇，出版专著两本。多次到海外大学、研究机构和公司进行科研合作、讲学或工作，培养博士、硕士数十人。

前　言

建筑业是拉动我国经济增长的支柱产业，提高建设工程质量和人民居住环境质量是建筑业的长期战略方针，建筑工程质量检测是控制工程质量的基础和主要手段，而地基基础工程检测是建设工程质量检测的主要项目之一。

武汉中岩科技股份有限公司（原中国科学院武汉岩土力学研究所智能仪器室）30多年来一直专注于岩土工程检测及测试方法研究、配套仪器设备研制开发及远程专家系统构建，在30多年的产品研制、生产与推广应用过程中，RSM品牌获得了国内外广大用户的广泛认可，RSM已成为享誉海内外的岩土工程测试仪器著名品牌。

本书共分10章，主要介绍了目前已经成熟应用于地基基础工程检测的几种常用方法，同时一些与地基基础工程相关的检测方法也做了简单介绍，每章中除介绍各种方法的基本理论、仪器设备、现场检测和检测数据分析技术外，并重点介绍了在实际应用过程中应该注意的问题。

本书的内容是武汉中岩科技股份有限公司同仁30多年来在地基基础工程检测方面不断研究与实践应用的总结，是广大热心客户和公司各位同仁共同的结晶。本书内容上更偏重工程实践，书中收集了大量的现场实测数据，引用了很多工程实际案例，并结合丰富的检测测试经验对数据进行了总结分析，以期能为现场检测人员解决一些实际工作中的疑惑。

武汉中岩科技股份有限公司建设有国内最大的工程检测与测试实训基地，里面涉及地基基础、主体结构、桥梁隧道、交通设施、工程物探等方面的检测参数，而且为配合室内培训配置了相应的模型和装置。公司自2008年起每年举办两期的无损检测培训班，目前已举办二十余期，同时配合湖北省、湖南省、江西省、河南省、云南省、贵州省、四川省、山西省、陕西省、河北省、广东省等多地进行过多次的培训班组织与实施工作。经过多年的实践，公司在检测实训基地设计、培训组织与实施、考核方案制定与实施、教材编写、师资配备、相关内容课题申报等多方面已经积累了丰富的经验，公司热忱希望与各单位进行相关内容的合作。

由于编写时间仓促，编者理论水平和实践经验有限，书中错误和不妥之处在所难免，恳请读者批评指正。

杨永波

杨永波先生简介：

武汉中岩科技股份有限公司总工程师，岩土工程博士，高级工程师，全国注册土木（岩土）工程师，入选武汉市"黄鹤英才计划"创新人才。参与国家基金3项、国家"重大科学仪器设备开发"重点专项1项，获湖北省科技进步奖1项，参编国家及行业规程规范5本，授权发明专利5项，实用新型专利3项。

目　　录

第1章　桩的基本知识 ··· 1

1.1　概述 ·· 1

1.2　桩的分类 ··· 1

  1.2.1　按施工方法分类 ·· 2

  1.2.2　按桩材料分类 ··· 3

  1.2.3　按成桩方法对地基土的影响程度分类 ···························· 4

  1.2.4　按桩的使用功能分类 ·· 4

1.3　桩的承载机理 ··· 5

  1.3.1　竖向受压荷载作用下的单桩 ··· 5

  1.3.2　竖向拉拔荷载作用下的单桩 ··· 7

  1.3.3　水平荷载作用下的单桩 ··· 8

  1.3.4　影响荷载传递的因素 ·· 9

1.4　桩基设计计算基本知识 ·· 9

  1.4.1　极限状态设计原则 ··· 9

  1.4.2　桩的极限状态 ·· 10

  1.4.3　破坏模式 ··· 11

  1.4.4　常见 Q-s 曲线形态 ··· 12

  1.4.5　桩的设计基本要求 ··· 14

  1.4.6　桩的选型问题 ·· 15

  1.4.7　桩基承载力计算的经验公式 ·· 16

  1.4.8　合理布桩原则 ·· 17

1.5　常见桩的施工基本知识 ··· 19

  1.5.1　沉管灌注桩 ··· 19

  1.5.2　钻（冲）孔灌注桩 ·· 19

  1.5.3　人工挖孔灌注桩 ·· 20

  1.5.4　预制钢筋混凝土桩 ·· 21

  1.5.5　钢桩 ··· 21

1.6　常用桩的常见质量问题 ··· 22

  1.6.1　灌注桩质量通病 ·· 23

  1.6.2　预制桩质量通病 ·· 24

  1.6.3　环境变异引起桩基础主要质量事故 ······························· 24

1.7　有关桩的若干问题 ··· 25

  1.7.1　桩竖向承载力的时间效应 ··· 25

　　　1.7.2　桩的负摩擦力 ……………………………………………………………… 25

　　　1.7.3　桩的承台效应 ……………………………………………………………… 26

　　　1.7.4　桩的各种"承载力值"定义 ………………………………………………… 26

第2章　基桩检测基本规定 ……………………………………………………………… 28

　2.1　一般规定 ………………………………………………………………………… 28

　　　2.1.1　检测项目 ……………………………………………………………………… 28

　　　2.1.2　检测方法 ……………………………………………………………………… 28

　　　2.1.3　检测时机 ……………………………………………………………………… 30

　　　2.1.4　检测开始时间 ………………………………………………………………… 32

　2.2　检测工作程序 …………………………………………………………………… 33

　　　2.2.1　接受委托 ……………………………………………………………………… 33

　　　2.2.2　调查、资料收集 ……………………………………………………………… 34

　　　2.2.3　制定检测方案 ………………………………………………………………… 34

　　　2.2.4　检查仪器设备 ………………………………………………………………… 34

　　　2.2.5　现场准备 ……………………………………………………………………… 35

　2.3　检测方法分类 …………………………………………………………………… 35

　　　2.3.1　基桩完整性检测方法 ………………………………………………………… 35

　　　2.3.2　基桩承载力检测方法 ………………………………………………………… 36

　2.4　检测规则与检测数量 …………………………………………………………… 37

　　　2.4.1　检测抽样规则 ………………………………………………………………… 37

　　　2.4.2　检测抽样数量 ………………………………………………………………… 37

　2.5　验证与扩大检测 ………………………………………………………………… 40

　　　2.5.1　验证检测 ……………………………………………………………………… 40

　　　2.5.2　扩大检测 ……………………………………………………………………… 42

　2.6　检测结果评价和检测报告 ……………………………………………………… 42

　　　2.6.1　检测结果评价 ………………………………………………………………… 42

　　　2.6.2　检测报告 ……………………………………………………………………… 43

　2.7　检测的若干问题 ………………………………………………………………… 44

　　　2.7.1　基桩检测工作的特点 ………………………………………………………… 44

　　　2.7.2　各检测方法的优缺点 ………………………………………………………… 45

　　　2.7.3　基桩检测工作中对勘察报告的关注要点 …………………………………… 49

　　　2.7.4　基桩检测方法中勘察报告的应用 …………………………………………… 51

第3章　应力波基本理论 ………………………………………………………………… 54

　3.1　应力波概念 ……………………………………………………………………… 54

　3.2　直杆一维波动方程 ……………………………………………………………… 54

　3.3　直杆一维波动方程的波动解 …………………………………………………… 55

　3.4　应力波在杆中的传播 …………………………………………………………… 57

　　　3.4.1　应力波在杆件阻抗变化处的传播情况 ……………………………………… 57

　　　3.4.2　应力波在杆端处的传播情况 ………………………………………………… 59

3.5 杆件侧摩阻力作用 ··· 61

第4章 低应变法 ·· 62

4.1 概述 ··· 62

4.2 基本原理 ··· 63

  4.2.1 基本假设 ·· 63

  4.2.2 广义波阻抗 ·· 63

  4.2.3 通过统计确定桩身波速平均值 ·································· 63

  4.2.4 桩身缺陷位置计算 ·· 64

  4.2.5 应力波在桩中的传播 ·· 64

  4.2.6 频域分析 ·· 68

4.3 仪器设备 ··· 68

  4.3.1 检测仪器 ·· 68

  4.3.2 传感器 ·· 70

  4.3.3 激振设备 ·· 71

4.4 现场检测 ··· 72

  4.4.1 资料收集 ·· 72

  4.4.2 桩位的选择及桩头处理 ·· 72

  4.4.3 传感器的安装 ·· 73

  4.4.4 激振 ··· 76

  4.4.5 仪器参数设置 ·· 80

  4.4.6 信号采集与判断 ·· 81

  4.4.7 影响信号质量的因素 ·· 81

  4.4.8 现场注意事项 ·· 83

4.5 检测数据分析与结果判定 ··· 84

  4.5.1 信号处理 ·· 84

  4.5.2 通过统计确定桩身波速平均值 ·································· 86

  4.5.3 桩身缺陷位置的确定 ·· 87

  4.5.4 桩身完整性判定 ·· 88

  4.5.5 其他特殊情况说明 ·· 91

  4.5.6 检测报告的要求 ·· 94

4.6 增强体的低应变检测 ··· 95

  4.6.1 仪器设备 ·· 95

  4.6.2 现场检测 ·· 96

  4.6.3 检测数据分析与结果判定 ······································ 96

4.7 检测实例与曲线汇编 ··· 99

  4.7.1 典型理论曲线 ·· 99

  4.7.2 典型杆件测试曲线 ·· 108

  4.7.3 模型桩测试曲线 ·· 110

  4.7.4 现场工程桩实测曲线 ·· 115

   4.8　反射波法的若干问题分析 ·· 126

     4.8.1　实测信号包含的信息 ·· 126

     4.8.2　弹性波速与桩身混凝土强度 ·· 127

     4.8.3　有效检测深度 ·· 127

     4.8.4　浅部缺陷 ·· 128

     4.8.5　反射波法的局限性 ·· 129

     4.8.6　低应变的几点评价 ·· 130

     4.8.7　相关影响因素分析 ·· 130

     4.8.8　离析、夹泥与缩径在信号上的区别 ···································· 131

     4.8.9　平台护坡桩的完整性检测问题 ·· 131

     4.8.10　压入或打入预制桩检测中的注意事项 ································ 131

第5章　高应变法 ·· 133

   5.1　概述 ·· 133

     5.1.1　高应变的历史发展 ·· 133

     5.1.2　高、低应变的划分 ·· 135

   5.2　CASE 法基本理论 ·· 136

     5.2.1　桩土力学模型 ·· 136

     5.2.2　行波理论和应力波在桩中的传播规律 ·································· 137

     5.2.3　桩侧土阻力波 ·· 141

     5.2.4　CASE 法计算桩的承载力 ·· 142

     5.2.5　CASE 法检测桩的完整性 ·· 148

     5.2.6　打桩过程中的桩身应力变化 ·· 149

     5.2.7　锤击能量与打桩系统效率 ·· 150

   5.3　曲线拟合法基本理论 ·· 151

     5.3.1　曲线拟合法概述 ·· 151

     5.3.2　拟合法的计算模型 ·· 153

     5.3.3　桩土参数对波形的影响 ·· 156

   5.4　仪器设备 ·· 159

     5.4.1　传感器 ·· 159

     5.4.2　基桩动测仪 ·· 161

     5.4.3　冲击设备 ·· 163

   5.5　现场检测 ·· 165

     5.5.1　受检桩的现场设备 ·· 165

     5.5.2　现场操作 ·· 167

     5.5.3　仪器工作状态确认 ·· 169

     5.5.4　测试参数设定 ·· 170

     5.5.5　试打桩与打桩监控 ·· 171

     5.5.6　贯入度测量 ·· 172

     5.5.7　信号采集质量的现场检查与判断 ······································ 173

5.6 检测数据的分析与判定 ·················· 174

  5.6.1 实测信号包含的信息 ·················· 174

  5.6.2 信号的选取与调整 ·················· 175

  5.6.3 单桩竖向抗压承载力的判定 ·················· 176

  5.6.4 桩身完整性的判定 ·················· 179

  5.6.5 桩身最大锤击拉、压应力监测 ·················· 180

  5.6.6 单桩竖向承载力的确定 ·················· 180

  5.6.7 检测报告的要求 ·················· 180

5.7 检测实例 ·················· 181

  5.7.1 检测实例 ·················· 181

  5.7.2 典型波形 ·················· 184

5.8 关于高应变法的若干问题 ·················· 187

  5.8.1 高应变法的适用范围 ·················· 187

  5.8.2 关于"高应变法动力试桩承载力检测精度"的问题 ·················· 188

  5.8.3 动力试桩中对桩身完整性检测的影响 ·················· 188

  5.8.4 高应变法动力试桩不能解决的桩基工程问题 ·················· 189

第6章 声波透射法 ·················· 191

6.1 引言 ·················· 191

6.2 基本理论 ·················· 191

  6.2.1 振动与波 ·················· 191

  6.2.2 波的类型 ·················· 193

  6.2.3 波的形式 ·················· 194

  6.2.4 波动方程 ·················· 195

  6.2.5 波动方程的物理意义 ·················· 196

  6.2.6 声波在弹性固体介质中的传播速度 ·················· 197

  6.2.7 声场 ·················· 199

  6.2.8 声波在介质界面的反射与透射 ·················· 202

  6.2.9 声波在传播过程中的衰减 ·················· 206

  6.2.10 超声波检测混凝土质量的意义及特点 ·················· 207

6.3 仪器设备 ·················· 209

  6.3.1 混凝土声波仪 ·················· 210

  6.3.2 声波换能器 ·················· 213

6.4 检测技术 ·················· 218

  6.4.1 声波透射法检测混凝土灌注桩的几种方式 ·················· 218

  6.4.2 关于用声波透射法测试声速来推定桩身混凝土强度的问题 ·················· 220

  6.4.3 混凝土声学参数与混凝土质量的关系 ·················· 220

  6.4.4 现场检测 ·················· 225

  6.4.5 测试数据的整理 ·················· 232

6.5 检测数据分析与结果判定 ·················· 234

6.5.1　声速判据　·· 234

6.5.2　PSD判据（斜率法判据）　······················· 238

6.5.3　波幅判据　·· 240

6.5.4　主频判据　·· 241

6.5.5　实测声波波形　·· 241

6.5.6　接收信号的能量判据·································· 241

6.5.7　桩身混凝土缺陷的综合判定　····················· 241

6.5.8　混凝土灌注桩的常见缺陷性质与声学参数的关系　··· 244

6.5.9　声测管的斜管测距修正　····························· 245

6.5.10　检测报告　·· 247

6.6　声波透射法检测混凝土灌注桩工程实例分析　······· 248

6.7　声波层析成像（CT）技术　······························ 252

6.7.1　超声波CT的原理　·· 252

6.7.2　工程实例　·· 254

6.8　声波透射法的若干问题分析　···························· 256

6.8.1　影响桩身缺陷纵向尺寸检测精度的因素　········ 256

6.8.2　基桩低应变法测试波速与声波透射法波速的比较　··· 257

6.8.3　桩身缺陷在桩横截面上分布状况的推断　········ 258

第7章　钻芯法·· 259

7.1　概述　·· 259

7.1.1　钻芯法检测结构混凝土强度　····················· 259

7.1.2　钻芯法检测预应力混凝土强度　·················· 260

7.1.3　混凝土立方体试件强度检验评定　··············· 261

7.1.4　钻芯法检测混凝土灌注桩·························· 264

7.1.5　水泥土钻芯法检测　···································· 265

7.2　仪器设备　·· 266

7.2.1　设备要求　·· 266

7.2.2　钻芯法设备的选择　····································· 267

7.2.3　仪器设备操作要领　····································· 270

7.3　现场操作　·· 272

7.3.1　钻芯检测前的准备工作　····························· 272

7.3.2　钻芯设备安装　·· 273

7.3.3　钻芯孔位置的确定　····································· 273

7.3.4　钻芯技术　·· 273

7.3.5　现场钻芯作业要求　····································· 274

7.3.6　现场记录　·· 275

7.3.7　检测要求　·· 277

7.4　芯样采集加工与试验　······································ 278

7.4.1　混凝土芯样采集　·· 278

　　7.4.2　岩石芯样采集 ·· 280

　　7.4.3　芯样加工 ·· 280

　　7.4.4　芯样试件抗压强度试验 ······································ 282

7.5　检测数据分析与判定 ·· 283

　　7.5.1　数据分析 ·· 284

　　7.5.2　结果判定 ·· 284

7.6　检测报告 ·· 287

7.7　工程实例 ·· 287

7.8　钻芯法的相关问题 ·· 291

第8章　静载试验法 ·· 297

8.1　单桩竖向抗压静载试验 ·· 297

　　8.1.1　适用范围 ·· 297

　　8.1.2　试验仪器设备 ·· 297

　　8.1.3　现场检测 ·· 304

　　8.1.4　试验资料记录 ·· 308

　　8.1.5　检测数据分析与判定 ··· 309

8.2　单桩竖向抗拔静载试验 ·· 311

　　8.2.1　适用范围 ·· 311

　　8.2.2　试验仪器设备 ·· 312

　　8.2.3　现场检测 ·· 313

　　8.2.4　试验资料记录 ·· 315

　　8.2.5　检测数据分析与判定 ··· 315

8.3　单桩水平静载试验 ·· 316

　　8.3.1　适用范围 ·· 316

　　8.3.2　仪器设备 ·· 317

　　8.3.3　现场检测 ·· 319

　　8.3.4　试验资料记录 ·· 320

　　8.3.5　检测数据分析与判定 ··· 320

8.4　地基载荷试验 ·· 323

　　8.4.1　基本理论 ·· 323

　　8.4.2　适用范围和承载原理 ··· 324

　　8.4.3　地基载荷试验一般规定 ··· 325

　　8.4.4　仪器设备 ·· 326

　　8.4.5　现场检测 ·· 329

　　8.4.6　试验资料记录 ·· 331

　　8.4.7　检测数据的分析与判定 ··· 331

8.5　其他测试方法 ·· 334

　　8.5.1　自平衡测试方法 ·· 334

　　8.5.2　美国规范 ASTM D1143 简介 ··································· 342

8.5.3 《公路桥涵施工技术规范》试桩方法简介 …………………… 344

8.6 桩身内力测试 ………………………………………………………… 347

8.6.1 测试设备 ………………………………………………………… 347

8.6.2 传感器埋设方式 ………………………………………………… 348

8.6.3 数据记录 ………………………………………………………… 349

8.6.4 桩身内力测试数据分析 ………………………………………… 349

8.7 工程实例 ……………………………………………………………… 351

8.8 静载若干问题 ………………………………………………………… 356

8.8.1 静载试验本身对基桩承载力的影响 …………………………… 356

8.8.2 支墩下沉导致主梁压实千斤顶 ………………………………… 357

8.8.3 边堆载边试验 …………………………………………………… 357

8.8.4 采用静力压桩机作为单桩竖向抗压试验加载反力装置 ……… 358

8.8.5 最大试验荷载的确定 …………………………………………… 358

8.8.6 偏心问题 ………………………………………………………… 359

8.8.7 静载试验过程中的意外情况 …………………………………… 359

8.8.8 安全问题 ………………………………………………………… 360

8.8.9 其他相关表格 …………………………………………………… 361

8.8.10 静载试验相关规范及试验类型 ……………………………… 363

第9章 地基基础检测实时监控平台 …………………………………… 365

9.1 概述 …………………………………………………………………… 365

9.2 监控平台的基础技术 ………………………………………………… 366

9.2.1 GPRS 技术 ……………………………………………………… 366

9.2.2 3G 技术 ………………………………………………………… 367

9.2.3 数据库技术 ……………………………………………………… 367

9.3 监控平台的组成及功能 ……………………………………………… 368

9.3.1 监控平台系统组成 ……………………………………………… 368

9.3.2 监控平台系统功能 ……………………………………………… 370

9.4 监控的实施作用及流程 ……………………………………………… 378

9.4.1 现有的监管情况及其局限性 …………………………………… 378

9.4.2 监控平台的作用和意义 ………………………………………… 379

9.4.3 检测管理流程 …………………………………………………… 381

9.5 目前各地平台运行情况 ……………………………………………… 381

9.6 监控平台的功能扩展及未来发展方向 ……………………………… 382

9.6.1 移动互联网技术 ………………………………………………… 382

9.6.2 照片及视频监控 ………………………………………………… 382

9.6.3 远程控制 ………………………………………………………… 382

9.6.4 云数据技术 ……………………………………………………… 383

第10章 其他相关检测方法 …………………………………………… 384

10.1 成孔质量检测 ………………………………………………………… 384

14

10.1.1 概述 ……………………………………………… 384

10.1.2 检测标准及内容 …………………………………… 384

10.1.3 检测方法及原理 …………………………………… 384

10.1.4 实例分析 …………………………………………… 388

10.2 桩的垂直度检测 ………………………………………… 389

10.2.1 概述 ……………………………………………… 389

10.2.2 测试方法 …………………………………………… 390

10.3 管桩孔内摄像检测 ……………………………………… 393

10.3.1 概述 ……………………………………………… 393

10.3.2 孔内摄像检测技术 ………………………………… 395

10.3.3 孔内摄像法检测的特点 …………………………… 395

10.3.4 孔内摄像法的应用范围及评定标准 ……………… 396

10.4 管桩焊缝检测 …………………………………………… 397

10.4.1 概述 ……………………………………………… 397

10.4.2 依据标准 …………………………………………… 399

10.4.3 测试方法 …………………………………………… 400

10.5 弹性波CT技术 …………………………………………… 401

10.5.1 概述 ……………………………………………… 401

10.5.2 CT成像基本原理 …………………………………… 402

10.5.3 弹性波CT方法技术 ………………………………… 403

10.5.4 软件设计与应用实例 ……………………………… 403

10.6 其他相关检测 …………………………………………… 406

10.6.1 桩底沉渣检测 ……………………………………… 406

10.6.2 旁孔透射波法 ……………………………………… 406

10.6.3 双速度低应变测试 ………………………………… 408

10.6.4 标贯试验 …………………………………………… 408

10.6.5 静力触探试验 ……………………………………… 410

10.6.6 动力触探试验 ……………………………………… 411

10.6.7 十字板剪切法 ……………………………………… 412

10.6.8 多道瞬态面波法 …………………………………… 413

10.6.9 扁铲试验 …………………………………………… 415

附录 桩基检测常用词中英文对照 …………………………… 417

参考文献 ………………………………………………………… 420

第1章 桩的基本知识

1.1 概述

桩基础是一种最古老的基础形式。桩的应用至今至少已有 12000～14000 年的历史。这是美国的考古学家在对智利古文化遗址中的一间支撑于木桩上的木屋，经放射性碳 60 测定后所作的论断。我国的浙江河姆渡遗址和陕西半坡村遗址出土的大量木结构遗存证实了先人在 7000 年前就开始采用木桩插入土中支承房屋。

早期使用的桩都是木桩。直至 19 世纪 20 年代，人类才开始使用铸铁板桩修筑围堰和码头。等到了 19 世纪后期，钢、水泥、混凝土和钢筋混凝土的相继问世和大量使用，使得制桩材料发生了根本变化，促进了桩基础的迅速发展。

1898 年，俄国工程师斯特拉乌斯率先提出了以混凝土或钢筋混凝土为材料的一类桩型，即就地灌注混凝土桩；到 1901 年，美国工程师雷蒙德又独立提出了沉管灌注桩的设计思想；20 世纪初，钢桩和钢筋混凝土预制桩相继问世并得到广泛应用，如美国密西西比河上的钢桥就大量采用了型钢桩基础。到了 20 世纪 30 年代，钢桩在一些欧洲国家开始广泛使用。第二次世界大战后，随着冶炼技术的发展，各种直径的无缝钢管被作为桩材用于基础工程。

我国从 20 世纪 50 年代开始生产预制钢筋混凝土桩，50 年代末，铁路系统开始生产使用预应力钢筋混凝土桩，而且随着大型钻孔机械的出现，工程中又开始使用钻孔灌注桩或钢筋混凝土灌注桩。20 世纪 60～70 年代，我国也研制生产出预应力钢筋混凝土管桩，并在桥梁和港口工程中得到了广泛应用。

随着桩基础应用领域的扩宽，机械设备和施工技术不断得到改进与发展，产生了名目繁多的各种新桩型和新工法，为桩基在复杂地质条件和环境条件下的应用注入了勃勃生机。现在，随着国民经济得到快速发展和工程建设的需要，桩基础已在房屋建筑、桥梁码头、杆塔结构和海上石油平台等领域得到了日益广泛的应用。而且，人们在桩的设计理论、施工技术、检测技术以及新桩型的开发应用等方面也进行不断的研究探索，使得最近几十年来，桩基技术得到了蓬勃发展，不论在国内还是国外均成为令人瞩目的科技热点之一。

1.2 桩的分类

所谓基础，是指将结构所承受的各种作用传到地基上的结构组成部分。基础有独立基础、条形基础、筏形基础、箱形基础、薄壳基础、沉板、沉井、沉箱、地下连续墙和桩基等多种形式。桩基础是深基础的一种，它是由基桩和连接于桩顶的承台共同组成。若桩身

1

全部埋于土中，承台底面与土体接触则称为低承台桩基；若桩身上部露出地面而承台底面位于地面以上，则称为高承台桩基。建筑桩基通常为低承台桩基础。单桩基础是指采用一根桩（通常为大直径桩）以承受和传递上部结构（通常为柱）荷载的独立基础。群桩基础是指由两根以上基桩组成的桩基础。

地基就是支承基础的土体或岩体。一旦建筑场地选定，基础形式可以选择，但地基却没有选择余地，它虽然不是建筑物的一部分，但地基的好坏直接关系到建筑物的安危和工程造价。

桩是指桩基础中的单桩，它是埋入土中的柱形杆件，它可以将建筑物的荷载（竖向的和水平的）全部或部分传递给地基土（或岩层）的具有一定刚度和抗弯能力的传力杆件。桩的横截面尺寸比长度小得多。桩的性质随桩身材料、制桩方法和桩的截面大小而异，有很大的适应性，通常情况下我们所说的桩指的就是基桩。

桩基作为建筑结构物基础的一种形式，与其他基础相比，具有很突出的特点：

（1）适应性强：可适用于各种复杂的地质条件，适用于不同的施工场地，承托各种类型的上部建（构）筑物，承受不同的荷载类型。

（2）具有良好的荷载传递性，可控制建（构）筑物沉降。

（3）承载能力大。

（4）抗震性能好。

（5）施工机械化程度高。

桩的种类五花八门，根据不同的目的，我们可以按不同的分类方法对桩作如下分类。

1.2.1 按施工方法分类

1. 预制桩

预制桩施工方法，是按预定的沉桩标准，以锤击、振动或静压方式，将预制桩沉入地层至设计标高。为减小沉桩阻力和沉桩时的挤土影响，可辅以预钻孔沉桩或中掘方式沉桩。当地层中存在硬夹层时，也可辅以水冲方式沉桩，以提高桩的贯入能力和沉桩效率。施工机械包括自由落锤、蒸汽锤、柴油锤、液压锤和静力压桩机等。我国目前常见的预制桩有钢筋混凝土预制桩和钢桩，主要以柴油锤施打。

2. 就地灌注桩

就地灌注桩，是指直接在所设计桩位处用钻、冲、挖等方式成孔，根据受力需要，桩身可放置不同深度的钢筋笼，也可不配钢筋，桩的直径可根据设计需要确定，就地浇注混凝土而成的桩。按成孔工艺主要分为：

（1）沉管灌注桩：采用无缝钢管作为桩管，以落锤、柴油锤或振动锤按一定的沉桩标准将其打入土层至设计标高，然后灌注混凝土，灌注混凝土过程中，边锤击或边振动，边拔管，至最后成桩。沉管桩适用于不存在特殊硬夹层的各类软土地基，其成桩质量受施工水平、土层情况及人员素质等因素的制约，是事故频率较高的桩型之一。

（2）钻（冲）孔灌注桩：利用机械设备并采用泥浆护壁成孔或干作业成孔，然后放置钢筋笼、灌注混凝土而成的桩。钻孔的机械有冲击钻、螺旋钻、旋挖钻等。它适用于各种土层，能制成较大直径和各种长度，以满足不同承载力的要求；还可利用扩孔器在桩底及桩身部位进行扩大，形成扩底桩或糖葫芦形桩，以提高桩的竖向承载能力。

（3）人工挖孔灌注桩：利用人工挖掘成孔，在孔内放置钢筋笼、灌注混凝土的一种桩型。相对钻孔桩和沉管桩，挖孔桩的施工设备简单，对环境的污染少，承载力大且单位承载力的造价便宜，适用于持力层埋藏较浅、地下水位较深、单桩承载力要求较高的工程。

（4）挤扩多支盘灌注桩：是在原有等截面混凝土桩基础上，使用专用液压挤扩支盘设备——挤扩支盘机，经高能量挤压土体而成型支盘模腔，合理地与现有桩工机械配套使用，灌注混凝土而成的一种不等径桩型。由于存在挤扩分支和承力盘的作用，该桩型的侧阻和端阻得到了较大提高，单方混凝土承载力也较其他灌注桩高。分支和承力盘宜在一般黏性土、粉土、细砂土、砾石、卵石和软硬交互土层中成型，但不宜在淤泥质土、中粗砂层及液化砂土层中分支和成盘。

1.2.2 按桩材料分类

1. 木桩

木桩利用天然原木作为桩材，适用于地下水位以下地层，在这种条件下木桩能抵抗真菌的腐蚀而保持耐久性。

2. 混凝土桩

混凝土桩强度高、刚度大、耐久性好，可承受较大的荷载；桩的几何尺寸可根据设计要求进行变化，桩长不受限制且取材方便，因此是当前各国广泛使用的桩型。混凝土桩又可分为预制混凝土桩和灌注混凝土桩两大类。

预制混凝土桩多为钢筋混凝土桩，主要在工厂集中生产，强度等级一般为C30～C60，截面边长250～600mm，单节长度几米至十几米，可以根据需要连接成所需桩长。为减少钢筋用量，有效抵抗打桩拉应力，提高桩身抗弯、抗裂和抗腐蚀的能力，又发展了预应力钢筋混凝土桩。目前，我国的预应力钢筋混凝土桩多为圆形管桩。管桩按施加预应力工艺的不同，分为先张法预应力管桩和后张法预应力管桩两种，强度等级PC和PTC桩为C60或C70，PHC桩为C80，直径300～1200mm，一般单节长度4～15m，节间连接主要采用电焊连接法，底桩一般采用十字形、锥形或开口形桩尖。

就地灌注混凝土桩就是在现场成孔后直接灌注混凝土而成的一种桩型。根据受力需要，桩身可放置不同深度的钢筋笼，也可不配钢筋。桩的直径可根据设计需要确定。

3. 钢桩

钢桩主要分为钢管桩、型钢桩和钢板桩三种。

钢管桩由各种直径和壁厚的无缝钢管制成，不但强度高、刚度大，而且韧性好、易贯入，具有很高的垂直承载能力和水平抗力；桩长也易于调节，接头可靠，容易与上部结构结合；但其价格昂贵（约为混凝土桩的3～4倍），现场焊接质量要求严格，使用时施工成本高。

型钢桩与钢管桩相比，断面刚度小，承载能力和抗锤击性能差，易横向失稳，但穿透能力强，沉桩过程挤土量小且价格相对便宜，有重复利用的可能，常用断面形式为H形和I形。

钢板桩的强度高、质量轻，可以打入较硬的土层和砂层，且施工方便、速度快，主要用于临时支挡结构或永久性的码头工程，常用断面形式为直线形、U形、Z形、H形和管形。

4. 组合桩

组合桩是一种由两种材料组合而成的桩，如混凝土桩和木桩的组合、在钢管桩内填充混凝土等等，以充分发挥两种组合材料的性能。这种桩型现在在很多大型工程中都得到了应用。

1.2.3　按成桩方法对地基土的影响程度分类

不同成桩方法对周围土层的扰动程度不同，直接影响到桩承载力的发挥。一般按成桩方法，对地基土的影响程度分为如下三类：

1. 非挤土桩

非挤土桩也称置换桩，包括干作业挖孔桩、泥浆护壁钻（冲）孔桩、套管护壁灌注桩、挖掘成孔桩和预钻孔埋桩等。这类桩在成桩过程中，会把与桩体积相同的土排除，桩周土仅受轻微扰动，但会有应力松弛现象，而废泥浆、弃土运输等可能会对周围环境造成影响。

2. 部分挤土桩

部分挤土桩包括开口钢管桩、型钢桩、钢板桩、预钻孔打入桩和螺旋成孔桩等。在这类桩的成桩过程中，桩周土仅受到轻微扰动，其原始结构和工程性质变化不明显。

3. 挤土桩

挤土桩包括各种打入桩、压入桩和振入桩，如打入的预制方桩、预应力管桩和封底钢管桩，各种沉管式就地灌注桩。在这类桩的成桩过程中，桩周围的土被压密或挤开，土层受到严重扰动，土的原始结构遭到破坏而影响到其工程性质。

1.2.4　按桩的使用功能分类

1. 竖向抗压桩

在一般工业与民用建筑中，桩所承受的荷载主要为上部结构传来的垂直荷载。按桩的承载性状可分为：

（1）摩擦型桩：指在竖向极限承载力状态下，桩顶荷载全部或主要由桩侧摩阻力承担。根据端阻力和侧阻力发挥的程度和分担外荷载的比例，又可分为摩擦桩（桩端阻力很小可以忽略不计，一般不超过 10%）和端承摩擦桩（桩侧摩擦阻力发挥主要作用）。

（2）端承型桩：指在竖向极限承载力状态下，桩顶荷载全部或主要由桩端阻力承担。根据端阻力和侧阻力发挥的程度和分担外荷载的比例，又可分为端承桩（桩侧阻力很小可以忽略不计，一般不超过 10%）和摩擦端承桩（桩端阻力发挥主要作用）。

2. 竖向抗拔桩

竖向抗拔桩主要用来承受竖向上拔荷载，如船坞抗浮力桩基、送电线路塔桩基、高层建筑附属地下车库桩基以及污水处理厂水处理建（构）筑物桩基等，其外部上拔荷载主要由桩侧摩阻力承担。

3. 水平受荷桩

水平受荷桩主要用来承担水平方向传来的外部荷载，如承受地震或风所产生的水平荷载。港口码头工程用的板桩、基坑支护中的护坡桩等都属于这类桩。桩身刚度大小，是其抵抗弯矩的重要保证。

4. 复合受荷桩

复合受荷桩是能同时承受较大的竖向荷载和水平荷载的桩。

1.3 桩的承载机理

桩是埋入土中的柱形杆件，其作用是将上部结构的荷载传递到深部较坚硬、压缩性小的土层或岩层上。总体上，可考虑按竖向受荷与水平受荷两种工况来分析。

1.3.1 竖向受压荷载作用下的单桩

单桩竖向极限承载力，是指单桩在竖向荷载作用下到达破坏状态前或出现不适于继续承载的变形时所对应的最大荷载。它取决于对桩的支承阻力和桩身材料强度，一般由土对桩的支承阻力控制，对于端承桩、超长桩和桩身质量有缺陷的桩，可能由桩身材料强度控制。即单桩竖向极限承载力包含两层涵义：一是桩身结构极限承载力；二是支承桩侧桩端地基土的极限承载力。

单桩容许承载力是指单桩允许使用的最大承载力，一般为荷载-位移（$Q\text{-}s$）曲线上的第一个拐点，即弹性阶段的最大值，由极限承载力除以安全系数得到，与设计值对应。

当桩顶受竖向荷载时，桩顶荷载由桩侧摩阻力和桩端阻力共同承担。但侧阻和端阻的发挥是不同步的，首先是桩身上部侧阻力先发挥，然后是下部侧阻力和端阻力发挥。一般情况下，侧阻力先达到极限，端阻力后达到极限，两者的发挥过程反映了桩土体系荷载的传递过程。在初始受荷阶段，首先是桩身上部受到压缩，使桩土产生相对位移，桩侧受到土层向上的摩阻力，桩此时荷载由桩上侧表面的土摩阻力承担，并以剪应力形式传递给桩周土体，桩身应力和应变随深度递减；随着荷载的增大，桩顶位移加大，桩侧摩阻力由上至下逐步被发挥出来，在达到极限值后，继续增加的荷载则全部由桩端土阻力承担。随着桩端持力层的压缩和塑性挤出，桩顶位移增长速度加大，在桩端阻力达到极限值后，位移迅速增大而破坏，此时桩所承受的荷载就是桩的极限承载力。

发挥极限侧阻力所需要的位移，对于黏性土一般约为 5～10mm，对于砂类土一般约为 10～20mm，但并非定值。

发挥极限桩端阻力所需的位移，对于黏性土，一般为桩端直径的 10%～25%，硬黏性土中取小值。对于砂性土，其位移一般为桩端直径的 8%～10%。对于钻孔灌注桩，由于受到孔底虚土、沉渣等影响，发挥极限端阻力所需的位移更大。

1. 侧阻力影响分析

桩身受荷载向下位移时，由于桩土间的摩阻力带动桩周土位移，在桩周环形土体中产生剪应变和剪应力。从桩的承载机理来看，桩土间的相对位移是侧摩阻力发挥的必要条件，但对于不同类型的土，发挥其最大摩阻力所需位移是不一样的。大量试验结果表明，侧摩阻力与桩径大小、桩长、桩的施工工艺、土层性质与分布位置、成桩质量等有关。

不同的成桩工艺会使桩周土中的应力-应变场发生不同的变化，从而导致桩侧阻力的相应变化，如挤土桩对桩周土的挤密和重塑作用，非挤土桩因孔壁侧向应力解除出现的应力松弛等；这些都会不同程度地提高或降低侧摩阻力的大小，而这种改变又与土的性质、类别，特别是土的灵敏度、密实度和饱和度密切相关。挤土桩（打入、振入、压入预制桩、沉管灌注桩）成桩过程中产生的挤土作用，使桩侧土扰动重塑，侧向压力增加，桩侧阻力增加。非挤土桩（挖孔、钻孔、冲孔和其他机械成孔）在成桩过程中，由于孔壁侧向阻力解除，出现侧向松弛变形。孔壁土的松弛效应导致土体强度降低，桩侧阻力降低。

桩材和桩的几何外形也是影响侧阻力大小的因素之一。同样的土，桩土界面的外摩擦角 δ 会因桩材表面的粗糙程度不同而差别较大，如预制桩和钢桩，侧表面光滑，δ 一般为 $1/3\varphi \sim 1/2\varphi$（$\varphi$ 为土的内摩擦角），而对不带套管的钻孔灌注桩、木桩，侧表面非常粗糙，δ 可取 $2/3\varphi \sim \varphi$。由于桩的总侧阻力与桩的表面积成正比，因此采用较大比表面积（桩的表面积与桩身体积之比）的桩身几何外形，可提高桩的承载力。

随桩入土深度的增加，作用在桩身的水平有效应力成比例增大。按照土力学理论，桩的侧摩阻力也应逐渐增大；但试验表明，在均质土中，当桩的入土超过一定深度后，桩侧摩阻力不再随深度的增加而变大，而是趋于定值，该深度被称为侧摩阻力的临界深度。

对于在饱和黏性土中施工的挤土桩，要考虑时间效应对土阻力的影响。桩在施工过程中对土的扰动会产生超孔隙水压力，它会使桩侧向有效应力降低，导致在桩形成的初期侧摩阻力偏小；随时间的增长，超孔隙水压力逐渐沿径向消散，扰动区土的强度慢慢得到恢复，桩侧摩阻力也会得到提高。

2. 端阻力影响分析

同侧摩阻力一样，桩端阻力的发挥也需要一定的位移量。一般的工程桩在桩容许沉降范围里就可发挥桩的极限侧摩阻力，但桩端土需更大的位移，才能发挥其全部土阻力。它不仅与土质有关，还和桩径有关。这个极限位移值，一般黏土约为 $0.25d$；硬塑黏土约为 $0.1d$；砂土约为 $0.08d \sim 0.1d$（d 为桩身桩径）。

持力层的选择对提高承载力、减少沉降量至关重要，即便是摩擦桩，持力层的好坏对桩的后期沉降也有较大的影响；同时，要考虑成桩效应对持力层的影响，如非挤土桩成桩时对桩端土的扰动，使桩端土应力释放，加之桩端也常常存在虚土或沉渣，导致桩端阻力降低；挤土桩在成桩过程中，桩端土受到挤密而变得密实，导致端阻力提高；但也不是所有类型的土均有明显挤密效果，如密实砂土和饱和黏性土，桩端阻力的成桩效应就不明显。

当桩端进入均匀持力层的深度小于某一深度时，其极限端阻力一直随深度增大；但大量试验表明，超过一定深度后，端阻力基本恒定。

关于端阻的尺寸效应问题，一般认为随桩尺寸的增大，桩端阻力的极限值变小。对于软土，尺寸效应不明显，而对于硬土层尺寸效应则会明显些。

端阻力的破坏模式分为三种，即整体剪切破坏、局部剪切破坏和冲入剪切破坏，主要由桩端土层和桩端上覆土层性质确定。当桩端土层密实度好、上覆土层较松软且桩又不太长时，端阻一般呈现为整体剪切破坏；而当上覆土层密实度好时，则会呈现局部剪切破坏；但当桩端密实度差或处在中高压缩性状态，或者桩端存在软弱下卧层时，就可能发生冲剪破坏。

实际上，桩在外部荷载作用下，侧阻和端阻的发挥和分布是较复杂的，两者是相互作用、相互制约的，如因端阻的影响，靠近桩端附近的侧阻会有所降低等。

3. 常见的单桩荷载-位移（Q-s）曲线

曲线见图 1-1，它们反映了上述的几种破坏模式。

图 1-1　桩的破坏模式

桩端持力层为密实度和强度均较高的土层（如密实砂层、卵石层等），而桩身土层为相对软弱土层，此时端阻所占比例大，Q-s 曲线呈缓变型，极限荷载下桩端呈整体剪切破坏或局部剪切破坏，如图 1-1（a）所示。这种情况常以某一极限位移 s_u 确定极限荷载，一般取 $s_u = 40 \sim 60$mm；对于非嵌岩的长（超长）桩（桩径比 $L/d > 80$），一般取 $s_u = 60 \sim 80$mm；对于直径大于或等于 800mm 的桩或扩底桩，Q-s 曲线一般也呈缓变型，此时极限荷载可按 $s_u = 0.05D$（D 为桩端直径）控制。

桩端与桩身为同类型的一般土层，端阻力不大，Q-s 曲线呈陡降型，桩端呈刺入（冲剪）破坏，如软弱土层中的摩擦桩（超长桩除外）；或者端承桩在极限荷载下出现桩身材料强度的破坏或桩身压曲破坏，Q-s 曲线也呈陡降型，如嵌入坚硬基岩的短粗端承桩；这种情况破坏特征点明显，极限荷载明确，如图 1-1（b）所示。

桩端有虚土或沉渣，初始强度低，压缩性高，当桩顶荷载达一定值后，桩底部土被压密，强度提高，导致 Q-s 曲线呈台阶状；或者桩身有裂缝（如接头开裂的打入式预制桩和有水平裂缝的灌注桩），在试验荷载作用下闭合，Q-s 曲线也呈台阶状，如图 1-1（c）所示；这种情况一般也按沉降量确定极限荷载。

对于缓变形的 Q-s 曲线，极限荷载也可辅以其他曲线进行判定，如取 s-$\lg t$ 曲线尾部明显弯曲的前一级荷载为极限荷载，取 $\lg s$-$\lg Q$ 第二直线交会点荷载为极限荷载，取 Δs-Q 曲线的第二拐点为极限荷载等。

1.3.2　竖向拉拔荷载作用下的单桩

承受竖向拉拔荷载作用的单桩其承载机理同竖向受压桩有所不同。首先，抗拔桩常见的破坏形式是桩-土界面间的剪切破坏，桩被拔出或者是复合剪切面破坏，即桩的下部沿桩-土界面破坏，而上部靠近地面附近出现锥形剪切破坏，并且锥形土体会同下面土体脱离与桩身一起上移。当桩身材料抗拉强度不足（或配筋不足）时，也可能出现桩身被拉断现象。其次，当桩在承受竖向拉拔荷载时，桩-土界面的法向应力比受压条件下的法向应力数值小，这就导致了土的抗剪强度和侧摩阻力降低（如桩材的泊松效应影响），而对复合剪切破坏可能产生的锥形剪切体，因其土体内的水平应力降低，也会使桩上部的侧摩阻力有所折减。

桩的抗拔承载力由桩侧阻力和桩身重力组成，而对上拔时形成的桩端真空吸引力，因其所占比例小、可靠性低，对桩的长期抗拔承载力影响不大，一般不予考虑。桩周阻力的大小与竖向抗压桩一样，受桩土界面的几何特征、土层的物理力学特性等较多因素的影响；但不同的是，黏性土中的抗拔桩在长期荷载作用下，随上拔量的增大，会出现应变软化的现象，即抗拔荷载达到峰值后会下降，而最终趋于定值。因此，在设计抗拔桩时，应充分考虑抗拔荷载的长期效应和短期效应的差别。如送电线路杆塔基础由风荷载产生的拉拔荷载只有短期效应，此时就可以不考虑长期荷载作用的影响；而对于承受巨大浮托力作用的船闸、船坞、地下油罐基础以及地下车库的抗拔桩基，因长时间承受拉拔荷载作用，因而必须考虑长期荷载的影响。

为提高抗拔桩的竖向抗拔力，可以考虑改变桩身截面形式，如可采用人工扩底或机械扩底等施工方法，在桩端形成扩大头，以发挥桩底部的扩头阻力等。

另外，桩身材料强度（包括桩在承台中的嵌固强度）也是影响桩抗拔承载力的因素之一，在设计抗拔桩时，应对此项内容进行验算。

1.3.3 水平荷载作用下的单桩

桩所受的水平荷载部分由桩本身承担，大部分是通过桩传给桩侧土体，其工作性能主要体现在桩与土的相互作用上，即当桩产生水平变形时，促使桩周土也产生相应的变形，产生的土抗力会阻止桩变形的进一步发展。在桩受荷初期，由靠近地面的土提供土抗力，土的变形处在弹性阶段；随着荷载增大，桩变形量增加，表层土出现塑性屈服，土抗力逐渐由深部土层提供；随着变形量的进一步加大，土体塑性区自上而下逐渐开展扩大，最大弯矩断面下移。当桩本身的截面抵抗矩无法承担外部荷载产生的弯矩或桩侧土强度遭到破坏，使土失去稳定时，桩土体系便处于破坏状态。

按桩土相对刚度（即桩的刚性特征与土的刚性特征之间的相对关系）的不同，桩土体系的破坏机理及工作状态分为两类：一是刚性短桩，此类桩的桩径大，桩入土深度小，桩的抗弯刚度比地基土刚度大很多，在水平力作用下，桩身像刚体一样绕桩上某点转动或平移而破坏，此类桩的水平承载力由桩周土的强度控制；二是弹性长桩，此类桩的桩径小，桩入土深度大，桩的抗弯刚度与土刚度相比较具柔性，在水平力作用下，桩身发生挠曲变形，桩下段嵌固于土中不能转动；此类桩的水平承载力，由桩身材料的抗弯强度和桩周土的抗力控制。

对于钢筋混凝土弹性长桩，因其抗拉强度低于轴心抗压强度，所以在水平荷载作用下，桩身的挠曲变形将导致桩身截面受拉侧开裂，然后渐趋破坏；当设计采用这种桩作为水平承载桩时，除考虑上部结构对位移限值的要求外，还应根据结构构件的裂缝控制等级，考虑桩身截面开裂的问题；但对抗弯性能好的钢筋混凝土预制桩和钢桩，因其可忍受较大的挠曲变形而不至于截面受拉开裂，设计时主要考虑上部结构水平位移允许值的问题。

影响桩水平承载力的因素很多，包括桩的截面刚度、材料强度、桩侧土质条件、桩的入土深度和桩顶约束条件等等；工程中通过静载试验直接获得水平承载力的方法因试验桩与工程桩边界条件的差别，结果很难完全反映工程桩实际工作情况；此时，可通过静载试验测得桩周土的地基反力特性，即地基土水平抗力系数（它反映了桩在不同深度处桩侧土抗力和水平位移的关系，可视为土的固有特性），为设计部门确定土抗力大小进而计算单桩水平承载力提供依据。

1.3.4　影响荷载传递的因素

单桩荷载的传递主要受以下因素的影响：

1. 桩端土与桩周土的刚度比 E_b/E_s

E_b/E_s 越小，桩身轴力沿深度衰减越快，即传递到桩端的荷载越小；对于中长桩，当 $E_b/E_s=1$（即均匀土层）时，桩侧摩阻力接近于均匀分布，几乎承担了全部荷载，桩端阻力仅占荷载的 5% 左右，即属于摩擦桩；当 E_b/E_s 增大到 100 时，桩身轴力上段随深度减小，下段近乎沿深度不变，即桩侧摩阻力上段可得到发挥，下段则因桩土相对位移很小（桩端无位移）而无法发挥出来，桩端阻力分担了 60% 以上荷载，即属于端承型桩；E_b/E_s 再继续增大，对桩端阻力分担荷载比的影响不大。

2. 桩土刚度比（桩身刚度与桩侧土刚度之比）E_p/E_s

E_p/E_s 越大，传递到桩端的荷载越大，但当 E_p/E_s 超过 1000 后，对桩端阻力分担荷载比的影响不大；而对于 $E_p/E_s \leqslant 10$ 的中长桩，其桩端阻力分担的荷载几乎接近于零。这说明，对于砂桩、碎石桩、灰土桩等低刚度桩组成的基础，应按复合地基工作原理进行设计。

3. 桩端扩底直径与桩身直径之比 D/d

D/d 越大，桩端阻力分担的荷载比越大；对于均匀土层中的中长桩，当 $D/d=3$ 时，桩端阻力分担的荷载比，将由等直径桩（$D/d=1$）的约 5% 增至约 35%。

4. 桩的长径比 L/d

随 L/d 的增大，传递到桩端的荷载减小，桩身下部侧阻力的发挥值相应降低。在均匀土层中的长桩，其桩端阻力分担的荷载比趋于零；对于超长桩，不论桩端土的刚度多大，其桩端阻力分担的荷载都小到可略而不计，即桩端土的性质对荷载传递不再有任何影响，且上述各影响因素均失去实际意义；可见，长径比很大的桩都属于摩擦桩，在设计这样的桩时，试图采用扩大桩端直径来提高承载力，实际上是徒劳无益的。

1.4　桩基设计计算基本知识

1.4.1　极限状态设计原则

为了保证建（构）筑物的安全，建筑工程对桩基础的基本要求有两方面：一是稳定性，桩与地基土相互之间的作用是稳定的，桩身本身的结构强度是足够的，在建筑物正常使用期间，承载力满足上部结构荷载的要求，保证不发生整体强度破坏，不会导致发生开裂、滑动和塌陷等有害的现象；二是变形（沉降及不均匀沉降）不超过建筑物的允许变形值，保证建筑物不会因地基产生过大的变形或差异沉降而影响建筑物的安全与正常使用。

传统的桩基设计方法是将荷载、承载力（抗力）等设计参数视为定值，又称为定值设计法。但是建筑工程中的桩基础，从勘察到施工，都是在大量的不确定的情况下进行的，对于不同的地质条件、不同桩型、不同施工工艺，在取相同的安全系数的条件下，其实际的可靠度是不同的。

概率极限状态设计首先在结构工程中得到发展。《建筑结构可靠度设计统一标准》GB

50068统一了各类材料的建筑结构可靠度设计的基本原则和方法，它适用于建筑结构、组成结构的构件及地基基础的设计。结构可靠度采用以概率理论为基础的极限状态设计方法，所谓极限状态，指整个结构或结构的一部分超过该状态就不能满足设计要求。

极限状态分为承载能力极限状态和正常使用极限状态两类。

承载能力极限状态对应于结构或结构构件达到最大承载能力或发生不适于继续承载的变形；正常使用极限状态对应于结构或结构构件达到正常使用或耐久性能的某项规定限值。进行承载能力极限状态设计时，应考虑作用效应的基本组合，必要时尚应考虑作用效应的偶然组合；进行正常使用极限状态设计时，应根据不同设计目的选择作用效应组合，标准组合主要用于当一个极限状态被超越时将产生严重的永久性损害的情况，频遇组合主要用于当一个极限状态被超越时将产生局部损害、较大变形或短暂振动等情况，准永久组合主要用于当长期效应是决定性因素时的一些情况。《建筑地基基础设计规范》GB 50007规定承载力按荷载效应的标准组合计算，沉降和变形按荷载效应的准永久组合计算。

1.4.2 桩的极限状态

桩的极限状态分为承载能力极限状态和正常使用极限状态两类。承载能力极限状态对应于桩基达到最大承载能力或整体失稳或发生不适于继续承载的变形；正常使用极限状态对应于桩基达到建筑物正常使用所规定的变形限值或达到耐久性要求的某项限值。

1. 桩基承载能力极限状态

以竖向受压桩基为例，桩基承载能力极限状态由下述三种状态之一确定：

(1) 桩基达到最大承载力，超出该最大承载力即发生破坏。就竖向受荷单桩而言，其荷载-沉降曲线大体表现为陡降型 A 和缓变型 B 两类（图 1-2）。Q-s 曲线是破坏模式与破坏特征的宏观反映，陡降型属于"急进破坏"，缓变型属"渐进破坏"。前者破坏特征点明显，一旦荷载超过极限承载力，沉降便急剧增大，即发生破坏，只有减小荷载，沉降才能稳定。后者破坏特征点不明显，常常是通过多种分析方法判定其极限承载力，且判定的极限承载力并非真正的最大承载力，因此继续增加荷载，沉降仍能趋于稳定，不过是塑性区开展范围扩大、塑性沉降量增加而已。对于大直径桩、群桩基础尤其是低承台群桩，其Q-s 曲线变化更为平缓，渐进破坏特征更明显。由此可见，对于两类破坏形态的桩基，其承载力失效后果是不同的。

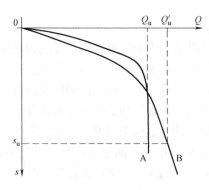

图 1-2 单桩竖向抗压静载试验荷载-沉降曲线

(2) 桩基出现不适于继续承载的变形。如前所述，对于大部分大直径单桩基础、低承台群桩基础，其荷载-沉降呈缓变型，属渐进破坏，判定其极限承载力比较困难，带有任意性，且物理意义不甚明确。因此，为充分发挥其承载潜力，宜按结构物所能承受的桩顶的最大变形 s_u 确定其极限承载力，如图 1-2 所示，取对应于 s_u 的荷载为极限承载力 Q_u。该承载能力极限状态由不适于继续承载的变形所制约。

(3) 桩基发生整体失稳。位于岸边、斜坡的桩基、浅埋桩基、存在软弱下卧层的桩基，在竖向荷载作用下，有发生整体失稳的可能。因此，其承载力极限状态除由上述两种状态之一制约外，尚应验算桩基的整体稳定性。

对于承受水平荷载、上拔荷载的桩基，其承载能力极限状态同样由上述三种状态之一所制约。对于桩身和承台，其承载能力极限状态的具体涵义包括受压、受拉、受弯、受剪、受冲切极限承载力。

2. 桩基正常使用极限状态

桩基正常使用极限状态，系指桩基达到建筑物正常使用所规定的变形限值或达到耐久性要求的某项限值，具体指：

（1）桩基的变形。竖向荷载引起的沉降或水平荷载引起的水平变形，可能导致建筑物标高的过大变化，差异沉降或水平位移使建筑物倾斜过大、开裂、装修受损、设备不能正常运转、人们心理不能承受等，从而影响建筑物的正常使用功能。

（2）桩身和承台的耐久性。对处于腐蚀性环境中的桩身和承台，要进行混凝土的抗裂验算和钢桩的耐腐蚀处理；对于使用上需限制混凝土裂缝宽度的桩基可按《混凝土结构设计规范》GB 50010 规定，验算桩身和承台的裂缝宽度。这些验算的目的是为了满足桩基的耐久性，保持建筑物的正常使用。

1.4.3 破坏模式

桩基的破坏模式，如前所述，包括桩身结构强度破坏和地基土的强度破坏。

桩身结构强度破坏：桩身缩径、离析、松散、夹泥，混凝土强度低等都会造成桩身强度破坏；灌注桩桩底沉渣太厚，预制桩接头脱节等会导致承载力偏低，虽然不属于狭义的桩身破坏，但也属于成桩质量问题。桩身结构强度破坏的 $Q\text{-}s$ 曲线为"陡降型"。

地基土强度破坏：地基土强度破坏显然与地基土的性质密切相关，对于单桩竖向抗压来说，土对桩的抗力分为桩侧阻力和桩端阻力。对摩擦型桩，地基土破坏特征比较明显，$Q\text{-}s$ 曲线呈"陡降型"；但对于端承型桩，一般 $Q\text{-}s$ 曲线呈"缓变形"，地基土破坏特征不是很明显。对于桩端持力层存在软夹层、破碎带、溶洞或孔洞，也会导致地基土强度破坏，其 $Q\text{-}s$ 曲线也呈"陡降型"。另外，对采用泥浆护壁的冲、钻孔灌注桩，如果桩周泥皮过厚，会明显降低桩侧阻力。对于陡降型 $Q\text{-}s$ 曲线，其极限承载力即为与破坏荷载相应的陡降起始点荷载。对于缓变型 $Q\text{-}s$ 曲线，通过静载试验确定极限承载力的方法较多，如有的取 $Q\text{-}s$ 曲线斜率转变为常数或斜率减小的起始点荷载为极限承载力，即 $\triangle s\text{-}Q$ 曲线的第二拐点；有的取 $s\text{-}\lg t$ 曲线尾部明显弯曲的前一级荷载为极限承载力；有的取 $s\text{-}\lg Q$ 曲线转变为陡降直线的起始点荷载为极限承载力；有的取 $\lg s\text{-}\lg Q$ 曲线第二直线交会点荷载为极限承载力等。其方法不下 20 种，但在许多情况下，常因 $Q\text{-}s$ 曲线等特征很不明显，使取值结果带有任意性，加之，有的确定极限承载力的方法的物理意义并不明确，因而对于缓变型 $Q\text{-}s$ 曲线的极限承载力宜综合判定取值。由于对 $Q\text{-}s$ 曲线呈缓变型的桩，荷载达到"极限承载力"后再施加荷载，并不会导致桩的失稳和沉降的显著增大，即承载力并未真正达到极限，因而该极限承载力实际为工程上的极限承载力。

$Q\text{-}s$ 曲线的形态随桩侧和桩端土层的分布与性质、成桩工艺、桩的形状和尺寸（桩径、桩长及其比值）、应力历史等诸多因素而变化。$Q\text{-}s$ 曲线是桩土体系的荷载传递、侧阻和端阻的发挥性状的综合反映。由于桩侧阻力一般先于桩端阻力发挥，因此 $Q\text{-}s$ 曲线的前段主要受侧阻力制约，而后段则主要受端阻力制约。但是对于下列情况则例外：

（1）超长桩（$L/d>100$），$Q\text{-}s$ 曲线全程受侧阻性状制约；

（2）短桩（$L/d<10$）和支承于较硬持力层上的短至中长（$L/d\leqslant25$）扩底桩，$Q\text{-}s$ 曲线前段同时受侧阻和端阻性状的制约；

（3）支承于岩层上的短桩，$Q\text{-}s$ 曲线全程受端阻及嵌岩阻力制约。

1.4.4　常见 $Q\text{-}s$ 曲线形态

单桩 $Q\text{-}s$ 曲线是总侧阻 Q_{su}、总端阻 Q_{pu} 随沉降发挥过程的综合反映，因此，许多情况下不出现初始线性变形段，端阻力的破坏模式与特征也难以由 $Q\text{-}s$ 曲线明确反映出来。

一条典型的缓变型 $Q\text{-}s$ 曲线（见图 1-3）应具有以下四个特征：

（1）比例界限荷载 Q_p（又称第一拐点），它是 $Q\text{-}s$ 曲线上起始的拟直线段的终点所对应的荷载。

（2）屈服荷载 Q_y，它是曲线上曲率最大点所对应的荷载。

（3）极限荷载 Q_u，它是曲线上某一极限位移 s_u 所对应的荷载。此荷载亦可称为工程上的极限荷载。

（4）破坏荷载 Q_f，它是曲线的切线平行于 s 轴（或垂直于 Q 轴）时所对应的荷载。

事实上 Q_u 为工程上的极限荷载，而 Q_f 才是真正的极限荷载。但是，现今世界各国和我国各地进行的多为检验目的的桩荷载试验，往往达不到极限荷载 Q_f 便终止了试验，而单桩竖向承载力特征值往往取最大试验荷载除以规定的安全系数（一般为 2），这显然是偏于安全的。

图 1-3　典型的缓变型 $Q\text{-}s$ 曲线

下面介绍工程实践中常见的几种 $Q\text{-}s$ 曲线，如图 1-4 所示，从中可进一步剖析荷载传递和承载力性状。图中，Q_{su} 为桩侧土阻力，Q_{pu} 为桩端土阻力，$Q_u=Q_{su}+Q_{pu}$ 为极限承载力。

（1）软弱土层中的摩擦桩（超长桩除外）。由于桩端一般为刺入剪切破坏，桩端阻力分担的荷载比例小，$Q\text{-}s$ 曲线呈陡降型，破坏特征点明显，如图 1-4（a）所示。

（2）桩端持力层为砂土、粉土的桩。由于端阻所占比例较大，发挥端阻所需位移大，Q-s 曲线呈缓变型，破坏特征点不明显，如图 1-4（b）所示。桩端阻力的潜力虽较大，但对于建筑物而言已失去利用价值，因此常以某一极限位移 s_u，一般取 $s_u=40\sim60\mathrm{mm}$，控制确定其极限承载力。

（3）扩底桩。支承于砾、砂、硬黏性土、粉土上的扩底桩，由于端阻破坏所需位移量过大，端阻力所占比例较大，其 Q-s 曲线呈缓变型，极限承载力一般可取 $s_u=0.05D$（D

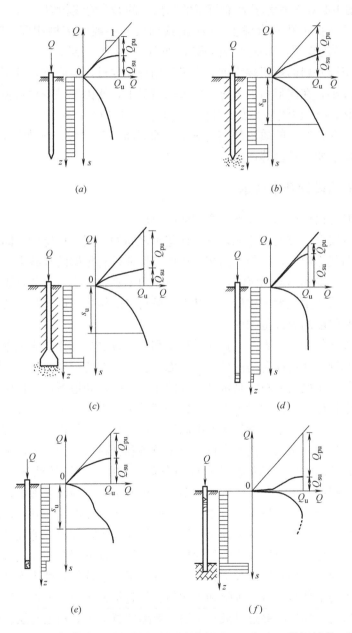

(a) (b)

(c) (d)

(e) (f)

图 1-4　不同岩土的单桩 Q-s 曲线及侧阻 Q_s、端阻 Q_p 发挥性状

（a）均匀土中的摩擦桩；（b）端承于砂层中的摩擦桩；（c）扩底端承桩；
（d）孔底有沉淤的摩擦桩；（e）孔底有虚土的摩擦桩；（f）嵌入坚实基岩的端承桩

为桩端直径）控制，如图 1-4（c）所示。

（4）泥浆扩壁作业、桩端有一定沉淤的钻孔桩。由于桩底沉淤强度低、压缩性高，桩端一般呈刺入剪切破坏，接近于纯摩擦桩，Q-s 曲线呈陡降型，破坏特征点明显，如图1-4（d）所示。

（5）桩周为加工软化型土（硬黏性土、粉土、高结构性黄土等）无硬持力层的桩。由于侧阻在较小位移下发挥出来并出现软化现象，桩端承载力低，因而形成突变、陡降型 Q-s 线型，与图 1-4（d）所示孔底有沉淤的摩擦桩的 Q-s 曲线相似。

（6）干作业钻孔桩孔底有虚土。Q-s 曲线前段与一般摩擦桩相同，随着孔底虚土压密，Q-s 曲线的坡度变缓，形成"台阶形"，如图 1-4（e）所示。

（7）嵌入坚硬基岩的短粗端承桩。由于采用挖孔成桩，清底好，桩不太长，桩身压缩量小和桩端沉降小，在侧阻力尚未充分发挥的情况下，便由于桩身材料强度的破坏而导致桩的承载力破坏，Q-s 曲线呈突变、陡降型，如图 1-4（f）所示。

当桩的施工存在明显的质量缺陷，其 Q-s 曲线将呈现异常。异常形态随缺陷的性质、桩侧与桩端土层性质、桩型等而异。

1.4.5 桩的设计基本要求

建筑物桩基的设计应满足以下几个方面的要求：

（1）桩基的安全性方面：首先，桩与地基土之间的作用是稳定的，即当桩基受到建筑物传来的各种荷载作用时，桩与土的相互作用应保证桩有足够的承载力；同时，应保证桩基不致产生过大沉降和不均匀沉降，水平荷载作用下不致产生过大的弯矩和挠曲变形，上拔荷载作用时不致产生过大上拔量等；其次，桩自身的结构强度是足够的，即桩基的结构内力必须在材料强度的容许范围内。

（2）桩基设计的合理性方面：首先是桩型和施工方法的选择，应根据建筑物对荷载和沉降的要求及基础尺寸选择合适的桩型。考虑到各种类型的桩和其成桩方法都有适用的土层条件，必要的岩土勘察资料将是桩基设计的主要依据，如地下水水位深度和腐蚀性、各土层的物理力学指标、砂土的标准贯入击数等都是必须查明的指标。环境条件是影响施工方法的主要因素之一，如施工所带来的振动和噪声、废泥浆的排弃等，都会对场地周围的环境造成污染。另外，施工的技术力量、施工设备和材料供应的可能性也会影响桩型和施工方法的选择；其次是桩的几何尺寸和桩的布置。桩径和桩长是桩基设计的两个重要指标，受桩顶荷载特性、地质条件、桩的类型及成桩方法等多种因素影响；桩径的大小应根据地质条件、桩基造价与单位承载力之比、桩的长径比等因素综合确定；桩长的确定关键在持力层的选择上，一般在承载力满足设计要求的前提下，应根据地质勘察资料选择压缩性小、强度高、较稳定的土层或岩层作为桩端持力层，且桩端全断面进入持力层的深度应满足相应规范的要求，如对于黏性土和粉土不宜小于 2 倍桩径，砂土不宜小于 1.5 倍桩径等，这对提高桩的承载力、减少沉降和不均匀沉降起很大作用。另外，确定桩长时要考虑地基土特性的影响，如桩应穿过可液化土层、湿陷性黄土等非稳定土层。桩的布置应和基础平面形状及基础上荷载的分布规律相适应，尽量使群桩的承载力合力点与长期荷载的重心重合，并使桩基受水平力和力矩较大方向有较大的截面模量，以增加上部结构的抗倾覆能力，减少不均匀沉降。桩中心距的确定是布置桩的关键；桩距不能太小，否则将造成桩间土的应力重叠，出现明显群桩效应，影响桩承载力的充分发挥；在软土地区打桩，特别是挤土桩，桩距过小，会使桩周土产生过高的孔隙水压力而引起地面隆起，使打下的桩发生侧向偏位，对桩的进一步施工带来不利影响；而在粉土和砂土中的挤土桩，挤土效应可能使沉桩阻力逐步增大致使桩无法沉至设计标高；但桩距也不宜过大，否则会加大承台尺寸和承台弯矩，提高工程造价。最后，同一结构单元宜避免采用不同类型的桩。

（3）桩基设计的经济性方面：对特定的地质条件，可以有多种桩基方案满足建筑物的使用要求，这时就应从施工的可靠性和经济性、桩型的地区性等方面进行多方案的比较，力求桩的承载能力得到最大限度的发挥，减少桩基造价。

1.4.6　桩的选型问题

通常在下列情况下，可以采用桩基础：

（1）当地基软弱，采用天然基础不能满足地基强度和变形要求时，可采用桩基。

（2）当对建筑物变形有较严格要求时，应采用桩基。

（3）高耸建筑物或构筑物对限制倾斜有特殊要求时，应采用桩基。

（4）因基础沉降对邻近建筑物产生相互影响时，应采用桩基。

（5）设有大吨位的重级工作制吊车的重型单层工业厂房，吊车载重大，使用频繁，车间内设备平台多，基础密集，且一般均有地面荷载，因而地基变形大，这时可采用桩基。

（6）精密设备基础和动力机械基础，由于对变形和容许振幅有较高要求，通常也采用桩基。

（7）地震区，在可液化地基中，采用桩基穿越可液化土层并伸入下部密实稳定土层，可消除或减轻液化对建筑物的危害。

桩型的选择要综合考虑多种因素，包括建（构）筑结构类型、荷载性质与大小、穿越土层和桩端土层类别与性质、地下水、施工环境、施工能力、当地桩基使用经验和造价等。

一般来说，对框架和排架结构的建（构）筑物，当基岩或坚硬厚土层埋藏不太深时，常采用以端承为主的灌注桩来获得较高承载力，并消除或减少建筑物沉降，如采用大直径钻（冲）孔桩或人工挖孔桩，设计成单桩单柱基础，基础结构设计得到简化。对一般的工业与民用建筑，桩型的选择主要根据场地条件、施工能力、楼层的多少、荷载的大小、性质和造价确定，如根据楼层的多少确定桩型，10 层以下可考虑采用直径 400～500mm 左右的灌注桩或边长为 250～300mm 的预制桩，10～20 层的可用直径 600～1000mm 的灌注桩或边长为 400～500mm 的预制桩，20～30 层的可用直径 700～1200mm 的灌注桩或边长为 400～600mm 的预制桩，30～40 层的可用直径 800～1500mm 的大直径灌注桩等。

在城市建筑密集区，打入式桩施工带来的振动和噪声污染越来越得到关注，沉桩的挤土或振动还有可能危及邻近建筑物和地下管线的安全，此时就应根据场地条件及周边环境选择桩型，如采用钻（冲）孔灌注桩或人工挖孔灌注桩等非挤土桩，但同时要注意废弃泥浆和弃土的处理以及灌注桩施工的质量稳定性问题，如在地下水位高的砂土层特别是饱和粉细砂层中进行人工挖孔桩施工，易发生流砂而导致井孔坍塌。而在淤泥质土较厚的地层中进行钻孔桩施工，当护壁泥浆配比不当时，易出现塌孔而造成桩身断桩、夹泥或缩径。

当地层中存在密实夹层或大块孤石或残积层中未风化的岩脉时，选择预制桩特别是预应力管桩时应慎重，否则锤击时不是无法贯穿就是造成较高的桩破损率；在以表层无风化层或风化层较薄的硬质岩作为桩端持力层时，不宜采用预制桩，因锤击时桩尖不能入岩且易击碎，如石灰岩地层；对土层分布不均匀的地层，不宜采用预制桩，因为桩的预制长度较难控制；而当持力层层面坡度较大时，也不宜采用预制桩，因为沉桩时桩尖有可能滑移造成桩身折断；此时应考虑采用灌注桩。

1.4.7 桩基承载力计算的经验公式

1.《建筑桩基技术规范》JGJ 94 公式（原位测试法）

当根据单桥探头静力触探资料确定混凝土预制桩单桩竖向极限承载力标准值时，如无当地经验，可按下式计算：

$$Q_{uk} = Q_{sk} + Q_{pk} = u\sum q_{sik} l_i + \alpha p_{sk} A_p$$

当 $p_{sk1} \leqslant p_{sk2}$ 时

$$p_{sk} = \frac{1}{2}(p_{sk1} + \beta \cdot p_{sk2})$$

当 $p_{sk1} > p_{sk2}$ 时

$$p_{sk} = p_{sk2}$$

式中　Q_{sk}、Q_{pk}——分别为总极限侧阻力标准值和总极限端阻力标准值；

　　　　　u——桩身周长；

　　　　q_{sik}——用静力触探比贯入阻力值估算的桩周第 i 层土的极限侧阻力；

　　　　　l_i——桩周第 i 层土的厚度；

　　　　　α——桩端阻力修正系数，可按规范表格取值；

　　　　p_{sk}——桩端附近的静力触探比贯入阻力标准值（平均值）；

　　　　　A_p——桩端面积；

　　　　p_{sk1}——桩端全截面以上 8 倍桩径范围内的比贯入阻力平均值；

　　　　p_{sk2}——桩端全截面以下 4 倍桩径范围内的比贯入阻力平均值，如桩端持力层为密实的砂土层，其比贯入阻力平均值 p_s 超过 20MPa 时，则需乘以规范表中系数 C 予以折减后，再计算 p_{sk2} 及 p_{sk1} 值；

　　　　　β——折减系数，按规范表格选用。

当根据双桥探头静力触探资料确定混凝土预制桩单桩竖向极限承载力标准值时，对于黏性土、粉土和砂土，如无当地经验时可按下式计算：

$$Q_{uk} = Q_{sk} + Q_{pk} = u\sum l_i \cdot \beta_i \cdot f_{si} + \alpha \cdot q_c \cdot A_p$$

式中　f_{si}——第 i 层土的探头平均侧阻力（kPa）；

　　　　q_c——桩端平面上、下探头阻力，取桩端平面以上 $4d$（d 为桩的直径或边长）范围内按土层厚度的探头阻力加权平均值（kPa），然后再和桩端平面以下 $1d$ 范围内的探头阻力进行平均；

　　　　α——桩端阻力修正系数，对于黏性土、粉土取 2/3，饱和砂土取 1/2；

　　　　β_i——第 i 层土桩侧阻力综合修正系数，黏性土、粉土：$\beta_i = 10.04 (f_{si})^{-0.55}$；砂土：$\beta_i = 5.05 (f_{si})^{-0.45}$。

注：双桥探头的圆锥底面积为 15cm²，锥角 60°，摩擦套筒高 21.85cm，侧面积 300cm²。

2.《建筑桩基技术规范》JGJ 94 公式（经验参数法）

当根据土的物理指标与承载力参数之间的经验关系确定单桩竖向极限承载力标准值时，宜按下式估算：

$$Q_{uk}=Q_{sk}+Q_{pk}=u\sum q_{sik}l_i+q_{pk}A_p$$

式中　q_{sik}——桩侧第 i 层土的极限侧阻力标准值，如无当地经验时，可按规范表格取值；

　　　q_{pk}——极限端阻力标准值，如无当地经验时，可按规范表格取值。

确定大直径桩单桩极限承载力标准值时，可按下式计算：

$$Q_{uk}=Q_{sk}+Q_{pk}=u\sum \Psi_{si}q_{sik}l_i+\Psi_p q_{pk}A_p$$

式中　q_{sik}——桩侧第 i 层土极限侧阻力标准值，如无当地经验值时，可按规范表格取值，对于扩底桩变截面以上 $2d$ 长度范围不计侧阻力；

　　　q_{pk}——桩径为 800mm 的极限端阻力标准值，对于干作业挖孔（清底干净）可采用深层载荷板试验确定；当不能进行深层载荷板试验时，可按规范表格取值；

　Ψ_{si}、Ψ_p——大直径桩侧阻、端阻尺寸效应系数，按规范中表格取值；

　　　　u——桩身周长，当人工挖孔桩桩周护壁为振捣密实的混凝土时，桩身周长可按护壁外直径计算。

1.4.8　合理布桩原则

合理布桩内容，包括桩的截面尺寸、桩长、平面布桩间距及排列的确定。合理布桩原则是在考虑地层条件、上部结构形式、上部荷载大小与分布、施工工艺与经验、基础形式、桩型等因素的前提下，用最经济方案来满足设计的要求。

1. 桩径与桩长选择

桩径与桩长的确定应综合考虑既满足设计要求，又能最有效地利用和发挥桩侧地基土的阻力与桩身材料的承载性能。既符合施工设备、人员的技术水平，又能满足施工工期要求和最大限度节省投资。

（1）考虑荷载类型、大小及分布。满足设计要求的单桩承载力的确定，应考虑基础形式、布桩的构造要求、经济合理性及桩身的结构强度等因素。

（2）考虑地层条件及土的物理力学性质。选择合理的桩长、桩径还应根据场地地层条件、当地用桩经验，选择合适的桩型、初步确定桩长与桩径。

（3）应根据地层条件、选择较硬的土层作为桩端持力层。

根据《建筑桩基技术规范》JGJ 94 的要求，桩端全断面进入持力层的深度，对于黏性土、粉土不宜小于 $2d$，砂土不宜小于 $1.5d$，碎石类土不宜小于 $1d$。当存在软弱下卧层时，桩端以下硬持力层厚度不宜小于 $3d$。对于嵌岩桩，嵌岩深度应综合荷载、上覆土层、基岩、桩径、桩长诸因素确定；对于嵌入倾斜的完整和较完整岩的全断面深度不宜小于 $0.4d$ 且不小于 0.5m，倾斜度大于 30% 的中风化岩，宜根据倾斜度及岩石完整性适当加大嵌岩深度；对于嵌入平整、完整的坚硬岩和较硬岩的深度不宜小于 $0.2d$，且不应小于 0.2m。此外，根据《建筑地基基础设计规范》GB 50007 的要求，嵌岩灌注桩桩端以下 $3d$

范围内应无软弱夹层、断裂破碎带和洞穴分布，并应在桩底应力扩散范围内无岩体凌空面。嵌岩灌注桩嵌入完整和较完整的未风化、微风化、中风化硬质岩体的最小深度，不宜小于 0.5m。

2. 桩基平面的合理布置

（1）桩的中心距。桩的中心距的合理确定，主要应考虑桩型、桩工工艺、基础形式、荷载及分布、周边环境条件等。表 1-1 为各类桩型的最小桩距，当施工中采取减小挤土效应的可靠措施时，可根据当地经验适当减小。

桩的最小中心距 表 1-1

土类与成桩工艺		排数不少于 3 排且桩数不少于 9 根的摩擦型桩桩基	其他情况
非挤土灌注桩		3.0d	3.0d
部分挤土桩	非饱和土、饱和非黏性土	3.5d	3.0d
	饱和黏性土	4.0d	3.5d
挤土桩	非饱和土、饱和非黏性土	4.0d	3.5d
	饱和黏性土	4.5d	4.0d
钻、挖孔扩底桩		2D 或 D+2.0m（当 D>2m）	1.5D 或 D+1.5m（当 D>2m）
深管夯扩、钻孔挤扩桩	非饱和土、饱和非黏性土	2.2D 且 4.0d	2.0D 且 3.5d
	饱和黏性土	2.5D 且 4.5d	2.2D 且 4.0d

注：1. d——圆柱直径或方桩边长，D——扩大端设计直径。

2. 当纵横向桩距不相等时，其最小中心距应满足"其他情况"一栏的规定。

3. 当为端承型桩时，非挤土灌注桩的"其他情况"一栏可减小至 2.5d。

（2）桩的平面布置

① 基桩排列可采用对称式、梅花式、行列式和环状排列，宜使桩群承载力合力点与长期荷载作用重心重合。

② 对于桩箱基础、剪力墙结构桩筏（含平板和梁板式承台）基础，宜将桩布置于墙下。

③ 对于框架—核心筒结构桩筏基础应按荷载分布考虑相互影响，将桩相对集中布置于核心筒和柱下，外围框架柱宜采用复合桩基，桩长宜小于核心筒下基桩（有合适桩端持力层时）。

3. 选择桩基应注意的其他问题

（1）嵌岩桩不一定是端承桩

将嵌岩桩一律视为端承桩会导致将桩端嵌岩深度不必要地加大，施工周期延长，造价增加。试验表明，嵌岩桩嵌岩段的桩侧阻力是很高的。

（2）锤击沉管灌注桩的滥用

锤击沉管灌注桩无需排土排浆，造价低。20 世纪 80 年代曾风行于南方各省，由于设计施工对于这类桩认识不足，造成的事故较多。应严格控制锤击沉管灌注桩的应用范围，在地质较差、软土较厚地区应限制使用。

（3）一些预制桩的质量稳定性不一定高于灌注桩

一般情况下，预制桩的质量是比灌注桩有保证。但有时也不然。其一是一些场地沉桩过程的挤土效应常导致焊接或锚接接头分离造成断桩，或桩端上浮增大沉降；二是打入式预制桩锤击振动会对周边建筑物和市政设施造成破坏；三是预制桩一般不能穿透坚硬夹层，使得桩长过短，持力层不理想，导致沉降过大；四是预制桩的桩径、桩长、单桩承载力可调范围小，优化设计困难；五是预制桩不适用于有枯石的场地或坚硬岩石持力层上无适当厚度较硬覆盖土层的场地。

（4）一些人工挖孔桩质量不一定稳定可靠

人工挖孔桩在低水位非饱和土中成孔，可进行彻底清孔，可直观检查持力层，因此质量稳定性较高。但在地下水丰富并有强透水层的场地，施工时采取边挖孔边抽水，将桩侧细颗粒掏走，引起地面下沉，甚至导致护壁整体滑脱，造成人身事故；还有的将相邻桩新灌注混凝土的水泥颗粒带走，造成离析；在桩孔内仍有涌水情况下灌注混凝土，而且没有采用水下混凝土灌注工艺，造成桩身混凝土质量差或离析。

（5）灌注桩的不适当扩底

扩底桩用于持力层较好、桩较短的端承型灌注桩，可取得较好的技术经济效益。但是若将扩底不适当应用，则可能走进误区。如：在单轴抗压强度高于桩身混凝土强度的基岩中扩底，是不必要的。在桩侧土层较好、桩长较大的情况下扩底，一则损失扩底端以上部分侧阻力；二则增加扩底费用，可能得失相当或失大于得；三则将扩底端放置于有软弱下卧层的薄硬土层上，既无增强效应，还可能留下后患。

1.5 常见桩的施工基本知识

1.5.1 沉管灌注桩

沉管灌注桩，按成孔方法分为振动沉管灌注桩、锤击沉管灌注桩和振动冲击成孔灌注桩，是将带有活瓣桩尖或钢筋混凝土预制桩尖的无缝钢管利用振动沉管打桩机或锤击沉管打桩机沉入土中，然后边灌注混凝土边振动或边锤击边拔管而形成的灌注桩。对振动沉管一般采用活瓣桩尖，桩尖和钢管用铰连接，可重复利用；锤击沉管一般采用预制桩尖，每根桩一个，成桩后桩尖为桩体的一部分。目前，国内应用较多的沉管桩管径为 $\phi 377\text{mm}$、$\phi 426\text{mm}$ 和 $\phi 480\text{mm}$，管径已发展到 700mm，甚至更大；由于受桩架高度限制，沉管桩一般桩长在 30m 以内。

当地层中有厚硬夹层时（如标贯击数 $N > 30$ 的密实砂层），沉管桩施工困难，桩管很难穿透硬夹层达到设计标高；另外，施工中拔管速度快是造成桩身质量事故的主要原因。

1.5.2 钻（冲）孔灌注桩

钻（冲）孔灌注桩，包括泥浆护壁灌注桩和干作业螺旋成孔灌注桩两种。

泥浆护壁钻（冲）孔灌注桩的成桩方法，分为反循环钻孔法、正循环钻孔法、旋挖成孔法和冲击成孔法等几种。

反循环钻孔施工法首先在桩顶设置护筒（直径比桩径大 15% 左右），护筒内的水位高出自然地下水位 2m 以上，以确保孔壁的任何部位均保持 0.02MPa 以上的静水压力，保护孔壁不坍塌。钻头钻进过程中，通过泵吸或喷射水流或送入压缩空气使钻杆内腔形成负压或形成充气液柱产生压差，泥浆从钻杆与孔壁间的环状间隙中流入孔底，携带被钻挖下来的孔底岩土钻渣，由钻杆内腔返回地面泥浆沉淀池；与此同时，泥浆又返回孔内形成循环。这种方法成孔效率高、质量好，排渣能力将强，孔壁上形成的泥皮薄，是一种较好的成孔方法。

正循环钻孔施工法是由钻机回转装置带动钻杆和钻头回转切削破碎岩土，钻进时用泥浆护壁、排渣。泥浆经钻杆内腔流向孔底，经钻头的出浆口射出，带动钻头切削下来的钻渣岩屑，经钻杆与孔壁间的环状空间上升到孔口溢进沉淀池中净化。相对反循环钻孔，该方法设备简单，钻机小，适用较狭窄的场地且工程费用低，但对桩径较大（一般大于1.0m）、桩孔较深及容易塌孔的地层，这种方法钻进效率低，排渣能力差，孔底沉渣多，孔壁泥皮厚，且岩土重复破碎现象严重。

旋挖成孔施工法又称钻斗钻成孔施工法，分为全套管钻进法和用稳定液保护孔壁的无套管钻进法，其中后一种方法目前应用较为广泛。成孔原理是在一个可闭合开启的钻斗底部及侧边镶焊切削刀具，在伸缩钻杆旋转驱动下，旋转切削挖掘土层，同时使切削挖掘下来的土渣进入钻斗，钻斗装满后提出孔外卸土，如此循环形成桩孔。旋挖法振动小，噪声低，钻进速度快，无泥浆循环，孔底沉渣少，孔壁泥皮薄，但在卵石层（粒径10cm以上）或黏性较大的黏土、淤泥土层中施工，则钻进效率低。

冲击成孔施工法是采用冲击式钻机或卷扬机带动一定重量的钻头，在一定的高度内使钻头提升，然后突放使钻头自由降落，利用冲击动能冲挤土层或破碎岩层形成桩孔，再用掏渣筒或反循环抽渣方式将钻渣岩屑排除；每次冲击之后，冲击钻头在钢丝绳转向装置带动下转动一定的角度，从而使桩孔得到规则的圆形断面。该方法设备简单，机械故障少，动力消耗小，对有裂隙的坚硬岩土和大的卵砾石层破碎效果好，且成孔率较钻进法高；但钻进效率低（桩越长，效率越低），清孔较困难，易出现桩孔不圆、孔斜、卡钻等事故。

干作业螺旋钻孔灌注桩按成孔方法，可分为长螺旋钻孔灌注桩和短螺旋钻孔灌注桩两种。这种桩成孔无需泥浆循环，施工时螺旋钻头在桩位处就地切削土层，被切土块钻屑通过带有螺旋叶片的钻杆不断从孔底输送到地表后形成桩孔。长螺旋钻孔是一次钻进成孔，成孔直径较小，孔深受桩架高度限制；短螺旋钻孔为正转钻进，提升后反转甩土，逐步钻进成孔，所以钻进效率低，但成孔直径和孔深均较大。这两种施工方法都对环境影响小，施工速度快且干作业成孔，混凝土灌注质量有保证；但孔底或多或少留有虚土，影响桩的承载力，适用范围限制也较多。近年来，长螺旋压灌工艺也得到了应用，这种工艺的要点是：在钻至桩底标高后，一边提钻一边通过高压混凝土输送泵将混凝土压入桩孔，只要钢筋笼不是很长或很柔时，通过加压、振动或下拽将钢筋笼沉入已灌注混凝土的桩孔中，成桩效率和质量均很高。

1.5.3 人工挖孔灌注桩

人工挖孔灌注桩，是指在桩位采用人工挖掘，手摇辘轳或电动葫芦提土成孔，然后放置钢筋笼，灌注混凝土而成的桩型。为确保人身安全，挖孔过程中必须考虑防止土体塌滑的支护措施，如采用现浇混凝土护壁、喷射混凝土护壁等，一般是每挖1m左右作一节护壁，护壁厚度一般取10～15cm，混凝土强度等级应符合设计要求，一般不低于C15，有外齿式和内齿式两种，上下节护壁搭接长度宜为 50～75mm。挖孔桩桩径一般为 800～2000mm，桩长不宜超过 25m；当以强风化或中风化岩层作桩端持力层时，桩底还可做成扩大头，以充分发挥桩身混凝土强度，提高桩的承载能力；但挖孔桩施工人员劳动强度大，工作环境差，安全事故多，在地下水丰富的地区成孔困难甚至失败。

1.5.4 预制钢筋混凝土桩

预制钢筋混凝土桩包括普通钢筋混凝土桩和预应力钢筋混凝土桩，按其外形可分为方桩、管桩、板桩和异形桩等，当前使用较为广泛的是预制方桩和预应力管桩。

预制方桩常用截面边长 200～600mm，桩身混凝土强度等级 C30～C50，甚至达 C60，采用分节预制，常用单节长度 2～25m，可在工厂或施工现场制作。预应力管桩按制作工艺，分为先张法和后张法两种，其中先张法工艺较为常用。管桩按桩身混凝土强度等级，分为 PC 桩、PTC（薄壁）桩和 PHC 桩，前两者为 C60 或 C70，后者为 C80。按抗裂弯矩和极限弯矩的大小，又可分为 A 型、AB 型和 B 型。其中，A 型最小，B 型最大；常见的桩身有效预应力约为 3.5～6.0MPa。对一般的建筑工程，采用 A 型或 AB 型管桩可抵消打桩引起的部分桩身拉应力。管桩外径 300～1200mm，壁厚 60～130mm，在工厂以离心法制成，常用单节长度 4～15m。管桩沉入土中的第一节桩称为底桩，底桩端部要设置一个桩尖，常用桩尖形式有十字形、圆锥形和开口形。

预制方桩节间连接方法主要有三种：焊接法、螺栓连接法和硫磺胶泥接桩法；预应力管桩现在几乎全部采用端头板周围电焊连接。

预制钢筋混凝土桩底沉桩方法主要有锤击法、振动法、静压法及辅助沉桩法（如预钻孔辅助沉桩法、冲水辅助沉桩法等），其中锤击法和静压法是目前应用最多的沉桩方法。

锤击法是利用打桩锤下落时的瞬时冲击力冲击桩顶，使桩沉入土中的一种施工方法，主要设备有打桩锤和打桩架。打桩锤分为落锤、气动锤（压缩空气锤和蒸汽锤）、柴油锤（导杆式和筒式）和液压锤，其中以筒式柴油锤用得最多；打桩架主要有滚筒式、轨道式、步履式及履带式。施工时应注意锤重、锤垫和桩垫的选择以及收锤标准的确定，保证接头焊接质量。

静压法是以静力压装机自重和桩架上的配重作反力，以卷扬机滑轮组或电动油泵液压方式给桩施加荷载将桩压入土中的一种施工方法。目前，我国应用较多的静力压桩机是液压静力压桩机，可压预制方桩，也可压预应力管桩，施压部位不在桩顶而在桩身侧面，即所谓的箍压式。施工时要注意压桩机及接桩方法的选择，终压控制条件可根据当地经验确定。

1.5.5 钢桩

目前常用的钢桩是钢管桩和 H 型钢桩。

钢管桩主要采用螺旋焊接管和卷板焊接管两种方法制作，直径 400～3000mm，壁厚6～50mm，顶端和底端常设有环形加强箍以减少局部应力过高造成的变形损坏。整根钢管桩一般由一段下节桩、若干段中节桩和一段上节桩组成，桩段间及上节桩与桩盖间均采用焊接方式连接；与预制钢筋混凝土桩相同，桩锤尤其是柴油锤是钢管桩沉桩的主要设备之一。对超长钢管桩，沉桩必须选用重锤，必要时应进行桩的可打性分析，以控制桩材的锤击应力,了解桩的贯穿能力。施工时还应根据工程特点、地质水文条件、施工机械性能及设计条件确定沉桩方法,如桩的施工标高、打桩顺序等。

H 型钢桩在工厂一次轧制而成,断面大都呈正方形,尺寸由 200mm×200mm~360mm×410mm,翼缘和腹板的厚度从 9~26mm 不等,重量为 43~231kg/m;桩体同样由一段下节桩、若干段中节桩和一段上节桩组成;桩节间除焊接方式外,还可采用钢板连接或螺栓连接。施工也主要采用桩锤(尤其是柴油锤)进行沉桩,但由于其锤击性能比钢管桩差,因而桩锤不能过大;考虑桩身有横向失稳的可能,施工时可采取在桩机导杆底端装活络抱箍等横向约束装置防止失稳现象的发生。

无论是钢管桩还是 H 型钢桩,锤击施工时均须注意以下几个问题:

(1)要保证桩的垂直度,因桩身倾斜会影响桩的入土深度,锤击时扰动地基土,严重的会造成桩的局部变形,甚至焊缝开裂、桩身折断,所以保证桩的垂直度特别是第一节桩的垂直度对整个桩的施工质量有重要影响;

(2)保证焊接时的对称焊接和焊接质量,以减少因不均匀收缩造成的上节桩倾斜;

(3)控制好收锤标准和打入深度,将桩的最终入土深度和最后贯入度结合起来进行沉桩。

1.6 常用桩的常见质量问题

基桩质量检测是为了发现基桩质量问题,并为解决问题提供依据。只有熟悉桩基础常见质量事故及其原因,并了解常见质量事故的处理方法,才能有针对性地选用基桩检测方法,正确判定缺陷类型,合理评估缺陷程度,准确评定桩基工程质量。

桩基事故是指由于勘察、设计、施工和检测工作中存在的问题,或者桩基础工程完成后其他环境变异的原因,造成桩基础受损或破坏现象。

由桩基础事故的定义可看出桩基础事故的主要原因有:

(1)工程勘察质量问题。工程勘察报告提供的地质剖面图、钻孔柱状图、土的物理力学性质指标以及桩基建议设计参数不准确,尤其是土层划分错误、持力层选取错误、侧摩阻力和端阻力取值不当,均会给设计带来误导,产生严重后果。

(2)桩基础设计质量问题。主要有桩基础选型不当、设计参数选取不当等问题。不熟悉工程勘察资料,不了解施工工艺,凭主观臆断选择桩型,会导致桩基础施工困难,并产生不可避免的质量问题;参数指标选取错误,结果造成成桩质量达不到设计要求,造成很大的浪费。

(3)桩基础施工质量问题。施工质量问题一般是桩基础质量问题的直接原因和主要原因。桩基础施工质量事故原因很多,人员素质、材料质量、施工方法、施工工序、施工质量控制手段、施工质量检验方法等任一方面出现问题,都有可能导致施工质量事故。

(4)基桩检测问题。基桩检测理论不完善、检测人员素质差、检测方法选用不合适、检测工作不规范等,均有可能对基桩完整性普查、基桩承载力确定给出错误结论与评价。

(5)环境条件的影响。例如软土地区,一旦在桩基础施工完成后发生基坑开挖、地面大面积堆载、重型机械行进、相邻工程挤土桩施工等环境条件变化,均有可能造成严重的桩身质量问题,而且常常是大范围的基桩质量事故。

下面分析几种常用桩的质量问题。

1.6.1 灌注桩质量通病

1. 钻（冲）孔灌注桩

成孔过程采用就地造浆或制备泥浆护壁，以防止孔壁坍塌。混凝土灌注采取带隔水栓的导管水下灌注混凝土工艺。灌注过程操作不当容易出现以下问题：

（1）由于停电或其他原因浇灌混凝土不连续，间断一段时间后，隔水层混凝土凝固形成硬壳，后续的混凝土下不去，只好拔出导管，一旦导管下口离开混凝土面，泥浆就会进入管内形成断桩。如果采用加大管内混凝土压力的方法冲破隔水层，形成新隔水层，老隔水层的低质量混凝土残留在桩身中，形成桩身局部低质混凝土。

（2）对于有泥浆护壁的钻（冲）孔灌注桩，桩底沉渣及孔壁泥皮过厚是导致承载力大幅降低的主要原因。

（3）水下浇注混凝土时，施工不当如导管下口离开混凝土面、混凝土浇注不连续时，桩身会出现断桩的现象，而混凝土搅拌不均、水灰比过大或导管漏水均会产生混凝土离析。

（4）当泥浆相对密度配置不当，地层松散或呈流塑状，导致孔壁不能直立而出现塌孔时，或承压水层对桩周混凝土有侵蚀时，桩身就会不同程度的出现扩径、缩径或断桩现象。

（5）桩径小于 600mm 的桩，由于导管和钢筋笼占据一定的空间，加上孔壁和钢筋的摩擦力作用，混凝土上升困难，容易堵管，形成断桩或钢筋笼上浮。

（6）对于干作业钻孔灌注桩，桩底虚土过多是导致承载力下降的主要原因，而当地层稳定性差出现塌孔时，桩身也会出现夹泥或断桩现象。

（7）导管连接处漏水将形成断桩。

2. 沉管灌注桩

沉管灌注桩具有设备简单、施工速度快等优点，但是这种桩质量不够稳定，容易出现质量问题，其主要问题有：

（1）锤击和振动过程的振动力向周围土体扩散，靠近沉管周围的土体以垂直振动为主，一定距离外的土体以水平振动为主，再加上侧向挤土作用易把初凝固的邻桩振断。尤其在软、硬土层交界处，最易发生缩径和断桩。

（2）拔管速度快是导致沉管桩出现缩径、夹泥或断桩等质量问题的主要原因，特别是在饱和淤泥或流塑状淤泥质软土层中成桩时，控制好拔管速度尤为重要。

（3）当桩间距过小时，邻桩施工易引起地表隆起和土体挤压，产生的振动力、上拔力和水平力会使初凝的桩被振断或拉断，或因挤压而缩径。

（4）在地层存在有承压水的砂层，砂层上又覆盖有透水性差的黏土层，孔中浇灌混凝土后，由于动水压力作用，沿桩身至桩顶出现冒水现象，凡冒水桩一般都形成断桩。

（5）当预制桩尖强度不足，沉管过程中被击碎后塞入管内，当拔管至一定高度后下落，又被硬土层卡住未落到孔底，形成桩身下段无混凝土的吊脚桩。对采用活瓣桩尖的振动沉管桩，当活瓣张开不灵活，混凝土下落不畅时，也会产生这种现象。

（6）不是通长配筋的桩，钢筋笼埋设高度控制不准，常在破桩头时找不到钢筋笼，成为废桩。

3. 人工挖孔桩

人工挖孔桩出现的主要质量问题有：

（1）混凝土浇注时，施工方法不当将造成混凝土离析，如将混凝土从孔口直接倒入孔内或串筒口到混凝土面的距离过大（大于 2.0m）等。

（2）当桩孔内有水，未完全抽干就灌注混凝土，会造成桩底混凝土严重离析，进而影响桩的端阻力。

（3）干浇法施工时，如果护壁漏水，将造成混凝土面积水过多，使混凝土胶结不良，强度降低。

（4）地下水渗流严重的土层，易使护壁坍塌，土体失稳塌落。

（5）在地下水丰富的地区，采用边挖边抽水的方法进行挖孔桩施工，致使地下水位下降，下沉土层对护壁产生负摩擦力作用，易使护壁产生环形裂缝；当护壁周围的土压力不均匀时，易产生弯矩和剪力作用，使护壁产生垂直裂缝；而护壁作为桩身的一部分，护壁质量差、裂缝和错位将影响桩身质量和侧阻力的发挥。

1.6.2 预制桩质量通病

1. 钢桩

钢桩的常见质量问题有：

（1）锤击应力过高时，易造成钢管桩局部损坏，引起桩身失稳。

（2）H 型钢桩因桩本身的形状和受力差异，当桩入土较深而两翼缘间的土存在差异时，易发生朝土体弱的方向扭转。

（3）焊接质量差，锤击次数过多或第一节桩不垂直时，桩身易断裂。

2. 混凝土预制桩

混凝土预制桩的常见质量问题有：

（1）桩锤选用不合理，轻则桩难于打至设定标高，无法满足承载力要求，或锤击数过多，造成桩疲劳破坏；重则易击碎桩头，增加打桩破损率。

（2）锤垫或桩垫过软时，锤击能量损失大，桩难于打至设定标高；过硬则锤击应力大，易击碎桩头，使沉桩无法进行。

（3）锤击拉应力是引起桩身开裂的主要原因。混凝土桩能承受较大的压应力，但抵抗拉应力的能力差，当压力波反射为拉力波，产生的拉应力超过混凝土的抗拉强度时，一般会在桩身中上部出现环状裂缝。

（4）焊接质量差或焊接后冷却时间不足，锤击时易造成在焊口处开裂。

（5）桩锤、桩帽和桩身不能保持一条直线，造成锤击偏心，不仅使锤击能量损失大，桩无法沉入设定标高，而且会造成桩身开裂、折断。

（6）桩间距过小，打桩引起的挤土效应使后打的桩难于打入或使地面隆起，导致桩上浮，影响桩的端承力。

（7）在较厚的黏土、粉质黏土层中打桩，如果停歇时间过长，或在砂层中短时间停歇，土体固结、强度恢复后桩就不易打入，此时如硬打，将击碎桩头，使沉桩无法进行。

1.6.3 环境变异引起桩基础主要质量事故

导致桩基础质量事故的环境因素很多，常见的有：

（1）基础开挖对工程桩造成的影响。例如，机械挖土时，挖机碰撞桩头，一般容易导致桩的浅部裂缝或断裂。在软土地区深基坑开挖时，基坑支护结构出现问题时，会使基坑附近的工程桩产生较大的水平位移，灌注桩桩身中上部会产生裂缝或发生断裂，薄壁预应力管桩桩身上部出现裂缝或断裂，厚壁预应力管桩与预制方桩在第一接桩处发生桩身倾斜；基坑降水产生的负摩阻力对桩身强度较差的桩产生局部拉裂缝。

（2）相邻工程施工的影响。间距较近之处施工密集的挤土型桩时，如不采取防护措施，土体水平挤压可能造成桩身一处甚至多处断裂。

（3）地面大面积堆载。会使桩身倾斜、桩中上部出现裂缝或断裂。

（4）重型机械在刚施工完成的桩基础上行进，尤其是预制桩桩基础，对桩头水平向挤压造成桩头水平位移、桩身中上部裂缝或断裂。

1.7　有关桩的若干问题

1.7.1　桩竖向承载力的时间效应

基桩竖向承载力的时间效应主要体现在：

（1）打入式预制桩施工时，由于挤土和振动影响，使饱和土的孔隙水压力上升，造成桩周土有效应力下降，桩侧和桩端土阻力降低。经过一段时间后，随着超孔隙水压力消散，桩侧和桩端土阻力得到恢复；

（2）在黏性土中施工打入式预制桩时，沉桩过程对桩周土产生扰动，由于土的触变性，灵敏度越高，这种效应越明显；

（3）排土桩成孔过程中对桩周土体的扰动，会造成桩侧和桩端土阻力下降。

1.7.2　桩的负摩擦力

1. 产生负摩擦力的原因

穿过软土层支撑在坚硬土层上的桩，一般来说，桩受荷载作用以后，地基土对桩侧的阻力是向上作用的。但是软弱土层由于某种原因而发生地面沉降时，桩周土体对桩身产生相对的向下位移，这就使桩身承受向下作用的摩擦力，软弱土层通过作用在桩上的向下作用的摩擦力而悬挂在桩身上。这部分摩擦力不但不是桩承载力的一部分，反而变成施加在桩上的外加荷载。这种由地面沉降引起的在桩上向下作用的摩擦力，称为负表面摩擦力。在桩的下沉比地基下沉量大的部分（桩的下部），桩身上仍为向上作用的正摩擦力，正、负摩擦力变换处的位置，称为中性点。

桩的负摩擦力问题，近年来在国内外普遍受到重视。由于未注意到负摩擦力问题，也造成过一些工程事故。

如上所述，负摩擦力是因为桩周围土层的下沉（地面沉降）而产生的，造成地面沉降的原因大致有以下几种情况：

（1）在未固结的软土或新填土上，由于土层的自重固结而产生；

（2）由于大面积地面荷载所造成；

（3）场地地下水大量抽降，造成上部软弱土层下沉；

（4）湿陷性黄土及其他湿陷性土层因湿陷引起。

2. 负摩擦力的影响因素

研究桩的负摩擦力，与正摩擦力一样，实质上也是研究土沿桩身的极限抗剪强度或土与桩的粘着力问题。但这个问题较为复杂，桩基沉降及地面沉降的大小、沉降速率、稳定历时等，都对负摩擦力的大小有影响。由于地面沉降及桩的沉降都随着时间而变化，所以桩与土间的剪变（相对位移）值也不断变化，因此负摩擦力的分布及变化也较为复杂。

1.7.3 桩的承台效应

建筑桩基多数为低承台桩基，桩基承受竖向荷载时，桩、承台、承台底地基土是共同工作、变形协调的。承台底地基土分担荷载的效应，称为承台效应。

大量试验和理论分析表明，承台效应的主要特性可归纳为如下几点：

（1）承台土抗力受桩距的影响最为敏感。对于群桩，桩间土的竖向位移受相邻桩位移的叠加效应而加大，在同一地层条件下，桩距愈大桩间土竖向位移越小，即承台底土抗力越大。

（2）承台土抗力随承台宽度与桩长比增大而增大，承台宽度与桩长之比 $B_c/L \geqslant 1$ 时，承台土抗力形成的压力泡包围整个桩群，由此引起土的竖向压缩导致桩侧、桩端土阻力降低、导致承台土抗力增大；反之，承台土抗力减小。

（3）承台土抗力随荷载水平变化

随着荷载水平提高，桩土间相对位移由下而上发展承台土抗力迅速增长。当荷载水平接近正常工作状态（$P/P_c = 50\%$）承台土抗力随荷载同步增长，即荷载分担比趋于稳值。当荷载超过极限承载力，由于桩土塑性滑移发展，承台分担荷载比进一步增大。

（4）承台土抗力随承台区位和排列而变化

承台内区（桩群包络线以内）由于桩的相互影响明显，导致桩间土竖向刚度显著降低，而外区土受桩的牵连影响小，土的竖向刚度削弱效应小，故土抗力形成内区小，外区大的马鞍形分布。

（5）考虑承台效应的条件

1）上部结构刚度较好的建（构）筑物（如剪力墙结构、钢筋混凝土筒仓等）；

2）对于差异变形适应性较强的排架结构和柔性结构（如钢板罐体）；

3）对于按变刚度调平设计的桩基刚度相对弱化区；

4）对于软土地区多层建筑的减沉复合疏桩基础。

对于端承型桩、4根及上的摩擦型桩，以及可液化土、湿陷性土、高灵敏度软土、欠固结土、新填土中的桩，饱和黏性土中的挤土桩等，不宜考虑承台效应。

1.7.4 桩的各种"承载力值"定义

许多人搞不清桩基承载力极限值、标准值、设计值、基本值、特征值的概念和定义。在几十年的规范演变中，承载力先后有容许值、设计值、极限值、基本值、标准值、特征值等。具体定义如下：

1. 极限值

极限值是地基、基桩按照规范要求，进行静载荷试验，达到破坏状态前出现不适于继续承载的变形时所对应的最大荷载。

《建筑桩基技术规范》JGJ 94 对单桩竖向极限承载力标准值做了定义：在竖向荷载作用下到达破坏状态前出现不适于继续承载的变形时所对应的最大荷载，它取决于土对桩的支承阻力和桩身承载力。

2. 标准值

《建筑地基基础设计规范》GBJ 7 附录中规定，将单桩竖向极限承载力除以安全系数 2，即单桩竖向承载力标准值 R_k。

3. 设计值

根据《建筑地基基础设计规范》GBJ 7 中说明，单桩承载力设计值等于单桩承载力标准值的 1.2 倍（对于桩数为 3 根及 3 根以下的柱下桩台，为 1.1 倍）。

4. 基本值

《建筑地基基础设计规范》GBJ 7 附录中指出，根据孔隙比 e、含水量 w（%）、液性指数 I_L、液塑 I_p、压缩模量 E_{s1-2}，可查附表，求出粉土、黏性土、沿海地区淤泥和淤泥质土、红黏土和素填土的承载力基本值，再乘土性指标的回归修正系数得到承载力标准值，回归修正系数小于 1。

5. 允许值（容许值）

《工业与民用建筑地基基础设计规范》TJ 7 附录中单桩静载试验要点：将极限载力除以安全系数 2.0 后，即为单桩的容许承载力。

《工业与民用建筑灌注桩基础设计与施工规程》JGJ 4 使用了容许值这个概念，其中指出，单桩的轴向受压容许承载力，应根据单桩垂直静载试验所确定的极限荷载按式 $P_a = P_u / K_y$ 计算，安全系数 K_y 一般取 2。

6. 特征值

《建筑地基基础设计规范》GB 50007 附录中指出，将单桩竖向极限承载力除以安全系数 2，为单桩竖向承载力特征值 R_a。《建筑桩基技术规范》JGJ 94：单桩竖向承载力特征值 R_a 应按下式确定：

$$R_a = \frac{1}{K} Q_{uk}$$

式中　　Q_{uk}——单桩竖向承载力标准值；

　　　　K——安全系数，取 $K=2$。

第 2 章　基桩检测基本规定

在工程建设中每年的用桩量是一个非常巨大的数目，其中沿海地区和长江中下游软土地区占 70%～80%，近年来，涉及桩基工程质量问题直接影响建筑结构正常使用与安全的事例很多。由于桩的施工具有高度的隐蔽性，而影响桩基工程的因素又很多，如岩土工程条件、桩土的相互作用、施工技术水平等，所以桩的施工质量具有很多的不确定性因素。为此，加强基桩施工过程中的质量管理和施工后的质量检测，提高基桩检测工作的质量和检测评定结果的可靠性，对确保整个桩基工程的质量和安全具有重要意义。

2.1　一般规定

2.1.1　检测项目

基桩检测，包括单桩承载力检测和桩身完整性检测。其中，基桩承载力检验又分为单桩竖向抗压承载力检验、竖向抗拔承载力检验、水平承载力检验三种。桩身完整性检测主要是对桩身的完整性进行检测，主要方法有低应变法、高应变法、声波法和钻芯法。工程桩的承载力和桩身完整性（或桩身质量）是现行国家标准《建筑地基基础工程施工质量验收规范》GB 50202 桩基验收中的主控项目，也是现行国家标准《建筑地基基础设计规范》GB 50007 和现行行业标准《建筑桩基技术规范》JGJ 94 以强制性条文形式规定的必检项目。因工程桩的预期使用功能要通过单桩承载力实现，完整性检测的目的是发现某些可能影响单桩承载力的缺陷，最终仍是为减少安全隐患、可靠判定工程桩承载力服务。所以，基桩质量检测时，承载力和完整性两项内容密不可分，往往是通过低应变完整性普查，找出基桩施工质量问题并得到对整体施工质量的大致估计，而工程桩承载力是否满足设计要求则需通过有代表性的单桩承载力检验来实现。

2.1.2　检测方法

基桩的承载力和完整性检测按其完成设计与施工质量验收规范所规定的具体检测项目的方式，宏观上可以分为三种检测方法：

（1）直接法：顾名思义，即通过现场原型试验直接获得检测项目结果或为施工验收提供依据的检测方法。在桩身完整性检测方面主要是钻孔取芯法，即直接从桩身混凝土中钻取芯样，以测定桩身混凝土的质量和强度，检查桩底沉渣和持力层情况，并测定桩长。承载力检测包括了单桩竖向抗压（拔）静载试验和单桩水平静载试验，前者用来确定单桩竖向抗压（拔）极限承载力，判定工程桩竖向抗压（拔）承载力是否满足设计要求。同时，可以在桩身或桩底埋设测量应力（应变）传感器，以测定桩侧、桩端阻力，也可以通过埋设位移测量杆，测定桩身各截面位移量；后者除用来确定单桩水平临界和极限承载力、判定工程桩水平承载力是否满足设计要求外，还主要用于浅层地基土水平抗力系数的比例系数的确定，以便分析工程桩在水平荷载作用下的受力特性；当桩身埋设有应变测量传感器时，也可测量相应荷载作用下的桩身应力，并由此计算桩身弯矩。

（2）半直接法：是指在现场原型试验基础上，同时基于一些理论假设和工程实践经验并加以综合分析才能最终获得检测项目结果的检测方法。主要包括以下三种：

1）低应变法。在桩顶面实施低能量的瞬态或稳态激振，使桩在弹性范围内做弹性振动，并由此产生应力波的纵向传播，同时利用波动和振动理论对桩身的完整性做出评价的一种检测方法，主要包括反射波法、机械阻抗法、水电效应法等。其中，反射波法物理意义明确、测试设备轻便简单、检测速度快、成本低，是基桩质量（完整性）普查的良好手段。

2）高应变法。通过在桩顶实施重锤敲击，使桩产生的动位移量级接近常规静载试桩的沉降量级，以便使桩周岩土阻力充分发挥，通过测量和计算判定单桩竖向抗压承载力是否满足设计要求及对桩身完整性做出评价的一种检测方法，主要包括锤击贯入试桩法、波动方程法和静动法等。其中，波动方程法是我国目前常用的高应变检测方法。高应变动力试桩物理意义较明确，检测准确度相对较高，而且检测成本低，抽样数量较静载试验大，更可用于预制桩的打桩过程监控和桩身完整性检查，但受测试人员水平和桩-土相互作用模型等问题的影响。这种方法在某些方面仍有较大的局限性，尚不能完全代替静载试验而作为确定单桩竖向极限承载力的设计依据。

3）声波透射法。通过在桩身预埋声测管（钢管或塑料管），将声波发射、接受换能器分别放入两根管内，管内注满清水为耦合剂，换能器可置于同一水平面或保持一定高差，进行声波发射和接收，使声波在混凝土中传播，通过对声波传播时间、波幅、声速及主频等物理量的测试与分析，对桩身完整性做出评价的一种检测方法。该方法一般不受场地限制，测试精度高，在缺陷的判断上较其他方法更全面，检测范围可覆盖全桩长的各个横截面，但由于需要预埋声测管，抽样的随机性差，而且对桩身直径有一定的要求，检测成本也相对较高。

（3）间接法：依赖直接法已取得的试验成果，结合土的物理力学试验或原位测试数据，通过统计分析，以一定的计算模式给出经验公式或半理论、半经验公式的估算方法。由于地质条件和环境条件的复杂性，施工工艺、施工水平及人员素质的差异性，该方法对设计参数的判断有很大的不确定性，所以只适用于工程初步设计的估算。

在实际工程中，基桩检测应采取什么方法，应根据检测目的、检测方法的适应性、桩基的设计条件、成桩工艺等，按表 2-1 合理选择检测方法。

当通过两种或两种以上检测方法的相互补充、验证，能有效提高基桩检测结果判定的可靠性时，应选择两种或两种以上的检测方法。其目的是提高检测结果的可靠性和检测过程的可操作性。

检测目的及检测方法　　　　　　　　　　　　　　　　　　　　　　　表 2-1

检测目的	检测方法
确定单桩竖向抗压极限承载力； 判定竖向抗压承载力是否满足设计要求； 通过桩身应变、位移测试,测定桩侧、桩端阻力,验证高应变法的单桩竖向抗压承载力检测结果	单桩竖向抗压静载试验

检测目的	检测方法
确定单桩竖向抗拔极限承载力； 判定竖向抗拔承载力是否满足设计要求； 通过桩身应变、位移测试，测定桩的抗拔侧阻力	单桩竖向抗拔静载试验
确定单桩水平临界荷载和极限承载力，推定土抗力参数； 判定水平承载力或水平位移是否满足设计要求； 通过桩身应变、位移测试，测定桩身弯矩	单桩水平静载试验
检测灌注桩桩长、桩身混凝土强度、桩底沉渣厚度，判定或鉴别桩端持力层岩土性状，判定桩身完整性类别	钻芯法
检测桩身缺陷及其位置，判定桩身完整性类别	低应变法
判定单桩竖向抗压承载力是否满足设计要求； 检测桩身缺陷及其位置，判定桩身完整性类别； 分析桩侧和桩端土阻力； 进行打桩过程监控	高应变法
检测灌注桩桩身缺陷及其位置，判定桩身完整性类别	声波透射法

表 2-1 所列 7 种方法是基桩检测中最常用的检测方法。对于冲钻孔、挖孔和沉管灌注桩以及预制桩等桩型，可采用其中多种甚至全部方法进行检测；但对异形桩、组合型桩，表 2-1 中的部分方法就不能完全适用（如高、低应变动测法）。因此，在具体选择检测方法时，应根据检测目的、内容和要求，结合各检测方法的适用范围和检测能力，考虑设计、地基条件、施工因素和工程重要性等情况确定，不允许超适用范围滥用。同时，也要兼顾实施中的经济合理性，即在满足正确评价的前提下，做到快速、经济。

工程桩承载力验收检测方法，应根据基桩实际受力状态和设计要求合理选择。以竖向承压为主的基桩通常采用竖向抗压静载试验，考虑到高应变法快速、经济和检测桩数覆盖面较大的特点，对符合一定条件及高应变方法适用范围的桩基工程，也可选用高应变法作为补充检测。例如，条件相同、预制桩量大的桩基工程中，一部分桩可选用静载法检测；而另一部分可用高应变法检测，前者应作为后者的验证对比资料。对不具备条件进行静载试验的端承型大直径灌注桩，可采用钻芯法检查桩端持力层情况，也可采用深层载荷板试验进行核验。对专门承受竖向抗拔荷载或水平荷载的桩基，则应选用竖向抗拔静载试验方法或水平静载试验方法。

桩身完整性检测方法有低应变法、声波透射法、高应变法和钻芯法。除中小直径灌注桩外，大直径灌注桩一般同时选用两种或多种方法检测，使各种方法能相互补充印证、优势互补。另外，对设计等级高、地基条件复杂、施工质量变异性大的桩基，或低应变完整性判定可能有技术困难时，提倡采用直接法（静载试验、钻芯和开挖，管桩可采用孔内摄像）验证。

2.1.3 检测时机

桩基工程一般按勘察、设计、施工、验收四个阶段进行，基桩试验和检测工作多数情况下分别放在设计和验收两阶段，即施工前和施工后。大多数桩基工程的试验和检测工作确是在这两个阶段展开的，但对桩数较多、施工周期较长的大型桩基工程，验收检测应尽早在施工过程中穿插进行，而且这种做法应大力提倡。

（1）施工前的检测，目的是为设计及施工方案提供校核、修改的依据。根据《建筑基桩检测技术规范》JGJ 106 的要求，当设计有要求或有下列情况之一时，施工前应进行试验桩检测并确定单桩极限承载力：

1）设计等级为甲级的桩基；

2）无相关试桩资料可参考的设计等级为乙级的桩基；

3）地基条件复杂、基桩施工质量可靠性低；

4）本地区采用的新桩型或采用新工艺成桩的桩基。

施工前进行试验桩检测并确定单桩极限承载力，目的是为设计单位选定桩型和桩端持力层、掌握桩侧桩端阻力分布并确定基桩承载力提供依据；同时，也为施工单位在新的地基条件下设定并调整施工工艺参数进行必要的验证。对设计等级高且缺乏地区经验的工程，为获得既经济又可靠的设计施工参数，减少盲目性，前期试桩尤为重要。考虑到桩基础选型、成桩工艺选择与地基条件、桩型和工法的成熟性密切相关，为在推广应用新桩型或新工艺过程中不断积累经验，使其能达到预期的质量和效益目标，规定本地区采用新桩型或新工艺也应在施工前进行试桩。通常，为设计提供依据的试验桩静载试验往往应加载至极限破坏状态，但受设备条件和反力提供方式的限制，试验可能做不到破坏状态。为安全计，此时的单桩极限承载力取试验时最大加载值，但前提是应符合设计的预期要求。

（2）施工中的检测（监测），目的是监督施工过程，选择合理的入土深度，保证施工质量达到设计要求等。根据《建筑基桩检测技术规范》JGJ 106 的要求，桩基工程除应在工程桩施工前和施工后进行基桩检测外，尚应根据工程需要，在施工过程中进行质量的检测与监测。

由于目前对施工过程中的检测重视不够，为加强施工过程的质量控制，做到信息化施工。如：冲钻孔灌注桩施工中应提倡或明确规定采用一些成熟的技术和常规的方法进行孔径、孔斜、孔深、沉渣厚度和桩端岩性鉴别等项目的检验；对于打入式预制桩，提倡沉桩过程中的高应变监测等。

桩基施工过程中，可能出现以下情况：设计变更、局部地基条件与勘察报告不符、工程桩施工工艺与施工前为设计提供依据的试验桩不同、原材料发生变化、施工单位更换等，都可能造成质量隐患。除施工前为设计提供依据的检测外，仅在施工后进行验收检测，即使发现质量问题，也只是事后补救，造成不必要的浪费。因此，基桩检测除在施工前和施工后进行外，尚应加强桩基施工过程中的检测，以便及时发现并解决问题，做到防患于未然，提高效益。

（3）施工后的检测，目的是对施工质量进行验收、评估和对质量问题的处理提供依据。分为桩身完整性（成桩质量）检测和承载力检测两类。

施工后，宜先进行工程桩的桩身完整性检测，后进行承载力检测。这是由于，相对于承载力检测而言，完整性检测（除钻芯法外）方法作为普查手段，具有速度快、费用较低和抽检数量大的特点，容易发现桩基的整体施工质量问题，能为有针对性地选择静载试验提供依据。所以，完整性检测安排在静载试验之前是合理的。当基础埋深较大时，基坑开挖产生土体侧移将桩推断或机械开挖将桩碰断的现象时有发生，此时完整性检测应等到开挖至基底标高后进行。

桩身完整性检测应在基坑开挖至基底标高后进行。承载力检测时，宜在检测前、后，分别对受检桩、锚桩进行桩身完整性检测。

竖向抗压静载试验中，有时会因桩身缺陷、桩身截面突变处应力集中或桩身强度不足造成桩身结构破坏。有时，也因锚桩质量问题而导致试桩失败或中途停顿，故建议在试桩前后对试验桩和锚桩进行完整性检测，为分析桩身结构破坏的原因提供证据和确定锚桩能否正常使用。

对于混凝土桩的抗拔、水平或高应变试验，常因拉应力过大造成桩身开裂或破损，因此承载力检测完成后的桩身完整性检测比检测前更有价值。

2.1.4　检测开始时间

基桩检测开始时间应符合下列规定：

（1）当采用低应变法或声波透射法检测时，受检桩混凝土强度不应低于设计强度的70%，而且不应低于15MPa；

（2）当采用钻芯法检测时，受检桩的混凝土龄期应达到28d，或受检桩同条件养护试件强度应达到设计强度要求；

（3）承载力检测前的休止时间，除应符合上述第2条的规定外，当无成熟的地区经验时，尚不应少于表2-2规定的时间。

休止时间　　　　　　　　　　　　　　　　　　表 2-2

土的类别		休止时间(d)
砂土		7
粉土		10
黏性土	非饱和	15
	饱和	25

注：对于泥浆护壁灌注桩，宜延长休止时间。

混凝土是一种与龄期相关的材料，其强度随时间的增加而增长。在最初几天内强度快速增加，随后逐渐变缓，其物理力学、声学参数变化趋势亦大体如此。桩基工程受季节气候、周边环境或工期紧的影响，往往不允许等到全部工程桩施工完并都达到28d龄期强度后再开始检测。为做到信息化施工，尽早发现桩的施工质量问题并及时处理。同时，考虑到低应变法和声波透射法检测内容是桩身完整性，对混凝土强度的要求可适当放宽。但如果混凝土龄期过短或强度过低，应力波或声波在其中的传播衰减加剧，或同一场地由于桩的龄期相差大，声速的变异性增大。因此，对于低应变法或声波透射法的测试，规定桩身混凝土强度应大于设计强度的70%，并不得低于15MPa。钻芯法检测的内容之一是桩身混凝土强度，显然受检桩应达到28d龄期或同条件养护试块达到设计强度，如果不是以检测混凝土强度为目的的验证检测，也可根据实际情况适当缩短混凝土龄期。高应变法和静载试验在桩身产生的应力水平高，若桩身混凝土强度低，有可能引起桩身损伤或破坏。为分清责任，桩身混凝土应达到28d龄期或设计强度。另外，桩身混凝土强度过低，也可能出现桩身材料应力-应变关系的严重非线性，使高应变测试信号失真。

桩在施工过程中不可避免地扰动桩周土，降低土体强度，引起桩的承载力下降，以高灵敏度饱和黏性土中的摩擦桩最明显。随着休止时间的增加，土体重新固结，土体强度逐渐恢复提高，桩的承载力也逐渐增加。成桩后桩的承载力随时间而变化的现象称为桩的承载力时间（或歇后）效应，我国软土地区这种效应尤为突出。大量资料表明，时间效应可使桩的承载力比初始值增长 40%～400%。其变化规律一般是初期增长速度较快，随后渐慢，待达到一定时间后趋于相对稳定，其增长的快慢和幅度除与土性和类别有关，还与桩的施工工艺有关。除非在特定的土质条件和成桩工艺下积累大量的对比数据，否则很难得到承载力的时间效应关系。另外，桩的承载力随时间减小也应引起注意，除挤土上浮、负摩擦等原因引起承载力降低外，已有桩端泥岩持力层遇水软化导致承载力下降的报道。

另外，桩的承载力包括两层涵义，即桩身结构承载力和支撑桩结构的地基岩土承载力，桩的破坏可能是桩身结构破坏或支撑桩结构的地基岩土承载力达到了极限状态，多数情况下桩的承载力受后者制约。如果混凝土强度过低，桩可能产生桩身结构破坏而地基土承载力尚未完全发挥，桩身产生的压缩量较大，检测结果不能真正反映设计条件下桩的承载力与桩的变形情况。因此，对于承载力检测，应同时满足地基土休止时间和桩身混凝土龄期（或设计强度）双重规定；若验收检测工期紧，无法满足休止时间规定时，应在检测报告中注明。

2.2　检测工作程序

检测机构遵循必要的检测工作程序，不但符合我国质量保证体系的基本要求，而且有利于检测工作开展的有序性和严谨性，使检测工作真正做到管理第一、技术第一和服务第一的最高宗旨。检测工作程序框图如图 2-1 所示。

图 2-1　检测工作程序框图

2.2.1　接受委托

正式接手检测工作前，检测机构应获得委托方书面形式的委托函，以帮助了解工程概况，明确委托方意图即检测目的，同时也使即将开展的检测工作进入合法轨道。要注意的是，应尽量避免检测工作在前而委托在后，以免发生不必要的纠纷。

2.2.2 调查、资料收集

检测单位接受委托后，首先要调查收集有关资料，主要有以下内容：

（1）收集被检测工程的岩土工程勘察资料、桩基设计文件、施工记录，了解施工工艺和施工中出现的异常情况。

（2）委托方的具体要求。

（3）检测项目现场实施的可行性。

为了正确地对基桩质量进行检测和评价，提高基桩检测工作的质量，做到有的放矢，应尽可能详细了解和搜集有关技术资料，并按表 2-3 填写受检桩设计施工概况表。

另外，有时委托方的介绍和提出的要求是笼统的、非技术性的，也需要通过调查来进一步明确委托方的具体要求和现场实施的可行性；有些情况下，还需要检测技术人员到现场了解和搜集。

受检桩设计施工概况表   表 2-3

桩号	桩横截面尺寸	混凝土设计强度（MPa）	设计桩顶标高（m）	检测时桩顶标高（m）	施工桩底标高（m）	施工桩长（m）	成桩日期	设计桩端持力层	单桩承载力特征值或极限值（kN）	备注
工程名称				地点				桩型		

2.2.3 制定检测方案

在明确了检测目的并获得相关技术资料后，应着手制定基桩检测方案，以向委托方书面陈述检测工作的形式、方法、依据标准和技术保证。

检测方案的内容宜包括：工程概况、地基条件、桩基设计要求、施工工艺、检测方法和数量、受检桩选取原则、检测进度以及所需的机械或人工配合。某些情况下还需要包括桩头加固、处理方案以及场地开挖、道路、供电、照明等要求。有时，检测方案还需要与委托方或设计方共同研究制定。

实际执行检测程序中，由于不可预知的原因，如委托要求的变化、现场调查情况与委托方介绍的不符，或在现场检测尚未全部完成就已发现质量问题而需要进一步排查，都可能使原检测方案中的检测数量、受检桩桩位、检测方法发生变化。如首先用低应变法普测（或扩检），再根据低应变法检测结果，采用钻芯法、高应变法或静载试验，对有缺陷的桩重点抽测。总之，检测方案并非一成不变，可根据实际情况动态调整。

2.2.4 检查仪器设备

应根据不同的检测目的组织配套、合理的试验设备，如承载力检测中的千斤顶、压力表、压力（荷重）传感器、位移计，完整性检测中的加速度（或速度）型传感器和数据采集系统等等；选择具有足够精度和量程的仪器设备，并且确保所选的仪器使用安全。如根据最大试验荷载，合理选择千斤顶和不同量程的压力表或压力（荷载）传感器。

检测前应对使用的仪器进行系统调试，所有计量器具必须在计量检定的有效期之内，以保证基桩检测数据的可靠性和可追溯性，如承载力检测中用到的压力表、压力（荷重）传感器、百分表、应变传感器、速度计、加速度计等，必须有有效的计量检定证书。

虽然计量器具在有效计量检定周期之内，但由于基桩检测工作的环境较差，使用期间仍可能由于使用不当或环境恶劣等造成计量器具的受损或计量参数发生变化。因此，检测前还应加强对计量器具、配套设备的检查或模拟测试；有条件时可建立校准装置进行自校，发现问题后应重新检定。

另外，现场检测环境有可能受到温湿度、电压波动、电磁干扰和振动冲击等外界因素的影响而不能满足仪器的使用要求，此时应采取有效防护措施，以确保仪器处于正常工作状态。

2.2.5 现场准备

为了高效、安全地完成检测工作，获得准确可靠的试验数据，检测单位应在检测方案中向委托方提出现场检测前的准备工作要求，而委托方应严格按照要求做好检测前的准备配合工作。准备工作包括场地的平整、通车能力、桩头的处理等。例如，对于静载试验，堆载范围内场地应平整；进行高应变检测时，场地应能行走一定吨位的汽车式起重机；检测前混凝土灌注桩桩头加捣桩帽、预制桩桩头加钢箍等。

2.3 检测方法分类

在实际基桩检测工程中，应采取什么方法，需根据各种检测方法的特点和适用范围，考虑地基条件、桩型及施工质量可靠性、使用要求等因素进行合理选择搭配。使各种检测方法尽量能互补或验证，在达到正确评价目的的同时又要体现经济合理性。

2.3.1 基桩完整性检测方法

在基桩成桩完整性质量检测中可采用低应变法、高应变法、声波透射法、钻芯法等方法进行。当基础埋深较大时，基坑开挖产生土体侧移将桩推断或机械开挖将桩碰断的现象时有发生，此时完整性检测应等到开挖至基底标高后进行。几种方法主要介绍如下：

1. 低应变法

低应变检测法适用于检测混凝土桩的桩身完整性，判定桩身缺陷的程度及位置。对桩身截面多变或者变化幅度较大的灌注桩，应采取其他方法辅助验证低应变检测的有效性。对薄壁钢管桩、大直径现浇薄壁混凝土管桩和类似于 H 型钢桩的异形桩，若激励响应在桩顶面接收时，本方法不适用。采用本方法时，瞬态激励脉冲有效高频分量的波长与桩的横向尺寸之比均不宜小于 10，桩身横截面宜基本规则。

2. 高应变法

高应变适用于检测混凝土桩的桩身完整性，检测桩身缺陷及其位置，判定桩身完整性类别。与低应变法检测的快捷、廉价相比，高应变法检测桩身完整性虽然是附带性的，但由于其激励能量和检测有效深度大的优点，特别在判定桩身水平整合型缝隙、预制桩接头等缺陷时，能够在查明这些"缺陷"是否影响竖向抗压承载力的基础上，合理判定缺陷程度。当然，带有普查性的完整性检测，采用低应变法更为恰当。

3. 声波透射法

适用于混凝土灌注桩的桩身完整性检测，判定桩身缺陷的位置、范围和程度。对于桩径小于 0.6m 的桩，不宜采用本方法进行桩身完整性检测。声波透射法是利用声波的透射原理对桩身混凝土介质状况进行检测，适用于桩在灌注成型时已经预埋了两根或两根以上声测管的情况。当桩径小于 0.6m 时，声测管的声耦合误差使声时测试的相对误差增大，因此桩径小于 0.6m 时应慎用本方法；基桩经钻芯法检测后（有两个以及两个以上的钻孔）需进一步了解钻芯孔之间的混凝土质量时，也可采用本方法检测。

4. 钻芯法

钻芯法适用于检测混凝土灌注桩的桩长、桩身混凝土强度、桩底沉渣厚度和桩身完整性。当采用本方法判定或鉴别桩端持力层岩土性状时，钻探深度应满足设计要求。受检桩长径比较大时，桩成孔的垂直度和钻芯孔的垂直度很难控制，钻芯孔容易偏离桩心，故要求受检桩桩径不宜小于 800mm，长径比不宜大于 30。

2.3.2 基桩承载力检测方法

承载力检测，包括竖向抗压、竖向抗拔、水平推力检验。其中，竖向抗压承载力检测可采用竖向荷载静压试验和高应变动测试验进行，其他项目的承载力检测只能采用荷载静压试验确定。

1. 竖向抗压承载力检测

（1）静载试验

单桩竖向抗压静载试验时采用接近于竖向抗压桩的实际工作条件的试验方法，确定单桩竖向抗压承载力，是检测基桩竖向抗压承载力最直观、最可靠的传统方法。

（2）高应变动测

适用于检测基桩的竖向抗压承载力，判定单桩竖向抗压承载力是否满足设计要求。对于大直径扩底桩和预估 Q-s 曲线具有缓变型特征的大直径灌注桩，不宜采用本方法进行竖向抗压承载力检测。进行灌注桩的竖向抗压承载力检测时，应具有现场实测经验和本地区相近条件下的可靠对比验证资料。

（3）结合桩身质量与持力层岩性报告核验

对于设计承载力很高的大直径嵌岩桩，因受现场条件和试验能力限制，无法进行静载试验和高应变动测时，可根据终孔时桩端持力层岩性报告结合桩身质量检验报告（钻芯法或声波透射法）核验单桩承载力。也可通过钻芯法判定或鉴别桩端持力层岩性，结合桩身质量检验报告核验单桩承载力。

2. 其他承载力检测

单桩竖向抗拔承载力的检测和评价采用单桩竖向抗拔静载试验；

单桩水平承载力检验和特定地基土水平抗力系数的比例系数采用单桩水平静载试验确定。

2.4 检测规则与检测数量

2.4.1 检测抽样规则

在基桩检测中，受检桩应具有代表性，才能对工程桩实际质量问题做出反映，此时就必须采取抽检的方式，在一定概率保证的前提下，对基桩质量进行评定。受检测成本和检测周期的影响，很难对桩基工程中的所有基桩均进行检测，只能在保证足够安全的前提下按照工程桩总数的一定比例进行检测（一般不是随机的）。为此，靠有限抽检数量暴露基桩存在的质量问题时，抽检桩就应具有代表性，其抽样原则如下：

（1）施工质量有疑问的桩。如当灌注桩施工过程中出现停电、停水或堵管现象时，可能会影响到混凝土的浇筑而出现桩身质量问题。

（2）局部地质条件出现异常的桩。有时，因地质勘察不是很全面或勘探孔少，无法对整个建（构）筑物覆盖区的地层条件做出详细描述，桩的施工桩长与地勘不符，如预应力管桩施工时，同一场地、相同的施工工艺收锤时，却出现桩长差别较大的现象，此时应选择部分桩长与地勘不符的桩作为受检桩。

（3）承载力验收检测时部分选择完整性检测中判定的Ⅲ类桩，这也是对Ⅲ类桩的验证检测手段。

（4）设计方认为重要的桩。主要考虑上部结构作用的要求，选择桩顶荷载大、沉降要求严格的桩作为受检桩，如框架结构的中柱承台桩、框筒结构的筒心部位的桩等。

（5）施工工艺不同的桩。对同一场地的单位工程应尽量选择相同的施工工艺进行桩的施工，除非受地基条件等外界因素限制，如静压预制桩工地，因静压设备尺寸的影响而无法靠近邻近建筑物进行边桩施工，只得改部分边桩桩型为钻孔桩。此时，在选择受检桩时，应将这部分桩考虑在内。

除了第1~3条指定的受检桩外，其余受检桩宜均匀或随机选择。

2.4.2 检测抽样数量

1. 施工前试验及打桩过程监测

（1）当设计有要求或满足下列条件之一时，施工前应采用静载试验确定单桩竖向抗压承载力特征值：

设计等级为甲级、乙级的建筑桩基；

地质条件复杂、施工质量可靠性低的建筑桩基；

本地区采用的新桩型或新工艺；

检测数量在同一条件下不应少于3根，且不宜少于总桩数的1%；当工程桩总数在50根以内时，不应少于2根。

（2）打入式预制桩有下列条件要求之一时，应采用高应变法进行试打桩的打桩过程监测：

控制打桩过程中的桩身应力；

选择沉桩设备和确定工艺参数；

选择桩端持力层；

在相同施工工艺和相近地质条件下，试打桩数量不应少于 3 根。

2. 完整性检测

混凝土桩的桩身完整性检测方法选择，应根据检测目的、检测方法的适应性、桩基的设计条件、成桩工艺等合理选择。当一种方法不能全面评价基桩完整性时，应采用两种或两种以上的检测方法。抽检数量规定如下：

(1) 建筑桩基设计等级为甲级，或地基条件复杂、成桩质量可靠性较低的灌注桩工程，检测数量不应少于总桩数的 30%，且不应少于 20 根；其他桩基工程，检测数量不应少于总桩数的 20%，且不应少于 10 根。

按设计等级、地质情况和成桩质量可靠性确定灌注桩的检测比例大小，20 多年来的实践证明是合理的。

(2) 在满足上述基本检测数量的要求下，每个柱下承台检测桩数不应少于 1 根。

"每个柱下承台检测桩数不得少于 1 根"的规定涵盖了单桩单柱应全数检测之意。但应避免为满足规范最低抽检数量要求而贪图省事、不负责任地选择受检桩；如核心筒部位荷载大、基桩密度大，但受检桩却大量挑选在裙楼基础部位；又如 9 桩或 9 桩以上的柱下承台，仅检测 1 根桩。

(3) 对大直径嵌岩灌注桩或设计等级为甲级的大直径灌注桩，应在满足 (1)、(2) 两款规定的检测桩数范围内，按不少于总桩数 10% 的比例采用声波透射法或钻芯法检测。

中小直径灌注桩常采用低应变法，但大直径灌注桩一般设计承载力高，桩身质量是控制承载力的主要因素；随着桩径的增大和桩长超长，尺寸效应和有效检测深度对低应变法的影响加剧，而钻芯法、声透法恰好适合于大直径桩的检测（对于嵌岩桩，采用钻芯法可同时钻取桩端持力层岩芯和检测沉渣厚度）。同时，对大直径桩采用联合检测方式，多种方法并举，可以实现低应变法与钻芯法、声波透射法之间的相互补充或验证，优势互补，提高完整性检测的可靠性。

(4) 当施工质量有疑问的桩和局部地基条件出现异常的桩的数量较多，或为了全面了解整个工程基桩的桩身完整性情况时，宜增加检测数量。

(5) 当对复合地基中类似于素混凝土桩的增强体进行检测时，检测数量应按《建筑地基处理技术规范》JGJ 79 规定执行。

3. 承载力检测

(1) 为设计提供依据的试验桩检测应依据设计确定的基桩受力状态，采用相应的静载试验方法确定单桩极限承载力，检测数量应满足设计要求，且在同一条件下不应少于 3 根；当预计工程桩总数小于 50 根时，检测数量不应少于 2 根。

上述所说的"基桩受力状态"是指桩的承压、抗拔和水平三种受力状态。上述的"同一条件"是指"地基条件、桩长相近，桩端持力层、桩型、桩径、成桩工艺相同"。对于大型工程，"同一条件"可能包含若干个桩基分项（子分项）工程。同一桩基分项工程可能由两个或两个以上"同一条件"的桩组成，如直径 400mm 和 500mm 的两种规格的管桩应区别对待。

同一条件下的试桩数量不得少于一组 3 根，是保障合理评价试桩结果的低限要求。若实际中由于某些原因不足以为设计提供可靠依据或设计另有要求时，可根据实际情况增加试桩数量。另外，如果施工时桩参数发生了较大变动或施工工艺发生了变化，应重新试桩。

对于端承型大直径灌注桩，当受设备或现场条件限制无法做竖向抗压静载试验时，可依据现行行业标准《建筑桩基技术规范》JGJ 94 相关要求，按现行国家标准《建筑地基基础设计规范》GB 50007 进行深层平板载荷试验、岩基载荷试验；或在其他条件相同的情况下进行小直径桩静载试验，通过桩身内力测试，确定承载力参数，并建议考虑尺寸效应的影响。另外，采用上述替代方案时，应先通过相关质量责任主体组织的技术论证。

试验桩场地的选择应有代表性，附近应有地质钻孔。设计提出侧阻和端阻测试要求时，应在试验桩施工中安装测试桩身应变或变形的元件，以得到试桩的侧摩阻力分布及桩端阻力，为设计选择桩基持力层提供依据。试验桩的设计应符合试验目的要求，静载试验装置的设计和安装应符合试验安全的要求。

（2）当符合下列条件之一时，应采用单桩竖向抗压静载试验进行承载力验收检测。检测数量不应少于同一条件下桩基分项工程总桩数的 1%，且不应少于 3 根；当总桩数小于 50 根时，检测数量不应少于 2 根。

1）设计等级为甲级的桩基；

2）施工前未进行为设计提供依据的试验桩单桩静载试验的工程；

3）施工前进行了单桩静载试验，但施工过程中变更了工艺参数或施工质量出现了异常；

4）地基条件复杂、桩施工质量可靠性低；

5）本地区采用的新桩型或新工艺；

6）施工过程中产生挤土上浮或偏位的群桩。

桩基工程属于一个单位工程的分部（子分部）工程中的分项工程，一般以分项工程单独验收，所以将承载力验收检测的工程桩数量限定在分项工程内。同时，也规定了在何种条件下工程桩应进行单桩竖向抗压静载试验及检测数量低限。

按照传统的百分比抽样原则，单位工程内同一条件下的工程桩竖向抗压静载试验抽检数量低限不得少于总桩数的 1% 且不少于 3 根；当总桩数在 50 根以内时，不应少于 2 根。若规定的检测数量不足以为设计提供可靠依据或设计另有要求时，可根据实际情况增加试桩数量，如对地质条件变化较大的地区，或采用了新桩型、新工艺的工程，受检桩的数量应适当增加。另外，如果施工时桩参数发生了较大变动或施工工艺发生了变化，即使施工前进行过试桩，施工后也应根据情况变化重新选择试桩。如挤土群桩施工时，由于土体的侧挤和隆起，桩被挤断、拉断、上浮等现象时有发生；尤其是大面积密集群桩施工，再加上施打顺序不合理或打桩速率过快等不利因素，常引发严重的质量事故。有时施工前虽做过静载试验并以此作为设计依据，但因前期施工的试桩数量毕竟有限，挤土效应并未充分显现。施工后的基桩承载力与施工前的试桩结果相差甚远，对此应给予足够的重视。

（3）除（2）中规定之外的工程桩，单桩竖向抗压承载力可按下列方式进行验收检测，检测数量不应少于同一条件下桩基分项工程总桩数的 1%，且不应少于 3 根；当总桩数小于 50 根时，检测数量不应少于 2 根。

（4）除（2）中规定之外的工程桩，当为预制桩和满足高应变法适用范围的灌注桩，可采用高应变法检测单桩竖向抗压承载力，检测数量不宜少于总桩数的 5%，且不得少于 5 根。

预制桩和满足高应变法适用检测范围的灌注桩，可采用高应变法。高应变法作为一种以检测承载力为主的试验方法，尚不能完全取代静载试验。该方法的可靠性的提高，在很大程度上取决于检测人员的技术水平和经验，绝非仅通过一定量的静动对比就能解决。由于检测人员水平、设备匹配能力、桩土相互作用复杂性等原因，超出高应变法适用范围后，静动对比在机理上就不具备可比性。如果说"静动对比"是衡量高应变法是否可靠的唯一"硬"指标，那么对比结果就不能只是与静载承载力数值的比较，还应比较动测得到的桩的沉降和土参数取值是否合理。同时，尽管允许采用高应变法进行验收检测，但仍需不断积累验证资料、提高分析判断能力和现场检测技术水平，尤其针对灌注桩检测中，实测信号质量有时不易保证、分析中不确定因素多的情况。

（5）当有本地区相近条件的对比验证资料时，高应变法可作为（2）中规定条件下单桩竖向抗压承载力验收检测的补充，其检测数量不宜少于总桩数的 5%，且不得少于 5 根。

为了全面了解工程桩的承载力情况，使验收检测达到既安全又经济的目的，可采用高应变法作为静载试验的"补充"，但无完全代替静载试验之意。如场地地基条件复杂、桩施工变异大，但按（2）中规定的静载试桩数量很少，存在抽样数量不足、代表性差的问题，此时在满足（2）中规定的静载试桩数量的基础上，只能是额外增加高应变检测；又如，场地地基条件和施工变异不大，按 1% 抽检的静载试桩数量较大，根据经验能认定高应变法适用且其结果与静载试验有良好的可比性，此时可适当减少静载试桩数量，采用高应变检测作为补充。

（6）对于端承型大直径灌注桩，当受设备或现场条件限制无法检测单桩竖向抗压承载力时，可选择下列方式进行持力层核验：

采用钻芯法测定桩底沉渣厚度，并钻取桩端持力层岩土芯样检验桩端持力层，检测数量不应少于总桩数的 10%，且不应少于 10 根；

采用深层平板载荷试验或岩基平板载荷试验，检测应符合现行国家标准《建筑地基基础设计规范》GB 50007 和现行行业标准《建筑桩基技术规范》JGJ 94 的有关规定，检测数量不应少于总桩数的 1%，且不应少于 3 根。

端承型大直径灌注桩（事实上对所有高承载力的桩），往往不允许任何一根桩承载力失效，否则后果不堪设想。由于试桩荷载大或场地限制，有时很难甚至无法进行单桩竖向抗压承载力静载检测。对此，更体现了"多种方法合理搭配，优势互补"的原则，如深层平板载荷试验、岩基载荷试验，终孔后混凝土灌注前的桩端持力层鉴别、成桩后的钻芯法沉渣厚度测定、桩端持力层钻芯鉴别（包括动力触探，标贯试验、岩芯试件抗压强度试验）。

（7）桩的竖向抗拔和水平静载试验抽检数量同样按照传统的百分比抽样原则，为总桩数的 1% 且不少于 3 根；当总桩数小于 50 根时，不应少于 2 根。

2.5　验证与扩大检测

2.5.1　验证检测

1. 验证情况

现场检测宜先进行完整性检测，后进行承载力检测。相对静载试验而言，完整性检测

（除钻芯法外）作为普查手段，具有速度快、费用低和检测量大的特点，容易发现桩基施工的整体质量问题。同时，也可为有针对性地选择静载试桩提供帮助，所以完整性检测宜安排在静载试验之前。当基础埋深较大，基坑开挖产生土体侧移，将桩推断或机械开挖将桩碰断的现象时有发生，此时完整性检测应等到开挖至基底标高后进行。不论完整性检测还是承载力检测，必须严格按照规范的要求进行，以使检测数据可靠、减少试验误差，如静载试验中基准桩与试桩的间距、百分表安装位置及稳定判别标准，高应变法对锤重的要求，低应变中传感器安装位置，声波透射法中对测点间距的要求等。

当测试数据因外界环境干扰、人员操作失误或仪器设备故障影响变得异常时，应及时查明原因并加以排除，然后组织重新检测。如低应变法检测时，邻近大型机器运转所产生的低频振动使测试信号出现畸变；声波透射法检测时，因人员操作失误，使声波发射和接收换能器不同步，造成声时或声速突然变得异常；钻芯检测时，因钻芯孔倾斜，钻头未达桩底便已偏出桩体等。

验证检测是针对检测中出现的缺乏依据、无法或者难于定论的情况所进行的同类方法或者不同类方法的核验过程，以做到结果评价的准确和可靠。

2. 验证方法

用准确可靠程度（或直观性）高的检测方法来弥补或复核准确可靠程度（或直观性）低的检测方法结果的不确定性，称为验证检测。验证的主要方法有：

（1）单桩竖向抗压承载力验证应采用单桩竖向抗压静载试验；

（2）桩身浅部缺陷可采用开挖验证；

（3）桩身或接头存在裂隙的预制桩可采用高应变法验证，管桩也可采用孔内摄像的方式验证；

（4）单孔钻芯检测发现桩身混凝土存在质量问题时，宜在同一基桩增加钻孔验证，并根据前、后钻芯结果对受检桩重新评价；

（5）对低应变法检测中不能明确桩身完整性类别的桩或Ⅲ类桩，可根据实际情况采用静载法、钻芯法、高应变法、开挖等方法进行验证检测。

同时也要注意完整性检测和承载力检测概念上的不同，桩身完整性不符合要求和单桩承载力不满足设计要求是两个独立概念。在实际检测过程中会发现，有时完整性为Ⅰ类或Ⅱ类的桩而承载力不满足设计要求，显然存在结构安全隐患；有时竖向抗压承载力满足设计要求的桩，完整性为Ⅲ类或Ⅳ类，则可能存在安全和耐久性方面的隐患。如桩身出现水平整合型裂缝（灌注桩因挤土、开挖等原因也常出现）或断裂，低应变完整性为Ⅲ类或Ⅳ类，但高应变完整性可能为Ⅱ类，且竖向抗压承载力可能满足设计要求，当这些桩承受水平荷载或上拔荷载时，则很难满足使用上的要求。

（6）桩身混凝土实体强度可在桩顶浅部钻取芯样验证。

当需要验证运送至现场某批次混凝土强度，或对预留的试块强度和浇注后的混凝土强度有异议时，可按结构构件取芯的方式，验证评价桩身实体混凝土强度。注意桩实体强度取芯验证与本教材中钻芯法有差别，前者只要按《混凝土结构现场检测技术标准》GB/T 50784，在满足随机抽样的代表性和数量要求的条件下，可以给出具有保证率的检验批混凝土强度推定值；后者常因检测桩数少、缺乏代表性而仅对受检单桩的混凝土强度进行评价。

2.5.2 扩大检测

扩大检测是针对初次检测发现的基桩承载力不能满足设计要求或者完整性检测中Ⅲ、Ⅳ类桩比例较大时所进行的同类方法的再次检测。一般包括以下几种情况：

（1）当采用低应变法、高应变法和声波透射法检测桩身完整性发现有Ⅲ、Ⅳ类桩存在，且检测数量覆盖的范围不能为补强或设计变更方案提供可靠依据时，宜采用原检测方法，在未检桩中继续扩大检测。当原检测方法为声波透射法时，可改用钻芯法。

（2）当单桩承载力或钻芯法检测结果不满足设计要求时，应分析原因并扩大检测。

扩大检测不能盲目进行，应首先会同建设方、设计、施工、监理等有关方分析和判断桩基的整体质量状况，尽可能查明产生质量问题的原因，有问题桩的分布规律，分清责任。当无法做出准确判断，为桩基补强或变更设计方案提供可靠依据时，则应进行扩大检测。扩大检测数量宜根据地基条件、桩基设计等级、桩型、施工质量变异性等因素合理确定，并经有关方认可。

2.6 检测结果评价和检测报告

2.6.1 检测结果评价

桩的设计要求通常包含承载力、混凝土强度以及施工质量验收规范规定的各项内容，而施工后基桩检测结果的评价包含了承载力和完整性两个相对独立的评价内容。

对于桩身完整性检测，《建筑基桩检测技术规范》JGJ 106 给出了完整性类别的划分标准，如表 2-4 所示，改变了过去对划分依据、类别和名称的不统一状态，如过去对划分依据有的是根据测试信号反映的桩的缺陷程度和整桩平均波速，有的是根据波速推断的混凝土强度；而类别和名称有的分为优良、较好、合格、可疑、不合格五类，有的分为优质、良好、不合格三类等。统一的划分标准将有利于完整性检测结果的判定和采用，但在进行结果评价时，也要考虑桩的设计条件、承载力性状及施工等多方面的因素，不能只机械地按测试信号进行评判。

桩身完整性分类表 表 2-4

桩身完整性类别	分类原则
Ⅰ类桩	桩身完整
Ⅱ类桩	桩身有轻微缺陷，不会影响桩身结构承载力的正常发挥
Ⅲ类桩	桩身有明显缺陷，对桩身结构承载力有影响
Ⅳ类桩	桩身存在严重缺陷

对完整性类别为Ⅳ类的基桩，因存在严重缺陷，对桩身结构承载力的发挥有很大影响，所以必须进行工程处理。处理方式包括补桩、补强、设计变更或由原设计单位复核以确定是否可满足结构安全和使用功能要求等。有一点要强调的是，对实测桩长明显小于施工记录桩长的桩，一种情况是桩端未进入设计要求的持力层或进入持力层深度不够，承载

力达不到设计要求；一种情况是桩端进入了持力层，承载力能够满足设计要求；无论能否满足使用要求，这种桩都背离了桩身完整性中连续性的内涵，所以应判为Ⅳ类桩。而对Ⅲ类桩，可能采用的处理方式与Ⅳ类桩相同，也可能采用其他更可靠的检测方法验证后再做决定。另外，低应变反射波法出现Ⅲ类桩的判定结论后，可能还会附带检测机构要求对该桩采用其他方法进一步验证的建议。

基桩整体施工质量问题可由桩身完整性普测发现，虽然完整性类别的划分主要是根据缺陷程度，但这种划分不能机械地理解为不需考虑桩的设计条件、地质状况及施工因素，综合判定能力对桩身完整性的正确评价起到关键作用。如果委托方不能就提供的完整性检测结果估计对桩承载力的影响程度，进而估计是否危及上部结构安全，那么在很大程度上就减少了桩身完整性检测的实际意义。完成性类别划分主要是根据缺陷程度，但这种划分不能机械地理解为不需要考虑桩的设计条件和施工因素。综合判定能力对检测人员极为重要。

对于单桩承载力检测结果评价，工程桩承载力验收检测应给出受检桩的承载力检测值，并评价单桩承载力是否满足设计要求。承载力现场试验的实测数据通过分析或综合分析所确定或判定的值，称为承载力检测值，该值也包括采用正常使用极限状态要求的某一限值（如变形、裂缝）所对应的加载量值。这与 2003 版规范依据统计方式得到的特征值进行评价有所不同，主要考虑的是采用统计方式进行整体评价相当于用小样本推断大母体，而目前的基桩检测所采用的百分比抽样并非概率统计学意义上的抽样方式，评价采用的错判概率和漏判概率均无法明确量化。但与以前采用特征值进行评价相同的是，即使验收检测报告中的符合性结论是针对桩基分项工程整体做出的，也不代表整个分项工程全部基桩的承载力都满足设计要求。

最后还需说明的是：

（1）承载力检测因时间短暂，其结果仅代表试桩那一时刻的承载力，更不能包含日后自然或人为因素（如桩周土湿陷、膨胀、冻胀、融沉、侧移，基础上浮、地面超载等）对承载力的影响。

（2）承载力评价可能出现矛盾的情况，即承载力不满足设计要求而满足有关规范要求。因为规范一般给出满足安全储备和正常使用功能的最低要求，而设计时常在此基础上留有一定余量。考虑到责权划分，可以作为问题或建议提出，但仍需设计方复核和有关各责任主体方确认。

总之，检测结果评价要按以下原则进行：

（1）完整性检测与承载力检测相互配合，多种检测方法相互验证与补充；

（2）在充分考虑受检桩数量及代表性基础上，结合设计条件（包括基础和上部结构形式、地质条件、桩的承载性状和沉降控制要求）与施工质量可靠性，给出检测结论。

2.6.2 检测报告

检测报告是最终向委托方提供的重要技术文件。作为技术存档资料，检测报告首先应结论准确，用词规范，具有较强的可读性；其次，是内容完整、精炼，常规的内容包括：

（1）委托方名称，工程名称、地点，建设、勘察、设计、监理和施工单位，基础、结构形式，层数，设计要求；

（2）检测目的，检测依据，检测数量，检测日期；

（3）地基条件描述；

（4）受检桩的桩型、尺寸、桩号、桩位、桩顶标高和相关施工记录；

（5）检测方法，检测仪器设备，检测过程叙述；

（6）受检桩的检测数据，实测与计算分析曲线、表格和汇总结果；

（7）与检测内容相应的检测结论。

特别强调的是，报告中应包含受检桩原始检测数据和曲线，并附有相关的计算分析数据和曲线，对仅有检测结果而无任何检测数据和曲线的报告则视为无效。

除此之外，对于不同的检测方法，还应根据各自的检测原理、方法和计算分析过程等，给出相应的计算分析中间参数值。对于完整性检测，必须给出完整性的类别、判据和详细描述。对于承载力的检测，根据实际情况，给出单桩承载力实测值或计算出单桩承载力特征值。

2.7　检测的若干问题

2.7.1　基桩检测工作的特点

建设工程桩基质量检测工作，区别于其他类产品质量检测，具有自己独特的特点。如抽样选取较为随意、抽样对象的性能指标的离散性大、检测结果不具代表性和抽样数量不够等，所以在进行完整性评价和依据有限根桩的检测结果完成对整个工程的承载力评价时，应引起注意。

1. 抽样对象的性能指标的离散性大

地基基础的施工质量验收目前无法根据可靠度理论来确定抽样方案，评估生产方风险和使用方风险，主要原因是验收对象的性能指标离散性比较大，不同地质条件、不同施工单位、不同管理水平，有决然不同的产品质量。纵观《建筑地基基础工程施工质量验收规范》GB 50202，无论是桩基础，还是复合地基，多是采用按百分比进行抽样检测，虽然这种抽样方法不够科学，但目前没有更好的方法。另外，监督管理力度有限，抽样执行力度差，抽样数量难以确保，都会直接或者间接地影响到检测结果的评价。

2. 检测结果的代表性问题

从检测结果的代表性来看，影响建（构）筑物结果安全的因素很多，与一般产品最大的差别在于，建（构）筑物是由许多单个构件组成的，由于施工人员、原材料、施工设备机具、施工环境等各种因素的影响，各个构件的性能指标的离散性很大，单个构件的实效（不合格）很可能导致整个建（构）筑物不能正常使用，如采用单桩单柱基础，出现任一根废桩都会导致整个建（构）筑物不能正常使用甚至坍塌的可能性。

3. 抽样数量问题

按照规范的规定，必须对同一单位工程每一种桩型、桩径的桩严格规范要求的比例抽检，如静载法检测，每一种桩型、桩径的桩抽样数量最低不应少于3根，考虑到目前检测市场，恐怕难以做到。按照规范要求，承载力特征值是对一个单位工程内同条件下的桩进行评价。考虑到每一个单位工程中桩基础通常包含不同桩型、桩径的桩，在进行单位工程承载力评价时，必须对同一条件的桩进行评价。

2.7.2　各检测方法的优缺点

目前，用于工程桩质量检测的方法主要有：低应变法、高应变法、声波透射法、钻芯法和静载法五种。这五种方法在检验桩身完整性和检测单桩承载力方面各有所长，在工程应用中相互补充。

1. 低应变法

低应变反射波法在检验桩身质量完整性方面具有其他检测方法不可代替的优势，如设备简单、方法快速、费用低、结果比较可靠，是普查桩身质量的一种有力手段。根据反射波法检测结果来确定静载法、钻芯法和高应变法的桩位，可以使检测数量不多的静载法等结果更具代表性，弥补静载法等因抽样率低带来的不足；或静载法等出现不合格桩后，采用反射波法来加大检测面，为桩基处理方案提供更多的依据。反射波法具有上述优点，也存在一定的局限性，所以在检测结果评定时，应引起足够的重视。

（1）反射波法确定桩身质量的"定量"问题

反射波法检验桩身质量的完整性，目前已经基本上能确定桩身缺陷（尤其是第一个缺陷）的具体位置。但相对于缺陷的位置而言，缺陷的"程度"更加重要，也更引起人们的关注。因为，对于一根有缺陷的桩，其缺陷的具体位置在几米处似乎不太重要（并非绝对），而重要的是缺陷的程度如何、该桩为几类桩、能否使用。事实上，目前反射波法，最关键、最难解决的问题是缺陷"程度"的"定量"判定问题，即根据反射波法的实测波形中缺陷反射的幅值，来判断缺陷的具体程度、划分桩的类别。由于影响反射波幅值的因素比较多，如桩周土阻力等，所以要做到将实测波形与桩的类别定义紧密挂钩，确定一个操作性强的判断准则是非常困难的。

（2）反射波法的尺寸效应问题

一维应力波理论有一个重要的假设即平截面假设：假设力和速度只是深度和时间的函数。理论上，如果杆的长度 L 远大于杆的直径 D，则可将其视为一维杆，实际上，如果 $L/D > 5 \sim 10$，我们认为可近似作为一维杆件处理。

当桩顶受到锤击点（点振源）锤击时，将产生一个四周传播的应力波，类似于半球面波，除了纵波外，还有横波和表面波，在桩顶附件区域内，平截面假设不成立，只有传到一定的深度时，即 $X > (5 \sim 10)D$ 时，应力波沿桩身向下传播的波阵面才可近似看作是平面，及球面波才可近似看作是平面波，一维应力波理论才能成立。

从理论上讲，桩上部（$3 \sim 5$）D 范围内，一维波动理论的平截面假设不成立或者成立的条件不够充分。当桩浅部存在较严重缺陷时，波动效应不明显。实测波形中主要表现为高幅值、大低频、宽幅的振动，相当于一个弹簧上质量块的振动，缺陷上部的桩身为质量块，缺陷处为弹簧。此时，振动效应占主导地位，波动效应占次要地位。

为了解决这一矛盾，在实测中，对于大直径桩建议采用不同的锤进行试验，大锤侧重测桩下部和桩底的情况，同时可适当加软垫拓宽脉冲。对于浅部缺陷，建议用小锤，提高激振频率，减小入射波脉冲宽度。

（3）反射波法的局限性

① 对于多个缺陷桩，应力波在桩中产生多次反射和透射，对实测波形的判断非常复

杂且不准确，第二、第三缺陷的判断会有较大误差，一般不要判断第三个缺陷。

② 反射波法不能定量确定桩底沉渣厚度。

③ 桩身渐变型缺陷的情况，渐变扩径后相对缩径容易被判为缩径；渐变缩径或离析且范围较大时，缺陷反射波形不明显。

④ 桩身裂缝及接缝问题。反射波法不能识别纵向裂缝，对水平裂缝和接缝能反映出来，但程度很难掌握，往往判为严重缺陷；而高应变或静载可以使这些裂缝闭合，继续传递竖向荷载。

⑤ 反射波法所验算的缺陷深度和计算桩长与实际情况有一定的差别。

⑥ 反射波法不能提供桩身混凝土强度。

具体情况在低应变法一章有更详细的介绍。

2. 高应变法

高应变法时采用重锤冲击桩顶，使桩土之间产生足够的相对位移，充分激发桩周土摩阻力和桩端支承力，从而测得桩的竖向抗压承载力和桩身质量完整性。对实测波形进行拟合分析计算，可获得桩周土力学参数，桩周、桩端土阻力分布，模拟静载法的荷载沉降（Q-s）曲线。该种方法与单桩竖向抗压静载法相比，具有设备简单、省时、费用低、抽检覆盖面大等优点，同时可用于打桩过程中的监测，所以在工程界被广泛应用。

随着测试技术和计算机技术的迅速发展，高应变法的设备功能和软件分析功能也不断完善，检测结果的精确度和可靠度不断提高。但仍然存在着一些值得注意的问题。

（1）高应变法的理论基础

高应变法检测技术以一维波动理论为基础，假设桩为一维线弹性杆件，桩周土阻力由动阻力和静阻力两部分组成，一般假设动阻力与桩的质点运动速度成正比，土的静阻力与该点桩身位移有关，土的静阻力模型多采用 Smith 土阻力模型。

CASE 法是一种简化的波动分析方法，它假设桩为均质的、无内部阻尼变化的弹性杆，桩周土阻力均匀地分布于桩周，将对桩的锤击力的动力响应看作锤击所产生的应力波及桩运动所激发的土阻力的叠加，使桩的动力响应分析大大简化。

"曲线拟合分析法"，根据高应变法实测的桩顶力和速度信号来求解桩土体系参数。桩模型采用连续杆模型，土阻力基本上采用 Smith 土阻力模型，根据需要，可引入辐射阻尼模型。拟合参数的求解属于反分析过程，一般采用试算、迭代的方式得到所谓的最佳的桩土体系参数，使得计算的力或者速度曲线与实测的曲线尽可能吻合。

（2）桩锤性能对试验结果的影响

高应变法的精度明显受冲击荷载持续时间的长短和传递能量大小的影响。高应变法与静载法不同之处在于：在瞬态荷载作用过程中，桩身每一时刻受力不均匀引起桩身运动不均匀，从而引起较为明显的波动效应即惯性效应，在瞬态变形时，桩周土阻力变化表现出速度相关性即速度效应。这两种效应在很大程度上影响着高应变法判断承载力的精度。如果把桩视为弹性杆，桩锤视为刚体，则荷载作用持续时间随锤的质量增加而延宽，若把锤与桩均考虑为具有一定阻抗的弹性杆件，则荷载作用持续时间随锤的阻抗和长度的增加而增加，当锤的阻抗大于桩的阻抗时，才有可能使锤的动能完全传递给桩。

如果将桩顶荷载作用时间 T 与桩的波速 c 乘积定义为特征波长 λ，则 λ/L（L 为桩长）愈大，应力波沿桩身向下传播时，桩身受力及运动状态也就愈趋均匀；反之 λ/L 较小时，就相当于长桩或超长桩的情况：从桩顶实测波形可以看到速度波形先于 $2L/c$ 甚至 L/c 就已变成负值，意味着应力波传至桩下部在引起下部桩身向下运动的同时，桩的上部已出现反弹即卸载现象，这种现象说明桩的受力和运动极不均匀，波动效应明显。

所以，对于大、中直径桩，应采取"重锤低击"的原则，可使桩顶荷载作用持续时间延长、能量传递比增大。

（3）高应变理论模型的问题和局限性

CASE 法是用一种理想化的计算模型，与工程中实际的桩-土体系模型相差较远，导致计算结果的可靠度降低。如：只考虑桩端土的阻尼，忽略了桩侧土阻尼的影响；对于非均匀桩，桩身阻抗有较大变化，应力波在传播过程中产生畸变，CASE 法无法考虑；CASE 法的关键参数——桩端阻尼系数 J_c 是一个地区性经验参数，其取值的人为因素太多，如所参照的地质报告不准等，都会给检测结果造成较大的误差，需要通过动静对比来确定。

其他详细介绍见高应变法章节。

3. 声波透射法

声波透射法用于检测混凝土灌注桩的完整性，其基本方法是：基桩成孔后，灌注混凝土之前，在桩内预埋若干根声测管作为声波发射和接收换能器的通道，在混凝土强度达到一定强度后开始检测，用声波检测仪沿桩的纵轴方向以一定的间距逐点检测声波穿过桩身各截面的声学参数，然后对这些检测数据进行整理、分析和判断，确定桩身混凝土缺陷的位置、范围和程度，从而推断桩身混凝土的连续性、完整性和均匀性状况，评定桩身完整性等级。

因此，相比较混凝土灌注桩的其他几种主要检测方法：钻芯法、高应变法、低应变法和静载试验，声波透射法具有如下的优点：

（1）声波透射法检测全面、细致，其检测的范围可覆盖全桩长的各个横截面，信息量相当丰富。并且，通过对重点部位的同步加密测量、斜测和扇形扫描，可以确定缺陷的具体位置和大小，因此声波透射法的测试精度在各种完整性测试中是比较高的。

（2）由于声波透射法检测时通过换能器在两根平行的声测管内同步上（下）移动进行检测，可以有效避免桩周其他介质对桩身完整性检测的影响，因此具有较高的测试准确性。

（3）声波透射法检测受现场条件影响很小，并且现场操作简便迅速。只要能保证声测管垂直露出表面就可以检测，不受桩长、长径比的限制，无需进行桩头的特殊处理和桩周场地处理就可以进行检测，对工期的影响和工程造价的影响是很小的，因而检测的费用比较低，可普查的面比较广。

同样的，声波透射法的缺点也是明显的：

（1）声波透射法必须在两根声测管内进行检测，必须预先埋设声测管，这在客观上增加了一部分成本费用。同样的，未进行声测管埋设的灌注桩将因为如上原因无法进行声波透射法检测。

（2）虽然声波透射法检测的范围是全桩各个剖面，但是对于桩底持力层的情况无法进行检测。同样的，钢筋笼以外的小部分混凝土也是声波透射法的一个检测盲区。

（3）由于声波透射法是在两根声测管之间进行的，声测管的埋设直接影响着声波透射法的测试准确性。

现行行业标准《建筑基桩检测技术规范》JGJ 106 关于声波透射法方面存在如下需要注意的问题：

（1）桩身完整性的判断不太具体，给检测人员留有较大的分析判断空间，需要检测技术人员具有较丰富的经验和较高的素质。

（2）同一根桩多孔检测时，各剖面之间的检测数据没有进行关联分析，未充分利用检测原始数据所包含的信息。

关于声波透射法更详细的分析见声波透射法章节。

4. 钻芯法

钻芯法是检测钻孔、冲孔、人工挖孔等灌注桩质量的一种有效手段，不受场地条件的限制，特别适用于大直径灌注桩质量的检验。钻芯法检桩主要用于：检验桩身混凝土质量、桩身混凝土强度是否满足设计要求；桩底沉渣是否符合设计要求或施工验收规范要求；桩端持力层强度和厚度是否符合设计要求；施工记录桩长是否属实等。与反射波法检测桩身质量相比，具有直观、定量地判断桩身混凝土质量、强度、桩底沉渣厚度、桩长等优点。

（1）钻孔取芯的"盲区"问题

该法取样部位有局限性，只能反映钻孔范围内的小部分混凝土质量，存在较大的盲区，容易以点代面造成误判或漏判。钻芯法对查明大面积的混凝土疏松、离析、夹泥、孔洞等比较有效，而对局部缺陷和水平裂缝等判断就不一定十分准确。

（2）钻孔位置布置对检测结果的影响

钻芯法还存在设备庞大、费工费时、价格昂贵的缺点。因此钻芯法不宜用于大批量检测，而只能用于抽样检查，或作为对无损检测结果的验证手段。实践经验表明，采用钻芯法与声波透射法联合检测、综合判定的办法评定大直径灌注桩的质量，是十分有效的办法。

5. 静载法

单桩竖向抗压静载法是采用接近于竖向抗压桩的实际工作条件的试验方法，确定单桩竖向极限承载力，作为设计依据，或对工程桩的承载力进行抽样检验和评价。当埋设有桩底反力和桩身应力、应变测量元件时，尚可直接测定桩周各土层的极限侧阻力和极限端阻力。该方法在目前是一种最直观、可靠的检验单桩极限承载力的方法。

（1）静载法执行规范应注意的问题

与动测技术相比，静载试验较为简单，技术含量较低，要求检测人员严格按照有关的规范操作。目前与静载相关的规范很多，常用的可按照《建筑基桩检测技术规范》JGJ 106、《建筑地基基础设计规范》GB 50007 等的有关规定进行。但在使用时要注意，不同规范中的稳定标准、终止加载条件和极限承载力的判断方法都不一样，规范 GB 50007 采用定值设计法，使用单桩竖向承载力标准值。规范 JGJ 94 采用概率极限状态设计法，使用单桩竖向极限承载力标准值。《建筑基桩检测技术规范》JGJ 106 用的是安全系数，规范 JGJ 94 用的是分项系数。所以在签订检测合同时要明确执行哪一本规范，是采用分项系数还是使用安全系数。

（2）静载法破坏机理分析

桩的极限承载力取决于土对桩的支承阻力和桩身材料强度，一般由土对桩的支承阻力控制。正常情况下，单桩在竖向荷载的作用下，首先从上到下激发桩周土的摩阻力，随着荷载增加，桩端出现竖向位移和桩端反力，桩端位移加大了桩身各截面的位移，并使得桩侧阻力进一步发挥，当桩周土阻力充分发挥后，桩端持力层的支承力逐渐增大以至极限状态，当桩周土阻力和端承力都达到极限状态时，一般认为该桩的极限承载力被充分发挥。通常情况，当桩身不存在较大问题时，在试验过程中，桩身不会发生破坏，静载法达到极限后，再加载会引致桩周或桩端土的破坏。而对于桩身质量有问题的桩，在加载过程中，桩周或桩端（主要是桩端）摩阻或端承力还没有来得及充分激发，桩身的轴向应力已经超过了桩身缺陷部分极限抗压强度，而引致桩身产生破坏。所以，静载法的破坏，一般有三种情况：桩周土的破坏、桩端持力层的破坏和桩身破坏。

虽然静载法无法确定桩身质量，也无法测得静载法达到极限荷载以前的状态，但是，对于达到极限状态以后的破坏形态基本上还是可以确定的。如属桩身破坏或桩端持力层夹层破坏情况，千斤顶油压值降到很低，承载力大幅下降，说明该桩已经成为废桩。对于桩周土发生破坏的摩擦型桩，千斤顶油压值降的比较少，荷载降 1~2 级，这种桩身没有破坏，试验前后承载力基本上没有发生变化，可继续使用。所以试验做到破坏时，应记录残余油压值的读数。

（3）特殊情况下静载法结果处理建议

静载法有时会遇到各种不同的情况，所以在提供单桩承载力时应加以注意。

① 对于静载法做到破坏的情况，所提供桩的极限承载力是指该桩所代表的那一类桩的极限承载力。而该桩有可能已经不能使用。如：对于桩身或桩端持力层夹层已发生破坏的桩，如在静载法最后一级或最后第二级加载时发生桩身破坏或桩端持力层夹层破坏，千斤顶油压值降到很低，按照规范，这根桩的极限承载力可以定得很高，这个承载力代表的是这一类桩的承载力，而该桩本身几乎已经成为废桩；对于桩周土发生破坏的桩，一般在比较接近最大试验荷载（最后 2~3 级）无法稳定，但千斤顶油压值降的很少，只要不加压就能稳定，这种桩身没有破坏，试验前后承载力基本没有发生变化，可继续使用。

② 对于桩身存在水平裂缝的情况：在某级荷载作用下沉降明显偏大，但每一级都能稳定，最后按规范判定该桩竖向承载力能够满足设计要求，在这种情况下应该提请设计单位注意可能存在水平荷载降低的隐患。

③ 经过试验后桩的承载力提高了的情况：预制桩接桩质量差，或因施工挤土而上浮，承载力往往不合格，但经过静载法压实后，承载力会提高，甚至满足设计要求。当然，按照规范，这根桩极限承载力定得较低，这个承载力代表的是这一类桩的承载力。

2.7.3　基桩检测工作中对勘察报告的关注要点

桩基岩土工程勘察是一项专门性勘察，除应遵守一般地基勘察中的有关规定外，同时应为选择桩的类型、长度，确定桩的单桩承载力，计算群桩的沉降以及选定施工方法提供所需的岩土工程参数。

1. 勘察报告的主要内容

（1）勘察目的、任务要求和依据的技术标准。

（2）拟建工程概况。

（3）勘察方法和勘察工作布置。

（4）场地地形、地貌、地层、地质构造、岩土性质及其均匀性。

（5）各项岩土性质指标，岩土的强度参数、变形参数、地基承载力的建议值。

（6）地下水埋藏情况、类型、水位及其变化。

（7）土和水对建筑材料的腐蚀性。

（8）可能影响工程稳定的不良地质作用的描述和对工程危害程度的评价。

（9）场地稳定性和适宜性的评价。

2. 勘察报告中有关桩基的主要内容

（1）提供场地各单元岩土层的埋藏条件及其物理、力学指标，对选择成桩类型提供单桩侧摩阻力值和桩端阻力值，估算单桩承载力值。对需进行沉降计算的桩基工程，提供计算所需的岩土参数。

（2）推荐经济合理的桩基持力层；拟用基岩作为桩基持力层时，提供基岩的岩性、构造、风化程度，判定有无洞穴、破碎带或软弱夹层。

（3）提供可能采用的桩基类型、桩端持力层、桩长、桩径方案的建议。

（4）提供场地水文地质条件评价，评价地下水对桩基设计和施工的影响。

（5）评价成桩的可能性，论证桩的施工条件及其对环境的影响，施工应注意的事项和建议。

3. 主要的关注要点

工程检测人员在调查、资料收集阶段应收集到被检工程的岩土工程勘察报告，通常情况下，仅收集到该场地的极少部分资料，如钻孔地质柱状图（某根桩附件的）1～2张，对地质条件极简单的场地，还勉强可用；对地质条件复杂的场地，仅凭1～2张钻孔地质柱状图，就能对整个被检工程场地的地质情况了解，这远远不够。为了更好地了解被检测工程场地岩土地层的分布、工程特性以及场地是否存在不良地质现象，工程检测人员需重点关注勘察报告中的几个要点：

（1）钻孔布置平面图

能充分了解场地建筑物的勘察范围，各个钻孔的具体位置。

（2）钻孔地质柱状图

选择接近现有桩位的钻孔和具有代表性的钻孔。

（3）不良地质现象

被检测场地是否存在着对成桩影响的流砂、软土等不良地质现象。

（4）地下水

地下水的埋藏和赋存、发育情况。

（5）岩土层性状

桩端持力层以上各岩土层的状态（或密度）和风化程度，是否存在影响成桩工艺的不良地层。

（6）桩端持力层情况

检测前充分了解桩端持力层情况相当重要，尤其是对于端承桩，良好的桩端持力层才能保证建筑物基础的稳固。

对于持力层为土层，应了解土层的状态（或密度），是否存在夹杂物或孤石，标准贯入试验的实测击数情况。

对于持力层为岩层，应了解岩层的岩性、风化程度，是否存在洞穴、破碎带或软弱夹层。

（7）原位测试结果

主要有标准贯入试验和动力触探试验。

（8）承载力的相关参数

地基土（岩）承载力、桩侧摩阻力和桩端阻力、岩石单轴抗压强度（天然、饱和）。

2.7.4 基桩检测方法中勘察报告的应用

工程检测人员在检测前，首先应分析被检测工程的岩土工程勘察报告，了解场地岩土层的分布和工程特性，以及场地是否存在不良地质现象。在此基础上，收集施工记录和施工异常情况，同时根据确定的检测目的和检测方法实施的可行性，确定合理的检测方案。对于具体的检测方法，检测人员应根据其不同的技术要求，从中提取所需技术指标，做好相应的检测工作和数据分析。

检测工作过程中，若发现桩基质量的问题，检测人员应结合场地地质条件，分析产生质量的原因，并对桩基做出合理评价。

1. 低应变法

低应变法主要用于检测混凝土桩的桩身完整性，判定桩身缺陷的程度和位置。由于工程桩都是打入土层内，并且支撑于持力层上，因此，应力波在桩身内的传播必然受到桩侧土阻尼、土阻力、桩身材料阻尼和桩身截面阻抗变化等因素的影响。应力波从桩顶传至桩底再从桩底反射回桩顶的传播是一能量和幅值逐渐衰减的过程。

（1）低应变法存在一个有效检测长度问题。桩的有效检测长度主要受桩土刚度比大小的影响，桩土刚度比越小，其有效检测长度越短。小直径桩比大直径桩通常具有较小的桩土刚度比，应力波在传播过程中衰减非常迅速，这种桩型的工程桩经常不能够见到明显的桩底反射信号，在这种情况下应该进行综合分析评判。

（2）对于嵌岩桩，桩底是否存在沉渣和桩端持力层是否为软弱层、溶洞等地质情况直接关系着该桩能否安全使用。理论上嵌岩桩桩端可视为杆件的固定端，可以根据桩底反射波的方向判断桩端的端承效果，当桩端同相反射强烈，则可初步判定桩端的嵌固效果差，这时可采用高应变法、静载法或钻芯法等其他检测方法来检验桩端嵌岩情况，以保障基桩的使用安全。

（3）当嵌岩桩嵌岩深度比较长，或者支撑于微风化岩层但是强风化和中等风化岩层的过渡层很厚，很大程度上削弱了应力波的反射信号，使得桩底反射的信号无法见到，这种情况下应该综合其他因素进行综合分析判定。

（4）当桩土刚度比发生明显变化时，这种变化将会反映在反射波信号的变化上。当桩从刚度比较大的土层进入刚度比较小的土层时，反射波信号将会出现一个类似桩身阻抗变小的反射波信号，反之将出现类似桩身阻抗变大的反射波信号。这就需要我们在分析检测信号时要充分利用勘察报告，对其做出合理的分析判断，否则将导致误判和错判。

（5）如在富含水的流塑或流动的淤泥层、松散砂层等场地进行钻孔桩施工时，容易造成混凝土离析松散现象。

2. 高应变法

高应变法主要用于检测基桩的竖向抗压承载力和桩身完整性；监测预制桩打入时的桩身应力和锤击能量传递比，为沉桩工艺参数及桩长选择提供依据。承载力是指在桩身强度满足桩身结构承载力的前提下，得到的桩周及桩底岩土对桩的抗力（静阻力）。因此要得到极限承载力，应使桩侧和桩端岩土阻力充分发挥，否则不能得到承载力极限值，只能得到承载力检测值。

（1）高应变法检测桩身完整性虽然是附带性的，但由于其激励能量和检测有效深度大的优点，特别在判定桩身水平整合型裂缝、预制桩接头等缺陷时，能够在查明这些"缺陷"是否影响竖向抗压承载力的基础上，合理判定缺陷程度。虽然高应变法的冲击能量比反射波大，它的完整性判定的基本依据和反射波法是一致的。

（2）在高应变试验中，冲击脉冲能量高，桩周土往往处于塑性阶段，冲击能量被土阻力消耗的比例低，冲击脉冲的大部分能量可传至桩底。对于多节预制桩，高应变脉冲穿透接缝的能力也很强，可将能量传至桩的中下部。此外，高应变在分析桩的完整性时，可定量考虑土阻力波的影响。

（3）由于桩侧土阻力和桩端端承力的发挥直接决定着单桩竖向承载力，要想得到更加符合工程实际的动测承载力，必须考虑桩周土的休止时间。不同性质的土的休止时间也有所不同，所以要根据勘察报告结果来决定检测桩的具体休止时间。

（4）CASE 法是计算单桩承载力的传统方法，它主要取决于无量纲阻尼系数 J_c 值，它仅与桩端土性有关，一般遵循随土中细颗粒含量增加阻尼系数增大的规律。J_c 的取值是否合理在很大程度上决定了计算承载力的准确性。在行业标准中，建议积累地区性相近条件下的静动对比资料、采用实测曲线拟合法校核来综合确定阻尼系数 J_c 的合理取值。

（5）高应变法属于半经验法，在对实测信号进行曲线拟合分析时，还应根据实际桩周土各土层的特性来对桩侧各单元的摩阻力和桩端端承力进行分析调整，使之与实际地质条件相符，以得到更加科学的试验结果。

3. 钻芯法

钻芯法是检测钻（冲）孔桩、人工挖孔桩等现浇混凝土的成桩质量的一种有效手段，一般要求受检桩的混凝土龄期或强度应达到设计要求后才能进行检测。

（1）检测前应分析被检测场地的勘察报告，初步估计桩及桩端持力层可能会出现的质量问题以便于钻进过程中，针对不同问题采取不同的方法和钻取工艺，尽可能的钻取芯样。

（2）桩身钻进时通过观察回水含砂量及颜色、钻进的速度变化，结合施工记录及已有的勘察报告，综合判断缺陷的位置和程度，保证检测质量。

（3）如在富含水的流塑或流动的淤泥层、松散砂层等场地进行钻孔桩施工时，对材料配合比及粗骨料级配比要求较高，当材料配比不当、粗骨料级配不好时，往往容易造成混凝土离析松散现象。

（4）如在有软弱夹层、破碎带或溶洞等地区进行钻孔桩施工时，也容易造成混凝土离析松散现象。

（5）在桩底持力层钻进中，若持力层为中等、微风化岩，应描述岩层的主要特征，并与勘察报告或附件的钻孔地质柱状图相对照；若持力层为强风化岩或土层，则应描述土层的主要特征，并进行动力触探或标准贯入试验等，与勘察报告或附件的钻孔地质柱状图相对照。

4. 静载法

单桩静载试验包含单桩竖向抗压、竖向抗拔、水平静载试验，主要用于检测单桩的竖向抗压、竖向抗拔及水平承载力。

（1）静载试验前须了解场地岩土层分布情况及其工程特性指标，如地基土承载力、桩侧摩阻力及桩端阻力，分析地基承载力、休止时间等各方面是否满足要求。

（2）地基承载力要求。规范规定，压重支墩施加于地基的压应力不宜大于地基承载力特征值的 1.5 倍，故试验前须了解场地地基承载力，看其是否满足要求，不满足要求时须对地基进行加固处理。

（3）反力要求，若采用锚桩或工程桩作为反力装置时，应对其抗拔力进行验算，以便提供足够的反力。桩周土的休止时间长短对桩承载力的检测结果影响较大，因此需要根据地质勘察报告提供的桩周土层性质合理确定休止时间，使承载力检测结果更加接近桩的实际承载力。同时，灌注桩混凝土龄期或强度还应达到设计要求后才能进行检测。

（4）桩的极限承载力，主要根据其相应的静载试验关系曲线确定。对于竖向抗压静载试验，其结果分析主要依据其 Q-s 曲线及其不同地质情况。当桩的施工存在明显的缺陷，其 Q-s 曲线将呈现异常，异常形态随缺陷的性质，桩侧与桩端土层性质而异，根据曲线的形状大致了解桩的破坏模式或缺陷性质，其破坏模式主要有以下三种情况：

① 桩端持力层为密实度和强度均较高的土层（如密实砂层、卵石层等），而桩周土层为相对软弱土层，此时端阻力所占比例大，Q-s 曲线呈缓变形，极限荷载下桩端呈整体剪切破坏或局部剪切破坏。

② 桩端与桩周为同类型的一般土层，端阻力不大，Q-s 曲线呈陡降形，桩端呈刺入破坏，如软弱土层中的摩擦桩；或者端承桩在极限荷载下出现桩身材料强度的破坏或桩身压曲破坏，Q-s 曲线也呈陡降形，如嵌入坚硬基岩的短粗端承桩。对于桩端持力层存在有软夹层、破碎带、溶洞或孔洞也会导致地基土强度破坏，其 Q-s 曲线也呈陡降形。

③ 桩端有虚土或沉渣，初始强度低，压缩性高，当桩顶荷载达到一定值后，桩底部土被压密，强度提高，导致 Q-s 曲线呈台阶状；或者桩身有裂缝，在试验荷载作用下闭合，Q-s 曲线也呈台阶状。

第 3 章　应力波基本理论

3.1　应力波概念

当外载荷作用于可变形固体的局部表面时，一开始只有那些直接受到外载荷作用的表面部分的介质质点因变形离开了初始平衡位置。由于这部分介质质点与相邻介质质点发生了相对运动，必然将受到相邻介质质点所给予的作用力（应力），同时也给相邻介质质点予反作用力，因而使它们离开平衡位置而运动起来。由于介质质点的惯性，相邻介质质点的运动将滞后于表面介质质点的运动。依此类推，外载荷在表面上引起的扰动将在介质中逐渐由近及远传播出去。

这种扰动在介质中由近及远的传播即是应力波，其中的扰动与未扰动的分界面称为波阵面，而扰动的传播速度称为波速。实际上，引起应力波的外载荷都是动态载荷。所谓动态载荷（也称动载荷）指的是其大小随时间而变的载荷。

这里所说的扰动指介质状态的一些参量的变化，如应力、质点速度、应变或密度的变化等。这种应力波的传播现象发生在介质的内部，通常用肉眼是看不到的，但是我们可以从其产生的效应感知得到。通常的声波、超声波、地震波、爆炸产生的冲击波都是应力波的例子。

在固体介质中除了压缩扰动还有拉伸扰动，都是以纵波的方式传播的，只是介质微粒的运动方向与波的传播方向相反。

波的种类是根据介质质点的振动方向和波动传播方向的关系来区分的，它分为纵波、横波、表面波等。基桩动测方法就是利用振动产生的纵波原理来检测的。

3.2　直杆一维波动方程

考虑一材质均匀、截面恒定的弹性杆，四周无侧摩阻力作用，长度为 L，截面积为 A，弹性模量为 E，质量密度为 ρ。

取杆轴为 x 轴。若杆变形时平截面假设成立，受轴向力 F 作用，将沿杆轴向产生位移 u、质点运动速度 $v=\dfrac{\partial u}{\partial t}$ 和应变 $\varepsilon=\dfrac{\partial u}{\partial x}$，这些动力学和运动学量只是 x 和时间 t 的函数。

由图 3-1，杆 x 处的单元 $\mathrm{d}x$，如果 u 为 x 处的位移，则在 $x+\mathrm{d}x$ 处的位移为 $u+\dfrac{\partial u}{\partial x}$ $\mathrm{d}x$，显然单元 $\mathrm{d}x$ 在新位置上的长度变化量为 $\dfrac{\partial u}{\partial x}\mathrm{d}x$，而 $\dfrac{\partial u}{\partial x}$ 即为该单元的平均应变。根据虎克定律，应力与应变之比等于弹性模量 E，可写出

图 3-1 杆单元的位移

$$\frac{\partial u}{\partial x} = \frac{\sigma}{E} = \frac{F}{AE}$$

式中　σ——杆 x 截面处的应力。

将上式两边对 x 微分，得

$$AE \frac{\partial^2 u}{\partial x^2} = \frac{\partial F}{\partial x}$$

利用牛顿定律，考虑该单元的不平衡力（惯性力）列出平衡方程

$$\frac{\partial F}{\partial x} \mathrm{d}x = \rho A \mathrm{d}x \frac{\partial^2 u}{\partial t^2}$$

合并上述公式，得

$$\frac{\partial^2 u}{\partial t^2} = \left(\frac{E}{\rho}\right) \frac{\partial^2 u}{\partial x^2}$$

定义 $c = \sqrt{\dfrac{E}{\rho}}$ 为应力波在杆中的纵向传播速度，得到如下一维波动方程

$$\frac{\partial^2 u}{\partial t^2} - c^2 \cdot \frac{\partial^2 u}{\partial x^2} = 0$$

这里应区分质点速度 v 和波速 c，如：质点位移 δ，则质点速度 $v = \dfrac{\delta}{\Delta t}$；如：波位移 Δu，则波速 $c = \dfrac{\Delta u}{\Delta t}$；而应变 $\varepsilon = \dfrac{\delta}{\Delta u} = \dfrac{\delta / \Delta t}{\Delta u / \Delta t} = \dfrac{v}{c}$。因此：$v = c\varepsilon$

则　　　　　　　$EA \cdot v = EA \cdot c\varepsilon = c \cdot F \quad (F = EA \cdot \varepsilon)$

$$F = \frac{EA}{c} \cdot v$$

定义：$Z = \dfrac{EA}{c} = \rho \cdot A \cdot c$　　　　其中：$c = \sqrt{\dfrac{E}{\rho}}$

称 Z 为广义波阻抗（N·s/m）；c 为波速（m/s）；E 为弹性模量（N/m^2 即 kPa）；ρ 为杆的质量密度（kg/m^3）。

3.3　直杆一维波动方程的波动解

一般采用较多的是用行波理论求解波动方程。

当沿杆 x 方向的弹性模量 E，截面积 A，波速 c 和质量密度 ρ 不变时，采用行波理论

55

求解波动方程，不难验证下式为波动方程的达朗贝尔通解

$$u(x,t)=W(x\mp ct)=W_d(x-ct)+W_u(x+ct)$$

式中　W_d、W_u——任意函数。

考虑 $u=W_d(x-ct)$ 位移波形分量，其值可由变量 $x-ct$ 即 x 和 t 的变化范围确定。如果设 $c=5000$，则方程 $u=W_d(100)$ 满足下列条件：$t=0$ 时 $x=100$，$t=0.002$ 时 $x=110$，$t=0.004$ 时 $x=120$，……

可见，波形函数 W_d 以波速 c 沿 x 轴正向传播；同样可证明波形函数 W_u 以波速 c 沿 x 轴负向传播。我们把 W_d 和 W_u 分别称为下行波和上行波。W_d 和 W_u 形状不变，且各自独立地以波速 c 分别沿 x 轴正向和负向传播的特性是解释应力波传播规律的最直观方法，见图 3-2。

图 3-2　下（右）行波和上（左）行波的传播

同时，因一维波动方程的线性性质，可单独研究上、下行波的特性，利用叠加原理求出杆在 t 时刻 x 位置处的合力、速度、位移。

作变换 $\xi=x\mp ct$，分别求 $W(x\mp ct)$ 对 x 和 t 的偏导数，即

$$\varepsilon=\frac{\partial W(x\mp ct)}{\partial x}=\frac{\partial W(\xi)}{\partial \xi}\frac{\partial \xi}{\partial x}=W'(x\mp ct)$$

$$v=\frac{\partial W(x\mp ct)}{\partial t}=\frac{\partial W(\xi)}{\partial \xi}\frac{\partial \xi}{\partial t}=\mp cW'(x\mp ct)$$

为了将一维杆波动理论方便地用于桩的动力检测，考虑在实际桩的动力检测时，施加于桩顶的荷载为压力，故按习惯定义：位移 u、质点运动速度 v 和加速度 a 以向下为正（即 x 轴正向），桩身轴力 F、应力 σ 和应变 ε 以受压为正。则由上述两个公式并改变符号有：

$$v=\pm c\cdot\varepsilon$$

这一简洁形式的方程是我们今后讨论应力波问题的最基本公式，它表明弹性杆中的应力波引起的质点运动速度与应变成正比。

利用上述公式，根据 $\varepsilon=\dfrac{\sigma}{E}=\dfrac{F}{EA}$，不难导出以下两个重要公式

$$\sigma=\pm\rho c \cdot v$$

$$F=\pm\rho cA \cdot v=\frac{EA}{c} \cdot v=\pm Z \cdot v$$

式中，ρc 和 ρcA 称为弹性杆的波（声）阻抗或简称阻抗，当杆为等截面时，阻抗 $Z=$ $\dfrac{mc}{L}$（式中 m 为杆的质量）。另外，后面将用到以下恒等式

$$F\equiv\frac{F+Z \cdot v}{2}+\frac{F-Z \cdot v}{2}\equiv F_\mathrm{d}+F_\mathrm{u}$$

式中等号右边第一项称为下行力波 F_d（也简称为下行波），第二项称为上行力波 F_u（也简称为上行波）。如果类似地将质点运动速度进行分解，即

$$v=v_\mathrm{d}+v_\mathrm{u}$$

式中

$$\begin{cases} v_\mathrm{d}=\dfrac{1}{Z} \cdot \dfrac{F+Z \cdot v}{2} \\[2mm] v_\mathrm{u}=-\dfrac{1}{Z} \cdot \dfrac{F-Z \cdot v}{2} \end{cases}$$

显然有

$$\begin{cases} F_\mathrm{d}=Z \cdot v_\mathrm{d} \\ F_\mathrm{u}=-Z \cdot v_\mathrm{u} \\ F=Z \cdot v_\mathrm{d}-Z \cdot v_\mathrm{u} \end{cases}$$

3.4 应力波在杆中的传播

3.4.1 应力波在杆件阻抗变化处的传播情况

在前面的讨论中，尚未涉及杆阻抗变化对波传播性状的影响，阻抗变化与杆的截面尺寸、质量密度、波速、弹性模量等因素或某一因素变化有关。

假设图 3-3 所示的杆由两种不同阻抗材料（或截面面积）的杆 L_1 和 L_2 组成，当应力从波阻抗 Z_1 的介质入射至阻抗 Z_2 的介质时，在两种不同阻抗的界面上将产生反射波和透射波，用脚标 I、R 和 T 分别代表入射、反射和透射。假设入射压力波 F_I 是已知的，显然有 $V_\mathrm{I}=F_\mathrm{I}/Z_1$。根据前面一节的公式，界面处的力 F 和速度 V 满足

$$F-F_\mathrm{I}=Z_1 \cdot (v-v_\mathrm{I})$$
$$F=Z_2 \cdot v$$

求解上述两式，得

$$F=\frac{2Z_2}{Z_1+Z_2}F_\mathrm{I}=\frac{2Z_1Z_2}{Z_1+Z_2}v_\mathrm{I}$$

$$v=\frac{2}{Z_1+Z_2}F_\mathrm{I}=\frac{2Z_1}{Z_1+Z_2}v_\mathrm{I}$$

图 3-3　两种阻抗
材料的杆件

按习惯将界面处的力波和速度波分解为入射、反射和透射三种波。因界面上力 F 和速度 v 应分别满足牛顿第三定律

$$F_I + F_R = F_T = F$$

和连续条件

$$v_I + v_R = v_T = v$$

记完整性系数 $\beta = Z_2/Z_1$，反射系数 $\xi_R = (Z_2 - Z_1)/(Z_2 + Z_1) = (\beta - 1)/(\beta + 1)$，透射系数 $\xi_T = 2Z_2/(Z_2 + Z_1) = 2\beta/(1 + \beta)$，可得下列公式

$$F_R = \xi_R \cdot F_I$$
$$v_R = -\xi_R \cdot v_I$$
$$F_T = \xi_T \cdot F_I$$
$$v_T = (1/\beta) \cdot \xi_T \cdot v_I$$
$$1 + \xi_R = \xi_T$$

下面对上述公式进行讨论：

(1) 由于 $\xi_T \geqslant 0$，所以透射波总是与入射波同号。

(2) $\beta = 1$，即 $Z_2/Z_1 = 1$，反射系数 $\xi_R = 0$，透射系数 $\xi_T = 1$，$F_T = F_I$，入射力波波形除随时间改变位置外，其他不变，相当于应力波不受任何阻碍地沿杆正向传播。

(3) $\beta > 1$，即波从小阻抗介质传入大阻抗介质。因 $\xi_R \geqslant 0$，故反射力波与入射力波同号，若入射波为下行压力波，则反射的仍是上行压力波，与后继到来的入射压力波叠加起增强作用；因反射波与入射波运行方向相反，则反射力波引起的质点运动速度 v_R 与入射波的 v_I 异号，显然与后继到来的入射下行压力波引起的正向运动速度叠加有抵消作用；又因 $\xi_T \geqslant 1$，则透射力波的幅度总是大于或等于入射力波。特别地，当 $\beta \to \infty$ 即 $Z_2 \to \infty$ 时，相当于刚性固端反射，此时有 $\xi_R = 1$ 和 $\xi_T = 2$，在该界面处入射波和反射波叠加使力幅度增加一倍，而入射波和反射波分别引起的质点运动速度在界面的叠加结果使速度为零。此时，可将固定端作为一面镜子，反射波是入射波的正像。

(4) $\beta < 1$，即波从大阻抗介质传入小阻抗介质。因 $\xi_R \leqslant 0$，故反射力波与入射力波异号，若入射波为下行压力波，则反射的是上行拉力波，与后继到来的入射压力波叠加起卸载作用；因反射波与入射波运行方向也相反，则反射力波引起的质点运动速度 v_R 与入射波的 v_I 同号，显然与后继到来的入射下行压力波引起的正向运动速度叠加有增强作用；又因 $\xi_T \leqslant 1$，则透射力波的幅度总是小于或等于入射力波。特别地，当 $\beta \to 0$ 即 $Z_2 = 0$ 时，相当于自由端反射，此时有 $\xi_R = -1$ 和 $\xi_T = 0$，在该界面处入射波和反射波叠加使力幅度变为零，而入射波和反射波分别引起的质点运动速度在界面的叠加结果使速度加倍。这时，自由端也相当于一面镜子，只是反射波是入射波的倒像。

(1) 应力波在波阻抗减小杆件中的传播

当应力波在波阻抗减小杆件中传播时，其示意图如图 3-4 所示，其杆头速度-时间曲线如图 3-5 所示。

当杆件发生波阻抗减小时，得到反射波幅值比 2 倍的入射波幅值要小的同相反射波。

$$v_1 = \frac{2(Z_1 - Z_2)}{(Z_1 + Z_2)} v_0$$

当杆件发生波阻抗减小时，多次反射波幅值会逐次减小，但相位不发生变化。

图 3-4　波阻抗减小示意图

图 3-5　波阻抗减小情况下，杆头速度-时间曲线

$$v_n = \frac{2(Z_1-Z_2)^n}{(Z_1+Z_2)^n}v_0$$

当杆件发生波阻抗减小时，杆端为自由端的杆端反射会减小，而减小的幅度与波阻抗变化相对大小有关。

$$v_3 = \frac{4Z_1Z_2}{(Z_1+Z_2)^2}2v_0$$

（2）应力波在波阻抗增大杆件中的传播

当应力波在波阻抗增大杆件中传播时，其示意图如图 3-6 所示，其杆头速度-时间曲线如图 3-7 所示。

图 3-6　波阻抗增大示意图

图 3-7　波阻抗增大情况下，杆头速度-时间曲线

当杆件发生波阻抗增大时，得到反射波幅值比入射波要小的反相反射波。

$$v_1 = \frac{2(Z_1-Z_2)}{(Z_1+Z_2)}v_0$$

当杆件发生波阻抗增大时，多次反射波幅值会逐次减小，相位会随反射的次数变化。

$$v_n = \frac{2(Z_1-Z_2)^n}{(Z_1+Z_2)^n}v_0$$

当杆件发生波阻抗增大时，杆端为自由端的杆端反射会减小，而减小的幅度与波阻抗变化相对大小有关。

$$v_3 = \frac{4Z_1Z_2}{(Z_1+Z_2)^2}2v_0$$

3.4.2　应力波在杆端处的传播情况

应力波在杆端处的传播情况是杆件阻抗变化的特例情况。

图 3-8 杆端自由示意图

（1）应力波在杆端处于自由情况下的传播

当杆端为自由端时（$Z_2=0$）（如图 3-8），边界条件 $F_d+F_u=0$，则：$F_u=-F_d$。可以得到 $v_u=v_d$。杆端的质点速度：$v=v_d+v_u=2v_0$。

由上面可知，应力波到达自由端后，将产生一个符号相反、幅值相同的反射波，在杆端处叠加，从而杆端质点运动速度增加一倍。杆头速度-时间曲线如图 3-9 所示。

$$v_1=\frac{2(Z_1-Z_2)}{(Z_1+Z_2)}v_0$$

当杆端处于自由端时 $Z_2=0$；可得 $v_1=2v_0$。

$$v_n=\frac{2(Z_1-Z_2)^n}{(Z_1+Z_2)^n}v_0$$

当杆端处于自由端时 $Z_2=0$；多次反射幅值不发生变化 $v_n=2v_0$。

图 3-9 杆端自由情况下，杆头速度-时间曲线

杆端自由情况下，各质点振动，传播情况如图 3-10 所示。

（2）应力波在杆端处于固定情况下的传播

当杆端为固定端时（$Z_2=\infty$）（如图 3-11），边界条件 $v_d+v_u=0$，则：$v_d=-v_u$。可以得到 $F_d=F_u$。杆端的受力：$F=F_d+F_u=2F_0$。

由上面可知，应力波到达固定端后，在杆端处由于波的叠加使杆端反力增加一倍，杆端速度为 0。

图 3-10 杆端自由情况下，各质点振动、传播情况示意图

$$v_1=\frac{2(Z_1-Z_2)}{(Z_1+Z_2)}v_0$$

图 3-11 杆端固定示意图

图 3-12 杆端固定情况下，杆头速度-时间曲线

当杆端处于固定端时 $Z_2=\infty$；可得 $v_1=-2v_0$。杆头速度-时间曲线如图 3-12 所示。

$$v_n = \frac{2(Z_1 - Z_2)^n}{(Z_1 + Z_2)^n} v_0$$

当杆端处于固定端时 $Z_2 = \infty$；杆端反射的多次反射幅值不变 $v_1 = 2v_0$，但相位会与反射的次数相关。

杆端固定情况下，各质点振动、传播情况如图 3-13 所示。

图 3-13　杆端固定情况下，各质点振动、传播情况示意图

3.5　杆件侧摩阻力作用

入射应力波在杆深度 i 界面遇到土阻力 R_i 作用时的应力波反射和透射情况。见图 3-14。

利用力平衡条件：

$$F_i - F_{i+1} = R_i$$

和上面公式的关系，即

$$F_{d,i} + F_{u,i} - F_{d,i+1} - F_{u,i+1} = R_i$$

或等价地有

$$F_{d,i} - F_{d,i+1} - Z \cdot (v_{u,i} - v_{u,i+1}) = R_i$$

$$F_{u,i} - F_{u,i+1} + Z \cdot (v_{d,i} - v_{d,j+1}) = R_i$$

利用连续条件

$$v_i = v_{i+1}$$

即

$$v_{d,i} + v_{u,i} = v_{d,i+1} + v_{u,i+1}$$

图 3-14　土阻力的作用

由上述两式相减，得

$$F_{d,i} - F_{u,i} - F_{d,i+1} + F_{u,i+1} = 0$$

再由以上公式分别相加和相减，得

$$F_{u,i} = F_{u,i+1} + \frac{1}{2} R_i$$

$$F_{d,i+1} = F_{d,i} - \frac{1}{2} R_i$$

可见，下行入射波通过 i 界面时，由于 R_i 的阻碍，将在该界面处分别产生幅值各为 $R_i/2$ 的向上反射压力波和向下传播的拉力波。

第4章 低应变法

4.1 概述

桩基动测技术的开发与应用，经过多年的发展，同时随着计算机技术的飞速发展，取得了巨大的成绩和许多可喜的成就。不仅表现在国内桩基动测的研究水平和仪器设备已经与国外相差无几，也表现在我国基桩动测人员测试水平和素质的提高。

图 4-1　现场测试示意图

低应变动力试桩法主要用于桩的完整性检测，根据激振方式的不同，又可分为反射波法（小锤敲击法）、机械阻抗法、水电效应法和共振法等数种。目前研究和应用的比较多的低应变动测方法主要是反射波法（如图 4-1）。反射波法设备简便、方法快速、费用低、结果比较可靠，是普查桩身质量的一种有力手段，根据反射波法试验结果来确定静载试验、钻芯法、高应变法的桩位，可以使检测数量不多的静载等试验的结果更具有代表性，弥补静载等试验抽样率低带来的不足；或静载试验等出现不合格桩后，用来加大检测面，为桩基处理方案提供更多的依据。因此越来越被人们所接受。

反射波法的理论基础以一维线弹性杆件模型为依据，因此，《建筑基桩检测技术规范》JGJ 106 规定：受检桩的长径比、瞬态激励脉冲有效高频分量的波长与桩的横向尺寸之比均宜大于 10，设计桩身截面宜基本规则。一维理论要求应力波在桩身中传播时平截面假设成立，所以，对薄壁钢管桩、大直径现浇薄壁混凝土管桩和类似于 H 型钢桩的异形桩，若激励响应在桩顶面接收时，本方法不适用。由于水泥土桩、砂石桩等桩身阻抗与桩周土的阻抗差异小，应力波在这类桩中传播时能量衰减快，因此，反射波法不适用于水泥土桩、砂石桩等桩的桩身质量检测，同时，反射波法很难分析评价高压灌浆的补强效果，故高压灌浆等补强加固桩不宜采用本方法检测。《建筑地基检测技术规范》规定：受检增强体的长径比、瞬态激励脉冲有效高频分量的波长与增强体的横向尺寸之比均宜大于 5，设计增强体截面宜基本规则。一维理论要求应力波在杆中传播时平截面假设成立。检测适用范围主要是高粘结强度增强体，对异形的竖向增强体不宜采用本方法检测。

本方法对桩身缺陷程度只作定性判断。对于桩身不同类型的缺陷，反射波测试信号中主要反映出桩身阻抗减小的信息，缺陷性质往往较难区分。例如，混凝土灌注桩出现的缩径与局部松散、夹泥、空洞等，只凭测试信号很难区分。因此，对缺陷类型进行判定，应结合地质、施工情况综合分析，或采取开挖、钻芯、声波透射等其他方法验证。

由于受桩周土约束、激振能量、桩身材料阻尼和桩身截面阻抗变化等因素的影响，具体工程的有效检测桩长，应通过现场试验，依据能否识别桩底反射信号，确定该方法是否适用。在现场试验前，也可根据同类型工程经验确定。对于最大有效检测深度小于实际桩长的长桩、超长桩检测，尽管测不到桩底反射信号，但若在有效检测长度范围内存在缺陷，则实测信号中必有缺陷反射信号。因此，低应变方法仍可用于查明有效检测长度范围内是否存在缺陷，此类情况应在检测合同和检测报告中予以明确。

4.2　基本原理

反射波法是建立在一维波动理论基础上，将桩假设为一维弹性连续杆，在桩身顶部进行竖向激振产生弹性波，弹性波沿着桩身向下传播，当桩身存在明显差异的界面（如桩底、断桩和严重离析等）或桩身截面积变化（如缩径或扩径）部位，波阻抗将发生变化，产生反射波，通过安装在桩顶的传感器接收反射信号，对接收的反射信号进行放大、滤波和数据处理，可以识别来自桩身不同部位的反射信息。利用波在桩体内传播时纵波波速、桩长与反射时间之间的对应关系，通过对反射信息的分析计算，判断桩身混凝土的完整性及根据平均波速校核桩的实际长度，判定桩身缺陷程度及位置。

4.2.1　基本假设

将反射波法应用于基桩检测中，做了如下假设：

（1）桩自身：一维连续均质线弹性；材料均匀、等截面，变形中横截面保持为平面且彼此平行，横截面上应力分布均匀，忽略横向惯性效应。

（2）没有考虑桩周土的影响。

（3）没有考虑桩土耦合面的影响。

4.2.2　广义波阻抗

广义波阻抗是桩身横截面积、材料密度和弹性模量的函数。

$$Z = EA/c = \rho c A$$

式中　Z——桩的广义波阻抗（N·s/m）；

　c——桩的弹性波速（m/s）；

　E——桩的弹性模量（N/m²）；

　ρ——桩的质量密度（kg/m³）；

　ρc——桩的声特性阻抗或声阻抗率 [kg/(m²·s)]；

　A——桩身截面积（m²）。

4.2.3　通过统计确定桩身波速平均值

为分析不同时段或频段信号所反映的桩身阻抗信息、核验桩底信号并确定桩身缺陷位置，需要确定桩身波速及其平均值。

当桩长已知、桩底反射信号明确时，应在地基条件、桩型、成桩工艺相同的基桩中，选取不少于 5 根 Ⅰ 类桩的桩身波速值按下列公式计算其平均值

$$c_m = \frac{1}{n} \sum_{i=1}^{n} c_i$$

$$c_i = \frac{2000L}{\Delta T}$$

$$c_i = 2L \cdot \Delta f$$

式中　c_m——桩身波速的平均值（m/s）；

　　　　c_i——第 i 根受检桩的桩身波速值（m/s），且 $|c_i - c_m|/c_m$ 不宜大于 5%；

　　　　L——测点下桩长（m）；

　　　　ΔT——速度波第一峰与桩底反射波峰间的时间差（ms）；

　　　　Δf——幅频曲线上桩底相邻谐振峰间的频差（Hz）；

　　　　n——参加波速平均值计算的基桩数量（$n \geqslant 5$）。

需要指出，桩身平均波速确定时，要求 $|c_i - c_m|/c_m \leqslant 5\%$ 的规定在具体执行中并不宽松，因为影响单根桩波速确定准确性的因素很多；如果被检工程桩数量较多，尚应考虑尺寸效应问题，即参加平均波速统计的被检桩的测试条件应尽可能一致，桩身也不应有明显的阻抗变化。

当无法按上述方法确定时，波速平均值可根据本地区相同桩型及成桩工艺的其他桩基工程的实测值，结合桩身混凝土的骨料品种和强度等级综合确定。虽然波速与混凝土强度二者并不呈一一对应关系，但考虑到二者整体趋势上呈正相关关系，且强度等级是现场最易得到的参考数据，故对于超长桩或无法明确找出桩底反射信号的桩，可根据本地区经验并结合混凝土强度等级，综合确定波速平均值，或利用成桩工艺、桩型相同、且桩长相对较短并能够找出桩底反射信号的桩确定的波速，作为波速平均值。

对于单根基桩，如能测到桩底反射的时间，当平均波速已知时，即可确定桩的长度；反之，如桩长已知，即可测到桩身混凝土平均波速。

此外，当某根桩露出地面且有一定的高度时，可沿桩长方向间隔一可测量的距离段安置两个测振传感器，通过测量两个传感器的响应时差，计算该桩段的波速值，以该值代表整根桩的波速值。

4.2.4　桩身缺陷位置计算

桩身缺陷位置计算采用下列两式之一：

$$x = \frac{1}{2000} \cdot \Delta t_x \cdot c$$

$$x = \frac{1}{2} \cdot \frac{c}{\Delta f'}$$

式中　x——桩身缺陷至传感器安装点的距离（m）；

　　Δt_x——速度波第一峰与缺陷反射波峰间的时间差（ms）；

　　c——受检桩的桩身波速（m/s），无法确定时可用桩身波速的平均值 c_m 值替代；

　　$\Delta f'$——幅频信号曲线上缺陷相邻谐振峰间的频差（Hz）。

桩身缺陷的性质，可根据反射波的振幅、相位、频率、波列组合以及衰减历时特征，结合场地施工及地质情况做出相应评价。

4.2.5　应力波在桩中的传播

当应力波沿桩轴线垂直于界面进入另一种介质时，对两种介质都会引起扰动，应力波分别向两种介质进行传播，即在介质分界面上产生反射和透射，此时应力波传播示意图如图 4-2 所示。

图 4-2 应力波传播示意图

图中，ρ_1、c_1、A_1 和 ρ_2、c_2、A_2 分别为桩的两段的材料密度、弹性波速和桩的横截面积。反射和透射能量的大小取决于两种介质的广义波阻抗 ρcA 的值。并遵守能量守恒关系，两种介质的波阻抗相差越大，反射能量就越大，透射能量就越小；反之，反射能量就越小，透射能量就越大。

由于相应的 ρ、c、A 发生变化，其变化发生处称为波阻抗界面。将波阻抗界面的比值表示为：

$$n = Z_1/Z_2 = \rho_1 c_1 A_1 / \rho_2 c_2 A_2$$

根据应力波传播理论，只要这两种介质在界面处始终保持接触（既能承压又能承拉不分离），则根据连续条件和牛顿第三定律，界面上两侧质点速度、应力均应相等。

$$v_i + v_r = v_t$$
$$A_1(\sigma_i + \sigma_r) = A_2 \cdot \sigma_t$$

式中　v、σ——界面处质点振动速度和截面应力，下标 i、r、t 分别表示入射、反射和透射。

根据动量守恒条件，可得

$$\frac{\sigma_i}{(\rho c)_1} - \frac{\sigma_r}{(\rho c)_1} = \frac{\sigma_t}{(\rho c)_2} \quad Z_1(v_i - v_r) = Z_2 v_t$$

根据上述公式，可得

$$\begin{cases} F_r = F \cdot F_i \\ v_r = -F v_i \end{cases} \begin{cases} F_t = T \cdot F_i \\ v_t = nT v_i \end{cases}$$

式中

$$\begin{cases} n = \dfrac{Z_1}{Z_2} = \dfrac{\rho_1 c_1 A_1}{\rho_2 c_2 A_2} \\ F = \dfrac{1-n}{1+n} \\ T = \dfrac{2}{1+n} \end{cases}$$

F 和 T 分别称为反射系数和透射系数，完全由两种介质的波阻抗 Z 的比值 n 决定，n

主要取决于材料的质量密度、波速和截面积。由于这些参数的突变会引起波阻抗急剧变化，导致能量转化而产生波的反射。

因为 Z 和 n 总是正值，所以透射系数 T 也总为正值，即透射波和入射波相位总是相同的，反射系数 F 的正负与 n 的大小有关，结合桩的缺陷情况讨论如下：

1. 桩身阻抗变化的影响：

（1）波阻抗近似不变：桩的质量和完整性都无变化，其示意图如图 4-3 所示。此时，$Z_1 \approx Z_2$，则 $n \approx 1$，$F \approx 0$，$T \approx 1$，即几乎无反射波，全部应力波几乎都透射过界面传至下段。其桩头速度-时间曲线如图 4-4 所示。

图 4-3 阻抗无变化示意图　　　　**图 4-4 桩身阻抗不变化，速度-时间曲线**

（2）波阻抗减小：桩身缩径、离析、断裂、夹泥、疏松、裂缝、裂纹等其示意图如图 4-5 所示。下段的波阻抗变小，此时，$Z_1 > Z_2$，则 $n > 1$，$F < 0$，$T > 0$，反射波和入射波同相，其桩头速度-时间曲线如图 4-6 所示。

图 4-5 阻抗减小示意图　　　　**图 4-6 桩身阻抗减小，速度-时间曲线**

（3）波阻抗增大：桩身扩径，下段的波阻抗变大，其示意图如图 4-7 所示。此时，$Z_1 < Z_2$，则 $n < 1$，$F > 0$，$T > 0$，反射波与入射波反相，其桩头速度-时间曲线如图 4-8 所示。

2. 桩底阻抗变化的影响：

（1）波阻抗近似不变：桩底持力层与桩身阻抗近似，其示意图如图 4-9 所示。此时，$Z_1 \approx Z_2$，则 $n \approx 1$，$F \approx 0$，$T \approx 1$，即几乎无反射波，全部应力波几乎都透射过界面传至下段。因此，若桩底岩石与桩身混凝土阻抗相近时，将无法得到桩底反射信号，其桩头速度-时间曲线如图 4-10 所示。

（2）波阻抗减小：桩底持力层阻抗远小于桩身阻抗时其示意图如图 4-11 所示。此时，$Z_1 \gg Z_2$，则 $n \to \infty$，$F \approx -1$，$T \approx 0$，桩底反射波信号和入射波同相，速度幅值与入射波幅值基本相同，由于实际测试过程中，传感器安装在桩顶部，考虑到入射波与反射波的叠加效果，实测所得到的速度值会加倍，其桩头速度-时间曲线如图 4-12 所示。

图 4-7　阻抗增
　　大示意图

图 4-8　桩身阻抗增大，速度-时间曲线

图 4-9　阻抗无变
　　化示意图

图 4-10　桩底阻抗不变化，速度-时间曲线

图 4-11　阻抗减
　　小示意图

图 4-12　桩底阻抗减小，速度-时间曲线

（3）波阻抗增大：桩底持力层阻抗远大于桩身阻抗时，桩底近似固定，其示意图如图 4-13 所示，此时，$Z_1 \ll Z_2$，则 $n \approx 0$，$F \approx 1$，$T \approx 2$，桩底反射波信号与入射波反相，速度幅值近似相等，由于实际测试过程中，传感器安装在桩顶部，考虑到入射波与反射波的叠加效果，实测所得到的速度值会加倍，其桩头速度-时间曲线如图 4-14 所示。

由上面可知，当桩界面上下段的波阻抗相差越大时，反射系数 F 越大，故所测到的反射波也越明显，由此可定性地判断波阻抗变化的程度。

图 4-13　阻抗增
大示意图

图 4-14　桩底阻抗增大，速度-时间曲线

4.2.6　频域分析

频域分析是对实测速度信号进行 FFT 变换，在功率谱或振幅谱上分析桩的完整性的一种分析方法，它可以从另一个角度来校验时域分析结果，但必须认识到频域分析结果的是否准确与时域实测信号的质量密切相关，对质量差的实测速度曲线采用频域分析手段也不会得到正确的结果。

一般地，对于侧面自由的桩，认为缺陷位置 L_x 与相邻两共振峰间的频率差有关系式：

$$\Delta f = \frac{c}{2L_x}$$

对于实际工程桩，真实的频差受桩身材料阻尼和桩侧土阻尼的影响，使得频域分析结果与时域分析结果稍有出入，而且较难分辨阻抗是增大还是减小（是扩径还是缩径、离析）。

4.3　仪器设备

仪器设备一般由检测仪器、传感器和激振设备三大部分构成，配置反射波法信号分析处理软件。

4.3.1　检测仪器

1. 基本要求

《建筑基桩检测技术规范》JGJ 106 对仪器设备的要求如下：

（1）检测仪器的主要技术性能指标应符合现行行业标准《基桩动测仪》JG/T 518 的有关规定；

（2）瞬态激振设备应包括能激发宽脉冲和窄脉冲的力锤和锤垫；力锤可装有力传感器；稳态激振设备应为电磁式稳态激振器，其激振力可调，扫频范围为 $10\sim2000\text{Hz}$。

《公路工程基桩检测技术规程》JTG/T F81-01 对仪器设备的要求如下：

（1）检测系统应包括激振设备、传感器、信号采集及处理器和专用附件。

（2）检测仪器的主要技术性能指标不应低于《基桩动测仪》JG/T 518 中规定的 2 级

标准要求，具有连续采集、快速自动存储、显示实测信号和处理分析信号的功能。

（3）检测仪器信号采集系统应符合下列规定。

① 数据采集和处理器模/数（A/D）转换器的位数不低于 16bit。

② 采样间隔宜为 $10 \sim 50 \mu s$。

③ 单通道采样点不少于 1024 点。

④ 放大器增益宜大于 60dB，可调、线性度良好，其频响范围应满足 $10Hz \sim 5kHz$。

（4）激振设备应包括能激发窄脉冲和宽脉冲不同材质的力棒、力锤和锤垫。

（5）传感器宜选用压电式加速度传感器或磁电式速度传感器，其频响曲线的有效范围应覆盖整个测试信号的频率范围。

检测仪器主要是由采样/保持器（S/H）、模数转换器（A/D）和触发器等组成，其主要性能要求是：

（1）采样/保持器（S/H）

① 采样频率：不低于 20kHz（单通道）；

② 单通道的采集点数不少于 1024 点。

（2）模数转换器（A/D）及放大

① A/D 转换位数：>16 位；

② 动态范围：$70 \sim 120dB$；

③ 频率范围应宽于 $2 \sim 5000Hz$。

（3）触发器

① 触发模式：信号触发（软件或硬件）；

② 触发延迟：超前、滞后。

2. 常见仪器

目前国内使用较广泛的基桩动测仪器有：武汉中岩科技股份有限公司生产的 RSM 系列基桩动测仪（如图 4-15）、美国的 PIT（如图 4-16）等。基桩动测仪在野外较恶劣环境条件下使用，因此选择仪器既要考虑仪器的动态性能满足测试要求、测试软件对实测信号的再处理功能，也要综合考虑仪器的可靠性、维修性、安全性和经济性等。

图 4-15　RSM 基桩动测仪　　　　　　图 4-16　PIT 基桩检测仪

3. 注意事项

（1）仪器有关技术指标必须符合有关标准、规范和规程的要求，性能可靠，具有现场显示、记录、保存实测信号的功能；

（2）检测仪器及传感器必须按有关规定定期进行系统检定；

（3）仪器设备应具备防尘、防潮、防振性能，并应在 0～40℃ 环境下正常工作，当环境温度超出上述范围时，应采取相应的有效措施。

4.3.2 传感器

测量桩顶响应的加速度传感器或磁电式速度传感器，其幅频曲线的有效范围应覆盖整个测试信号的主体频宽。

1. 加速度传感器

加速度传感器的性能指标应符合下列规定：

（1）灵敏度应大于 20mV/g 或 100pC/g；

（2）量程应大于 20g；

（3）安装谐振频率应大于 10kHz；

（4）横向灵敏度应小于 5%。

2. 磁电式速度传感器

磁电式速度传感器的性能指标应符合下列规定：

（1）电压灵敏度宜大于 200mV/（cm/s）；

（2）固有频率宜小于 30Hz；

（3）安装谐振频率应大于 1500Hz。

低应变反射波法中常用的传感器有加速度传感器、速度传感器。速度传感器的动态范围一般小于 60dB；而加速度传感器的动态范围可达到 140～160dB。加速度传感器可满足反射波法测桩对频率范围的要求，速度传感器则应选择宽频带的高阻尼速度传感器。由于反射波法测试的依据是速度时程曲线，使用加速度传感器还需要对测得的加速度信号积分一次从而得到速度信号。实践表明：除采用小锤硬碰硬敲击外，速度信号中的有效高频成分一般在 2000Hz 以内。但这并不等于说，加速度计的频响线性段达到 2000Hz 就足够了。这是因为，加速度原始信号比积分后的速度信号中要包含更多和更尖的毛刺，高频尖峰毛刺的宽窄决定了它们在频谱上占据的频带宽窄和能量大小。事实上，对加速度信号的积分相当于低通滤波，这种滤波作用对尖峰毛刺特别明显。当加速度计的频响线性段较窄时，就会造成信号失真。所以，在 ±10% 幅频误差内，加速度计幅频线性段的高限不宜小于 5000Hz，同时也应避免在桩顶敲击处表面凹凸不平时用硬质材料锤（或不加锤垫）直接敲击。

高阻尼磁电式速度传感器固有频率在 10～20Hz 之间时，幅频线性范围（误差 ±10% 时）约在 20～1000Hz 内，若要拓宽使用频带，理论上可通过提高阻尼比来实现。但从传感器的结构设计、制作以及可用性来看却又难于做到。因此，若要提高高频测量上限，必须提高固有频率，势必造成低频段幅频特性恶化，反之亦然。同时，速度传感器在接近固有频率时使用，还会引起相频非线性问题。此外由于速度传感器的体积和质量均较大，其安装谐振频率受安装条件影响很大，安装不良时会大幅下降并产生自身振荡，虽然可通过低通滤波将自振信号滤除，但在安装谐振频率附近的有用信息也将随之滤除。综上所述，高频窄脉冲冲击响应测量不宜使用速度传感器。

建议低应变动力检测采用的测量响应传感器为压电式加速度传感器。根据压电式加速度计的结构特点和动态性能，当传感器的可用上限频率在其安装谐振频率的 1/5 以下时，可保证较高的冲击测量精度，且在此范围内，相位误差完全可以忽略。所以应尽量选用自振频率较高的加速度传感器。

表 4-1 是加速度传感器及速度传感器的比较。

加速度传感器及速度传感器的比较 表 4-1

项目	加速度传感器	速度传感器
固有频率 f_n	高频端，>15kHz	低频端，4.5～100Hz
频带宽度	几赫兹～$1/3f_n$	f_n～1500Hz
安装谐振频率	>10kHz	>1.5kHz
灵敏度	电压灵敏度：>20mV/g 电荷灵敏度：>100pC/g 桩长增加，宜选择较大的灵敏度	>300mV/(cm/s)。桩长增加，宜选择较大的灵敏度
输出信号	高阻抗电荷输出，需转换，系统可靠性较差，干扰因素多	电压信号，无需转换，可长距离传输
适用条件	范围较大	不适宜于浅部缺陷或长桩

4.3.3 激振设备

激振设备：可根据要求改变激振频率和能量，满足不同检测目的，来判断异常波的位置、特征，从而推定出桩身缺陷位置和程度。

考虑到对基桩检测信号的影响，激振设备应从锤头材料、冲击能量、接触面积、脉冲宽度等方面进行考虑。

（1）锤头材料：材料过硬，将激发出高频脉冲波，高频波可提高缺陷处的分辨率，对探测桩身浅部缺陷有利，但高频波易衰减，不易获取长桩的桩底反射；材料过软，激发出的初始脉冲太宽，低频波有利于检测桩底反射，但会降低桩身上部缺陷的分辨率。

（2）冲击能量：锤重及落锤速度的大小决定了能量的大小。敲击时能量应适中，能量小，则应力波会很快衰减，从而看不见桩下部缺陷和桩底的反射。因此，检测大直径长桩时应选择较重的力锤并加大冲击速度，大幅度提高敲击力度，但锤过重又将造成微小缺陷被掩盖。锤重的选择应使得有明显的桩底反射为原则。

（3）接触面积：对于大直径灌注桩，除应选择重锤加大能量冲击外，相应地要加大锤的直径使得锤与桩头的接触面积增大。若使用小锤检测大直径灌注桩，需要多点激振、多点接收，以便了解桩身横向的不均匀性，而使用大锤，选择合适的接收点，可获得桩的整体响应，有利于判断桩身局部缺陷。

（4）脉冲宽度：脉冲宽度大，有利于长桩及深部缺陷检测，但相应的波长增大，由于波具有绕射能力，若入射波波长比桩身中缺陷的特征尺寸大得多时，波大部分可以绕射过去，反射波强度降低，识别桩内小缺陷的能力就差，也就是分辨率低。若脉冲宽度减小、波长减小，不能满足将桩视作一维弹性杆的要求，会出现速度及波形的畸变。因此应依据桩的特点，激发合适脉冲宽度的入射波。有时在同一根桩上，按照不同的检测目的，需要产生不同的脉冲宽度。

4.4 现场检测

4.4.1 资料收集

检测人员在进行测试之前，首先要了解该工程的概貌，内容包括建筑物的类型、桩基础的种类、设计指标、地质情况、施工队的素质和工作作风以及甲方现场管理人员、监理人员的情况等。检测工作开始以前，应借阅基础设计图纸及有关设计资料、有效的地质勘察报告、桩基础的施工记录、甲方现场管理人员、监理人员的现场工作日志等。

4.4.2 桩位的选择及桩头处理

1. 休止时间

为了确保检测信号能有效、清楚地反映桩基的完整性，测试前应按照规范要求考察桩身混凝土的龄期，使之具备足够的强度，因此《建筑基桩检测技术规范》JGJ 106 和《公路工程基桩检测技术规程》JTG/T F81-01 要求：当采用低应变法或声波透射法检测时，受检桩混凝土强度不应低于设计强度的 70%，且不应低于 15MPa；《公路工程基桩检测技术规程》JTG/T F81-01 还有一个要求：龄期不应少于 7d。

混凝土是一种与龄期相关的材料，其强度随时间的增加而增长。在最初几天内强度快速增加，随后逐渐变缓，其物理力学、声学参数变化趋势亦大体如此。桩基工程受季节气候、周边环境或工期紧的影响，往往不允许等到全部工程桩施工完并都达到 28d 龄期强度后再开始检测。为做到信息化施工，尽早发现桩的施工质量问题并及时处理，同时考虑到低应变法检测内容是桩身完整性，对混凝土强度的要求做了适当放宽。

2. 桩位的选择

测试工作的负责人应会同设计者、甲方人员及监理人员，参考现场施工记录和工作日志，选择被检测桩的桩位。《公路工程基桩检测技术规程》JTG/T F81-01 规定：对混凝土桩应进行 100% 的检测。

3. 桩头处理

桩顶条件和桩头处理好坏直接影响测试信号的质量，因此务必进行桩头处理，处理后应保证桩头的材质、强度与桩身相同，桩头的截面尺寸不宜与桩身有明显差异；桩顶面应平整、密实，并与桩轴线基本垂直。灌注桩应凿去桩顶浮浆或松散、破损部分，露出坚硬的混凝土表面；桩顶表面应平整干净且无积水；妨碍正常测试的桩顶外露主筋应割掉。对于预应力管桩，当法兰盘与桩身混凝土之间结合紧密时，可不进行处理，否则，应采用电锯将桩头锯平。

当桩头与承台或垫层相连时，相当于桩头处存在很大的截面阻抗变化，对测试信号会产生影响。因此，测试时桩头应与混凝土承台断开；当桩头侧面与垫层相连时，除非对测试信号没有影响，否则应断开。

对低应变动测而言，判断桩身阻抗相对变化的基准是桩头部位的阻抗。在处理桩头时还应注意不能将桩身劈裂，留下隐性裂缝，桩头的破碎部分应彻底清除，桩头面应成完整的水平面。尤其应将敲击点和传感器安装点部位磨平，如此就可避免检测过程中产生虚假的信号而影响评判结果。多次锤击信号重复性较差时，多与敲击或安装部位不平整有关。

图 4-17 是某桩在桩头处理前后分别测试的曲线，请注意观察其差异。

(a)

(b)

图 4-17　桩头处理前后分别测试的曲线比对

（*a*）桩头有泥浆的实测曲线；（*b*）桩头处理后的实测曲线

4.4.3　传感器的安装

1. 传感器安装位置、测点选择

《建筑基桩检测技术规范》JGJ 106 要求：根据桩径大小，桩心对称布置 2～4 个安装传感器的检测点：实心桩的激振点应选择在桩中心，检测点宜在距桩中心 2/3 半径处；空心桩的激振点和检测点宜为桩壁厚的 1/2 处，激振点和检测点与桩中心连线形成的夹角宜为 90°。

《公路工程基桩检测技术规程》JTG/T F81-01 要求：

（1）对混凝土灌注桩，激振点宜选择在桩中心，传感器宜安装在距桩中心 2/3 半径处，且距离桩的主筋不小于 50mm；当桩径小于 1000mm 时，不宜少于 2 个测点；当桩径大于或等于 1000mm 时应设置 3～4 个测点；测点宜以桩心为中心对称布置。

（2）对混凝土预制桩，当边长或桩径小于 600mm 时，不宜少于 2 个测点；当边长或桩径大于或等于 600mm 时，不宜少于 3 个测点。

（3）对预应力混凝土管桩，激振点、检测点和桩中心连线形成的夹角宜为 90°，且不应少于 2 个测点。

相对桩顶横截面尺寸而言，激振点处为集中力作用，在桩顶部位可能出现与桩的横向振型相对应的高频干扰。当锤击脉冲变窄或桩径增加时，这种由三维尺寸效应引起的干扰加剧。传感器安装点与激振点距离和位置不同，所受干扰的程度各异。理论研究表明：实心桩安装点在距桩中心约 2/3 半径 R 时，所受干扰相对较小；空心桩安装点与激振点平面夹角等于或略大于 90° 时也有类似效果，如图 4-18 所示。另应注意：加大安装与激振两点距离或平面夹角将增大锤击点与安装点响应信号时间差，造成波速或缺陷定位误差。

同一场地同一类型桩的检测信号具有可比性。因不同的激振点和检测点所测信号的差异主要随桩径或桩上部截面尺寸不规则程度变大而变强，因此尽量找出同一场地相近条件下各桩信号的规律性，对复杂波形的判断有利。

当预制桩桩顶高于地面很多，或灌注桩桩顶部分桩身截面很不规则，或桩顶与承台等其他结构相连而不具备传感器安装条件时，可将两支测量响应传感器对称安装在桩顶以下的桩侧表面，且宜远离桩顶。

当桩径较大或桩上部横截面尺寸不规则时，除按规范规定的激振点和检测点位置采集信号外，尚应根据实测信号特征，改变激振点和检测点的位置采集信号。

○ 传感器安装点
● 激振锤击点

实心桩　　　　　　　　　　　　空心桩

图 4-18　传感器安装点、激振（锤击）点布置示意图

2. 传感器的选择

《建筑基桩检测技术规范》JGJ 106 和《公路工程基桩检测技术规程》JTG/T F81-01 都建议使用压电式加速度传感器。

高阻尼磁电式速度传感器固有频率在 10～20Hz 之间时，幅频线性范围（误差±10% 时）约在 20～1000Hz 内，但从传感器的结构设计、制作以及可用性看却很难做到拓宽使用频带，其高频响应受到限制。同时，速度传感器在接近固有频率时使用，还存在因相位越迁引起的相频非线性问题。此外由于速度传感器的体积和质量均较大，其二阶安装谐振频率受安装条件影响很大，安装不良时会大幅下降并产生自身振荡，虽然可通过低通滤波将自振信号滤除，但在安装谐振频率附近的有用信息也将随之滤除。综上所述，高频窄脉冲冲击响应测量不宜使用速度传感器。

压电式加速度传感器，根据其结构特点和动态性能，当压电式加速度传感器的可用上限频率在其安装谐振频率的 1/5 以下时，可保证较高的冲击测量精度，且在此范围内，相位误差几乎可以忽略。由于压电式加速度传感器，具有灵敏度高，频率范围宽，线性范围大，能够较为准确地判定出桩身的缺陷位置，从频响、输出特性方面均有较大的优点等特点，所以应尽量选用安装谐振频率较高的加速度传感器。

图 4-19 是在一模型桩上，采用同一种锤的同一次锤击，分别用速度传感器及加速度传感器采集的曲线。

上面曲线是：速度计采集的曲线，无法判断缺陷的性质及位置；

下面曲线是：加速度计采集的曲线，可以较准确地判断缺陷的性质及位置。

3. 传感器安装的要求

《建筑基桩检测技术规范》JGJ 106 对传感器安装做了如下规定：

（1）安装传感器部位的混凝土应平整，传感器安装底面与桩顶面之间不得留有缝隙，安装部位混凝土凹凸不平时应磨平；传感器安装应与桩顶面垂直；用耦合剂粘结时，应具有足够的粘结强度，粘结层应尽可能薄；

（2）激振点与测量传感器安装位置应避开钢筋笼的主筋影响，应远离钢筋笼的主筋，其目的是减少外露主筋对测试产生干扰信号。若外露主筋过长而影响正常测试时，应将其

图 4-19　速度传感器及加速度传感器采集曲线的比对

割短。

《公路工程基桩检测技术规程》JTG/T F81-01 对传感器安装做了如下规定：

传感器应安装在桩头平整面上，对灌注桩应安装在新鲜混凝土面上，并应与桩顶面垂直；确保传感器粘结稳固、耦合良好。

4. 传感器的粘结

低应变检测时，传感器的安装尤为重要，安装的好坏将直接影响到信号的质量，传感器与桩顶面之间应该刚性接触为一体，这样传递特性最佳，测试的信号也越接近桩顶面的质点运动。所以传感器与桩顶面应该粘结牢固，保证有足够的粘结强度。传感器用耦合剂粘结时，粘结层应尽可能薄，试验表明，耦合剂较厚会降低传感器的安装谐振频率，传感器安装越牢固则传感器安装的谐振频率越高。速度计采用手扶方式的安装谐振频率约为 $500 \sim 800\mathrm{Hz}$，采用冲击钻打孔安装方式可明显提高安装谐振频率。

常用的耦合剂有口香糖、黄油、橡皮泥、石膏等；必要时可采用冲击钻打孔安装方式。注意：耦合剂一般不宜采用稠度低的黄油、油性橡皮泥、黏性低的口香糖等。建议：在低应变检测中对传感器的耦合最好采用黄油。图 4-20 是某桩测试时传感器不同耦合状态的测试曲线。

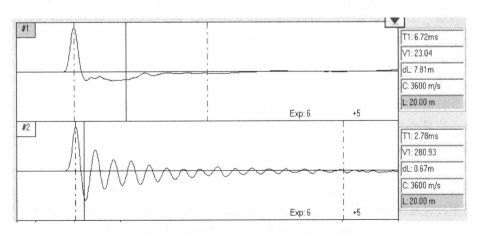

图 4-20　传感器与桩面耦合良好前后分别测试的曲线比对

上面曲线是：传感器安装牢固，测试效果好；

下面曲线是：传感器安装不好，测试效果有振荡衰减干扰信号。

4.4.4 激振

为了采集比较理想的信号，《建筑基桩检测技术规范》JGJ 106 对激振操作做了下列规定：

（1）激振方向应沿桩轴线方向，这是为了有效地减少敲击时的水平分量。

（2）瞬态激振应通过现场敲击试验，选择合适重量的激振力锤和软硬适宜的锤垫；宜用宽脉冲获取桩底或桩身下部缺陷反射信号，宜用窄脉冲获取桩身上部缺陷反射信号；通过改变锤的重量及锤头材料，可改变冲击入射波的脉冲宽度及频率成分。当按前面操作尚不能识别桩身浅部阻抗变化趋势时，应在测量桩顶速度响应的同时测量锤击力，根据实测力和速度信号起始峰的比例失调情况判断桩身浅部阻抗变化程度。

（3）稳态激振应在每一个设定频率下，为避免频率变换过程产生失真信号，应具有足够的稳定激振时间，以获得稳定的激振力和响应信号，并应根据桩径、桩长及桩周土约束情况调整激振力大小。稳态激振器的安装方式及好坏对测试结果起着很大的作用。为保证激振系统本身在测试频率范围内不至于出现谐振，激振器的安装宜采用柔性悬挂装置，同时在测试过程中应避免激振器出现横向振动。

《公路工程基桩检测技术规程》JTG/T F81-01 对激振操作做了如下规定：

（1）激振设备应进行现场对比试验选定，短桩或分辨浅部缺陷桩时，宜采用窄脉冲低能量激振，长桩或深部缺陷宜采用宽脉冲大能量激振，选用不同重量和材质的力锤（棒），也可采用软硬适宜的锤垫；

（2）采用力锤（棒）激振时，其作用力方向应与桩顶面保持垂直。

瞬态激振操作应通过现场试验选择不同材质的锤头或锤垫，以获得入射波的低频宽脉冲或高频窄脉冲。除大直径桩外，冲击脉冲中的有效高频分量可选择不超过 2000Hz（钟形力脉冲宽度为 1ms，对应的高频截止分量约为 2000Hz）。桩直径小时脉冲可稍窄一些。选择激振设备没有过多的限制，如力锤、力棒等。锤头的软硬或锤垫的厚薄和锤的质量都能起到控制脉冲宽窄的作用，通常前者起主要作用；而后者（包括手锤轻敲或加力锤击）主要是控制力脉冲幅值。通常手锤即使在一定锤重和加力条件下，由于桩顶敲击点处凹凸不平、软硬不一，导致冲击加速度幅值变化范围很大（脉冲宽窄也发生较明显变化）。所以，锤头及锤体质量选择并不需要拘泥某一种固定形式，可选用工程塑料、尼龙、铝、铜、铁、硬橡胶等材料制成的锤头，或用橡皮垫作为缓冲垫层，锤的质量也可几百克至几十千克不等，主要目的有以下两点：

（1）控制激励脉冲的宽窄以获得清晰的桩身阻抗变化反射或桩底反射（见图 4-21），同时又不明显产生波形失真或高频干扰；

（2）获得较大的信号动态范围而不超载。

锤的质量较大或锤头硬度较小时，冲击入射波脉冲较宽，低频成分为主；当冲击力大小相同时，其能量较大，应力波衰减较慢，适合于获得长桩桩底信号或下部缺陷的识别。锤的质量较轻或锤头硬度较大时，冲击入射波脉冲较窄，含高频成分较多；冲击力大小相同时，虽其能量较小并加剧大直径桩的尺寸效应影响，但较适宜于桩身浅部缺陷的识别及定位。敲击时应尽量使冲击力垂直向下作用于桩头，使振动模式单一，有利于抑制质点的

(a) *(b)*

图 4-21　不同激励脉冲宽度

(a) 脉冲过宽；*(b)* 脉冲宽度合适

横向振动，且应避免二次冲击，防止后续波的干扰，一般使用较短锤柄的手锤或力棒进行敲击。短锤柄的手锤容易使冲击力垂直作用于桩顶，但冲击力的大小不好把握，测得的波形重复性往往较差；力棒从一定高度竖直下落与桩顶作用后马上用手将其提起来，所产生的冲击力垂直且大小也比较均匀，得到的信号质量较高、重复性较好，但容易出现二次冲击。激振时应短促有力、干脆、利索，不要拖泥带水，理想的脉冲应为半正弦波；激振能量以能看到桩底反射为前提，尽量小。

现场测试时，最好多准备几种锤头、锤垫，根据实际情况进行选用。锤垫一般用 1～2mm 厚薄层加筋或不加筋橡胶带。对于比较长的桩，应选择越软、越重、直径越大的锤；对于比较短的桩，应选择较硬、较轻、直径较小的锤。对于同一根桩，为了测出桩底反射，应选用质地较软、质量较大的锤；为了测出浅部缺陷，而应选用质地较硬、质量较小的锤。锤击振源的比较见表 4-2。开始的头几根桩，应多花一些时间换不同的锤和锤头反复试敲，确定合适的信号采集参数、确定合适的激振源，等到对该场地的桩有个大致了解后，再进行大量的桩基检测，往往可以事半功倍。

试验研究表明：一般来说金属锤的效果最差，金属锤所产生的脉冲频率偏高、中低频不丰富，容易激发传感器的安装谐振频率产生振荡信号，如果滤掉较高频率成分，可能会显得能量不足。橡皮锤太软，冲击脉冲过宽，容易导致漏判缺陷。在铁锤上加塑料锤头是比较理想的选择，或做成力棒的形式。这样振源频率成分分布比较合理、有利于波形分析和缺陷判断、不容易产生高频振荡波形。锤击时要竖直桩面进行敲击，距离传感器不宜太近。图 4-22 是在预制方桩上采用不同锤击工具激振测试的对比曲线。

由于受横向尺寸效应的制约，激励脉冲的波长有时很难明显小于浅部阻抗变化的深度，造成无法对桩身浅部特别是极浅部的阻抗变化进行定性和定位，甚至是误判，如浅部局部扩径，波形可能主要表现出扩径恢复后的"似缩径"反射。因此要求在测量桩顶速度响应的同时测量锤击力，并根据力和速度信号起始峰的比例失调情况判断桩身浅部阻抗变化程度。建议采用这种方法时，可在同条件下进行多根桩对比，在解决阻抗变化定性的基础上，判定阻抗变化程度，不过，在阻抗变化位置很浅时可能仍无法准确定位。

图 4-23 是一根桩长为 65.5m，桩径为 $\phi1.5m$ 的钻孔灌注桩在采用不同锤重的锤激振下测试的桩底信号比对：

（a）采用 15kg 重的锤激振下测试的曲线，从曲线上看，锤击频率偏高，能量明显偏弱，能量在桩身中的衰减较快，且桩底信号不是很明显；

（b）桩头垫橡皮垫采用 32.5kg 重的锤激振下测试的曲线，从曲线上看，锤击频率选择较好，能量选择适中，能量在桩身中的衰减较慢，且桩底信号很明显。

锤击振源的比较　　　　　　　　　　　　　　　表 4-2

项目	锤击振源参数	锤击振源参数
重量	大	小
材质	软	硬
产生信号频率	低频信号	高频信号
适宜检测范围	适合于获得长桩桩底信号或下部缺陷的识别	较适宜于桩身浅部缺陷的识别及定位

图 4-22　不同的锤击工具引起的不同的动力响应

（40cm×40cm 方桩，摘引自黄理兴等）

（a）手锤；（b）带尼龙头力锤；（c）细金属杆

图 4-23　同一根桩不同锤重的锤激振下测试的桩底信号比对

图 4-24 是同一根桩在不同锤击频率下测试的曲线比对。

图 4-25 是同一根桩在不同锤击工具下测试的曲线比对。

图 4-24　同一根桩在不同锤击频率下测试的曲线比对

（a）高频锤击，存在高频干扰；（b）降低了锤击频率后测试

图 4-25　同一根桩在不同锤击工具下测试的曲线比对

（a）尼龙头锤击；（b）手锤锤击；（c）金属杆锤击

4.4.5 仪器参数设置

《建筑基桩检测技术规范》JGJ 106 对测试参数做了下列规定：

（1）时域信号记录的时间段长度应在 $2L/c$ 时刻后延续不少于 5ms；幅频信号分析的频率范围上限不应小于 2000Hz；

（2）设定桩长应为桩顶测点至桩底的施工桩长，设定桩身截面积应为施工截面积；

（3）桩身波速可根据本地区同类型桩的测试值初步设定；

（4）采样时间间隔或采样频率应根据桩长、桩身波速和频域分辨率合理选择；时域信号采样点数不宜少于 1024 点。

《公路工程基桩检测技术规程》JTG/T F81-01 对测试参数做了如下规定：

（1）时域信号记录的时间段长度应不小于 $2L/c$ 时刻后延 5ms，频域信号分析的频率范围上限应不小于 2000Hz；

（2）设定桩长应为被检桩顶至桩底的实际施工长度；

（3）采样间隔应根据桩长合理选择，采样点数不宜少于 1024 点。

合理设置采样间隔、采样点数、增益、模拟滤波、触发方式等，其中增益应结合冲击入射波能量以及锤击点与传感器安装点间的距离大小通过现场对比试验确定；采样间隔和采样点数应根据受检桩桩长和桩身波速来确定。

采样间隔越小越有利于缺陷位置的准确判断；对于信号的总采样时间应能满足记录完整的桩底反射信号的要求。

从时域波形中找到桩底反射位置，仅仅是确定了桩底反射的时间，根据 $\Delta T = 2L/c$，只有已知桩长 L 才能计算波速 c，或已知波速 c 计算桩长 L。因此，桩长参数应以实际记录的施工桩长为依据，按测点至桩底的距离设定。测试前桩身波速可根据本地区同类桩型的测试值初步设定，实际分析时应按桩长计算的波速重新设定或按单位工程确定的波速平均值 c_m 设定。

对于时域信号，采样频率越高，则采集的数字信号越接近模拟信号，越有利于缺陷位置的准确判断。一般应在保证测得完整信号（1024 个采样点，且时段不少于 $2L/c+5ms$）的前提下，选用较高的采样频率或较小的采样时间间隔。但是，若要兼顾频域分辨率，则应按采样定理适当降低采样频率或增加采样点数。

稳态激振是按一定频率间隔逐个频率激振，并持续一段时间。频率间隔的选择决定于速度幅频曲线和导纳曲线的频率分辨率，它影响桩身缺陷位置的判定精度；间隔越小，精度越高，但检测时间很长，工作效率低下。一般频率间隔设置为 3Hz、5Hz 和 10Hz。每一频率下激振持续时间的选择，理论上越长越好，这样有利于消除信号中的随机噪声。实际测试过程中，为提高工作效率，只要保证获得稳定的激振力和响应信号即可。

需要说明的是，预设波速与实测波速是有区别的，预设波速的主要作用是调整合适的采样间隔，保证整桩的测试信号能全部显示出来；实测波速是根据桩长以及判断的整桩走时，计算出来的整桩平均波速。

低通滤波的设置：以采集信号平滑无干扰，能分辨缺陷反射信号为原则。

指数放大的设置：主要用于长桩、超长桩的桩底信号不清晰的状况，指数放大的选择，以能分辨出桩底反射信号为原则。现场通过合理的设置指数放大倍数，直接清晰地判断出桩底的情况。

4.4.6 信号采集与判断

信号采集后，必须在现场对信号的质量进行判断。《建筑基桩检测技术规范》JGJ 106 具体要求如下：

（1）根据桩径大小，桩心对称布置 2~4 个安装传感器的检测点；

（2）当桩径较大或桩上部横截面尺寸不规则时，除应按规定的激振点和检测点位置采集信号外，尚应根据实测信号特征，改变激振点和检测点的位置采集信号；

（3）不同检测点及多次实测时域信号一致性较差时，应分析原因，增加检测点数量；

（4）信号不应失真和产生零漂，信号幅值不应大于测量系统的量程；

（5）每个检测点记录的有效信号数不宜少于 3 个；

（6）应根据实测信号反映的桩身完整性情况，确定采取变换激振点位置和增加检测点数量的方式再次测试，或结束测试。

《公路工程基桩检测技术规程》JTG/T F81-01 具体要求如下：

（1）对混凝土灌注桩，当桩径小于 1000mm 时，不宜少于 2 个测点；当桩径大于或等于 1000mm 时应设置 3~4 个测点；测点宜以桩心为中心对称布置；

（2）对混凝土预制桩，当边长或桩径小于 600mm 时，不宜少于 2 个测点；当边长或桩径大于或等于 600mm 时，不宜少于 3 个测点；

（3）对预应力混凝土管桩，不应少于 2 个测点；

（4）各测点记录的有效信号数不应少于 3 次，且检测波形应具有良好的一致性；

（5）当检测环境存在干扰时，宜采用信号叠加增强技术进行重复激振，提高信噪比，当时域信号一致性较差时，应分析原因，排除人为和检测仪器等干扰因素，重新检测或增加检测点数量。

桩径增大时，桩截面各部位的运动不均匀性也会增加，桩浅部的阻抗变化往往表现出明显的方向性，故应增加检测点数量，使检测结果能全面反映桩身结构完整性情况。每个检测点有效信号数不宜少于 3 个，叠加平均处理是提高实测信号信噪比的有效手段。

对现场检测人员的要求绝不能仅满足于熟练操作仪器，因为只有通过检测人员对所采集信号曲线在现场的合理、快速判断，才有可能决定下一步激振点、检测点以及敲击方式（锤重、锤垫等）的选择。因影响测试信号的因素很多，它们往往使信号曲线畸变，导致桩身质量的误判，因此，检测时应随时检查采集信号的质量，判断实测信号是否反映桩身完整性特征，不同检测点及多次实测时域信号一致性较差，应分析原因，增加检测点数量。

应合理选择测试系统量程范围，特别是传感器的量程范围，避免信号波峰削波。现场采集信号应基本光滑，不能有毛刺或高频干扰；信号基本靠近基线，无零漂；尽可能采集到桩底反射信号；核实桩底反射时间，波速是否正常；如发现缺陷反射波，应大致分析出缺陷的位置，为其他桩的测试分析做一定的准备。

4.4.7 影响信号质量的因素

测试的整个系统的每个环节都会影响信号的质量，主要有以下几个方面：

（1）桩周土的工程性质，由于应力波在传播过程中的能量扩散和衰减，直接影响到低应变法的检测深度；

（2）桩端土（或岩）的工程性质差异，会影响到波的透射能量和反射能量的分配；

（3）振源激发应力波的频率，一般频率高，分辨率高、衰减快、检测深度小；频率低，分辨率低、衰减慢、检测深度大；

（4）激发能量，一般应力波能量大，传播远、检测深度大，反之则相反；

（5）各种波动干扰，当反射波能量和噪声处于同一级别时，就无法进行区分，所以要提高仪器的抗干扰能力，或进行数据叠加处理，消除随机干扰；

（6）检测仪器的主机和传感器的灵敏度、主频也是重要影响因素；

（7）检测人员的业务水平和检测经验是影响最终检测质量的关键因素。

下面重点强调一下以下几个问题。

1. 激振力力谱成分对检测桩身缺陷的影响

桩身材料有一定阻尼以及桩周土存在侧摩阻力，应力波沿桩身传播过程将产生衰减，衰减快慢除和桩、土阻尼有关外，还和应力波频率成分密切相关，频率高衰减快，频率低衰减慢。振动振幅随距离的增加，一般是按指数衰减规律而变化的，即

$$A=A_{\mathrm{m}}\mathrm{e}^{-ax}$$

式中　A_{m}——振幅；

　　　　x——与振源距离；

　　　　a——衰减系数。

衰减系数 a 和频率 f 的关系为：

$$a=n_1 f+n_2 f^2+n_3 f^4$$

式中　n_1、n_2、n_3——均由材料特性所决定的系数。

上式说明，衰减系数 a 与频率成正关系，频率越高在桩身衰减越快。所以，当检测桩身深层缺陷时，脉冲力持续时间要长些，这样力谱的低频成分丰富，频率低，传播深度深，这样才能看到缺陷位置的反射波，例如用大质量的尼龙锤头敲击。当要检测桩身浅层缺陷时，脉冲力持续时间要短，力谱高频成分丰富，这样波长小，判断缺陷位置精度高，例如对于离桩顶数十厘米位置的缺陷，可用修钟表的小榔头等小质量锤头敲击，产生高频激振力，可以较好地激发出浅层缺陷信号。

从另一方面说，激振主频与桩的固有频率相接近，桩身的有效波信噪比就可以得到提高，其取得的波形清晰真实。由于桩的固有频率与桩的长度成反比，所以，对于长桩和为突出桩底反射信号或测试深部缺陷时，宜采用重锤、大锤等大能量激发；一般对于浅部缺陷桩和短桩，宜选用小锤、点锤。

2. 应力波在传播过程中的衰减原因

应力波在混凝土介质内传播的过程中，其峰值不断衰减，引起应力波峰值衰减的原因很多，主要有：

（1）几何扩散：波阵面在混凝土中不论以什么形式（球面波、柱面波或平面波）传播，均将随距离增加而逐渐扩大，单位面积上的能量则愈来愈小。若不考虑波在介质中的能量损耗，由波动理论可知：在距振源的近区内，球面波位移、速度与 $1/R^2$ 成正比变化，而应变、径向应力则与 $1/R^3$ 成正比；柱面波位移、速度与 $1/R$ 成正比，而应变、径向应

力则与 $1/R^2$ 成正比。在远区 $r>(3\sim4)R$ 时，球面波波阵面处径向应力、质点速度与 $1/R$ 成正比，而柱面波的相应量随 $1/\sqrt{R}$ 而衰减。

（2）吸收衰减：由于固体材料的黏滞性及颗粒之间的摩擦以及弥散效应等，使振动的能量转化为其他能量，导致应力波能量衰减。桩身材料与桩周土性质决定了吸收衰减的程度。

（3）桩的完整性影响：由于桩身含有程度不等和大小不一的缺陷，造成物性上的不连续性、不均一性，导致波的能量更大的衰减。

3. 桩周土的影响

众所周知，反射波法是利用桩身阻抗变化对信号曲线产生影响的道理来判断桩身的质量的。但是除了桩身阻抗变化会影响信号曲线的因素以外，桩周土同样不可避免地会影响信号曲线。反射波法信号曲线所反映的不仅是桩身波阻抗的变化情况，而是广义波阻抗作用的结果。

桩周土阻力对信号曲线的影响：

（1）导致应力波迅速衰减，检测时有效测试深度减少；

（2）影响缺陷反射波的幅值，使缺陷分析时的误差加大；

（3）在软硬土层交界处及附近产生土阻力波，干扰桩身反射波，土阻力反射波与桩身缺陷反射波易混淆，从而造成误判。

在对基桩测试曲线进行分析时，要充分考虑到桩周土层对所采集信号曲线的影响。在基桩动测中，检测人员往往只注意到桩本身的子波叠加而引起的缺陷判断，而忽略了应力波在桩中传播时，不仅仅只受桩身材料、刚度及缺陷的影响，还受到桩周土层及桩周土层变化的影响。

（1）桩周土层的土力学性能越好，应力波在桩周土层中的损耗就越大，应力波衰减的速度就越快。直接影响到缺陷反射波的幅值，造成基桩完整性判别的困难。

（2）在软硬土层交界面处将会产生类似扩径的反射波，在硬软土层交界面处将会产生类似缩径的反射波。如果不考虑桩周土层对所采集曲线的影响，不了解桩侧的土质情况，有时会造成误判。

尤其应该注意突变的信号一般与桩身波阻抗变化有关。与桩身波阻抗变化引起的突变信号相比，土阻力引起的反射信号一般是渐变的，可通过对同场地、同桩型的实测结果进行综合比较，并分析工程地质资料来判断。

由上面分析可得以下结论：

（1）当桩进入软夹层时，由于土阻力相对减小，在实测曲线上将产生一个与入射波同相位的土阻力波，类似于桩身波阻抗降低的反射信号。

（2）当桩进入硬夹层时，由于土阻力相对增大，在实测曲线上将产生一个与入射波反相位的土阻力波，类似于桩身波阻抗增大的反射信号。

（3）当桩周相邻土层土阻力变化越大，在实测曲线上产生的反射信号越强。

4.4.8　现场注意事项

现场注意事项如下：

（1）检测时如发生仪器、传感器损坏，应立即更换仪器、传感器，并重新进行检测；

（2）如现场检测环境受到温湿度、电压波动、电磁干扰和振动冲击等外界因素影响而不能满足仪器使用要求时，应及时终止检测；针对干扰源采取有效防护措施，直至满足检测工作的要求；

（3）现场检测时，如发现测试数据异常，应分析原因，看是否误操作、仪器设备有无故障、现场是否具备检测条件、参数设置是否正确等。排除引起测试数据异常的原因后重新检测；

（4）检测时应注意现场安全，确保检测工作顺利进行。

对于大直径灌注桩，应该注意以下几个问题。

1. 大直径桩缺陷方向性

桩身缺陷有时并非在桩身某个截面均匀分布，如缩颈现象，这种缺陷方向性现象，在大直径钻孔灌注桩上表现尤为明显。

桩动力检测技术是建立在一维应力波理论基础上，并作了平面假定，即假设在瞬态力作用下，桩身仅有纵向变形，横向变形被忽略，也就是说桩截面在变形过程中始终保持为平面。实际情况是：应力波反射法采用锤（或棒）敲击，桩顶面近似点振源，应力波场在桩顶下一定深度范围内并不能保持为平面，该段应力波场较为复杂。一般说，桩如果在这一深度范围内存在不均匀分布的缺陷，将传感器安装在桩顶不同位置、在同一位置激振，测得的该深度范围内的反射波信号会有明显区别。

2. 高频干扰

大直径桩在反射波法检测中，常出现与测量系统特性无关的高频干扰。这种高频干扰对缺陷反射、桩底反射都有较强的干扰。

对大直径桩，在较窄的激振脉冲作用桩顶时，除会产生下行压缩波外，还会产生沿桩顶面的面波，即桩顶产生的应力波可分为压缩波（P）、剪切波（S）及瑞利波（R），其中P波占据大部分能量且衰减慢，其次是S波，R波能量衰减最快。在实际检测中所见到的高频干扰是由S波与R波在桩顶面来回反射形成的两种高频波的耦合，两者频差不大，在频域中只体现为介于两者之间的一个高频峰。

4.5 检测数据分析与结果判定

4.5.1 信号处理

1. 数字滤波

数字滤波是波形分析处理的重要手段之一，是对采集的原始信号进行加工处理，将测试信号中无用的或次要成分的波滤除掉，使波形更容易分析判断。在实际工作中，多采用低通滤波。而低通滤波频率上限的选择尤为重要，选择过低，容易掩盖浅层缺陷；选择过高，起不到滤波的作用。

在实测速度曲线中，经常会出现表面波、剪切波在桩顶面来回反射、耦合形成的高频干扰，高频干扰信号的能量大且持续时间长，对缺陷反射及桩底反射都有强烈的掩盖作用，直接影响桩身完整性的判别。常常采用数字滤波去除与桩身质量无关的干扰频率，增大有效频率成分，以便曲线能真实反映桩身完整性情况。如滤波参数选择合适，滤波后的信号将非常有利于对缺陷信号的识别。

基桩检测中常用的加速度传感器的上限频率过宽，激振时引发的多种高频干扰也一并被接收，而速度传感器采集的曲线经常呈指数衰减振荡曲线，严重影响对桩身质量的判断，这时数字滤波就显得尤为重要。

基桩检测中，在确定数字滤波上、下限频率之前，最好将原始信号进行全频段的频谱分析，有目的地选择滤波参数。一般情况下，合理选择数字滤波的高频截止频率可以滤掉不需要的或干扰较严重的高频部分。

通常，采用加速度传感器时，可选择不小于 2000Hz 的低通滤波对积分后的速度信号进行处理；采用速度传感器时，可选择不小于 1000Hz 的低通滤波对速度信号进行处理。

图 4-26 是在一模型桩上进行的用加速计采集的曲线。

图 4-26　滤波前后的曲线比对

（a）从曲线上看，桩头和桩底之间高频干扰信号较多，不利于对缺陷的判断。

（b）对上面原始信号进行了 2400Hz 滤波后的曲线。从曲线上看，桩头和桩底之间高频干扰信号明显滤除，有利于对缺陷的判断。

2. 指数放大

在现场信号采集过程中，桩底反射信号不明显的情况经常发生，这时指数放大是非常有用的一种功能。它可以确保在桩头信号不削波的情况下，使桩底部信号得以清晰地显现出来；是提高桩中下部和桩底信号识别能力的有效手段。指数放大一般以 2~30 倍能识别桩底反射信号为宜。但有时指数放得太大，会使曲线失真，过分突出了桩深部的缺陷，也会使测试信号明显不归零，影响桩身质量的分析判断。如果结合原始曲线，适当地对曲线进行指数放大，作为显示深部缺陷和桩底的一种手段，它还是一种非常有用的功能。

指数放大的倍数取决于桩长及桩周介质，桩越长，放大倍数应取得越高。桩周介质越坚硬（淤泥→粉土→砂土→岩石），对敲击产生的波场的扩散作用越明显，指数放大倍数也应设定得越大。指数放大倍数不宜太大，过分放大会造成尾部曲线变形，误判桩底反射。

3. 旋转

利用加速度计积分获得的速度信号，由于传感器特性和土阻力方面的原因，可能自某一点开始出现线性漂移，以至于曲线负向成分较多，不够美观，尾部不归零。此时，旋转曲线的意义就十分重要了，利用它可以将曲线自某一点开始增加或减少一偏移加速度，对其进行修正。

4. 叠加平均

在基桩动测中，随机干扰信号主要来源于：仪器自身的噪声、自然环境中的随机扰动、锤击桩头时锤击瞬间因桩介质密度的非均匀性而产生的杂波。由于随机信号的频率、相位、幅值没有规律性，在相同条件下，多次进行信号采样，其随机干扰波是服从一定的统计规律的。即在相同条件下进行无限次采样时，其随机信号的算术平均值趋于零。因此，叠加平均是消除随机噪声，提高信噪比的有效手段。

真实信号的采集是反射波法成功与否的关键一步，应确保在现场采集到高质量的信号。检测时应注意对现场环境的要求。周围有打桩作业、破桩头或重型卡车通过、焊接作业等强烈干扰时应停止检测。

4.5.2 通过统计确定桩身波速平均值

桩身波速平均值的确定应符合下列规定：

（1）当桩长已知、桩底反射信号明确时，应在地基条件、桩型、成桩工艺相同的基桩中，选取不少于 5 根 Ⅰ 类桩的桩身波速值，按下列公式计算其平均值：

$$c_m = \frac{1}{n}\sum_{i=1}^{n}c_i$$

$$c_i = \frac{2000L}{\Delta T}$$

$$c_i = 2L \cdot \Delta f$$

式中　c_m——桩身波速的平均值（m/s）；

　　　c_i——第 i 根受检桩的桩身波速值（m/s），且 $|c_i-c_m|/c_m$ 不宜大于 5%；

　　　L——测点下桩长（m）；

　　　ΔT——速度波第一峰与桩底反射波峰间的时间差（ms）；

　　　Δf——幅频曲线上桩底相邻谐振峰间的频差（Hz）；

　　　n——参加波速平均值计算的基桩数量（$n \geq 5$）。

（2）当无法满足上款要求时，波速平均值可根据本地区相同桩型及成桩工艺的其他桩基工程的实测值，结合桩身混凝土的骨料品种和强度等级综合确定。

为分析不同时段或频段信号所反映的桩身阻抗信息、核验桩底信号并确定桩身缺陷位置，需要确定桩身波速及其平均值。波速除与桩身混凝土强度有关外，还与混凝土的骨料品种、粒径级配、密度、水灰比、成桩工艺（导管灌注、振捣、离心）等因素有关。波速与桩身混凝土强度整体趋势上呈正相关关系，即强度高波速高，但二者并不是一一对应关系。在影响混凝土波速的诸多因素中，强度对波速的影响并非首位。

需要指出，桩身平均波速确定时，要求 $|c_i-c_m|/c_m \leq 5\%$ 的规定在具体执行中并不宽

松，因为如前所述，影响单根桩波速确定准确性的因素很多；如果被检工程桩数量较多，尚应考虑尺寸效应问题，即参加平均波速统计的被检桩的测试条件应尽可能一致，桩身也不应有明显阻抗变化。

当无法按上述方法确定时，波速平均值可根据本地区相同桩型及成桩工艺的其他桩基工程的实测值，结合桩身混凝土的骨料品种和强度等级综合确定。虽然波速与混凝土强度二者并不呈一一对应关系，但考虑到二者整体趋势上呈正相关关系，且强度等级是现场最易得到的参考数据，故对于超长桩或无法明确找出桩底反射信号的桩，可根据本地区经验并结合混凝土强度等级，综合确定波速平均值，或利用成桩工艺、桩型相同、且桩长相对较短并能够找出桩底反射信号的桩确定的波速，作为波速平均值。

此外，当某根桩露出地面且有一定的高度时，可沿桩长方向间隔一可测量的距离段安置两个测振传感器，通过测量两个传感器的响应时差，计算该桩段的波速值，以该值代表整根桩的波速值。

表 4-3 为一通过工程实践经验总结的一维纵波波速与混凝土强度之间的关系。可以作为参考，但应慎重对待，以防误判。

一维纵波波速与混凝土强度之间的关系 表 4-3

混凝土强度等级	C15	C20	C25	C30	C40
平均波速(m/s)	2900	3200	3500	3800	4100
波速范围(m/s)	2700~3100	3000~3400	3300~3700	3600~4000	3900~4300

4.5.3 桩身缺陷位置的确定

桩身缺陷位置应按下列公式计算：

$$x = \frac{1}{2000} \cdot \Delta t_x \cdot c$$

$$x = \frac{1}{2} \cdot \frac{c}{\Delta f'}$$

式中 x——桩身缺陷至传感器安装点的距离（m）；

Δt_x——速度波第一峰与缺陷反射波峰间的时间差（ms）；

c——受检桩的桩身波速（m/s），无法确定时可用桩身波速的平均值 c_m 替代；

$\Delta f'$——幅频信号曲线上缺陷相邻谐振峰间的频差（Hz）。

通过低应变反射波法确定桩身缺陷的位置是有误差的，其原因如下：

（1）缺陷位置处 Δt_x 和 $\Delta f'$ 存在读数误差；采样点数不变时，提高时域采样频率则降低了频域分辨率；波速确定的方式及用抽样所得平均值 c_m 替代某具体桩身段波速带来的误差。

（2）尺寸效应的影响。

低应变反射波法的理论基础是一维弹性杆纵波理论。采用一维弹性杆纵波理论的前提是激励脉冲频谱中的有效高频谐波分量波长 λ_0 与被检基桩的半径 R 之比应足够大（$\lambda_0/R \geqslant 10$），否则平截面假设不成立，即"一维纵波沿杆传播"的问题转化为应力波沿具有一定横向尺寸柱体传播的三维问题；另一方面，激励脉冲的波长与桩长相比又必需比较小，否则桩身的运动更接近刚体，波动性状不明显，从而对准确探测桩身缺陷、特别是浅部缺陷深度产生不利影响。显然桩的横向、纵向尺寸与激励脉冲波长的关系本身就是矛盾，这种尺寸效应在大直径桩（包括管桩）和浅部严重缺陷桩的实际测试中尤为突出。

尺寸效应问题分为横向尺寸效应和纵向尺寸效应。

横向尺寸效应表现为：当锤击后，应力波主要以纵波形式直接沿桩身向下传播，同时在桩顶又主要以表面波和剪切波的形式沿径向传播。因锤击点与传感器安装点有一定的距离，接收点测到的入射峰总比锤击点处滞后，考虑到表面波或剪切波的传播速度比纵波低得多，特别对大直径桩或直径较大的管桩，这种从锤击点起由近及远的时间线性滞后将明显增加。而波从缺陷或桩底以一维平面应力波反射回桩顶时，引起的桩顶面径向各点的质点运动却在同一时刻都是相同的，即不存在由近及远的时间滞后问题。严格地讲，按入射峰-桩底反射峰确定的波速将比实际的高，若按"正确"的桩身波速确定缺陷位置将比实际的浅；另外桩身截面阻抗在纵向较长一段范围内变化较大时，将引起波的绕行距离增加，使"真实的一维杆波速"降低。基于以上两种原因，按照目前的锤击方式测桩，不可能精确地测到桩的"一维杆纵波波速"。

如果能测到 $4L/c$ 的二次桩底反射，则由 $2L/c \sim 4L/c$ 时段确定的波速应该更准确一些。如果能够测试出锤击点到传感器安装点的传播时间，把这个时间补偿到入射峰-桩底反射峰的时间差中，则确定的波速也应该准确一些。

纵向尺寸效应表现为：浅部缺陷定位准确性上。能够尽量准确给出浅部缺陷的深度固然重要，但是一定要将缺陷定位误差控制在一个很小的范围内的要求似乎未必现实，从工程实用角度讲，浅部缺陷最容易处理，而从测试原理上讲，浅部严重缺陷的发觉比深部缺陷容易，所以能够找到浅部缺陷才是解决桩质量问题的关键。如果刻意用极窄脉冲寻求"准确"的浅层缺陷定位，则横向尺寸效应的影响将加剧。

4.5.4 桩身完整性判定

桩身完整性类别应结合缺陷出现的深度、测试信号衰减特性以及设计桩型、成桩工艺、地基条件、施工情况，可分别根据《建筑基桩检测技术规范》JGJ 106 或《公路工程基桩检测技术规程》JTG/T F81-01 桩身完整性分类表的规定和桩身完整性判定所列实测时域信号特征或幅频信号特征进行综合分析判定。

表 4-4 为《建筑基桩检测技术规范》JGJ 106 中的桩身完整性分类表。表 4-5 为桩身完整性判定表。

桩身完整性分类表 表 4-4

桩身完整性类别	分类原则
Ⅰ类桩	桩身完整
Ⅱ类桩	桩身有轻微缺陷,不会影响桩身结构承载力的正常发挥
Ⅲ类桩	桩身有明显缺陷,对桩身结构承载力有影响
Ⅳ类桩	桩身存在严重缺陷

表 4-6 为《公路工程基桩检测技术规程》JTG/T F81-01 中的桩身完整性类别评判表。表 4-7 为桩身完整性判定表。

根据实测时域或幅频信号特征来划分的桩身完整性类别。完整桩典型的时域信号和速度幅频信号如图 4-27 和图 4-28 所示，缺陷桩典型的时域信号和速度幅频信号如图 4-29 和图 4-30 所示。采用时域和频域波形分析相结合的方式，也可根据单独的时域或频域波形进行完整性判定，一般在实际应用中是以时域分析为主、频域分析为辅。

桩身完整性判定 表 4-5

类别	时域信号特征	幅频信号特征
Ⅰ	$2L/c$ 时刻前无缺陷反射波，有桩底反射波	桩底谐振峰排列基本等间距，其相邻频差 $\Delta f \approx c/2L$
Ⅱ	$2L/c$ 时刻前出现轻微缺陷反射波，有桩底反射波	桩底谐振峰排列基本等间距，其相邻频差 $\Delta f \approx c/2L$，轻微缺陷产生的谐振峰与桩底谐振峰之间的频差 $\Delta f' > c/2L$
Ⅲ	有明显缺陷反射波，其他特征介于Ⅱ类和Ⅳ类之间	
Ⅳ	$2L/c$ 时刻前出现严重缺陷反射波或周期性反射波，无桩底反射波；或因桩身浅部严重缺陷使波形呈现低频大振幅衰减振动，无桩底反射波	缺陷谐振峰排列基本等间距，相邻频差 $\Delta f' > c/2L$，无桩底谐振峰；或因桩身浅部严重缺陷只出现单一谐振峰，无桩底谐振峰

注：对同一场地、地基条件相近、桩型和成桩工艺相同的基桩，因桩端部分桩身阻抗与持力层阻抗相匹配导致实测信号无桩底反射波时，可按本场地同条件下有桩底反射波的其他桩实测信号判定桩身完整性类别。

桩身完整性类别 表 4-6

桩身完整性类别	分类原则
Ⅰ 类桩	桩身完整
Ⅱ 类桩	桩身基本完整，有轻度缺陷
Ⅲ 类桩	桩身有明显缺陷
Ⅳ 类桩	桩身有严重缺陷

桩身完整性判定 表 4-7

类别	时域信号特征	幅频信号特征
Ⅰ	$2L/c$ 时刻前无缺陷反射波，有桩底反射波信号	可见规律的等间距桩底谐振峰，其相邻频差 $\Delta f \approx c/2L$
Ⅱ	$2L/c$ 时刻前有局部轻微缺陷反射波，有桩底反射波信号	桩底谐振峰基本等间距，其相邻频差 $\Delta f \approx c/2L$，局部轻微缺陷产生的谐振峰与桩底谐振峰之间的频差 $\Delta f' > c/2L$
Ⅲ	$2L/c$ 时刻前有明显的缺陷反射波，桩底反射信号不明显，其他特征介于Ⅱ类和Ⅳ类之间	
Ⅳ	$2L/c$ 时刻前有严重的缺陷反射波，或因桩身严重缺陷使波形呈多次大振幅反射，无桩底反射信号	严重缺陷峰-峰值排列基本等间距，相邻频差 $\Delta f' > c/2L$，无桩底谐振峰；或因桩身浅部严重缺陷只出现单一谐振峰

完整性分析判定，根据时域信号或频域曲线特征判定相对来说较简单直观，而分析缺陷桩信号则复杂些，有的信号的确是因施工质量缺陷产生的，但也有是因设计构造或成桩工艺本身局限导致的不连续（断面）而产生的，例如预制打入桩的接缝，灌注桩的逐渐扩径再缩回原桩径的变截面，地层硬夹层影响等。因此，在分析测试信号时，应仔细分清哪些是缺陷波或缺陷谐振峰，哪些是因桩身构造、成桩工艺、土层影响造成的类似缺陷信号特征。另外，根据测试信号幅值大小判定缺陷程度，除受缺陷程度影响外，还受桩周土阻力（阻尼）大小及缺陷所处深度的影响。相同程度的缺陷因桩周土岩性不同或缺陷埋深不

同，在测试信号中其幅值大小各异。因此，如何正确判定缺陷程度，特别是缺陷十分明显时，如何区分是Ⅲ类桩还是Ⅳ类桩，应仔细对照桩型、地基条件、施工情况并结合当地经验综合分析判断；不仅如此，还应结合基础和上部结构形式对桩的承载安全性要求，考虑桩身承载力不足引发桩身结构破坏的可能性，进行缺陷类别划分，不宜单凭测试信号定论。

桩身缺陷的程度及位置，除直接从时域信号或幅频曲线上判定外，还可借助其他计算方式及相关测试量作为辅助的分析手段：

（1）时域信号曲线拟合法：将桩划分为若干单元，以实测或模拟的力信号作为已知条件，设定并调整桩身阻抗及土参数，通过一维波动方程数值计算，计算出速度时域波形并与实测的波形进行反复比较，直到两者吻合程度达到满意为止，从而得出桩身阻抗的变化位置及变化量大小。该计算方法类似于高应变的曲线拟合法。

（2）根据速度幅频曲线或导纳曲线中基频位置，利用实测导纳值与计算导纳值相对高低、实测动刚度的相对高低进行判断。此外，还可对速度幅频信号曲线进行二次谱分析。

图 4-31 为完整桩的速度导纳曲线。计算导纳值 N_c、实测导纳值 N_m 和动刚度 K_d 分别按下列公式计算：

导纳理论计算值：$N_c = \dfrac{1}{\rho c_m A}$

实测导纳几何平均值：$N_m = \sqrt{P_{max} \cdot Q_{min}}$

动刚度：$K_d = \dfrac{2\pi f_m}{\left| \dfrac{V}{F} \right|_m}$

式中　ρ——桩材质量密度（kg/m^3）；

　　　c_m——桩身波速平均值（m/s）；

　　　A——设计桩身截面积（m^2）；

　　P_{max}——导纳曲线上谐振波峰的最大值（$m/s \cdot N^{-1}$）；

　　Q_{min}——导纳曲线上谐振波谷的最小值（$m/s \cdot N^{-1}$）；

　　　f_m——导纳曲线上起始近似直线段上任一频率值（Hz）；

　$\left| \dfrac{V}{F} \right|_m$——与 f_m 对应的导纳幅值（$m/s \cdot N^{-1}$）。

理论上，实测导纳值 N_m、计算导纳值 N_c 和动刚度 K_d 就桩身质量好坏而言存在一定的相对关系：完整桩，N_m 约等于 N_c、K_d 值正常；缺陷桩，N_m 大于 N_c、K_d 值低，且随缺陷程度的增加其差值增大；扩径桩，N_m 小于 N_c、K_d 值高。

需要说明的是，由于稳态激振过程在某窄小频带上激振，其具有能量集中、信噪比高、抗干扰能力强等特点，所测的导纳曲线、导纳值及动刚度比采用瞬态激振方式重复性好、可信度较高。

桩身完整性判定表没有列出桩身无缺陷或有轻微缺陷但无桩底反射这种信号特征的类别划分。事实上，测不到桩底信号这种情况受多种因素和条件影响，例如：

① 软土地区的超长桩，长径比很大；

② 桩周土约束很大，应力波衰减很快；

③ 桩身阻抗与持力层阻抗匹配良好；

④ 桩身截面阻抗显著突变或沿桩长渐变；

⑤ 预制桩接头缝隙影响。

其实，当桩侧和桩端阻力很强时，高应变法同样也测不出桩底反射。所以，上述原因造成无桩底反射也属正常。此时的桩身完整性判定，只能结合经验、参照本场地和本地区的同类型桩综合分析或采用其他方法进一步检测。

绝对要求同一工程所有的Ⅰ、Ⅱ类桩都有清晰的桩底反射也不现实。对同一场地、地质条件相近、桩型和成桩工艺相同的基桩，因桩端部分桩身阻抗与持力层阻抗相匹配而导致实测信号无桩底反射波时，只能按本场地同条件下有桩底反射波的其他桩实测信号判定桩身完整性类别。但是，不能忽视动测法的这种局限性。

对承载有利的扩径灌注桩，不应判定为缺陷桩。

图 4-27 完整桩典型时域信号特征

图 4-28 完整桩典型速度幅频信号特征

图 4-29 缺陷桩典型时域信号特征

4.5.5 其他特殊情况说明

（1）对混凝土灌注桩桩身截面渐变后恢复至原桩径并在该阻抗突变处的反射，或扩径突变处的一次和二次反射的情况；对桩侧局部强土阻力引起的混凝土预制桩负向反射及其二次反射的情况；对采用部分挤土方式沉桩的大直径开口预应力管桩，桩孔内土芯闭塞部

图4-30 缺陷桩典型速度幅频信号特征

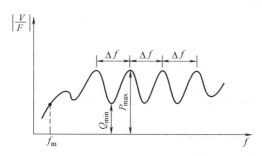

图4-31 均匀完整桩的速度导纳曲线图

位的负向反射及其二次反射的情况；对纵向尺寸效应使混凝土桩桩身阻抗突变处的反射波幅值降低的情况。应结合成桩工艺和地基条件综合分析判定受检桩的完整性类别。当信号无畸变且不能根据信号直接分析桩身完整性时，可采用实测曲线拟合法辅助判定桩身完整性或借助实测导纳值、动刚度的相对高低辅助判定桩身完整性。

低应变反射波法的误判高发区中主要包含了桩身出现阻抗多变或渐变的情况。《建筑基桩检测技术规范》JGJ 106建议，对以下两种情况的桩身完整性判定宜结合其他检测方法进行：

① 实测信号复杂，无规律，无法对其进行准确评价。

② 桩身截面渐变或多变，且变化幅度较大的混凝土灌注桩。

1）桩身阻抗多变

当桩身存在不止一个阻抗变化截面（包括在桩身某一范围内阻抗渐变的情况）时，由于各阻抗变化截面的一次和多次反射波相互叠加，除距桩顶第一阻抗变化截面的一次反射能辨认外，其后的反射信号可能变得十分复杂，难于分析判断。此时，首先要查找测试各环节是否有疏漏，然后再根据施工和地质情况分析原因，并与同一场地、同一测试条件下的其他桩测试信号进行比较，有条件时可采用实测曲线拟合法试算。确实无把握且疑问桩对基础与上部结构的安全或正常使用可能有较大影响时，应提出验证检测的建议。

2）桩身阻抗渐变

对于混凝土灌注桩，采用时域信号分析时应区分桩身截面渐变后恢复至原桩径并在该阻抗突变处的一次反射，或扩径突变处的二次反射。当灌注桩桩截面形态呈现如图4-32情况时，桩身截面（阻抗）渐变或突变，在阻抗突变处的一次或二次反射常表现为类似明显扩径、严重缺陷或断桩的相反情形，

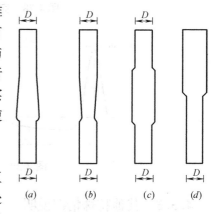

图4-32 混凝土灌注桩截面（阻抗）变化示意图

(*a*) 逐渐扩径；(*b*) 逐渐缩径；
(*c*) 中部扩径；(*d*) 上部扩径

从而造成误判。因此，可结合成桩工艺和地质条件综合分析，加以区分；无法区分时，应结合其他检测方法综合判定。必要时，可采用实测曲线拟合法辅助判定桩身完整性或借助实测导纳值、动刚度的相对高低辅助判定桩身完整性。采用实测曲线拟合法进行辅助分析时，宜符合下列规定：

① 信号不得因尺寸效应、测试系统频响等影响产生畸变；

② 宜采用实测力波形作为边界条件输入；

③ 桩顶横截面尺寸应按现场实际测量结果确定；

④ 通过同条件下、截面基本均匀的相邻桩曲线拟合，确定引起应力波衰减的桩土参数取值。

3）其他情况

桩侧局部强土阻力和大直径开口预应力管桩桩孔内土塞部位反射也有类似一次反射似扩径，二次反射似缺陷的情况。纵向尺寸效应与一维杆平截面假设相违，即桩身阻抗突变段的反射幅值随突变段纵向范围的缩小而减弱。例如支盘桩的支盘直径很大，但随着支盘厚度的减小，扩径反射将愈来愈不明显；若此情形换为缩颈，其危险性不言而喻。以上情况可结合施工、地层情况综合分析加以区分；无法区分时，应结合其他检测方法综合判定。

《公路工程基桩检测技术规程》JTG/T F81-01 建议，对以下情况的桩身完整性判定宜结合其他检测方法进行：

1）超过有效检测长度的超长桩，其测试信号不能反映桩身下部和桩底情况；

2）因地层和施工工艺原因引起的桩身截面渐变或多变，且变化幅度较大的混凝土灌注桩；

3）当桩长的推算值明显与实际提供桩长不符，且缺乏相关资料加以解释或验证；

4）实测曲线复杂，无规律或呈现低频大振幅衰减振动，无法对其进行准确的桩身完整性分析与评判；

5）对于预制桩，时域曲线在接头处有明确的同相反射，无法对其判定断裂错位或接桩不良；在正常的桩底反射前出现与入射波同相异常反射时，应分析是否在接桩部位，无法对其进行准确判断评判。

（2）当按《建筑基桩检测技术规范》JGJ 106 条款的规定操作仍不能识别桩身浅部阻抗变化趋势时，应在测量桩顶速度响应的同时测量锤击力，根据实测力和速度信号起始峰的比例差异大小判断桩身浅部阻抗变化程度。

由于受横向尺寸效应的制约，激励脉冲的波长有时很难明显小于浅部阻抗变化的深度，造成无法对桩身浅部特别是极浅部的阻抗变化进行定性和定位，甚至是误判，如浅部局部扩径，波形可能主要表现出扩径恢复后的"似缩径"反射。因此要求根据力和速度信号起始峰的比例差异情况判断桩身浅部阻抗变化程度。建议采用这种方法时，在同条件下进行多根桩对比，在解决阻抗变化定性的基础上，判定阻抗变化程度，不过，在阻抗变化位置很浅时可能仍无法准确定位。

（3）对于嵌岩桩，《建筑基桩检测技术规范》JGJ 106 建议，当桩底时域反射信号为单一反射波且与锤击脉冲信号同向时，应采取钻芯法、静载试验或高应变法核验桩端嵌岩情况。《公路工程基桩检测技术规程》JTG/T F81-01 建议，当桩底反射信号与入射波信号同相时，应结合桩底基岩的属性，成桩工艺等因素综合分析其原因，必要时应进行钻孔取芯验证。

对于嵌岩桩，桩底沉渣和桩端持力层是否为软弱层、溶洞等是直接关系到该桩能否安全使用的关键因素。虽然低应变动测法不能确定桩底情况，但理论上可以将嵌岩桩桩端视为杆件的固定端，并根据桩底反射波的方向及其幅值判断桩端端承效果。当桩底时域反射信号为单一反射波且与锤击脉冲信号同向时，或频域辅助分析时的导纳值相对偏高，动刚度相对偏低时，理论上表明桩底有沉渣存在或桩端嵌固效果较差。注意，虽然沉渣较薄时对桩的承载能力影响不大，但低应变法很难回答桩底沉渣厚度到底能否影响桩的承载力和沉降性状，并且确实出现过有些嵌入坚硬基岩的灌注桩的桩底同向反射较明显，而钻芯却未发现桩端与基岩存在明显胶结不良的情况。所以，出于安全和控制基础沉降考虑，若怀疑桩端嵌固效果差时，应采用钻芯法、静载法或高应变法等检测方法核验桩端嵌岩情况，确保基桩使用安全。

（4）对桩型及施工工艺相同的一批桩，当对受检桩的桩长进行估算核验时，若估算桩长明显短于设计桩长且有可靠施工资料或其他方法验证其结果时，受检桩应判定为Ⅳ类桩。

（5）关于Ⅲ类桩的判定标准问题

根据《建筑基桩检测技术规范》JGJ 106 对Ⅲ类桩的桩身完整性分类定义——"桩身有明显缺陷，对桩身结构承载力有影响"，可以看出，被确认的Ⅲ类桩属于不合格桩。这是因为，桩身结构承载力不仅指竖向抗压承载力，尽管建筑工程基桩大都以竖向承载为主，比如有水平整合型裂缝的桩，竖向抗压承载力可能不受影响，但是水平承载力以及桩的耐久性会受影响。更主要的是从技术能力上分析，低应变法判断桩身完整性的准确程度十分有限，客观地说，有些情况下的判断有很多经验成分，只有结合其他更可靠、更适用的方法才能作出准确判断，因此不能对该法期望过高。所以，通过低应变检测虽然不一定能肯定Ⅲ类桩，但至少应找出可能影响桩结构承载力的疑问桩。另外，桩合格与否的评定项目不仅仅是桩身完整性一项，桩基验收时还可采取验证、设计复核、直接或间接补强等多种手段，进行重新验收。故《建筑基桩检测技术规范》JGJ 106 未要求作出"合格"或"不合格"的评定。由于没有涉及"合格"评定的责任，也许有人会误解为这是一种回避责任的做法，其实不然，上述提法只是想为检测人员在充分体现自身技术水平、经验的情况下提供灵活判断的可能性。从职业道德上讲，对质量问题的小题大做或视而不见，是检测人员之大忌。

4.5.6　检测报告的要求

因人员水平低、测试过程和测量系统各环节出现异常、人为对信号再处理影响信号真实性等，均直接影响结论判断的正确性，这些异常情况只有根据原始信号曲线才能鉴别。因此，《建筑基桩检测技术规范》JGJ 106 规定：低应变检测报告应给出桩身完整性检测的实测信号曲线。

检测报告还应包括足够的信息：

（1）工程概述；

（2）岩土工程条件；

（3）检测方法、原理、仪器设备和过程叙述；

（4）受检桩的桩号、桩位平面图和相关的施工记录；

（5）桩身波速取值；

（6）桩身完整性描述、缺陷的位置及桩身完整性类别；

（7）受检桩的检测数据，实测与计算分析曲线、表格和汇总结果；

（8）时域信号时段所对应的桩身长度标尺、指数或线性放大的范围及倍数；或幅频信号曲线分析的频率范围、桩底或桩身缺陷对应的相邻谐振峰间的频差；

（9）与检测内容相应的检测结论；

（10）必要的说明和建议，比如对扩大或验证检测的建议。

《公路工程基桩检测技术规程》JTG/T F81-01 规定，检测报告宜包含以下内容：

（1）委托方名称，工程名称、地点，建设、勘察、设计、监理及施工单位，结构形式，设计要求。

（2）工程地质概况。

（3）桩位图，被检桩的桩型、混凝土强度等级、截面尺寸、桩长、桩号、桩位、桩顶标高等必要信息。

（4）检测目的，检测依据，检测数量，成（沉）桩日期，检测日期，检测方法，检测仪器设备。

（5）被检桩的检测数据，实测与计算分析曲线、表格和汇总结果。

（6）桩身完整性实测的时域曲线。

（7）桩身混凝土波速值。

（8）桩身完整性描述，缺陷的位置、性质及完整性类别评判。

（9）检测结论。

4.6 增强体的低应变检测

《建筑地基检测技术规范》JGJ 340 中规定了对增强体的低应变检测，增强体的低应变检测也是建立在一维波动理论基础上，将增强体假设为一维弹性连续杆，在增强体顶部进行竖向激振产生弹性波，弹性波沿着增强体向下传播，当增强体存在明显差异的界面或截面积变化部位，波阻抗将发生变化，产生反射波，通过安装在增强体顶的传感器接收反射信号，对接收的反射信号进行放大、滤波和数据处理，可以识别来自增强体不同部位的反射信息。利用波在增强体内传播时纵波波速、增强体长度与反射时间之间的对应关系，通过对反射信息的分析计算，判断增强体的完整性及根据平均波速校核增强体的实际长度，判定增强体中缺陷程度及位置。

4.6.1 仪器设备

《建筑地基检测技术规范》JGJ 340 对仪器设备的要求如下：

（1）低应变法检测仪器的主要技术性能指标应符合现行行业标准《基桩动测仪》JG/T 3055的有关规定，且应具有信号采集、滤波、放大、显示、储存和处理分析功能；

（2）低应变法激振设备宜根据增强体的类型、长度及检测目的，选择不同大小、长度、质量的力锤、力棒和不同材质的锤头，以获得所需的激振频带和冲击能量。瞬态激振设备应包括能激发宽脉冲和窄脉冲的力锤和锤垫；力锤可装有力传感器。

4.6.2 现场检测

1. 休止时间

《建筑地基检测技术规范》JGJ 340 要求：粘结强度、规则截面的桩身强度大于 8MPa 竖向增强体的完整性；低应变法检测开始时间应在受检竖向增强体强度达到要求后进行。

2. 抽检的数量

单位工程检测数量不应少于总桩数的 10%，且不得少于 10 根。

3. 增强体顶部处理

受检竖向增强体顶部处理的材质、强度、截面尺寸应与增强体主体基本等同；当增强体的侧面与基础的混凝土垫层浇筑成一体时，应断开连接并确保垫层不影响检测结果的情况下方可进行检测。

4. 传感器的安装和激振

（1）传感器安装应与增强体顶面垂直；用耦合剂粘结时，应有足够的粘结强度；

（2）锤击点在增强体顶部中心，传感器安装点与增强体中心的距离宜为增强体半径的 2/3 并不应小于 10cm；

（3）锤击方向应沿增强体轴线方向；

（4）瞬态激振应根据增强体长度、强度、缺陷所在位置的深浅，选择合适重量、材质的激振设备，宜用宽脉冲获取增强体的底部或深部缺陷反射信号，宜用窄脉冲获取增强体的上部缺陷反射信号。

5. 仪器参数设置

（1）增益应结合激振方式通过现场对比试验确定；

（2）时域信号分析的时间段长度应在 $2L/c$ 时刻后延续不少于 5ms；频域信号分析的频率范围上限不应小于 2000Hz；

（3）设定长度应为竖向增强体顶部测点至增强体底的施工长度；

（4）竖向增强体波速可根据当地同类型增强体的测试值初步设定；

（5）采样时间间隔或采样频率应根据增强体长度、波速和频率分辨率合理选择；

（6）传感器的灵敏度系数应按计量检定结果设定。

6. 信号采集与判断

（1）应根据竖向增强体直径大小，在其表面均匀布置 2~3 个检测点；每个检测点记录的有效信号数不宜少于 3 个；

（2）检测时应随时检查采集信号的质量，确保实测信号能反映增强体完整性特征；

（3）信号不应失真和产生零漂，信号幅值不应超过测量系统的量程；

（4）对于同一根检测增强体，不同检测点及多次实测时域信号一致性较差，应分析原因，增加检测点数量。

4.6.3 检测数据分析与结果判定

1. 信号处理

当检测信号中存在少量高频噪声时，可采用低通滤波方式对测试信号进行处理，以降低测试噪声对测试效果的影响程度，但低通滤波频率应限定在一定范围，否则会使信号失真。若信号存在较多的高频噪声时，应当在检测时通过增强体顶部处理、改变锤头材料或对锤垫厚度进行调整以降低高频噪声，而不能期待事后进行数字滤波。指数放大是提高增强体中下部和底部信号识别能力的有效手段，指数放大倍数宜为 2～20 倍，能识别底部反射信号为宜，过大的放大倍数会使干扰信号一同放大，也可能会使测试波形尾部明显不归零，影响完整性的分析判断。对指数放大的要求：当竖向增强体底部反射信号或深部缺陷反射信号较弱时，可采用指数放大，被放大的信号幅值不应大于入射波幅值的一半，进行指数放大后的波形尾部应基本回零。指数放大的范围宜大于 $2L/c$ 的 2/3，指数放大倍数宜小于 20。可使用旋转处理功能，使测试波形尾部基本位于零线附近。

当然真实信号的采集是低应变检测成功与否的关键一步，应确保在现场采集到高质量的信号。检测时应注意对现场环境的要求。

2. 通过统计确定竖向增强体波速平均值

当竖向增强体长度已知、底部反射信号明确时，应在地质条件、设计类型、施工工艺相同的竖向增强体中，选取不少于 5 根完整性为 Ⅰ 类的竖向增强体按下列公式计算其平均值：

$$c_m = \frac{1}{n} \sum_{i=1}^{n} c_i$$

$$时域 \quad c_i = \frac{2000L}{\Delta t}$$

$$频域 \quad c_i = 2L \cdot \Delta f$$

式中　c_m——竖向增强体波速的平均值（m/s）；

c_i——第 i 根受检竖向增强体的波速值（m/s），且 $|c_i - c_m|/c_m \leqslant 10\%$；

L——测点下增强体长度（m）；

Δt——速度波第一峰与竖向增强体底部反射波峰间的时间差（ms）；

Δf——幅频曲线上竖向增强体底部相邻谐振峰间的频差（Hz）；

n——参加波速平均值计算的竖向增强体数量（$n \geqslant 5$）。

当无法按上述方法确定波速平均值时，波速平均值可根据当地相同施工工艺的竖向增强体的其他工程的实测值，结合胶结材料、骨料品种和强度综合确定。

3. 竖向增强体缺陷位置的确定

$$时域 \quad x = \frac{1}{2000} \cdot \Delta t_x \cdot c$$

$$频域 \quad x = \frac{1}{2} \cdot \frac{c}{\Delta f'}$$

式中　x——竖向增强体缺陷至传感器安装点的距离（m）；

Δt_x——速度波第一峰与缺陷反射波峰间的时间差（ms）；

c——受检竖向增强体的波速（m/s），无法确定时用 c_m 值替代；

$\Delta f'$——幅频信号曲线上缺陷相邻谐振峰间的频差（Hz）。

4. 竖向增强体完整性判定

竖向增强体完整性类别应结合缺陷出现的深度、测试信号衰减特性以及设计竖向增强体类型、施工工艺、地质条件、施工情况，可根据《建筑地基检测技术规范》JGJ 340 竖向增强体完整性分类表的规定和竖向增强体完整性判定所列实测时域或幅频信号特征进行综合分析判定。

表 4-8 为《建筑地基检测技术规范》JGJ 340 中的竖向增强体完整性分类表。表 4-9 为竖向增强体完整性判定表。

竖向增强体完整性分类表 表 4-8

桩身完整性类别	分类原则
Ⅰ 类	增强体结构完整
Ⅱ 类	增强体结构存在轻微缺陷
Ⅲ 类	增强体结构存在明显缺陷
Ⅳ 类	增强体结构存在严重缺陷

竖向增强体完整性判定信号特征 表 4-9

类别	时域信号特征	幅频信号特征
Ⅰ	除冲击入射波和增强体底部反射波外,在 $2L/c$ 时刻前,基本无同相反射波发生;允许存在承载力有利的反相反射(扩径); 增强体底部阻抗与持力层阻抗有差异时,应有底部反射信号	增强体底部谐振峰排列基本等间距,其相邻频差 $\Delta f \approx c/(2L)$
Ⅱ	$2L/c$ 时刻前出现轻微缺陷反射波; 增强体底部阻抗与持力层阻抗有差异时,应有底部反射信号	增强体底部谐振峰排列基本等间距,其相邻频差 $\Delta f \approx c/(2L)$,轻微缺陷产生的谐振峰之间的频差($\Delta f'$)与增强体底部谐振峰之间的频差(Δf)满足 $\Delta f' > \Delta f$
Ⅲ	有明显同相反射波,其他特征介于 Ⅱ 类和 Ⅳ 类之间	
Ⅳ	$2L/c$ 时刻前出现严重同相反射波或周期性反射波,无底部反射波; 或因增强体浅部严重缺陷使波形呈现低频大振幅衰减振动,无底部反射波	缺陷谐振峰排列基本等间距,相邻频差 $\Delta f' > c/(2L)$,无增强体底部谐振峰; 或因增强体浅部严重缺陷只出现单一谐振峰,无增强体底部谐振峰

注:对同一场地、地质条件相近、施工工艺相同的增强体,因底部阻抗与持力层阻抗相匹配导致实测信号无底部反射信号时,可按本场地同条件下有底部反射波的其他实测信号判定增强体完整性类别。

对设计条件有利的扩径增强体,不应判定为缺陷增强体,故仍划分为 Ⅰ 类。

5. 其他特殊情况说明

《建筑地基检测技术规范》JGJ 340 建议,对以下两种情况的竖向增强体完整性判定宜结合其他检测方法进行:

(1) 实测信号复杂,无规律,无法对其进行准确评价。

(2) 增强体截面渐变或多变,且变化幅度较大。

6. 检测报告的要求

因检测人员水平高低不同、测试过程和测量系统各环节容易出现异常、人为对信号再处理影响信号真实性等,从而影响结论判断的正确性,只有根据原始信号曲线才能鉴别。因此,《建筑地基检测技术规范》JGJ 340 规定:低应变法检测报告应给出增强体完整性检测的实测信号曲线。

《建筑地基检测技术规范》JGJ 340 规定，检测报告宜包含以下内容：

（1）检测报告编号，委托单位，工程名称、地点，建设、勘察、设计、监理和施工单位，地基及基础类型，设计要求，检测目的，检测依据，检测数量，检测日期；

（2）主要岩土层结构及其物理力学指标资料；

（3）检测点的编号、位置和相关施工记录；

（4）检测点的标高、场地标高、地基设计标高；

（5）检测方法，检测仪器设备，检测过程叙述；

（6）检测数据，实测与计算分析曲线、表格和汇总结果；

（7）实测信号曲线；

（8）增强体波速取值；

（9）增强体完整性描述、缺陷的位置及增强体完整性类别；

（10）时域信号时段所对应的增强体长度标尺、指数或线性放大的范围及倍数；或幅频信号曲线分析的频率范围、增强体底部或增强体缺陷对应的相邻谐振峰间的频差；

（11）与检测内容相应的检测结论；

（12）相关图件或试验报告。

4.7 检测实例与曲线汇编

4.7.1 典型理论曲线

（1）图 4-33、表 4-10 的 16 组计算结果是在理想化的情况下得到的理论曲线及其应力波传播路径。

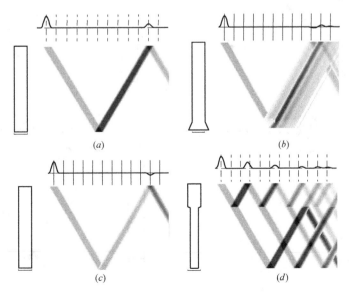

（a）　　　　　　　　　　　　　　（b）

（c）　　　　　　　　　　　　　　（d）

图 4-33　桩在各种状态下，理论曲线及相应的应力波传播路径（一）

图 4-33 桩在各种状态下，理论曲线及相应的应力波传播路径（二）

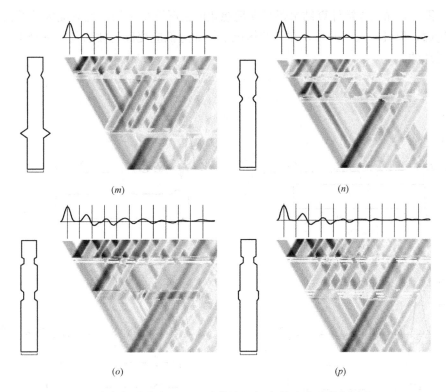

(m) (n)

(o) (p)

图 4-33 桩在各种状态下，理论曲线及相应的应力波传播路径（三）

图 4-33 中各种编号对应桩的信息 表 4-10

(a)	完整桩	(b)	扩底完整桩	(c)	端承完整桩	(d)	缩径桩
(e)	扩径桩	(f)	浅部缩径桩	(g)	中部缩径桩	(h)	深部缩径桩
(i)	中部扩径桩	(j)	逐渐扩径陡缩桩	(k)	浅部扩大头桩	(l)	桩头附近缺陷桩
(m)	浅缩深扩桩	(n)	浅扩深缩桩	(o)	浅缩深缩桩	(p)	浅缩深扩桩

（2）不同缺陷所得到的桩底信号强弱对比（图 4-34）。

（3）不同土层条件得到的桩底信号强弱对比（图 4-35）。

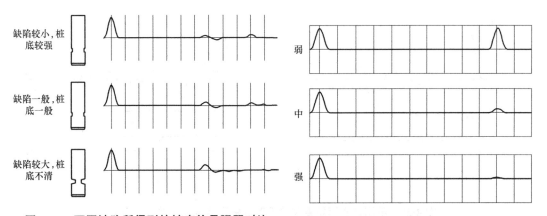

图 4-34 不同缺陷所得到的桩底信号强弱对比 图 4-35 不同土层条件得到的桩底信号强弱对比

（4）图 4-36 的 34 组计算结果仍是在理想化的情况下得到的，也只能大致给读者一个粗线条轮廓，但可以表明的是，在某些情况下，通过低应变反射波法判断桩身阻抗变化还是相当复杂的。

图 4-36　不同桩身阻抗变化情况时的桩顶速度响应曲线（一）

图 4-36 不同桩身阻抗变化情况时的桩顶速度响应曲线（二）

图 4-36　不同桩身阻抗变化情况时的桩顶速度响应曲线（三）

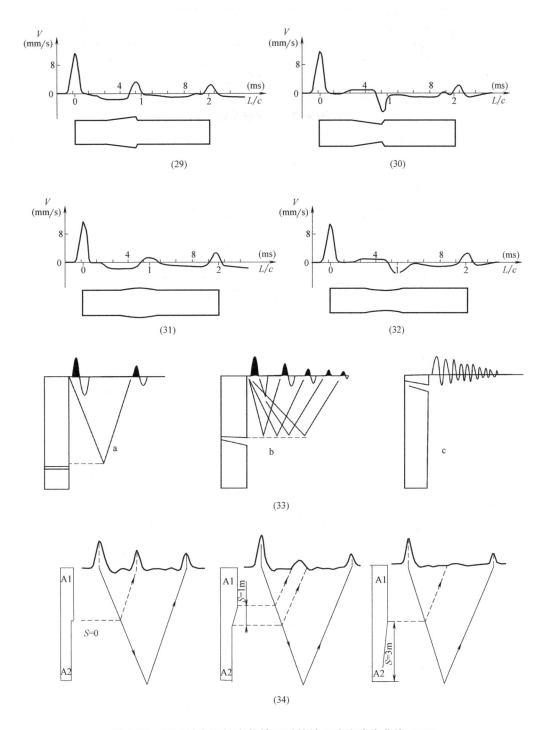

图 4-36　不同桩身阻抗变化情况时的桩顶速度响应曲线（四）

（5）桩身不同情况下应力波反射法的时域曲线

① 桩身完整（图 4-37）：完整桩仅有桩底反射，反射波和入射波同相位。

② 桩身断裂（图 4-38）：断裂处桩身截面积变小，表现为出现同相反射。

图 4-37　完整桩曲线

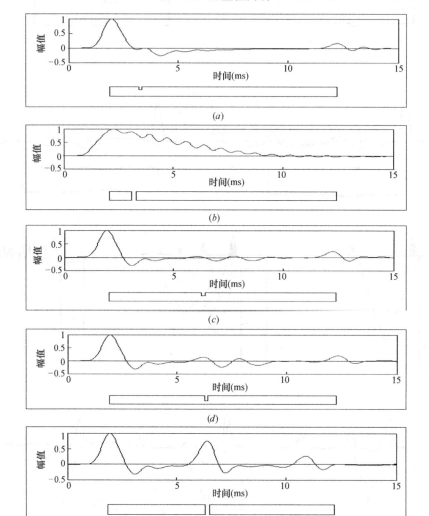

图 4-38　桩身断裂曲线

(*a*) 桩身浅部裂缝；(*b*) 桩身浅部断裂；(*c*) 桩身中部局部断裂（断裂面积为桩身截面积的 1/3）；
(*d*) 桩身中部局部断裂（断裂面积为桩身截面积的 2/3）；(*e*) 桩身中部断裂；(*f*) 桩身深部断裂

③ 桩身截面积发生变化（图 4-39）：截面渐变桩不易判断，截面渐变过程和侧阻力增加的反射波近似，渐变结束处的反射波和入射波同相位。

图 4-39　桩身截面积变化曲线

（*a*）桩身截面增大；（*b*）桩身部分截面增大；（*c*）桩身截面逐渐增大；

（*d*）桩身截面减小；（*e*）桩身截面部分减小；（*f*）桩身截面逐渐减小

④ 离析或夹泥桩（图 4-40）：开始部位的反射波和入射波同相位，夹泥和离析结束部位的反射波和入射波反相位，夹泥和缩径不严重的摩擦桩，可看到桩底反射，反射波和入射波同相位。

图 4-40　桩身离析或夹泥

⑤ 扩底桩（图 4-41）：对于摩擦桩，扩底开始处的反射波和入射波反相位，结束处的反射波和入射波同相位。

图 4-41　扩底桩

⑥ 嵌岩桩（图 4-42）：嵌岩效果好的桩，桩底反射波和入射波反相位。

(*a*)

(*b*)

图 4-42　嵌岩桩曲线

(*a*) 嵌岩良好的桩；(*b*) 桩底有沉渣

4.7.2　典型杆件测试曲线

1. 模型杆试验之一（GY-BB）

基本参数，杆体材料为聚四氟乙烯，杆长：0.85m，杆径：0.05m，波速：700m/s，设定缺陷：扩径，特点：缺陷位置可移动（图 4-43、图 4-44）。

图 4-43　模型杆 1 照片

图 4-44　模型杆 1 各种实测曲线

（*a*）桩身完整；（*b*）0.39m 扩径；（*c*）0.19m 扩径；

（*d*）0.53m 扩径；（*e*）0.26m 扩径；（*f*）0.80m 扩径

2. 模型杆实测曲线之二（BJ-BB）

基本参数，杆体材料为聚四氟乙烯，杆长：0.88m，杆径：0.1m，波速：730m/s，缺陷类型有：扩径、缩径，特点：扩径缺陷位置可移动，缩径缺陷固定不变（图 4-45、图 4-46）。

图 4-45　模型杆 2 照片

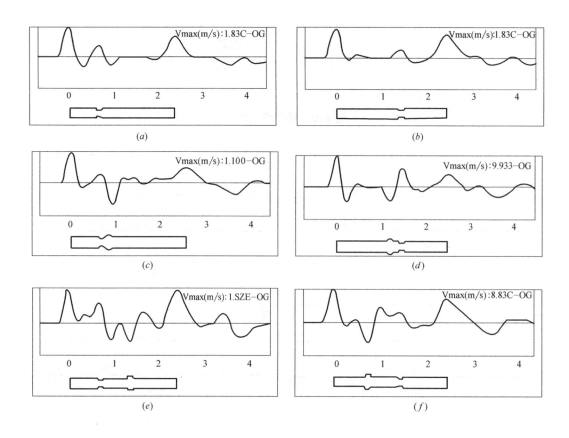

图 4-46 模型杆 2 各种实测曲线

(*a*) 0.2m 缩径；(*b*) 0.5m 缩径；(*c*) 0.2m 先缩径后扩径；(*d*) 0.5m 先扩径后缩径；
(*e*) 0.2m 缩径，0.5m 扩径；(*f*) 0.2m 扩径，0.5m 缩径

4.7.3 模型桩测试曲线

1. 武汉某地模型桩实测曲线

桩型为预制方桩，桩长 6m，为 0.35m×0.35m 方桩，波速约为 4000m/s（图 4-47）。

2. 预制管桩，在同一深度裂纹变化实测曲线

桩长为 5.8m，桩径为 0.35m，缺陷位置在距离桩顶 3.5m 左右（图 4-48）。

3. 陕西某基地模型桩实测曲线（图 4-49）

4. 福建模型桩实测曲线

桩型：预制方桩，混凝土强度等级为 C20，将预制桩横卧植入土中，裸露桩两端作测试面（图 4-50）。

5. 西安某基地模型桩实测曲线

桩型为人工挖孔灌注桩，桩径为 0.8m（图 4-51）。

6. 天津某地模型桩实测曲线

桩型为埋入地下的预制方桩（0.35m×0.35m），桩长：1 号桩长为 12m，其他 6 根桩长均为 14m（图 4-52）。

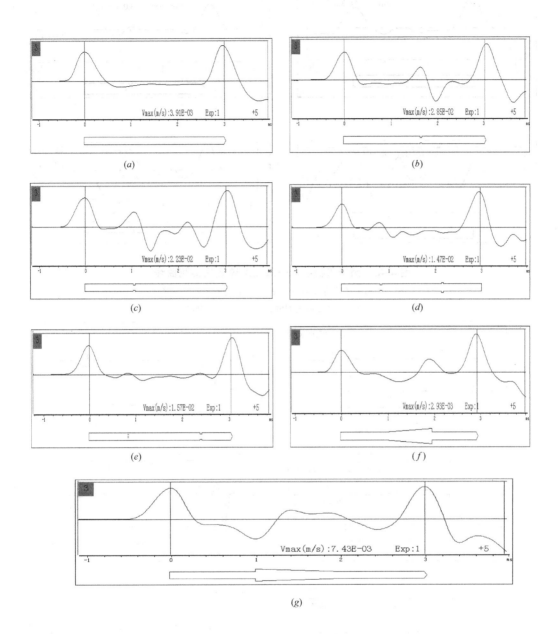

图 4-47　武汉某地模型桩各种实测曲线

（*a*）1 号桩身完整；（*b*）2 号从桩左端敲击，3.2m 处严重夹物；（*c*）2 号从桩右端敲击，2.2m 处严重夹物，
4.4m 处为其 2 次反射；（*d*）3 号 1.9m 处轻微缩径，4.2m 处轻微扩径；（*e*）4 号 1.5m 处轻微夹泥，
4.9m 处轻微缩径；（*f*）5 号从桩左端敲击，2m 处开始渐扩，4m 处严重缩径（此处恢复正常桩径）；

（*g*）5 号从桩右端敲击，2m 处严重扩径，2～4m 之间渐变，4m 后恢复正常桩径

图 4-48　预制管桩在同一深度裂纹变化实测曲线

（a）3.5m 处表面存在裂纹；（b）3.5m 处 1/3 截面裂缝；

（c）3.5m 处 2/3 截面裂缝；（d）3.5m 处全断桩

图 4-49　陕西某基地模型桩各种实测曲线

（a）桩长：14m，完整桩；（b）桩长：11m，完整桩；（c）桩长：7m，完整桩；

（d）桩长：30m，9.9m 处缩径，24.6m 处全断；（e）桩长：16m，7.2m 处扩径，

10.9m 处缩径；（f）桩长：16m，5.7m 处缩径，11.3m 处离析

图 4-50　福建模型桩各种实测曲线

（*a*）完整桩波形曲线；（*b*）缩径桩波形曲形；（*c*）扩径桩波形曲线；（*d*）离析桩波形曲线；

（*e*）断桩波形曲线；（*f*）上缩下扩桩波形曲线；（*g*）上扩下缩桩波形曲线；（*h*）上缩下离桩波形曲线；

（*i*）上离下缩桩波形曲线；（*j*）上扩下离桩波形曲线；（*k*）上离下扩桩波形曲线；

（*l*）上离下断桩波形曲线

图 4-51　西安某基地模型桩各种实测曲线

(*a*) 桩长 10m，距桩顶 3.66m、9.01m 扩径；(*b*) 桩长 10m，距桩顶 7.73m 缩径；

(*c*) 桩长 10m，距桩顶 5.36m 缩径，7.44m、8.92m 扩径；(*d*) 桩长 12m，距桩顶

3.13m、4.56m、7.77m 缩径；(*e*) 桩长 12m，距桩顶 1.11m、5.39m 缩径，5.85m 扩径

图 4-52　天津某地模型桩各种实测曲线

(*a*) 4.2m 处局部断；(*b*) 10m 处轻度缩径；(*c*) 完整桩；(*d*) 9.5m 处缩径；

(*e*) 6.2m 处扩径；(*f*) 5m 处扩径，10m 处离析

7. 吉林省某基地模型桩实测曲线

桩型为预制方桩 0.3m×0.3m，混凝土强度等级大于 C25（图 4-53）。

图 4-53 吉林省某基地模型桩各种实测曲线

（a）桩长 8m，缺陷位置：2.6m、4.3m 微裂；（b）桩长 11m，完整桩；

（c）桩长 8m，2.2m、3.8m 微裂，5.8m 缩径；（d）桩长 11m，2.7m 缩径，6.2m 微裂

4.7.4 现场工程桩实测曲线

1. 延吉州某木材厂住宅楼

桩型为沉管灌注桩，桩径为 0.35m，桩长为 5.8m，桩身平均波速均为 3300m/s 左右（图 4-54～图 4-56）。

图 4-54 172 号桩：距桩顶 2.8m 处缩径，面积为桩径的 3/5

图 4-55 173 号桩：距桩顶 3m 处全断

开挖照片如图 4-57、图 4-58 所示。

2. 云南保山某工程桩开挖实例

桩型为钻孔灌注桩，桩径为 0.42m，桩长为 15m（图 4-59）。

图 4-56　174 号桩：距桩顶 2.8m 处缩径，面积为桩径的 3/5

图 4-57　左边为 172 号桩，右边为 174 号桩

图 4-58　173 号桩

图 4-59　桩身平均波速 3600m/s，距桩顶 0.9m 处轻度缩径，距桩顶 3m 处严重缩径

开挖照片如图 4-60 所示。

图 4-60　云南保山某工程桩开挖照片

3. 河北唐山某小区居民楼工程桩开挖实例

桩型：成孔灌注桩，桩径：0.40m（图 4-61～图 4-68）。

图 4-61　17 号桩，桩长 13.6m，0.98m 处空洞

图 4-62　23 号桩，桩长 13.8m，1.95m 处空洞

图 4-63　17 号桩开挖照片

图 4-64　23 号桩开挖照片

图 4-65　19 号桩，桩长 15m，4.3m 处空洞

图 4-66　24 号桩，桩长 13.9m，4m 处松散

4. 牡丹江某办公大楼

桩型为钻孔灌注桩，桩径为 $\phi600$mm，桩长为 9m。

分析：在破桩头后，桩头残留部分松散混凝土，对测试影响很大；将其凿去后，得到了较好的测试曲线。其处理前后的实测曲线如图 4-69 所示。

5. 贵遵高速公路乌江大桥

桩型为钻孔灌注桩，桩径为 $\phi1500$mm，桩长 23m（图 4-70）。

分析：测试时，在桩顶表面有大量的泥浆和积水，对测试影响很大；将其仔细清扫干净后，得到了较好的测试曲线。

图 4-67　19 号桩开挖照片

图 4-68　24 号桩开挖照片

(a)

(b)

图 4-69　牡丹江某办公大楼基桩桩头处理前后实测曲线

（a）桩头松实测曲线；（b）桩头处理后实测曲线

(a)

(b)

图 4-70　贵遵高速公路乌江大桥基桩桩头处理前后实测曲线

（a）桩头有泥浆实测曲线；（b）桩头处理后实测曲线

6. 临海城市防洪堤 87 号桩

钻孔灌注桩，桩径为 $\phi 800mm$，桩长：15.5m（图 4-71）。

分析：该桩头有直径 $\phi 1.0m$，长约 4m 护筒，实测曲线在护筒底部为同向反射，表明从护筒直径 1.0m 变到桩身直径 800mm，所对应的就是缩径反射，这是施工工艺所致，桩底反射明显，计算波速为 3650m/s，不能判为缺陷桩，属于正常完整桩。

图 4-71　临海城市防洪堤 87 号桩实测曲线

7. 清镇市某中学教学大楼

钻孔灌注桩，桩径为 $\phi 600mm$，桩长为 11m（图 4-72）。

分析：测试时，桩顶的浮浆层没有打掉，对测试影响很大；将其打掉后，得到了较好的测试曲线。

图 4-72　清镇市某中学教学大楼基桩桩头处理前后实测曲线

（a）桩头有浮浆层实测曲线；（b）桩头处理后实测曲线

8. 某大学教学楼工地

钻孔灌注桩，桩径为 $\phi 427mm$，桩长 14m（图 4-73）。

分析：该工地地质条件 0～3.2m 为可塑粉质黏土，3.2～5m 为淤泥质黏土（流塑），5～13m 为黏土，由于软土层造成曲线在该层处均有同相反射，静荷载试验桩达到极限承载力，故同相反射属地层反应，不能判为缺陷桩。

9. 某铁路

桩型为钻孔桩，桩径为 $\phi 1.2m$，桩长 45m（图 4-74）。

分析：设计桩长 45m，混凝土强度等级为 C25，进入中风化。1-1 号桩，$V_P = 3638$ m/s，桩身完整，桩底有沉渣。1-3 号桩，$V_P = 3519m/s$，桩身完整，桩底嵌岩较好。

图 4-73　某大学教学楼工地基桩实测曲线

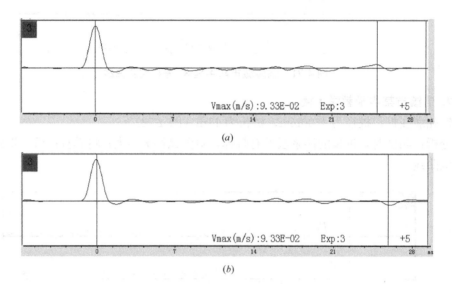

(a)

(b)

图 4-74　某铁路基桩桩底嵌岩情况实测曲线
(a) 桩底有沉渣；(b) 桩底嵌岩较好

10. 某铁路

钻孔灌注桩（嵌岩桩），桩径为 $\phi 1.2m$，1 号桩桩长 16m，2 号桩桩长 15m（图 4-75）。

分析：1 号桩桩身完整，但桩底信号为同向反射，说明有沉渣现象，2 号桩桩身完整，桩底反向反射清晰，说明嵌岩良好。

(a)

(b)

图 4-75　某铁路基桩桩底嵌岩情况实测曲线
(a) 桩底有沉渣；(b) 桩底嵌岩较好

11. 武汉某研究所办公大楼

钻孔灌注桩，桩径为 $\phi1.2m$，设计桩长 27m（图 4-76）。

分析：地层在 7m 左右处为砂卵石，孔壁易坍塌造成扩径，曲线呈反向反射，但仍可见到桩底反射，混凝土强度等级为 C25，波速 $V_P = 3500m/s$。

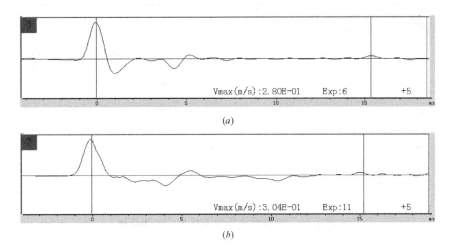

图 4-76　武汉某研究所办公大楼基桩实测曲线，7m 附近桩身扩径

12. 武汉市某高层住宅楼

钻孔灌注桩，桩径为 $\phi1.2m$，桩长 24m（图 4-77）。

分析：该场地地层在 5m 处为中细砂层，施工中形成塌孔而扩径，充盈系数达 1.19，测试曲线在 5m 左右呈反相反射，由于明显扩径引起了后续的二次（同相）反射。

图 4-77　武汉市某高层住宅楼基桩实测曲线，5m 附近桩身扩径

13. 郑州市某住宅小区

钻孔灌注桩，桩径为 $\phi1m$，桩长 20m。

分析：在测试时发现，该工地大部分桩的曲线都较相似（如图 4-78 曲线 1、2 所示），但有一根桩的桩底反射时间明显提前（如图 4-78 曲线 3 所示），经向有关人员了解得知，该桩钻孔至 15m 时，因故无法钻进，施工单位把测绳剪去 5m，在验孔深时未发现，被低应变反射波法查出。

14. 武汉市某药厂新建厂房

桩型为预制管桩，配桩情况为 8m＋8m（图 4-79）。

分析：该桩混凝土强度等级 C80，在测试时发现，在 8m 接头的位置有的桩有同向反射，有的没有，这与接头的焊接质量有着明显的对应关系。

图 4-78　郑州市某住宅小区基桩实测曲线

图 4-79　武汉市某药厂新建厂房管桩接头焊接质量好坏比对

（*a*）接头焊接质量良好；（*b*）接头焊接质量一般；（*c*）接头焊接质量较差

15. 浙江蓝溪中学

钻孔灌注桩，桩径为 $\phi1.0m$，桩长 14m（图 4-80）。

分析：该处在地表下为软塑淤质黏土，在 5～6m 存在砂砾石层，下部为软塑淤质黏土，测试结果均在 6m 左右有明显反向反射波，但施工的充盈系数正常，不存在扩径，故此反相属地层反应。

图 4-80　浙江蓝溪中学地层变化对基桩的影响

16. 善江某公路桥

钻孔灌注桩，桩径为 $\phi1.0$m，桩长 23m（图 4-81）。

分析：1～3 号曲线规则，桩身完整，桩底同向反射明显，波速为 3600m/s。1～9 号桩在 18m 处见同向反射，无桩底反射，取芯证实在 18m 下为土层，该桩比设计桩长短 5m。

图 4-81　善江某公路桥基桩实测曲线

（a）1～3 号桩身完整；（b）1～9 号桩身短 5m

17. 舟山某大桥

$\phi25$ 钢筋到底的钻孔灌注桩，桩径为 $\phi1.2$m，桩长 37.8m（图 4-82）。

分析：该桩径 1200mm、桩长 37.8m、钢筋 $\phi25$ 到桩底钻孔灌注桩，测试发现在 30m 反相反射，进入半风化，在 33m 处有明显同相反射，疑为桩底沉渣反应（桩短），取芯后 32.3～32.9m 夹泥，下部为完整桩身直至桩底，属深部断桩。

18. 某大桥

钻孔灌注桩，桩径为 $\phi800$mm，桩长 16m（图 4-83）。

图 4-82　舟山某大桥基桩深部断桩实测曲线

分析：该桩长 16m，经测试发现在 7m 左右有同相反射，并有二次反射，经钻孔取芯在 6.5～7.2m 严重离析，无法取到完整芯样，三个孔取芯均存在离析现象，后采用高压注浆，再次测试缺陷处无明显反射，并可见到桩底反射，说明注浆成功。

图 4-83　某大桥基桩注浆前后比对

（a）注浆前实测曲线；（b）注浆后实测曲线

19. 某大桥

钻孔灌注桩，桩径为 φ1000mm，桩长 14.5m（图 4-84）。

分析：该桩测试曲线 6m 处有较明显同相反射，可能是缩径或夹泥造成的，经取芯发现在 6.2m 处严重夹泥。

图 4-84　某大桥基桩严重夹泥实测曲线

20. 某大桥

钻孔灌注桩，桩径为 φ800mm，桩长 9.5m（图 4-85）。

分析：该桩测试曲线表明在 4m 左右有较明显同相反射，可能是缩径或夹泥造成的，经开挖验证发现在 3.8m 处就开始出现较为严重的缩径。

图 4-85　某大桥基桩严重缩径实测曲线

21. 其他实测曲线（图 4-86～图 4-93）

图 4-86　桩长 12m，4m 处严重缺陷

图 4-87　桩头处理不好

图 4-88　浅部严重缺陷，低频大振荡

图 4-89　普通缺陷

图 4-90　严重缺陷

125

图 4-91　桩长 33m，完整端承桩

图 4-92　桩长 33m，14m 处缺陷

图 4-93　桩长 26.2m，5m 处变截面、10m 处变截面的二次反射

4.8　反射波法的若干问题分析

4.8.1　实测信号包含的信息

采用好的测试系统，尽可能排除人为因素，实测速度信号仍然含有十分丰富的信息，它可能包括有：

（1）冲击入射波。

（2）桩底反射：能否获得桩底反射的影响因素很多，其中一个主要因素是桩与土的刚度比，桩土刚度比越大，应力波衰减的程度就越小，相对地越容易获得桩底反射信号。因此，同等条件下，大直径桩比小直径桩更容易获得桩底反射信号，摩阻力小的桩比摩阻力大的桩更容易获得桩底反射信号。

（3）接桩和裂缝的反射：低应变试验无法识别纵向裂缝；对水平裂缝和接缝能够反映出来，但是程度很难确定。由于低应变试验冲击能量小，即使轻微裂缝也无法穿透。高应变试验或静载试验可以使这些裂缝闭合，继续传递竖向荷载。正因如此，往往导致是否为合格桩的判定，低应变试验结果与静载等结果不一致。

（4）桩身阻抗变化引起的反射：阻抗变化包括桩截面积变化（扩径或缩径）和桩身材料的密度、波速发生变化（即离析、蜂窝等），它们对应力波传播的影响是相似的。桩阻抗突然变化会产生明显的反射波，比较容易分析判断，但是桩阻抗缓慢地增加或减小引起

的反射波较难分析，宜采用其他测试手段对桩的质量进行检测分析判断。

（5）桩侧土阻力及土层变化引起的反射：一般情况下，土阻力主要导致实测信号向下漂移和幅值上的衰减；对于缺陷位置的判断，土阻力波的影响可以忽略不计。但在特殊情况下，软硬土层交界处往往产生土阻力反射波，同时在地层软硬交界附近，桩施工时确实容易出现质量问题，采用反射波法分析判断时要特别注意。

（6）其他一些不明的干扰：倘若实测信号很难分析，无法对桩的完整性下结论，这时应采用（或建议采用）其他测试手段，如：开挖、钻芯、高应变或静载试验对桩的质量进行检测。

4.8.2　弹性波速与桩身混凝土强度

在实际工程桩的质量检测中，有时要求检测单位提供桩身混凝土的强度等级，根据波速换算桩身混凝土强度的依据极不充分。针对这个问题，从几个方面进行讨论：

（1）低应变动力试验只能测得时间量——应力波从桩顶传至缺陷或桩底的时间，因此若要计算缺陷深度或桩长，就要已知弹性波速。在已知真实桩长的情况下，可以获得桩的平均弹性波速，根据这个平均弹性波速来计算缺陷深度，或根据经验设定一平均弹性波速来计算桩长和缺陷深度。

（2）一般地，混凝土的弹性波速与其强度是有相关关系的——强度愈高的混凝土对应的波速愈高，但不是简单的一一对应关系。而且影响弹性波速的因素甚多，如试验表明：①混凝土的弹性波速还与混凝土的配比、骨料的大小及种类（石英岩、花岗岩的波速要大于石灰岩的；石子粒径大的波速要高于石子粒径小的；单位体积石子用量多的波速要大于石子用量少的）等诸多因素有关。②桩的弹性波速还受桩周土和入射波频率的影响：打入土中的桩的弹性波速要低于自由桩的弹性波速；高应变动力试验测得的波速要低于低应变动力试桩测得的弹性波速，低应变动力试桩测得的弹性波速要低于超声波测得的弹性波速。③完整桩的弹性波速一般要高于有缺陷桩的弹性波速。

（3）桩的平均弹性波速高并不表示桩是合格的，有些资料根据弹性波速的高低来判断桩是否合格是错误的。例如局部的严重缺陷（为不合格桩）虽然会降低平均弹性波速，但平均弹性波速变化不大。因此，通过已知桩长求得的平均弹性波速不宜推算桩的混凝土强度等级；在大多数实际工程中，施工单位提供的桩长与实际桩长有或多或少的出入，利用不准确的桩长获得的平均弹性波速，是不能推算桩的混凝土强度等级的。判断桩是否合格应根据桩的阻抗变化（桩身截面积或桩身强度的变化）来决定。

因此，目前应力波反射波法还不能提供桩身混凝土强度，除非在本地区进行了大量的对比试验，并获得了有规律的资料。

4.8.3　有效检测深度

试验表明，对于自由桩（未打入土中的预制管桩），即使没有采用指数放大，应力波来回反射数次仍可分辨；当桩刚刚自沉（柴油锤未施打）进入土中时，桩周和桩端土阻力虽然极小，但只可以看到1～2次桩底反射波（没有采用指数放大）。而当桩周土阻力恢复后，特别是进入硬层中的桩，一般只能看到桩底的一次反射，说明虽然混凝土材料本身对应力波的传播有衰减，但衰减比较小，而桩周土阻力对应力波衰减的影响是非常大的。

应力波在桩身传播过程中逐渐衰减，所以能否测得桩底反射，取决于应力波的衰减程度，影响因素主要有：

1. 桩周土性质

应力波衰减快慢和桩周土好坏有关，根据桩土模量比 E_p/E_s 分析如下：

当 $E_p/E_s \to \infty$ 时，桩无侧阻力，相当于一根杆件，桩身材料阻尼又很小，对于 L/d 很大的桩都能看到桩端部多次反射。

当 $E_p/E_s \to 1$ 时，即土和桩刚度接近。例如，水泥土桩、旋喷桩等难于用动力法进行检测，不大的 L/d，也不易看到桩底反射。

对于桩周土质很好的桩，E_p/E_s 小，能量衰减快，对 L/d 较大的桩，难于看到桩底反射。

2. 桩底土性质

桩底土的等效阻抗与桩身波阻抗接近时，大部分能量在桩底向土中辐射，即使 L/d 较小的桩，也很难测得桩底反射。所以桩底土与桩身材料性质差异越大，最大检测长度越长。

3. 桩长径比 (L/d)

相同土层，桩长径比 (L/d) 越大，最大检测桩长越小。一般地，低应变动力试验检测工程桩的最大深度大约为 30 倍桩径，主要与桩土刚度比有关。桩的强度越高、桩周土阻力越小，则测试深度越深，少数情况的最大测试深度可达 50 倍桩径；在相同地质条件下，桩径越大，则测试深度越深。当桩土刚度比较小，土阻力很大，最大测试深度可能只有 20 倍桩径，桩身强度低或局部强度极低，桩身阻抗变化复杂，如存在多个缺陷或缺陷很严重，会导致桩底反射波不明确。

4.8.4 浅部缺陷

桩浅部或桩上部存在缺陷或严重缺陷时，这时一维应力波的平截面假设不成立，实测曲线可能会出现"振荡"信号，而且变化锤击点和传感器安装位置对实测曲线有一定的影响，采用一维波动理论分析实测曲线会较困难，低应变动力试验对浅部缺陷较敏感，浅部缺陷的存在，往往导致无法分析中下部缺陷。因此要结合实测曲线和工程经验进行综合分析。实测浅部缺陷信号一般有三种形式：明显的周期反射曲线；大低频信号（刚体运动占主导地位）；大低频叠加周期反射曲线。

在此需重点说明一下产生振荡的原因和消除办法。

应力波反射法测桩产生的振荡信号由传感器本身特性、电源 50Hz 干扰、敲击振源、传感器安装和桩身浅部缺陷等原因引起。

（1）有的传感器频响窄。可换用高阻尼、短余振传感器加以解决。

（2）电源 50Hz 干扰有可能从电源输入端或信号输入端感应进去。前者可将电源插头反向安装或电源插头输入端引一根地线得到解决；后者可以将测桩仪接地或不使信号线与潮湿地面接触或改用直流电源得到解决。

（3）传感器安装离敲击点太近也容易产生振荡信号，安装传感器的胶粘剂弹性太好或太厚或安装不牢靠，都易产生寄生振荡。

（4）加速度传感器高频响应特性好，在不加滤波情况下脉冲力宽度又较窄时，曲线都可能有振荡信号存在。当把加速度积分成速度信号，再加上滤波，可以得到不振荡的较好曲线。但这样做有可能将小缺陷漏判。

（5）假如排除以上原因后，曲线还有振荡，就有可能是桩身浅部缺陷的多次反射。

4.8.5 反射波法的局限性

（1）我们再回过头来看一看一维应力波理论成立或近似成立所需的条件，桩顶面的敲击点可视为点振源，它将产生一个半球面波，除了纵波外，还有横波和表面波，只有传到一定深度，球面波才能近似看作平面波，一维应力波理论有一个重要的假设——平截面假设，假设力和速度等力学量只是深度和时间的函数。理论上讲，杆的长度 L 远大于杆的直径 d，可将其视为一维杆，实际上，如果 $L>10d$，我们认为可近似作为一维杆件处理；另一方面，考虑到杆的横向惯性效应，应力波在杆中传播时实际上有弥散现象（不同频率分量有不同的相速），可见为使杆中一维应力波理论近似成立，则要求 $\lambda>10$，即要求入射波脉冲宽度 $\delta>10d$。

因此，桩径越大，要求脉冲作用时间 δ 越长，δ 越大，则一维应力波理论越容易满足。但是，我们知道，脉冲窄有利于缺陷位置和程度的准确判断，脉冲过宽可能会漏判或误判缺陷，为了解决这一对矛盾，在实测中，对于大直径的桩，建议采用不同的锤进行试验，一个侧重测桩下部和桩底的情况，一个侧重测桩上部的情况。

（2）试验表明，锤击点和传感器安装位置对实测曲线有一定的影响，它包括两个方面：一是桩头表面混凝土的不均匀性，二是当缺陷距离桩顶较浅（相对于较大桩径）时。此时应在桩顶面多选择几个点进行试验。

（3）计算缺陷深度和计算桩长与实际情况的差别，由于桩是非均质材料，桩身各处的弹性波速不尽相同，设定的弹性波速与实际的平均弹性波速会有出入，一般计算缺陷深度（桩长）与实际缺陷深度（桩长）相差百分之几，个别的相差百分之十几。当然还与测试系统和试验人员的素质有关。

（4）由于低应变试验不能定量计算桩底沉渣厚度，对于端承桩的嵌岩效果只能作定性判断。另外，因嵌岩面有时出现较强的负向（嵌岩侧摩阻力）反射波，会严重影响桩底反射波和桩底沉渣反射波的分析判断。

（5）当桩中有多个缺陷时，应力波在桩中产生多次反射和透射，分析起来比较复杂且不准确，第二、三缺陷的判断会有较大误差。一般不要判断第三个缺陷。

（6）对于桩身存在裂缝特别是纵向裂缝等情况，是否为合格桩的判定问题上，低应变动力试验结果可能与静载试验结果会有较大的差别。

（7）人工挖孔扩底桩，底部离析与截面积增大会抵消，导致测试信号反映不了真实情况。

对于夯扩桩、人工挖孔扩底桩、钻（冲）孔扩底桩、沉管灌注复打桩等，应考虑桩的截面变化对测试结果的影响，综合分析信号曲线，确定被检测桩的类别。必要时，可采用信号拟合分析技术辅助判断。

（8）一般来说，应力波反射波法适用于检测预制桩和混凝土灌注桩，但不适用于水泥搅拌桩、碎石桩、石灰桩等柔性、半柔性桩。被检测桩的长度不宜大于 50m，被检测桩的长径比不宜小于 10。当被检测桩与垫层浇在一起时，不宜进行检测。

（9）出现下列情况之一时，桩身结构完整性评价应结合其他检测方法进行：

1）实测波形复杂，无规律，无法对其进行准确评价；

2）对于混凝土预制桩和预应力管桩，缺陷明显且缺陷位置在接桩位置处；

3）桩身截面渐变或多变，且变化幅度较大的混凝土灌注桩；

4）根据施工记录桩长计算所得的桩身波速值明显偏低，且又缺乏可靠资料验证。

由于各地地质条件复杂，施工桩型较多，成桩质量千差万别，反射波法未必能对每根检测桩给出检测结果，因此，对于信号虽无异常反射，但却未测得桩底反射；实测波形无规律，无法用波动理论进行分析；由施工记录给出的桩长计算所得的桩身波速值明显偏高或偏低，且又缺乏可靠资料验证，无法准确获得桩身质量的全部信息，不应勉强提供被检测桩的桩身结构完整性资料。

4.8.6 低应变的几点评价

（1）利用反射波法可判断局部截面波阻抗变化产生的不连续性缺陷。

（2）反射波法完整性检测不能给出桩的承载力和桩尖段处的土体情况。

（3）桩较长、局部扩径或存在严重不连续裂缝时，将很难测到桩底的反射。由于在扩径处透射波大为减弱，因此鼓肚以下缺陷很难测到。桩底处扩头对信号曲线有明显影响。

（4）锤的重量、锤头材料与几何尺寸和桩头处理质量对实测曲线会产生明显影响。

（5）在反射波法分析中，输入波的指向因素、声波衰减情况和表面波都会对结果产生影响，应注意解决。

（6）桩内应力波服从一维波动传播理论，因此分析不仅依赖于试验测试水平，还依赖于操作者按波动方程分析所作的分析判断能力。

（7）应结合合适的地质资料来分析完整性试验结果和修改有关土参数。

4.8.7 相关影响因素分析

（1）电缆线长度对测量加速度的影响

一般来说，电缆线越长则其电感、电容越大，影响电荷放电时间，故电缆线过长，加速度信号有可能失真，反向过冲往往较大。

（2）脉冲频率或滤波频率较低对浅部及桩身阻抗变化分析的影响

当桩身浅部阻抗发生变化，其反射波的频率较高。若桩身深部也存在阻抗变化，其反射波在桩底面反射后经浅部阻抗变化处又会产生反射。当脉冲频率或滤波频率较低时，高频反射波部分会丢失，导致实测信号失真。对浅部有缩径、深部有扩径现象的桩，当脉冲频率及滤波频率较高时，可以清楚地反映出浅部反射波，当脉冲频率或滤波频率较低时，浅部缩径同相反射波丢失，在入射脉冲之后出现一较大的反相，深部扩径处反射波之前却出现较大的同相，这样，在分析时容易出错。对浅部有扩径、深部有缩径现象的桩，当脉冲频率及滤波频率较高时，浅部扩径产生多次反射，相邻反射波相位相反呈振荡状，但当脉冲频率或滤波频率较低时，则入射脉冲之后出现一同相反射波，容易误判成缩径。

（3）垫层对低应变检测的影响

当桩头与垫层相连时，相当于桩头处存在很大的截面阻抗变化，对测试信号会产生影响，故检测时最好将垫层与桩体切开。

（4）桩间距对检测的影响

当邻近桩与试桩间距大于 2 倍以上桩径时，邻桩对试桩检测影响较小。当邻桩与试桩间距只有 5～10cm 时，桩之间相互作用对检测影响较大，此时，在锤击脉冲之后会紧跟一个较大低频反相反射波，该反射波二次反射与锤击脉冲同相，不能认为同相信号是由缩径或夹泥、离析反射而致。

（5）低频振荡衰减对信号的影响

当传感器安装正常时，检测信号呈低频振荡有以下几种可能：

1）桩顶附近断裂，应力波在断裂处会多次反射，同时还会引起断裂部分振动，振动相当于弹簧、阻尼壶、质量块系统振动；

2）桩顶至以下一段距离混凝土疏松、强度较低，应力波传播至正常混凝土时就会产生反射，反射波信号与入射波信号反相，反射波信号二次反射后，与入射波信号同相，这样，相邻反射波相位相反，检测信号也就变成振荡衰减信号。桩面混凝土强度低，激振信号频率也较低，因此，振荡信号频率也较低，根据第一次反射波到时，可预估桩顶至正常混凝土处的距离。

（6）桩的长径比的影响

桩底反射波能量的强弱除了与桩侧桩土相互作用、桩底土阻抗与桩身波阻抗之比、锤击能量等有关外，还与桩长径比有关。在同样桩长及桩土体系下，桩长径比越小，则桩底反射能量越强，也即在桩长一定条件下，桩径越大，桩底反射能量越强。桩长径比相同，要达到同样的桩底反射，则桩径小的桩，桩长应小。

4.8.8　离析、夹泥与缩径在信号上的区别

反射波信号与波阻抗变化程度、范围及变化处波速有关，离析、夹泥和缩径都会导致波阻抗减小，但离析、夹泥处波速要低于正常处波速，而缩径处波速一般不会变化，这样，小范围离析、夹泥反射波特征会与较大范围缩径反射波特征相同。离析或夹泥会使整桩平均波速降低，而缩径一般不会影响整桩平均波速，在实际桩基检测中，若无准确的施工记录，一般难以将离析、夹泥与缩径区别开来。

4.8.9　平台护坡桩的完整性检测问题

用检测单桩完整性的分析方法来分析带平台护坡桩完整性尚有一定的局限性，主要是由于：

（1）平台有一定厚度，在平台上敲击，应力波会在平台体多次反射，甚至产生转换波，同时部分波向邻近桩传播；

（2）护坡桩间距一般较小，桩-土-桩相互作用明显；

（3）邻桩的波阻抗变化产生的反射波又会在平台传播，影响待测护坡桩检测信号。

4.8.10　压入或打入预制桩检测中的注意事项

与其他桩体相比，压入或打入预制桩有以下一些特点：

（1）压入或打入预制桩会导致桩侧及桩底土体压密，桩侧桩土相互作用加强，应力波衰减加快；

（2）预制桩外表往往完整，但内部仍有离析、蜂窝现象；

（3）胶接良好的桩，胶接处反射波一般较小；

（4）胶接不良的桩，往往只能检测出最先两个胶接处胶接情况，甚至只能检测出第一个；

（5）桩长径比较大，因此，当有多根桩胶接时，桩底反射难以检测。

第 5 章 高 应 变 法

5.1 概述

5.1.1 高应变的历史发展

高应变动力试桩的发展始于动力打桩公式。动力打桩公式在打入式预制桩施工中的应用已有近百年历史。据不完全统计，这些公式，包括修正公式有百余个，它们大都是依据牛顿刚体碰撞理论、能量和动量守恒原理，针对不同锤型、桩型并结合各国、各地经验建立起来的。通过对预制桩在打桩收锤阶段或休止一定时间后的一些参数的简单测试，如桩的贯入度与回弹量、锤的落高与回跳高度等，结合与锤或土有关的经验系数，达到预测或评价单桩承载力的目的。

在实际的动力打桩过程中，桩的运动是否呈现刚体运动的特征主要取决于锤对桩的冲击力脉冲波长与桩长的比值。当冲击力脉动波长接近或者大于桩长时，桩身各截面的受力和运动状态相近，此时桩的运动呈现出刚体运动的特征；当冲击力脉冲波长明显小于桩长时，桩身不同深度的截面的受力和运动状态差别较大，桩的运动更多呈现出弹性杆的振动特征，也就是冲击脉冲形成的应力波沿桩身的传播。

虽然对弹性波在固体介质中的传播现象研究始于 19 世纪中叶，但直到 20 世纪 30 年代，人们才意识到打桩问题是一维波的传播问题。限于当时电子技术发展水平，波动方程的定解问题，也就是边界条件无法通过测试来确定，从而使应力波理论在桩基工程中的实际应用要比应力波理论的出现晚了约一个世纪。

1960 年，Smith 提出了桩锤-桩-土系统的集中质量法差分求解模型。该模型将桩锤、桩和土系统分别离散为：①桩锤系统由锤体、铁砧（冲击块）、桩帽等刚性质量块和无质量的锤垫、桩垫弹簧组成；②桩离散为若干个桩段单元，每一单元用刚性质量块代替，每一刚性质量块间用无质量弹簧连接，该弹簧的刚度等于桩单元长度的竖向刚度；③桩单元相邻的桩周土弹、塑性静阻力分别由弹簧和摩擦键模拟，土的动阻力由黏壶模拟。因此该模型提供了一套较为完整的桩-锤-土系统打桩波动问题的处理方法，建立了目前高应变动力检测数值计算方法的雏形，为应力波理论在桩基工程中的应用奠定了基础。

1965 年美国 CASE 技术学院 G. C. Goble 教授领导的研究小组以行波理论为依据，提出了一套桩的动力试桩和分析的新方法，也就是俗称的 CASE 法。

CASE 法从行波理论出发，推导出一系列简便的分析计算公式，并改善了相应的测试仪器，形成了一套通过监测现场打桩过程实时分析计算桩的承载力、打桩系统的效率、桩身应力、桩身质量的方法。

CASE 法具有公式简洁、实时分析功能等许多优点，但由于在推导过程中对桩-土力学模型做出了许多与桩-土体系实际的力学性状相差较大的简化假定，逻辑上是不够严谨的，因此 CASE 法又称为波动方程的准封闭解（或半解析解）。

1974 年，高勃尔的研究小组提出了以 CASE 法实测波形曲线为边界条件，采用 Smith 法的桩-土力学模型和数值计算方法的一维波动方程反演分析法——"波动方程实测曲线拟合法"，并正式推出了命名为 "CAPWAP" 的计算程序。以后，又对桩的计算模型做了改进，采用连续杆件模型代替原来的离散质-弹模型，并对土模型做了细化，以使土模型更接近土的实际状态，这就是 "CAPWAPc" 程序。

总之，高应变的发展过程中的主要方法包括：

（1）锤击贯入法，简称锤贯法，此法曾在我国许多地方得到应用，仿照静载荷试验法获得动态打击力与相应沉降之间的 Q_d-$\sum e$ 曲线。通过动静对比系数计算静承载力，也有人采用波动方程法和经验公式法计算承载力。

（2）波动方程半经验解析解法，也称 CASE 法，根据量测的桩顶力和速度时程波形，可同时分析桩身完整性和桩土承载力。

（3）Smith 波动方程法，设桩为一维弹性桩，桩土间符合牛顿黏性体和理想弹塑性体模型，将锤、冲击块、锤垫、桩等离散化为一系列单元，编程求解离散系统的差分方程组，得到打桩反应曲线，根据实测贯入度，考虑土的吸着系数，求得桩的极限承载力。

（4）波动方程拟合法，即 CAPWAP 法，此法是目前广泛应用的一种较合理的方法。

（5）静动试桩法（Statnamic），其意义在于延长冲击力作用时间（约 100ms），使之更接近静载试验状态，但此方法成本高，理论分析和现场试验尚需进一步提高。

（6）动力打桩公式法，用于预制桩施工时的同步测试，采用刚体碰撞过程中的动量与能量守恒原理，量测打桩最终贯入度、锤重和锤落高，用它来估算单桩极限承载力。

我国的桩动力检测理论研究与实践始于 20 世纪 70 年代，其中包括两部分内容：其一是研究开发具有我国特色的方法；其二是对国外刚开始流行的高应变动测技术进行尝试。这些早期的探索与实践加速了动测技术的推广普及，为我国在短期内达到桩动测技术的国际先进水平创造了有利条件。

20 世纪 80 年代，以波动方程为基础的高应变法进入了快速发展期，是当时国际上所有基桩承载力动测方法中研究最热门的一种，但其检测仪器及其分析软件非常昂贵，功能和分析操作复杂。国内上海、福建、北京、天津、广东等地近 10 家单位相继从瑞典、美国引进了打桩分析仪 PDA，其中少数单位还同时引进了波形拟合分析软件 CAPWAP。此后几年间，几乎在国内所有用桩量大的地区，均开展了高应变法（也包括各种低应变法）的适用性、可靠性研究，动测设备的软硬件研制取得了长足进展，获得了大量静动对比资料，取得了灌注桩承载力检测的经验；例如：中国科学院武汉岩土力学研究所推出了 RSM 系列基桩动测仪，交通部第三航务工程局科研所研制出 SDF-1 型打桩分析仪，成都市城市建设研究所的 ZK 系列基桩振动检测仪，中国建筑科学研究院地基所推出了 FEI-A 桩基动测分析系统和 DJ-3 型试桩分析仪等。

20 世纪 80 年代中期至 90 年代初，与高应变法在我国发展情形类似，各种低应变法在基本理论、机理、仪器研发、现场测试和信号处理技术、工程桩或模型桩验证研究、实践经验积累等方面，都取得了许多有价值的成果。

20 世纪 90 年代中期，建工行业标准《基桩低应变动力检测规程》JGJ/T 93—95 和《基桩高应变动力检测规程》JGJ 106—97 的相继颁布，标志着我国基桩动测技术发展进入了相对成熟期。由于中国的经济发展速度快、建设规模大，客观上的市场需求使国内从事桩动测业务的人员、机构、所用仪器种类、动测验桩总量及其涉及的桩型，均居世界各国首位。

高应变动力法实际上包括锤击贯入试桩法、波动方程法和静动法三种方法。锤击贯入法属经验法，主要适用于中小型的摩擦型桩，已基本被波动方程法取代；波动方程法实际是我国目前最广泛采用的方法；静动法始于 20 世纪 80 年代末，从减少波传播效应、提高承载力检测结果可靠性角度上讲，是对波动方程法的合理改进。本书中只讨论目前在我国应用范围最广泛的 CASE 法和波动方程拟合法（实测曲线拟合法）。

CASE 法和实测曲线拟合法是对同一分析对象——通过在桩上部距离桩顶一段距离的桩身两侧对称安装的加速度计和力传感器测得该处桩身横截面的力和运动速度的时程曲线采用不同的数理模型、不同的计算方法进行分析处理，因此这两种方法的现场测试系统和测试方法是相同的。

5.1.2　高、低应变的划分

高应变试桩法是一种给桩顶施加较高能量的冲击脉冲，冲击脉冲在沿桩身向下传播的过程中使桩-土之间产生一定的永久位移，从而自上而下依次激发桩侧及桩端岩土阻力的一种动力检测基桩承载力的方法。

所谓"高"应变试桩是相对于"低"应变试桩而言的。高应变动力试桩利用几十甚至几百千牛的重锤打击桩顶，使桩产生的动位移接近常规静载试桩的沉降量级，以便使桩侧和桩端岩土阻力较大乃至充分发挥，即桩周土全部或大部分产生塑性变形，直观表现为桩出现贯入度。不过，对于嵌入坚硬基岩的端承型桩、超长的摩擦型桩，不论是静载还是高应变试验，欲使桩下部及桩端岩土进入塑性状态，从概念上讲似乎不大可能。

低应变动力试桩采用几牛顿至几百牛顿重的手锤、力棒或上千牛顿重的铁球锤击桩顶，或采用几百牛顿力的电磁激振器在桩顶激振，桩-土系统处于弹性状态，桩顶位移比高应变低 2~3 个数量级。

高应变桩身应变量通常在 0.1‰~1.0‰范围内。对于普通钢桩，超过 1.0‰的桩身应变已接近钢材屈服台阶所对应的变形；对于混凝土桩，视混凝土强度等级的不同，桩身出现明显塑性变形对应的应变量约为 0.5‰~1.0‰。低应变桩身应变量一般小于 0.01‰。

众所周知，钢材和在很低应力应变水平下的混凝土材料具有良好的线弹性应力-应变关系。混凝土是典型的非线性材料，随着应力或应变水平的提高，其应力-应变关系的非线性特征趋于显著。打入式混凝土预制桩在沉桩过程中已历经反复的高应力水平锤击，混凝土的非线性大体上已消除，因此高应变检测时的锤击应力水平只要不超过沉桩时的应力水平，其非线性可忽略。但对灌注桩，锤击应力水平较高时，混凝土的非线性会多少表现出来，直观反映是通过应变式力传感器测得的力信号不归零（混凝土出现塑性变形），所得的一维纵波波速比低应变法测得的波速低。更深层的问题是桩身中传播的不再是线性弹性波，一维弹性杆的波动方程不能严格成立。而在工程检测时，一般不深究这一问题，以使实际工程应用得以简化。

5.2 CASE 法基本理论

5.2.1 桩土力学模型

1. 桩的力学模型

CASE 法的桩的基本模型是一维等阻抗线弹性杆件（桩身某一截面上的各个质点的受力状态和运动状态都是相同的）。不考虑桩身材料的黏性（即应力波在沿桩身传播时桩身材料本身不吸收应力波的能量，无能量耗散，包括桩身内阻尼损耗和向桩周土中的逸散损耗）。如图 5-1 所示。

2. 桩侧土的力学模型

（1）桩侧土的静阻力模型

桩侧土的静阻力模型为理想刚塑性模型，如图 5-2 所示。

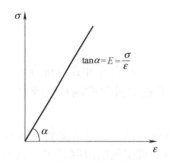

图 5-1　CASE 法桩的力学模型

σ—桩身截面应力；ε—桩身应变

**图 5-2　CASE 法桩侧土的理想刚塑性
静阻力模型**

R_{s_i}—桩顶下深度为 x_i 处桩侧土的静阻力（N）；

R_{su_i}—桩顶下深度为 x_i 处桩侧土的极限静阻力（N）；

u_i—桩顶下深度为 x_i 处桩-土之间的相对位移（mm）

理想刚塑性静阻力模型的意义为：桩侧土静阻力一经激发即达到极限，且不随桩-土之间的相对位移的变化而变化。

该模型存在的问题是：弹性阶段即位移初始增加阶段被忽略，加载起始阶段即认为已达到极限承载力状态，导致了极限承载力曲线上零值也是极限承载力的谬误。

因此为了充分满足模型，就要求位移取值足够大，使得极限承载力出现平坦段、达到拟理想刚塑性状态才可以正确应用——要求有更大的打击力和动位移。

（2）桩侧土的动阻力模型

CASE 法忽略桩侧土的动阻力，如图 5-3 所示。

3. 桩端土的力学模型

（1）桩端土的静阻力模型

桩端土的静阻力模型为理想刚塑性模型，如图 5-4 所示。

（2）桩端土的动阻力模型

CASE 法的桩端土的动阻力模型采用线性黏滞阻尼模型，如图 5-5 所示。

图 5-3　CASE 法桩侧土的动阻力模型

R_{d_i}—桩顶下深度为 x_i 处桩侧土的动阻力（N）；

v_i—桩顶下深度为 x_i 处桩-土的相对运动速度（m/s）

图 5-4　桩端土的静阻力模型

R_T—桩端土的静阻力（N）；R_{Tu}—桩端土的极限静

阻力（N）；u_t—桩端的位移（m）

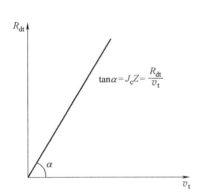

图 5-5　桩端土的动阻力模型

R_{dt}—桩端土的动阻力（N）；v_t—桩端的运动速度（m/s）；

J_c—与桩端土性质相关的 CASE 阻尼系数（无量纲）；

Z—桩身界面力学阻抗

图 5-6　上、下行波在桩中的传播

　　该模型的主要优点是动阻力与桩身质点运动无关，解耦承载力计算，得到解析解。同时 CASE 阻尼系数，虽与持力层塑性指数有关，但更多的已演变成一个与动静对比相关的系数了。

　　该模型存在的问题是，动阻力与桩身广义波阻抗相关，却与桩底的无关，这就要求：须确保桩侧动阻力较小，桩侧须光滑、等截面，须有足够位移；持力层和桩侧土层须相差较大；同时模型中仅考虑了牛顿黏性体模型，没有考虑惯性力等的影响。

5.2.2　行波理论和应力波在桩中的传播规律

1. 上、下行波

　　动力打桩过程实际上是一个应力波的传播过程，我们知道：作为一维线弹性杆的桩在轴向冲击荷载作用下的运动规律是满足一维波动方程的，其行波解为：

$$u(x,t)=f(x-ct)+g(x+ct)$$

式中　x——质点所在的横截面的坐标（m）；

　　　t——时间（s）；

　　　c——一维应力波在桩中的传播速度（m/s）；

$u(x，t)$——桩身中坐标为 x 的横截面上任意一质点在 t 时刻的位移（m），如图 5-6 所示。

对于下行波 $f(x-ct)$，可以这样理解：位移波分量 f 是指在某个时刻 t 和某个位置 x 上的物理量，由 x 和 t 决定。对于某个固定波形的位移波 $f(100)$ 来说，出现的时间和位置由 t 和 x 所决定。即：$100=x-ct$，$x=100+ct$。若 $c=4000$m/s，当 $t=0$ 时，$x=100$；当 $t=0.002$s 时，$x=108$；……随着时间 t 的延长，x 值变大，意味着应力波 $f(x-ct)$ 逐渐远离原点，向下运动。因此 $f(x-ct)$ 是向下运动的波，一般称为下行波。

对于下行波 $f(x-ct)$，质点运动速度

$$v_d=\frac{\partial f(x-ct)}{\partial t}=f'(x-ct)\cdot(-c)=-cf'$$

下行波引起的桩身应变为 $\varepsilon_d=\frac{-\partial f(x-ct)}{\partial x}=-f'$

上式中的符号以压缩变形和压应力为正。

下行波产生的力 $F_d=\varepsilon_d\cdot AE=-AE\cdot f'$

由于 $Z=\frac{AE}{c}$

式中　Z——桩身的波阻抗（N·s/m）；

　　　A——桩身的截面面积（m²）；

　　　E——桩身材料的杨氏弹性模量（N/m²）。

由上面各个方程不难得到：

$$F_d=Z\cdot V_d$$

式中　V_d——下行速度波，下标"d"表示"下行"，以下各变量同（m/s）。

对于上行波 $g(x+ct)$，可以这样理解：对于某个固定波形的位移波 $g(100)$ 来说，出现的时间和位置由 t 和 x 所决定。即：$100=x+ct$，$x=100-ct$。若 $c=4000$m/s，当 $t=0$ 时，$x=100$；当 $t=0.002$s 时，$x=92$；……随着时间 t 的延长，x 值变小，意味着应力波 $g(x+ct)$ 逐渐靠近原点，向上运动。因此 $g(x+ct)$ 是向上运动的波，一般称为上行波。

对上行波采用类似的处理方法可得：

$$F_u=-Z\cdot V_u$$

式中　V_u——上行速度波，下标"u"表示"上行"，以下各变量同（m/s）。

在做下面的分析之前，这里有必要重申符号的规定：

压力、压应力为正；拉力、拉应力为负。

质点运动速度和位移向下为正，向上为负。

在一般情况下，桩身上任一截面上测到的质点运动速度或力是同一时刻经过该截面的上、下行波叠加的结果，即

$$V=\frac{\partial u}{\partial t}=\frac{\partial f(x-ct)}{\partial t}+\frac{\partial g(x+ct)}{\partial t}=V_d+V_u$$

$$F=-AE\frac{\partial u}{\partial x}=-AE\left[\frac{\partial f(x-ct)}{\partial x}+\frac{\partial g(x+ct)}{\partial x}\right]=F_d+F_u$$

在高应变动力试桩中，传感器对称安装在距桩顶一定距离的桩侧两边，测得的是传感器所在的桩身截面的受力状态和运动状态。

传感器的测试值 F_m、V_m，与经过该截面的上、下行波的关系为：

$$V_d=\frac{1}{2}\left(V_m+\frac{F_m}{Z}\right) \qquad V_u=\frac{1}{2}\left(V_m-\frac{F_m}{Z}\right)$$

$$F_d=\frac{1}{2}(F_m+ZV_m) \qquad F_u=\frac{1}{2}(F_m-ZV_m)$$

关于上下行波，主要的有以下结论：

在下行波中，质点运动的速度方向与所受力方向始终相同，且有 $F_d=Z\cdot V_d$。

在上行波中，质点运动的速度方向与所受力方向始终相反，且有 $F_u=-Z\cdot V_u$。

在高应变中，存在：下行压力波、下行拉力波、上行压力波和上行拉力波四种运动形式波。

无论是下行压力波还是下行拉力波，都符合 $F_d=Z\cdot V_d$ 关系；

无论是上行压力波还是上行拉力波，都符合 $F_u=-Z\cdot V_u$ 关系。

2. 应力波在桩端的传播特征

（1）当桩端为自由端时，如图 5-7 所示，桩端所受合力为 0。

$$F=F_d+F_u=0$$

可以得到：$ZV_d-ZV_u=0$

$$V_d=V_u$$

因此可以知道，当桩端为自由时的力与速度的关系为：

$$F_u=-F_d$$

$$V=V_d+V_u=2V_d$$

通过上式，可以得出如下结论：当桩端自由时，下行应力波到达桩端后，将产生一个幅值相同、符号相反的上行反射波，即下行压力波产生上行拉力波，下行拉力波产生上行压力波。而在桩端处由于波的叠加作用，使桩端质点运动速度增加一倍。

（2）当桩端为固定端时（无限刚性），如图 5-8 所示，桩端速度为 0。

图 5-7　桩的自由端

图 5-8　桩的固定端

$$V = V_d + V_u = 0$$
$$V_d = -V_u$$

而 $\quad F_d = ZV_d, \quad F_u = -V_d = -V_u$

因此可以知道，当桩端为固定端时的力与速度的关系为：

$$F_d = F_u$$
$$F = F_d + F_u = 2F_d$$

通过上式，可以得出如下结论：当桩端为固定端时，应力波到达固定端后，将产生一个与入射波相同的反射波，即入射压力波产生幅值相同的上行压力波，入射拉力波产生幅值相同的上行拉力波。在杆端由于波的叠加，使端部受力增加一倍。

（3）当桩端约束介于固定端与自由端之间时，在实际工程中，大多数桩均处于这种状态。

如果桩端持力层具有黏弹塑性特征，可由图 5-9 的力学模型来模拟这种状况。

持力层对桩端的作用可用一个弹塑性弹簧并联一个黏壶来模拟。弹簧的弹塑性与桩身材料特性、几何尺寸及桩端岩土体的力学特性相关。可以依据桩端界面的力平衡及介质连续条件建立方程可解答这一问题。

关于应力波在桩端的传播，主要有以下结论：

下行压力波（运动速度向下）遇自由端反射为上行拉力波（运动速度向下），端点力为零，质点速度加倍。

下行压力波（运动速度向下）遇固定端反射为上行压力波（运动速度向上），端点质点速度为零，力加倍。

下行拉力波（运动速度向上）遇自由端反射为上行压力波（运动速度向上），端点质点速度加倍。

图 5-9 桩端约束条件介于自由端与固定端之间

下行拉力波（运动速度向上）遇固定端反射为上行拉力波（运动速度向下），端点质点速度为零。

3. 桩身阻抗变化对应力波传播的影响

桩身阻抗变化时，应力波在桩中的传播如图 5-10 所示。

当桩身阻抗由 $Z_1 = \dfrac{E_1 A_1}{c_1}$ 变为 $Z_2 = \dfrac{E_2 A_2}{c_2}$ 时，在阻抗变化的界面上由力平衡条件和介质连续条件可列出如下方程：

$$\begin{cases} F_{1d} + F_{1u} = F_{2d} + F_{2u} \\ V_{1d} + V_{1u} = V_{2d} + V_{2u} \end{cases}$$

将 $F_d = Z \cdot V_d$，$F_u = -Z \cdot V_u$ 代入上式可解得：

$$\begin{cases} F_{1u} = \dfrac{Z_2 - Z_1}{Z_2 + Z_1} F_{1d} + \dfrac{2Z_1}{Z_2 + Z_1} F_{2u} \\ F_{2d} = \dfrac{2Z_2}{Z_2 + Z_1} F_{1d} + \dfrac{Z_1 - Z_2}{Z_2 + Z_1} F_{2u} \end{cases}$$

讨论：

（1）当只有下行波 F_{1d} 入射界面时，上式变为：

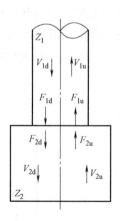

图 5-10 桩身阻抗变化时应力波在桩中的传播

$$\begin{cases} F_{1u} = \dfrac{Z_2 - Z_1}{Z_2 + Z_1} F_{1d} \text{（反射波）} \\[3mm] F_{2d} = \dfrac{2Z_2}{Z_2 + Z_1} F_{1d} \text{（透射波）} \end{cases}$$

（2）当只有上行波 F_{2u} 入射界面时，上式变为：

$$\begin{cases} F_{1u} = \dfrac{2Z_1}{Z_2 + Z_1} F_{2u} \text{（透射波）} \\[3mm] F_{2d} = \dfrac{Z_1 - Z_2}{Z_2 + Z_1} F_{2u} \text{（反射波）} \end{cases}$$

（3）当原来的下行波 F_{1d}、上行波 F_{2u} 入射桩身阻抗突变处时，都会产生透射波和反射波。透射波的性质（拉力波或者压力波）与入射波一致，幅值为原入射波的 $\dfrac{2Z_2}{Z_2 + Z_1}$ 倍。反射波的幅值为原入射波的 $\left| \dfrac{Z_2 - Z_1}{Z_2 + Z_1} \right|$ 倍，并根据 $Z_2 - Z_1$ 项的符号决定反射波的性质是否变化：

当入射波由阻抗较大的 Z_1 段进入阻抗较小的 Z_2 段时，透射波的幅值小于原入射波幅值，$Z_2 - Z_1$ 为负值，反射波改变符号。即压力波反射为拉力波，拉力波反射为压力波。

当入射波由阻抗较小的 Z_1 段进入阻抗较大的 Z_2 段时，透射波的幅值大于原入射波幅值，$Z_2 - Z_1$ 为正值，反射波不改变符号。即压力波反射为压力波，拉力波反射为拉力波。

5.2.3 桩侧土阻力波

应力波在沿桩身向下传播过程中，冲击脉冲到达桩身某处必然引起该桩段桩身向下运动，使该桩段桩身的侧壁与桩侧岩土产生相对位移，而桩侧岩土将阻碍桩-土之间的这种相对运动——桩侧岩土将在桩身侧壁上产生侧摩阻力，由于 CASE 法假定桩侧土为理想刚塑性体，因此桩侧土摩阻力一经激发，就达到极限，且在整个分析过程中保持不变（时不变性），且不考虑桩侧土的动阻力（与桩-土之间的相对运动速度相关）。

下面讨论土阻力波在桩身中的传播特征：

如图 5-11 所示，在桩侧 i 界面遇到土阻力 $R(i)$ 作用，截面两侧力与速度分别为：

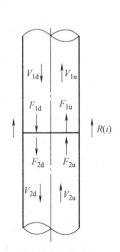

上测：$\begin{cases} F_1 = F_{1u} + F_{1d} \\ V_1 = V_{1u} + V_{1d} \end{cases}$ 下侧：$\begin{cases} F_2 = F_{2u} + F_{2d} \\ V_2 = V_{2d} + V_{2u} \end{cases}$

在 i 截面的力平衡条件和边界连续条件为：

$$\begin{cases} F_1 - F_2 = R(i) \\ V_1 = V_2 \end{cases}$$

联立求解后可得到：

$$F_{1u} = F_{2u} + \frac{1}{2} R(i)$$

$$F_{2d} = F_{1d} - \frac{1}{2} R(i)$$

上式表明：当冲击脉冲到达桩身截面 i 后激发的桩侧土阻力 $R(i)$ 将分成两部分沿桩身传播：一部分以压力波的形式沿桩身向

图 5-11 桩侧土摩阻力 $R(i)$ 的作用

上传播，其幅值为 $\frac{1}{2}R(i)$；另一部分以拉力波的形式沿桩身向下传播，其幅值为 $\frac{1}{2}R(i)$。

5.2.4 CASE 法计算桩的承载力

1. 动力打桩过程中岩土对桩的总阻力

如图 5-12 所示，在 $t=x/c$ 时刻，当应力波通过截面 x 时，由于土阻力的作用（是由 $t=0$ 时刻，作用于桩顶的冲击波引起），从 x 截面产生两个幅值各为 $R/2$ 的波，分别是上行压力波与下行拉力波。

由土阻力波引起的质点速度为：

$$V_r = \frac{R}{2Z}$$

方向向上。

上行压力波在 $t=2x/c$ 时刻到达桩顶，拉力波在 $t=L/c$ 时刻第一次到达桩端，并反射为压力波。在 $t=2L/c$ 时刻到达桩顶，这个过程可以用图 5-13 表示。

图 5-12 动力打桩过程中的桩侧土阻力

图 5-13 桩侧土阻力波传播示意图

假定桩顶自由，桩顶合力为零，上行压力波反射为下行拉力波，同时桩顶面速度加倍（方向向上），在 $2L/c$ 之前，桩顶质点速度之和 R/Z。

也可以假定桩顶固定，桩顶速度为零。相同条件下，上行阻力波 $R/2$ 在桩顶处加倍，桩顶合力为 R。

在高应变动力试桩中，传感器不是置于桩顶，上行阻力波引起的桩身截面受力 $R/2$ 与截面的运动速度 $-R/2Z$（向上为负）乘 Z 之差为 $R[=R/2-(-R/2Z)\times Z]$。

高应变动力试桩的目的是测试 F 和 V 并区分上、下行波，因此将传感器置于桩顶不适合这种方法。事实上，置于桩顶的传感器还会受到桩顶附近复杂应力状态的影响，因此通常将传感器安装在桩顶以下至少两倍桩径处。

当传感器安装在桩顶附近时，x/c 时刻阻力 R 作用于 x 截面，则 $2x/c$ 时刻传感器安装截面 i 处力和速度乘 Z 之差为 R。

为得到桩身某一截面 x（传感器以下深度）以上的桩侧摩阻力之和，我们可以应用上述原理，将 $2x/c$ 时刻（限定此时刻在桩顶受到冲击后，$2L/c$ 时刻之前）的 $F-ZV=R_x$ 作为桩身 x 截面以上的侧摩阻力之和。

当冲击力波传至桩端时，将激发桩端的岩土阻力 R_t。由桩端截面的力平衡及边界条件，R_t 将以压力波的形式沿桩身向上传播，同时，桩端截面上由土阻力 R_t 引起的质点速度为 $-R_t/Z$（质点运动速度向下为正）。

将冲击脉冲经过传感器安装截面的某一时刻计为 t_1，如果土阻力 R_x、R_t 在时间 $t \in [t_1+x/c, t_1+2L/c]$ 内一直持续作用且幅值不变（岩土的理想刚塑性模型假定）。则在 $t_2=t_1+2L/c$ 时刻，桩顶附近传感器记录的力和速度的时程曲线将包括以下几部分：

（1）在 $t_2=t_1+2L/c$ 时刻，由最初下行冲击应力波（压力波）在桩端反射后形成的上行拉力波 $-F_d(t_1)$。

（2）由土阻力产生的全部上行压缩土阻力波的总和为 $R/2$；

（3）由土阻力产生的下行拉力波经桩底反射后以压缩波的形式上行，并与（1）项的上行波同时到达传感器安装截面，其大小也为 $R/2$；以及桩端土阻力波 R_t 与（1）同时到达传感器安装截面。

（4）全部的上行波在桩顶反射而形成的下行波 $F_d(t_2)$。

在 $t_2=t_1+2L/c$ 时刻，作用于传感器安装截面的力为上述（1）～（4）各个力之和。

$$F(t_2)=F_d(t_2)+\frac{R}{2}+\frac{R}{2}+R_t-F_d(t_1)=F_d(t_2)+F_u(t_2)$$

由于波（2）和波（3）各包含了一半的桩侧摩阻力和全部的端阻力，其幅值之和为 R_0。另外，上行波 $F_u(t_2)$ 包含了阻力波及 t_1 时刻冲击波在桩底的反射波。

$$F_u(t_2)=R_0-F_d(t_1)$$

因此同时可以得到：$R_0=F_u(t_2)+F_d(t_1)$

利用前面关于上行波以及下行波的计算公式，用传感器的测试值表示如下：

$$R_0=\frac{(F_{1m}+ZV_{1m}+F_{2m}-ZV_{2m})}{2}$$

式中　F_{1m}、V_{1m}、F_{2m}、V_{2m}——分别为 $t=t_1$ 及 $t_2=t_1+2L/c$ 时刻桩身传感器安装截面上传感器测得的力和速度。

上式即为 CASE 法的总阻力计算公式。也可以表示为：

$$R_0=\frac{1}{2}[F(t_1)+F(t_2)]+\frac{Z}{2}[V(t_1)-V(t_2)]$$

2. 动、静阻力的分离——桩的承载力的计算

前一节的公式已经得到了应力波在 $2L/c$ 一个完整行程中所遇到的总的土阻力计算公式。但是，公式并不能回答总阻力 R_0 与桩的极限承载力之间的关系。因此，R_0 中包含有土阻尼的影响，也即土的动阻力 R_d 的影响，是需要扣除的。

$$R_0=R_u+R_d$$

而根据桩的荷载传递机理，桩的承载力是与竖向位移有关的，位移的大小决定了桩周土的静阻力发挥程度。显然，R_0 中所包含的静阻力的发挥程度也需要探究。所以，需要更具体地考虑以下几方面问题：

（1）去除土阻尼的影响。

（2）对给定的 F 和 V 曲线，正确选择 t_1 时刻，使 R_0 中所包含的静阻力充分发挥。

（3）对于桩先于 $2L/c$ 回弹（速度为负），造成桩中上部土阻力 R 卸载，需对此做出修正。

（4）在试验过程中，桩周土应出现塑性变形，即桩出现永久贯入度，以证实打桩时土的极限阻力充分发挥；否则不可能得到桩的极限承载力。

（5）考虑桩的承载力随时间变化的因素。因为动测法得到的土阻力是试验当时的，而土的强度是随时间变化的。打桩收锤时（初打）的承载力并不等于休止一定时间后桩的承载力，则应有一个合理的休止时间使土体强度恢复，即通过复打确定桩的承载力。

打桩总阻力 R_0 分为静阻力 R_u 和动阻力 R_d 两个不相关项。为了从 R_0 中将静阻力部分提取出来，CASE 法采用以下四个假定：

（1）桩身阻抗恒定，即除了截面不变外，桩身材质均匀且无明显缺陷。

（2）只考虑桩端阻尼，忽略桩侧阻尼的影响。

（3）应力波在沿桩身传播时没有能量耗散和波形畸变。

（4）土阻力的本构关系隐含采用了刚—塑性模型，即土体对桩的静阻力大小与桩土之间的位移大小无关，而仅与桩土之间是否存在相对位移有关。具体地讲：桩土之间一旦产生运动（应力波一旦到达），此时土的阻力立即达到极限静阻力 R_u，且随位移增加不再改变。

由于忽略了桩侧阻尼，只需考虑桩端的动阻力 $R_d(L)$。在 CASE 法中，土的动阻力模型采用的是线型黏滞模型，即：

$$R_d(L)=J_v V(L,t)$$

J_v 为黏滞阻尼系数，$V(L,t)$ 为 t 时刻（冲击应力波到达桩端）桩端截面的运动速度。

$$J_v=J_c Z$$

J_c 为 CASE 法的阻尼系数（无量纲，一般认为与桩端土性相关），因此，

$$R_d(L)=J_c Z V(L,t)$$

下面分析 $V(L,t)$。

由假定可知，土阻尼存在于桩端，只与桩端运动速度有关。利用下面恒等式

$$V(L,t)=\frac{F_d(L,t)-F_u(L,t)}{Z}$$

式中的 $F_d(L,t)$ 和 $F_u(L,t)$ 都是无法直接测量的，但可根据行波理论由桩顶的实测力和速度（或下行波）表示：

在 $t-L/c$ 时刻由桩顶下行的力波将于 t 时刻到达桩底。假设在 L/c 时程段上遇到的阻力之和为 R，则运行至桩端后下行力波的量值为

$$F_d(L,t)=F_d(0,t-L/c)-\frac{R}{2}$$

在同样的假设下，从时刻 t 由桩端上行的力波将于 $t+L/c$ 到达桩顶，在同样的阻力作用下其量值变为

$$F_u(L,t)=F_u(0,t+L/c)-\frac{R}{2}$$

因此，桩端运动速度计算公式

$$V(L,t)=\frac{F_{\mathrm{d}}(0,t-L/c)-F_{\mathrm{u}}(0,t+L/c)}{Z}$$

假设由阻尼引起的桩端土的动阻力 R_{d} 与桩端运动速度 $V(L,t)$ 成正比，即

$$R_{\mathrm{d}}=J_{\mathrm{c}}ZV(L,t)=J_{\mathrm{c}}[F_{\mathrm{d}}(0,t-L/c)-F_{\mathrm{u}}(0,t+L/c)]$$

式中　J_{c}——CASE 法无量纲阻尼系数。

若将上式中的时间 $t-L/c$ 和 $t+L/c$ 分别替换为 t_1 和 t_2，代入上式得

$$R_{\mathrm{d}}=J_{\mathrm{c}}[2F_{\mathrm{d}}(t_1)-R_0]=J_{\mathrm{c}}[F(t_1)+ZV(t_1)-R_0]$$

将总阻力视为独立的静阻力和动阻力之和，则静阻力可由下式求出

$$R_{\mathrm{u}}=R_0-R_{\mathrm{d}}=R_0-J_{\mathrm{c}}[F(t_1)+ZV(t_1)-R_0]$$

最后利用前面的总阻力公式，可得

$$R_{\mathrm{u}}=\frac{1}{2}(1-J_{\mathrm{c}})[F(t_1)+ZV(t_1)]+\frac{1}{2}(1+J_{\mathrm{c}})\left[F\left(t_1+\frac{2L}{c}\right)-ZV\left(t_1+\frac{2L}{c}\right)\right]$$

习惯上用 R_{c}（c 表示 CASE）作为 CASE 法计算桩的承载力，即 $R_{\mathrm{u}}=R_{\mathrm{c}}$。

这就是标准形式的 CASE 法计算桩承载力公式，较适宜于长度适中且截面规则的中、小型桩。以后的分析还可说明，它较适宜于摩擦型桩。

3. CASE 法的几种子方法及适用条件

为了获得比较简洁的承载力计算公式，CASE 法对桩-土力学模型作了较多的假定，而这些假定在某些情况下与桩-土的实际力学性状可能存在较明显差别，为了在一定程度上减小因这种偏差导致的 CASE 计算桩的承载力偏差，人们进一步对 CASE 法的承载力的计算公式做了一些修正，从而衍生出在某些特定情况下使用的 CASE 法的几种子方法。

（1）阻尼系数法（RSP 法）

这是 CASE 法的传统方法，其承载力计算公式为：

$$R_{\mathrm{c}}=\frac{1}{2}(1-J_{\mathrm{c}})[F(t_1)+ZV(t_1)]+\frac{1}{2}(1+J_{\mathrm{c}})\left[F\left(t_1+\frac{2L}{c}\right)-ZV\left(t_1+\frac{2L}{c}\right)\right]$$

一般 t_1 选择速度的第一峰对应的时刻，$t_2=t_1+2L/c$，当单击锤击贯入度大于 2.5mm 时，桩顶虽然没有到达最大位移，但桩侧及桩端岩土已进入塑性阶段，岩土承载力已被充分激发。从公式中可以看到，此时桩的承载力取决于 CASE 法阻尼系数 J_{c} 的取值，一般认为阻尼系数 J_{c} 与桩端土层的性质有关，它是通过静动对比试验得到的。

由于世界各国的静载试验的破坏标准或判定极限承载力标准的差异，加之与地质条件相关的桩型、施工工艺不同，因此具体应用到某一国家甚至是该国家某一地区时，该系数都应结合地区特点进行调整。表 5-1 是美国 PDI 公司早期通过预制桩的静动对比试验推荐的阻尼系数取值。对比时采用的静载试验相当于我国的快速维持荷载法，极限承载力判定标准采用 Davisson 准则。该准则根据桩的竖向抗压刚度和桩径大小，按桩顶沉降量来确定单桩极限承载力，通常比用我国规范确定的承载力保守。

PDI 公司 CASE 法阻尼系数经验取值　　　　　　　　　　　　表 5-1

桩端土质	砂土	粉砂	粉土	粉质黏土	黏土
J_{c}	0.1～0.15	0.15～0.25	0.25～0.4	0.4～0.7	0.7～1.0

根据我国 20 世纪 80 年代后期至 90 年代初期的静动对比结果以及对静动对比条件的仔细考察，发现表中给出的 J_{c} 取值的离散性较大，而且有些静动对比的试验条件本身并

不具有可比性。在新的标准中，建议积累相近条件静动对比资料后，再用波形拟合法校核来综合确定阻尼系数 J_c 的合理取值。

（2）最大阻力修正法（RMX法）

前面公式的推导是建立在土阻力的刚-塑性模型基础之上的，此时 t_1 选择在速度曲线初始第一峰处，而 t_1 点虽是桩顶速度的最大值，但非桩顶位移的最大值。事实上，被激发的静阻力是位移的函数。只有桩-土间产生足够的相对位移，岩土进入塑性状态，土阻力才能被充分激发。桩顶达到最大位移一般要比出现速度第一峰的时刻滞后一段时间 $t_{u,0}$。

如果桩的承载力以侧摩阻力为主，当桩侧土极限阻力充分发挥所需最大弹性变形值 Q_s 较大时，则土阻力-位移关系与刚-塑性模型相差甚远，按 $t_1 \sim t_2$ 时段确定的承载力不可能包含整个桩段的桩侧土阻力充分发挥的信息。

对于端承型桩，假设应力波在桩身中传播（包括桩底反射）只引起波形幅值的变化，而不改变波形的形状，则桩端最大位移出现的时刻也要滞后 t_2 点 $t_{u,0}$。显然，当端阻力所占桩的总承载力比重较大（端承型桩），或桩端阻力的充分发挥所需的桩端位移较大时（如大直径桩），按 RSP 法承载力计算公式得出的承载力也不可能包含全部端阻力充分发挥的信息。

不少情况下，桩侧土阻力和桩端土阻力的发挥是相互影响和相互制约的，因此桩周土的 Q_s 值较大时，刚-塑性假定与实际情况之间的差异便暴露出来。

为了弥补这些情况造成对桩承载力的低估，可采用下列方法对 R_c 进行修正：

① 将 t_1 向右移动（保持 $t_2 - t_1 = 2L/c$ 不变），在 $[t_1 + \Delta, \ t_1 + \Delta + 2L/c]$ 找出 R_c 的最大值 $R_{c,max}$。

② 如果毗邻第一峰 t_1 还有明显的第二峰时，且 F 与 ZV 曲线仍成比例，则将 t_1 对准第二峰，求得 $R_{c,max}$。

$$R_{max} = MAX \left\{ \frac{1}{2}(1-J_c)[F(t_1) + ZV(t_1)] + \frac{1}{2}(1+J_c)\left[F\left(t_1 + \frac{2L}{c}\right) - ZV\left(t_1 + \frac{2L}{c}\right)\right] \right\}$$

$$t_r \leqslant t_1 \leqslant t_r + 30 \ (ms)$$

这就是 CASE 法的最大阻力修正法，也称 RMX 法。t_r 指从冲击波开始到速度峰值的时间（ms）。

（3）卸载修正法（RUN法）

在 CASE 法承载力计算公式的推导过程中，假定土阻力一经激发，则在 $[t_1, \ t_1 + 2L/c]$ 时段内将持续作用不卸载（土的理想刚塑性模型）。但是对于长摩擦桩，当激励脉冲有效持续时间与 $2L/c$ 相比明显偏小时，整个桩身各个界面的运动状态有明显差别，冲击脉冲在桩身中下部向下传播时，桩的中上部可能出现回弹现象而使桩-土之间相对位移减小，甚至出现反向位移，这些现象将会导致桩中上部土阻力的卸载。卸载修正法的曲线示意图如图 5-14 所示。

为了防止出现承载力的低估，需做如下修正。

① 先计算激振后桩顶质点速度为零的时刻与 $2L/c$ 的时间差 t_u（以速度第一峰作为起始时刻 t_1）。

② 将 t_u 与波速 c 相乘，然后除以 2 得到卸载部分的桩长。

图 5-14　卸载修正法

$$l_u = \frac{c \cdot t_u}{2}$$

③ 在 F，ZV 曲线上，$t = t_1 + t_u$ 时刻对应的土阻力为：$R_x = F - ZV$，其形成的上行

压力波为：$\dfrac{R_x}{2} = \dfrac{F - ZV}{2}$，这部分因土的卸载在总阻力公式中被忽略了。因此在总阻力公

式中加上

$$U_n = \frac{R_x}{2} = \frac{F(t_1 + t_u) - ZV(t_1 + t_u)}{2}$$

④ 总阻力中补偿后的 CASE 法承载力为：

$$R_{un} = R_c + (1 + J_c) U_n$$

卸载修正法 RUN 适合于长摩擦桩，考虑了阻力的卸载效应，其波形特征为桩的上部

在 $2L/c$ 之前出现了反向运动速度（回弹）。

（4）最小阻力法（RMN 法）

通过延时求出承载力最小值的最小阻力法（RMN 法）。但做法与 RMX 法有所差别，

它不是固定 $2L/c$ 不动，而是固定 t_1，左右变化 $2L/c$ 值用下列公式寻找承载力的最小值。

$$R_{max} = \min\left\{ \frac{1}{2}(1 - J_c) \cdot [F(t_1) + ZV(t_1)] + \frac{1}{2}(1 + J_c) \cdot \left[F\left(t_1 + \frac{2L}{c} + \Delta\right) - ZV\left(t_1 + \frac{2L}{c} + \Delta\right)\right] \right\}$$

$$-\frac{2L}{5c} \leqslant \Delta \leqslant \frac{2L}{5c}$$

这个方法主要用于桩底反射不明显、桩身缺陷存在使桩底反射滞后或桩极易被打动等

情况，以避免出现高估承载力的危险。它的原理是不清晰的。

（5）其他方法

自动法：在桩尖质点运动速度为零时，动阻力也为零，此时有两种计算承载力与 J_c

无关的"自动"法，即 RAU 法和 RA2 法。

① 前者适用于桩侧阻力很小的情况。正如最大阻力修正法所指出的，桩顶位移的最

大值滞后于速度最大值的时间为 $t_{u,0}$，同理可推知桩端位移最大值也会滞后于桩端最大速

度。在桩端速度变为零的时刻，RAU 法计算出的土阻力显然包含了端阻力的全部信息。

所以，该法较适宜于端承型桩。

② 后者适用于桩侧阻力适中的场合。如果桩侧阻力较强，当桩端速度为零时，用 RAU 法确定的土阻力实际包含了桩上部或大部卸载的土阻力。所以要采用类似于卸载法的修正原理，对提前卸去的部分桩侧阻力进行补偿。

5.2.5　CASE 法检测桩的完整性

对于等截面均匀桩，只有桩底反射能形成上行拉力波，且一定是 $2L/c$ 时刻到达桩顶。如果实测信号中于 $2L/c$ 之前看到上行的拉力波，那么一定是由桩身阻抗的减小所引起。假定应力波沿阻抗为 Z_1 的桩身传播途中，在 x 深度处遇到阻抗减小（设阻抗为 Z_2），且无土阻力的影响，则按前面章节的公式，x 界面处的反射波为

$$F_R = \frac{Z_2 - Z_1}{Z_1 + Z_2} F_I$$

定义桩身完整性系数 $\beta = Z_2/Z_1$，根据上式得到

$$\beta = \frac{F_I + F_R}{F_I - F_R}$$

由于 F_I 和 F_R 不能直接测量，而只能通过桩顶所测的信号进行换算。如果不计土阻力的影响，则 x 位置处的入射波（下行波）与桩顶 $x=0$ 处的实测力波有以下对应关系

$$F_I = F_d(t_1)$$
$$F_R = F_u(t_x)$$

式中　$t_x = t_1 + 2x/c$。

所以，无土阻力影响的桩身完整性系数计算公式为

$$\beta = \frac{F_d(t_1) + F_u(t_x)}{F_d(t_1) - F_u(t_x)}$$

图 5-15　桩身完整性系数计算

当考虑土阻力影响时（图 5-15），桩顶处 t_x 时刻的上行波 $F_u(t_x)$ 不仅包括了由于阻抗变化所产生的 F_R 作用，同时也受到了 x 界面以上桩段所发挥的总阻力 R_x 影响，根据前面章节的公式，即

$$F_u(t_x) = F_R + \frac{R_x}{2}$$

或

$$F_R = F_u(t_x) - \frac{R_x}{2}$$

同样对于 x 位置处的入射波 F_I，可以通过把桩顶初始下行波 $F_d(t_1)$ 与 x 桩段全部土阻力所产生的下行拉力波叠加求得，有

$$F_I = F_d(t_1) - \frac{R_x}{2}$$

将上两式代入完整性系数的计算公式，可以得到

$$\beta = \frac{F_d(t_1) - R_x + F_u(t_x)}{F_d(t_1) - F_u(t_x)}$$

用桩顶实测力和速度表示为

$$\beta = \frac{F(t_1) + F(t_x) - 2R_x + Z \cdot [V(t_1) - V(t_x)]}{F(t_1) - F(t_x) + Z \cdot [V(t_1) + V(t_x)]}$$

这里，Z 为传感器安装点处的桩身阻抗，相当于等截面均匀桩缺陷以上桩段的桩身阻抗。显然上式对等截面桩桩顶下的第一个缺陷程度计算才严格成立。缺陷位置按下式计算

$$x = c \frac{t_x - t_1}{2}$$

式中　x——桩身缺陷至传感器安装点的距离；

t_x——缺陷反射峰对应的时刻；

R_x——缺陷以上部位土阻力的估计值，等于缺陷反射波起始点的力与速度乘以桩身截面力学阻抗之差值，取值方法如图 5-15 所示。

根据公式，对于均匀截面桩，显然有 $F_u(t_x) = R_x/2$。所以，只要 $F_u(t_x)$ 在 $2L/c$ 以前是单调不减的（除由于位移减小引起的土阻力卸载外，加载引起的土阻力反射只能是上行压力波），也就是不存在因为桩身阻抗减小产生的上行的拉力波，则 $\beta = 1$。根据公式计算的 β 值，我国及世界各国普遍认可的桩身完整性分类见表 5-2。

桩身完整性判定 表 5-2

类　别	β 值	类　别	β 值
I	$\beta = 1.0$	III	$0.6 \leqslant \beta < 0.8$
II	$0.8 \leqslant \beta < 1.0$	IV	$\beta < 0.6$

出现下列情况之一时，桩身完整性判定宜按工程地质条件和施工工艺，结合实测曲线拟合法或其他检测方法综合进行：

（1）桩身有扩径的桩。

（2）桩身截面渐变或多变的混凝土灌注桩。

（3）力和速度曲线在峰值附近比例失调，桩身浅部有缺陷的桩。

（4）锤击力波上升缓慢，力与速度曲线比例失调的桩。

此外，由图 5-15 可知，对于预制桩的接头缝隙或桩身水平裂缝的宽度，可采用下式估算

$$\delta_w = \frac{1}{2} \int_{t_a}^{t_b} \left(V - \frac{F - R_x}{Z} \right) dt$$

5.2.6　打桩过程中的桩身应力变化

打桩引起的桩身破坏有几种形式：

（1）锤击压应力过大、锤击偏心造成桩头破坏。

（2）桩端碰到基岩、密实卵砾石层使桩端反射的压应力与下行的压力波在桩端附近叠加，使锤击压应力过大造成桩身下部破坏。

（3）混凝土的抗拉强度一般在其抗压强度的 1/10 以下，而且抗拉强度并不随抗压强度的增加而正比增加（增加缓慢）。所以，对混凝土桩，拉应力引起的桩身破坏是不容忽视的。

利用上、下行波分析，很容易查明是否出现拉应力。锤击时的桩顶压力波以下行波的形式沿桩身向下传播，在 L/c 时刻到达桩底并产生反射，假如桩侧、桩端土阻力很小，则反射波是拉力波，其值等于

$$F_u(t_1+2L/c)=\frac{F(t_1+2L/c)-Z\cdot V(t_1+2L/c)}{2}$$

并于 $2L/c$ 返回桩顶。为方便起见，图 5-16 示意的波形在 $2L/c$ 前的很大部分时间段，力与速度曲线重合，意味着桩侧阻力可以忽略，实线所示的桩顶力波形就是下行波曲线，它是随时间增加渐弱的。当反射的拉力波在上行途中与渐弱的下行压力波尾部叠加，就会在桩身某一部位出现净的拉应力，显然桩身最大的拉应力的搜寻就是下面的表达式

$$\sigma_t=\min_{t_1<t<t_1+2L/c}\left[F_u(t_1+2L/c)+F_d\left(t_1+\frac{2L-2x}{c}\right)\right]\frac{1}{A}\leqslant 0$$

或将上式取负号表示为

$$\sigma_t=\frac{-1}{2A}\left[F\left(t_1+\frac{2L}{c}\right)-Z\cdot V\left(t_1+\frac{2L}{c}\right)+F\left(t_1+\frac{2L-2x}{2}\right)+ZV\left(t_1+\frac{2L-2x}{2}\right)\right]$$

式中　x——传感器安装点至计算点的距离；

　　　A——桩身截面面积。

拉应力引起的桩身破坏一般先在桩身产生细微的水平环状裂缝。在拉应力较大部位，这种环状裂缝可能不只一条，最初出现的裂缝是能闭合的，而且能传递锤击压应力。但当桩受反复锤击时，在裂缝边缘的最小曲率半径处，应力集中现象最显著，于是在此应力集中处先产生局部抗压破坏，最后导致桩身断裂。所以有些被打断的桩，表面上看是抗压破坏。为证实桩是否是因拉应力引起的破坏，可观察断裂处附近是否还存在其他水平裂缝。

5.2.7　锤击能量与打桩系统效率

CASE 法是从预制桩打桩过程的监测逐步发展起来的。其中对打桩系统的打桩效率的监测也是它的一项重要功能。

1. 传递能量（E_n）

在打桩过程中，桩锤传递给桩的能量可以通过实际的桩顶附近桩的受力和运动速度，通过下式求得：

$$E_n=\int_0^{t_e}FV\mathrm{d}t$$

式中　E_n——桩获得的冲击能量（kJ）；

　　　t_e——采样结束的时刻（s）。

2. 桩锤的最大动能（E_k）

E_k 可以通过测定锤芯最大运动速度确定，

$$E_k=\frac{1}{2}M_r V_{r,max}^2$$

图 5-16　桩身拉应力计算示意图

式中　M_r——重锤质量（kg）；

　　　$V_{r,max}$——重锤最大运动速度（m/s）。

当为自由落锤时，锤芯最大运动速度 $V_0 = \sqrt{2gH}$（式中 g 为重力加速度，H 为锤的落高）。

3. 能量比值

桩锤效率：$e_h = \dfrac{E_k}{E_r}$

锤击系统效率：$e_d = \dfrac{E_n}{E_k}$

桩锤能量传递比（系统总效率）：$e_t = \dfrac{E_n}{E_r}$

式中　E_r——桩锤的额定能量。

5.3　曲线拟合法基本理论

5.3.1　曲线拟合法概述

CASE 法由于对桩-土力学模型做了许多简化假定，从而得出了简捷的计算公式，便于检测现场作实时分析和判别，而波动方程曲线拟合法采用较为复杂的桩-土力学模型，计算结果更客观、更符合工程桩的实际状况。在介绍拟合法之前，我们先对 CASE 法做一个简单的回顾：

CASE 法的桩-土计算模型做了如下假定：

（1）桩为一维阻抗均匀的弹性杆（无裂缝、无接头松弛、无强度变化）。

（2）只考虑桩端土阻尼，忽略桩侧土的动阻力。

因为刚塑性体，土的阻力在承载力计算周期内不发生变化。

（3）在以上假设基础上，CASE 法得出简便的计算公式，可在现场由打桩分析仪完成实时分析。通过 CASE 法分析可以获得桩的承载力、桩身完好系数、打桩应力等桩锤能量传递比信息。

CASE 法的不足也同样源于上述的基本假定：

（1）不能考虑桩身阻抗有较大变化的情况，对非均匀桩由于应力波传递过程中产生的畸变，忽略它的影响，会使结果的可靠性下降。

（2）对于侧摩阻力较大的桩，桩侧土阻尼较大，忽略它的影响，会使结果的可靠性降低。

（3）对于长摩擦桩，在 $2L/c$ 时刻之前，桩身上部土单元可能已开始出现卸荷，不考虑卸载会低估桩的承载力。

（4）CASE 法得出的是桩的总静阻力，无法将桩侧摩阻力与桩端承载力分开，无法描述桩侧摩阻力的分布。

（5）CASE 法的关键参数 J_c（桩端土 CASE 阻尼系数）是一个地区性经验系数，这个取值的人为因素较多，且地质报告不准时会对计算结果有较大影响，需要通过动、静对比试验来确定。

实测曲线拟合法是通过波动问题数值计算，反演确定桩和土的力学模型及其参数值。其过程为：假定各桩单元的桩和土力学模型及其模型参数，利用实测的速度（或力、上行波、下行波）曲线作为输入边界条件，数值求解波动方程，反算桩顶的力（或速度、下行波、上行波）曲线。若计算的曲线与实测曲线不吻合，说明假设的模型或其参数不合理，有针对性地调整模型及参数再进行计算，直至计算曲线与实测曲线（以及贯入度的计算值与实测值）的吻合程度良好且不易进一步改善为止。由此可以得到单桩极限承载力、侧阻分布、端阻大小和模拟静荷载试验的 $Q\text{-}s$ 曲线等参数。

虽然从原理上讲，这种方法是客观唯一的，但由于桩、土以及它们之间的相互作用等力学行为的复杂性，实际运用时还不能对各种桩型、成桩工艺、地质条件，都能达到十分准确地求解桩的动力学和承载力问题的效果。所以，《基桩检测技术规范》JGJ 106 针对实测曲线拟合法判定桩承载力应用中的关键技术问题，作了具体阐述和规定：

（1）所采用的力学模型应明确合理，桩和土的力学模型应能分别反映桩和土的实际力学性状，模型参数的取值范围应能限定。

（2）拟合分析选用的参数应在岩土工程的合理范围内。

（3）曲线拟合时间段长度在 t_1+2L/c 时刻后延续时间不应小于 20ms；对于柴油锤打桩信号，在 t_1+2L/c 时刻后延续时间不应小于 30ms。

（4）各单元所选用的土的最大弹性位移值不应超过相应桩单元的最大计算位移值。

（5）拟合完成时，土阻力响应区段的计算曲线与实测曲线应吻合，其他区段的曲线应基本吻合。

（6）贯入度的计算值应与实测值接近。

之所以做以上规定，主要是基于以下原因的考虑。

（1）关于桩与土模型：

1）目前已有成熟使用经验的土的静阻力模型为理想弹-塑性或考虑土体硬化或软化的双线性模型；模型中有两个重要参数——土的极限静阻力 R_u 和土的最大弹性位移 s_q，可以通过静载试验（包括桩身内力测试）来验证。在加载阶段，土体变形小于或等于 s_q 时，土体在弹性范围内工作；变形超过 s_q 后，进入塑性变形阶段（理想弹-塑性时，静阻力达到 R_u 后不再随位移增加而变化）。对于卸载阶段，同样要规定卸载路径的斜率和弹性位移限值。

2）土的动阻力模型一般习惯采用与桩身运动速度成正比的线性黏滞阻尼，带有一定的经验性，且不易直接验证。

3）桩的力学模型一般为一维杆模型，单元划分应采用等时单元（实际为特征线法求解的单元划分模式），即应力波通过每个桩单元的时间相等，由于没有高阶项的影响，计算精度高。

4）桩单元除考虑 A、E、c 等参数外，也可考虑桩身阻尼和裂隙。另外，也可考虑桩底的缝隙、开口桩或异形桩的土塞、残余应力影响和其他阻尼形式。

5）所用模型的物理力学概念应明确，参数取值应能限定；避免采用可使承载力计算结果产生较大变异的桩-土模型及其参数。

（2）拟合时应根据波形特征，结合施工和地基条件合理确定桩土参数取值。因为拟合所用的桩土参数的数量和类型繁多，参数各自和相互间耦合的影响非常复杂，而拟合结果并非唯一解，需通过综合比较判断进行参数选取或调整。正确选取或调整的要点是参数取值应在岩土工程的合理范围内。

（3）拟合时间的要求主要考虑两点原因：一是自由落锤产生的力脉冲持续时间通常不超过 20ms（除非采用很重的落锤），但柴油锤信号在主峰过后的尾部仍能产生较长的低幅值延续；二是与位移相关的总静阻力一般会不同程度地滞后于 $2L/c$ 发挥，当端承型桩的端阻力发挥所需位移很大时，土阻力发挥将产生严重滞后，因此规定 $2L/c$ 后延时足够的时间，使曲线拟合能包含土阻力响应区段的全部土阻力信息。

（4）为防止土阻力未充分发挥时的承载力外推，设定的 s_q 值不应超过对应单元的最大计算位移值。若桩、土间相对位移不足以使桩周岩土阻力充分发挥，则给出的承载力结果只能验证岩土阻力发挥的最低程度。

（5）土阻力响应区是指波形上呈现的静土阻力信息较为突出的时间段。所以本条特别强调此区段的拟合质量，避免只重波形头尾，忽视中间土阻力响应区段拟合质量的错误做法，并通过合理的加权方式计算总的拟合质量系数，突出土阻力响应区段拟合质量的影响。

（6）贯入度的计算值与实测值是否接近，是判断拟合选用参数、特别是 s_q 值是否合理的辅助指标。

5.3.2 拟合法的计算模型

1. 桩身模型

实测曲线拟合法是把桩作为弹性连续杆模型，考虑了非均匀法、缺陷性和桩身阻尼衰减。把桩划分为 N_p 个分段，分段长度应保持应力波在通过每个分段时所需的时间相等，各个分段本身阻抗是恒定的，但各分段阻抗可以不同，如图 5-17 所示。

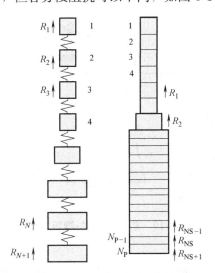

图 5-17 桩的离散质-弹模型与连续杆件模型示意图

2. 土的模型

土的计算模型在 Smith 土模型基础上作了改进，静阻力与桩的位移有关，简化为理想的弹塑性体如图 5-18 所示。当土位移小于最大弹性位移时，应力应变呈线性关系，一旦

图 5-18　Smith 阻力模型

位移达到最大弹性位移，应力不再随应变增加而增加，土进入塑性状态。而土的动阻力与桩的运动速度有关，采用最简单的线性黏滞阻尼模型。在改进的模型中，考虑了非线性关系，加进了辐射阻尼的影响，能量在土中的辐射耗散，增加了土的最大负阻力 R_n，土的重新加荷水平 R_L；卸载参数可以不同于加载参数，还考虑了土塞和土隙模型，如图 5-19、图 5-20 所示。

图 5-19　桩侧土的动-静阻力模型

3. 计算步骤

实测曲线拟合法的试验过程与 CASE 法相同，其计算步骤如下：

（1）选择一条实测曲线作为计算的出发点，通常选择速度曲线；

（2）设定全部单元桩土参量；

（3）求解波动方程计算另一条曲线，通常为力曲线；

（4）把实测的力曲线与计算的力曲线进行比较；

图 5-20 桩端土的动-静阻力模型

（5）有针对性地调整桩土体系的相关参数，反复迭代计算，使两者的拟合程度达到相关要求，此时就认为对桩土参数的假定与实际情况接近；

（6）输出分析结果。

拟合方向有四种，从力到速度，从速度到力；从下行波到上行波，从上行波到下行波。通常采用从速度到力的拟合。拟合计算流程如图 5-21 所示。

根据桩土有关参数对实测波形的影响区域，见图 5-19、图 5-20，从一条曲线根据桩土参数对另一条曲线进行波动方程计算具体过程如下：

（1）第一时间区段是从冲击开始时起，长为 $2L/c$ 时间。由于这段为加载区域，主要用于修正加载阻力及弹限。

（2）第二时间区段是以第一时间区段的终点为起点，区段长为 $t_r + 3\text{ms}$，t_r 是从冲击波开始到速度峰值的时间。在该时段主要是桩端土作用，这个区间段主要是调整桩底模型有关参数。

图 5-21 拟合流程图

（3）第三时间区段的起点同第二时间区段，区段长度为 $t_r + 5\text{ms}$，这个时间段主要用于修正阻尼系数值。

（4）第四个时间区段以第二时间区段的终点为起始点，区段长度为 20ms，这个区间段主要是土的卸载参数影响，它主要用于修正卸载 Q_u、R_u 等。以上四个时间区段如图 5-22 所示。

一般来说，良好的拟合结果应该满足下面三个条件：

（1）桩身各段相应土层的侧阻力及侧阻沿桩身的分布符合工程的实际情况；

（2）计算波形和实测波形的吻合达到满意的程度，即拟合质量系数小于规定的值，由于各计算软件对拟合质量系数的定义和计算方法不一样，所以拟合质量系数难于有一个统一的规定；

图5-22　评估计算曲线匹配程序的四个时间区段

（3）桩贯入度的计算值和实测值基本吻合。

4. 动荷载下模拟的 Q-s 曲线与静荷载下的 Q-s 曲线

通过拟合分析得到桩土静力模型有关参数后，便可利用静力平衡条件得到桩顶模拟的 Q-s 曲线。它常常被用来与静荷载下的 Q-s 曲线比较。

两者的差异有可能由以下几方面因素引起：

（1）同一试桩上，静荷载试验和动荷载试验有先有后，无论哪种试验之后都会使桩土体系有所改变，因桩土体系的变化，两者试验间的差别总是存在的。

（2）静荷载 Q-s 曲线，是人为规定稳定标准而得，不同的标准会有不同的沉降，因而两者比较不必追求沉降是否一致。

（3）根据荷载试验，桩土静力模型比较复杂，往往有硬化型、软化型等，极限特征有时也不明显。而高应变试验，一般是将其简化成弹塑性模型且动刚度高于静刚度，这样有可能导致弹限较小。

（4）在推算动荷载下 Q-s 曲线，要用弹性模量，而动荷载下弹性模量受加载速率影响可能会偏大。

（5）由于每个单元的侧摩阻力分布被集中在单元底部，因而，会导致离散误差。

5.3.3　桩土参数对波形的影响

1. 波阻抗

波阻抗的增大或减小都会使 F 和 ZV 曲线形状发生变化。当波阻抗减小，则首先会反射拉应力波，其质点速度方向与入射波方向相同，而作用力则与冲击力相反，这样，ZV 曲线会有一个同相反射，力波形上有一对应反相波。当波阻抗增大时，则会先反射一压力波，ZV 曲线会有一个反相反射波，力波形上则有一对应的同相波。由于高应变冲击脉冲持续时间较长，反射波会与入射波相互叠加，当冲击起跃较缓时，难以用波起点时间来判断反射波的走时，根据峰值时间来判断反射波走时会有一定误差。

波阻抗的变化特别是桩截面积的变化会影响到桩的承载能力。桩截面增大，对提高桩侧摩阻力是有帮助的，桩截面减小，桩抗压、抗弯性能受到影响，也会使侧摩阻力减小。当桩截面积减小很多时，首先影响的是桩的抗压、抗弯，在桩的总阻力充分发挥之前，桩体就可能发生破坏，此时的桩承载力就是桩体破坏时所能承受的荷载。由于荷载是从桩顶逐步向桩底传递，在同等的截面积变化情况下，浅部的波阻抗变化对桩抗压、抗弯性能影响要大于深部的波阻抗变化。

在拟合分析中，我们总是假设桩身材料是弹性的，没有考虑材料的非弹性以及破坏情况，也就是无论波阻抗减小到什么程度，我们仍然认为它是处于弹性状态，这显然是不合理的。即使桩身材料处于弹性状态，当桩身波阻抗减小程度较大时，应力波会有相当大一部分能量从该处反射回来，使得波阻抗变化处以下侧摩阻力难以充分发挥。因此，当波阻抗变化较大时，用拟合方法也要慎重。

2. 侧摩阻力

由于侧摩阻力会产生一个上行的压力波，上行的压力波使 $F(t)$ 与 $ZV(t)$ 曲线的分离。在桩底反射到达之前，累积阻力 $\Sigma R = F(t) - ZV(t)$。在 $t_1 \sim t_1 + \dfrac{2L}{C}$ 阶段桩侧处于加载阶段，因此侧摩阻力对 $t_1 \sim t_1 + \dfrac{2L}{C}$ 波形影响较大。由于卸载是从极限侧阻开始，因此，侧阻对整个拟合波形都有影响。由于桩土参数较多，$t_1 \sim t_1 + \dfrac{2L}{C}$ 波形数据不足以确定侧阻力，对桩底反射波之后波形拟合不仅是对桩底参数及桩侧卸载参数重要，对侧阻力仍然是重要的。当侧阻力分布比实际小，则 $|F_m - ZV_m| > |F_m - ZV_c|$，反之，则会有 $|F_m - ZV_m| < |F_m - ZV_c|$。由于累积摩阻力影响 V_c 的走向，因此，前面单元静阻力 R_L 的变化也会影响到后面的 V_c 走向。拟合结果最为关心的是静阻力，为了避免计算过程的多解性，多增加些已知条件对拟合计算是有益的。拟合过程应尽量考虑到场地一些已知信息，如地勘报告中的大致分层，一些静压试验，以便在拟合过程中参数进行约束限制。

3. 负向极限阻力（有时称卸载阻力）

在压力波作用下，桩土相对位移不断增加，并进入塑性滑移状态，随着压力波减小，在桩底或桩侧反射的拉力波作用下，桩土相对位移达到最大值后，开始减小，桩土相互作用进入卸载状态。当桩土作用力卸载至零时，若位移仍继续减小，则桩土进入负向加载状态，桩体相对土体作反向运动，桩土相互作用力与加载阶段相反，位移减小到某一程度后，作用力不再与弹性位移成正比，桩土进入负向滑移状态。卸载阻力对波形影响区在 $t_P + \dfrac{2L}{C} + 3\text{ms}$ 之后，见图 5-22。负向极限阻力一般不超过极限阻力值，负向极限阻力/极限侧阻力之比在 0～1 范围内。由于负向卸载部分反射的拉力波，负向阻力越大，则计算的力曲线后部数值就越小，计算时速度曲线后部数值就越大（不是指绝对值）。

4. 加载弹限

Smith 曾建议不分土质类别，桩侧和桩尖的弹限取 2.54mm，实验表明 Q_L 值的取值较大，可以在 1～10mm 范围内。动荷载下的加载弹限与静荷载下是有区别的，在静荷载试验中常取桩径的 0.5%～1% 作为桩侧摩阻发挥的位移，取桩径的 2.5%～5% 作为桩底端阻力发挥的位移。在动荷载下，桩侧、桩底的弹限要小于静荷载下的值。

在一定的极限侧静阻力下，弹限的增大将导致该阻力的增大速率变缓，最大阻力的出现时刻推迟，因而使该阻力的作用区段延长，弹限在拟合中的作用主要表现为计算曲线沿时间轴的推移。当弹限减小，桩顶端附近的侧阻力很快发挥，易导致桩出现反弹、振荡情况。要使桩土产生相对滑动，桩单元的最大位移必须大于加载弹限。

桩端的最大位移包括桩身弹性变形、桩土相对弹性位移及塑性位移。由于桩的弹性变形及桩土相对弹性位移可能较大，因此，最大位移的大小并不能反映桩是否打动，桩土间的塑性位移大小才是反映桩是否打动的参数。从理论上讲，给桩打动只要有一点塑性位移即可，但考虑到桩材料非弹性及测量误差（在用加速度积分时，还存在后面信噪比不高）等影响，一般的塑性位移应大于 2.5mm，桩越长，这个值应越大。当冲击脉冲较短时，通过冲击力大小来提高最大冲击位移及塑性位移并不可取，因为冲击力大易导致桩身材料发生塑性变形，位移的相当一部分是塑性位移。

5. 卸载弹限

土体在加载后，土体刚度有所增加，所以，卸载弹限一般要小于加载弹限。卸载弹限的影响区域应在 $t_P+\dfrac{2L}{C}+3\text{ms}$ 以后一段区域，卸载弹限不仅会影响卸载，还影响到负向加载过程。卸载弹限越小，桩土作用力卸载越快，它使后面的计算力波曲线下降较快，进入负向加载时，负向加载阻力增加就越快，由于在负向阻力作用下反射的是拉力波，它使计算力波减小速度加快。

6. 阻尼系数

阻尼系数实际上是随位移变化而变化，它在加载、卸载、负向加载过程是不同，无论是 Smith 模型还是改进 Smith 模型，Smith 阻尼系数是常数，$R_d=R_u JV$。区别在于改进的 Smith 模型中，在桩土产生塑性滑移后，动阻尼不起作用，而 Smith 模型，无论在加载、卸载及负向加载过程动阻尼都起作用。根据计算分析，动阻力在动荷载试验中占主要的，阻尼系数的增加会使动阻力增加。由于 $|F_m-ZV_m|$ 与阻力 R 有关，因而动阻尼的变化也会影响到 F_c 或 ZV_c 的走向。在 Smith 模型中，阻尼系数会影响整个计算区段，动阻尼较小，在加载阶段，反射的压应力波较小，$|F_m-ZV_c|<|F_m-ZV_m|$，反之，$|F_m-ZV_c|>|F_m-ZV_m|$。而在负向加载阶段，反射的是拉力波，拉力波使 F_m 减小 ZV_m 增大，当动阻尼较小时，反射拉力波较小，这样 $|F_m-ZV_c|>|F_m-ZV_m|$，反之，$|F_m-ZV_c|<|F_m-ZV_m|$。由于累积的阻力会影响后面计算波形的走向，因此，前面单元 J_c 的变化对后面计算波形的走向影响较大。动阻力大小与速度成正比，与质点运动方向总是相反，它压制桩身质点振动，当计算波形振动较大时，通过增加阻尼系数，可以压制波形振荡。Smith 阻尼系数一般不宜超过 1.5s/m。

7. 桩底参数

桩底参数对 $t_P+\dfrac{2L}{C}$ 至 $t_P+\dfrac{2L}{C}+5\text{ms}$ 时段桩底反射波有影响，由于桩底反射波到达桩顶后反射会重新在桩体中传播，因此，桩底参数对 $t_P+\dfrac{2L}{C}$ 以后的波形都有影响，但桩底参数对 $t_P+\dfrac{2L}{C}$ 附近的桩底反射波影响是明显的。

桩底端阻力越小，向上反射的拉力波也越大。在弹限等参数不变的情况下，由于桩底土弹性刚度变小，则桩底阻力增加较慢，这样，反射波峰就会后移，同样，弹限越大，在端阻力不变的情况下，弹性刚度变小，反射波也会后移。由于阻尼力与质点速度成正比，并总是与质点运动速度方向相反，因而阻尼系数的增加，会有效地降低桩底质点速度。当桩底反射的拉力波减小时，经桩端再次反射后沿桩身传播，$t_P+\dfrac{2L}{C}+5\text{ms}$ 以后的力波幅值会相应的增加。

根据圆盘在弹性半无限动态响应计算结果，桩底的土刚度 $k=\dfrac{4GR}{1-v}$，阻尼系数 $c=0.85k$ $\dfrac{R}{C_s}$（R 为圆盘半径，C_s 为剪切波速，G 为剪切模量）。在桩底会有一部分土依附桩底运动，常称为土塞。土塞产生一个和桩端运动加速度成正比的惯性力，因此，它的存在会使桩底反射的拉力波减小。由于惯性的作用，它使速度变化速率降低，端阻力发挥时间推迟。

根据计算 $m_0=(0\sim0.16)kR^2/c_s^2=(0\sim0.2)RM/(1-v)$，$M$ 表示单位长度的自重，取 $v=0.5$，则 $m_0=(0\sim0.2)dM$，d 为桩径，即土塞的重量一般不会超过一倍桩径长度自重的 0.2 倍。大部分情况下可取零。

辐射阻尼系统一般包括附加质量、弹簧、阻尼，常只取附加质量和附加阻尼两部分。它表示膨胀波向桩底土体四周传播的能量耗散，而 Smith 模型中的弹簧及阻尼壶则模拟桩土相对运动产生的剪切作用，附加质量及附加阻尼越大表示波向四周传播能量越多，相应的剪切作用可能被削弱，导致计算的滑移力减小，反之，则可能导致滑移力增大。因此，辐射阻尼系统在应用时一定要慎重。附加质量取值 $m_1=(0\sim0.14)RM/(1-v)$，当 v 取 0.5 时，$m_1=(0\sim0.14)dM$，因此，附加质量一般不应超过一倍桩径长度自重的 0.14 倍，至于附加阻尼 $\dfrac{c_1}{c_0}=(0\sim0.7)$，即附加阻尼一般不宜超过 Smith 模型中阻尼壶阻尼。

5.4 仪器设备

高应变动力试桩测试系统主要由传感器、基桩动测仪、冲击设备三部分组成。

5.4.1 传感器

传感器是实现被测物理量转化为易被传输和处理的电信号的器件。目前，在高应变动力试桩中一般用应变式传感器来测定桩顶附近截面的受力，用加速度传感器（加速度计）来测定桩顶附近截面的运动状态。

1. 测力传感器——工具式应变传感器

通常采用环型应变式力传感器来检测高应变动力试桩中桩身截面受力，其外观如图 5-23 所示，它有一个弹性铝合金环型框架，在框架内壁贴有四片箔式电阻片，电阻片连成一个桥路，当轴向受力时，两片受压，另两片受拉。

工具式力传感器轻便，安装使用都很方便，可重复使用。它量测的是桩身 77mm（传感器标距）段的应变值，换算成力还要乘以桩身材料的弹性模量 E，因此力不是它的直接测试量，而是通过下式换算：

$$F=EA\varepsilon=c^2\rho A\varepsilon$$

式中 F——传感器安装处桩身截面受力；

  A——桩身横截面面积；

  E——桩身材料弹性模量；

  ε——应变式传感器测得的应变值；

ρ——桩身材料质量密度；

c——桩身材料弹性波速。

虽然在一般的测试中，实测轴向应变平均一般在 $\pm 1000 \mu\varepsilon$ 以内，但考虑到锤击偏心，传感器安装初变形以及钢桩测试等极端情况，一般可测最大轴向应变范围不宜小于 $\pm 2500 \sim \pm 3000 \mu\varepsilon$。而相应的应变适调仪应具有较大的电阻平衡范围。

图 5-23　应变式力传感器外观

应变式传感器应满足带宽 $0 \sim 1200\,\mathrm{Hz}$，幅值线性度优于 $\pm 5\%$ 等技术指标。

建筑行业标准《建筑基桩检测技术规范》JGJ 106 中推荐了一种在重锤上安装加速度计测力的方法，它利用牛顿第二运动定律 $F = ma$，由安装在重锤锤体中部的加速度计测得锤体质心在冲击过程中的加速度乘以锤体质量作为锤在冲击过程中的受力，再根据牛顿第三定律（作用力与反作用力），桩顶受力与锤体受力量值相等。这种方法可有效地克服混凝土本构关系的非线性（尤其是混凝土灌注桩）对测力精度的影响，但对重锤有严格要求：重锤必须是整体锤，且锤的高度明显小于冲击脉冲波长。只有满足这两个条件，才可以把锤简化为刚体。

此外，锤击瞬间导向架须与锤体完全分离，加速度测量系统的低频特性足够好。

2. 测振传感器——加速度计

目前一般采用压电式（或压阻式）加速度传感器来测试桩顶截面的运动状况。

压电式加速度计具有体积小、质量轻、低频特性好、频带宽等特点。其外观如图5-24所示。

压阻式加速度计是利用半导体应变片的压阻效应工作的。压阻式加速度计具有灵敏度高、信噪比大、输出阻抗低、可测量很低频率等优点，因此常用于低频振动测量中。

在《建筑基桩检测技术规范》中对加速度计的量程未作具体规定。原因是不同类型的桩，各种因素影响使其最大冲击加速度变化很大，建议根据实测经验合理选择，一般原则是选择量程大于预估最大冲击加速度的一倍以上，因为加速度计量程愈大，其自振频率愈高。加速度计量程用于混凝土桩测试时一般为 $1000 \sim 2000g$，用于钢桩测试时为 $3000 \sim 5000g$（g 为重力加速度）。

图 5-24　加速度传感器

在其他任何情况下，如采用自制自由落锤，加速度计的量程也不应小于 $1000g$。这也包括锤体上安装加速度计的测试，但根据重锤低击原则，锤体上的加速度峰值不应超过 $150 \sim 200g$。

5.4.2　基桩动测仪

基桩动测技术是一项多学科的综合技术，涉及波动、振动、动态力学测试、信号处理、电子、计算机和桩基工程等方面的知识。将这些技术以软件、硬件的形式在基桩动测仪器上部分乃至全部实现，已历经了 20 余年的演变。

世界上有不少国家和地区生产用于高应变动力试桩的动测仪，有代表性的是美国的 PDI 公司的 PAK、PAL 系列打桩分析仪，瑞典生产的 PID 打桩分析系统，以及荷兰傅国公司生产的打桩分析系统。

基桩高应变动测技术自 20 世纪 80 年代引入我国后，国内的工程技术人员在吸收、消化国外先进技术的基础上，逐步开始研制自己的基桩动测仪，近些年，国内外一体化动测仪已作为主流产品投放我国市场，表观上更具专业化水准。它在现场操作、携带、可靠性和环境适应性等方面明显优于过去分离式结构的动测仪。特别是随着集成电路技术的发展，使得元器件、模块和线路板的尺寸大幅度减小，进而使仪器的体积、重量和功耗进一步下降。所以，小型、便携、一体化代表着专业化基桩动测仪器的发展潮流。

一体化动测仪一般采用小尺寸、低功耗、可靠性较高的工业级微机主板和液晶屏，与内置的显卡、外存、外部接口、采集板（模块）、适调线路板（模块）、交直流电源等构成其硬件部分，使用操作与分析功能全部由软件实现。一般情况下，生产厂家主要研制采集仪、适调仪和电源部分，其他散件均可外购或外协生产。

目前国内已有许多单位能生产成熟的基桩高应变动测仪器和分析软件，如中国科学院武汉岩土力学研究所、武汉中岩科技股份有限公司、中国建科院地基所等，如图 5-25 所示。

图 5-25　基桩动测仪

建工行业标准《基桩动测仪》JG/T 518 对基桩动测仪的主要性能指标做了具体规定。在《建筑基桩检测技术规范》中规定检测仪器的主要技术性能指标不应低于《基桩动测仪》JG/T 3055 中（表 5-3）规定的 2 级标准。

基桩动测仪主要技术性能　　　　　　　　　　　　　　　　　　　　表 5-3

项目	级别	1	2	3
A/D 转换器	分辨率,bit	≥8	≥12	≥16
	单通道采样频率,kHz	≥20		≥25

续表

项目			级别	1	2	3
加速度测量子系统	频率响应		幅频误差≤±5%，Hz	5～2000	3～3000	2～5000
			幅频误差≤±10%，Hz	3～3000	2～5000	1～8000
	幅值非线性		振动	≤5%		
			冲击	≤10%	≤5%	
	冲击测量时零漂			≤2%FS	≤1%FS	≤0.5%FS
	传感器安装谐振频率[1]，kHz			≥5	≥10	
速度测量子系统	频率响应[2]		幅频误差≤10%，Hz	15～1000	10～1200	不适用
			相频非线性误差≤10°	$3f_n$～$0.5f_H$[3]	不适用	不适用
	幅值非线性			≤10%		不适用
	传感器安装谐振频率[1]，kHz			≥2		
应变测量子系统[4]	传感器静态性能		非线性、滞后、重复性	≤0.5%FS		
			零点输出	≤±10%FS	≤±5%FS	
	应变信号适挑仪		电阻平衡范围	≥±1.0%	≥±1.5%	
			零漂	≤±1%FS/2h	≤±0.5%FS/2h	≤±0.2%FS/2h
			误差≤5%时的频率范围上限，Hz	≥1000	≥1500	≥2000
	传感器安装谐振频率[1]，kHz			≥2		
动态力测量子系统	传感器静态性能		非线性、滞后、重复性	≤0.5%FS		
			零点输出（应变式）	≤±10%FS	≤±5%	
	幅值非线性			≤5%	≤2%	
	传感器安装谐振频率[1]，kHz	应变式		≥1.5	≥2	
		压电式		≥5	≥10	
单通道采样点数				≥1024		
系统动态范围，dB				≥40	≥66	≥80
输出噪声有效值，mV_rms				≤20	≤2	≤0.5
衰减档（或称控放大）误差				≤2%	≤1%	≤0.5%
任意两通道间的一致性误差		幅值，dB		≤±0.5	≤±0.2	≤±0.1
		相位，ms		≤0.1	≤0.05	

[1] 指传感器的安装方式与实际使用接近时，在实验室内测得的第一谐振频率。

[2] 对于"动力参数法"测量，其频响范围可为 10～300Hz，对于"稳态机械阻抗法"测量，其相频非线性误差可不予考虑。

[3] f_n 指速度计在相位差为 90° 时所对应的固有频率；f_H 为频响范围上限。

[4] 当不采用前端放大或六线制接法时，应给出电缆电阻对桥压影响的修正值。

5.4.3 冲击设备

1. 冲击设备的形式

现场高应变试验用锤击设备分为两大类：预制桩打桩机械和自制自由落锤。

（1）预制桩打桩机械

这类打桩机械有单动或双动筒式柴油锤、导杆式柴油锤、单动或双动蒸汽锤或液压锤、振动锤、落锤。在我国，单动筒式柴油锤、导杆式柴油锤和振动锤在沉桩施工中的应用均很普遍。由于振动锤施加给桩的是周期激振力，目前尚不适合于瞬态法的高应变检测。导杆式柴油锤靠落锤下落压缩汽缸中气体对桩施力，造成力和速度上升前沿十分缓慢，由于动测仪器的复位（隔直流）作用，加上压电加速度传感器的有限低频响应（低频响应不能到零），使响应信号发生畸变，所以一般不用于高应变检测。蒸汽锤和液压锤在常规的预制桩施工中较少采用，主要在陆地和海洋上一些大直径超长钢管桩沉桩施工中使用。如我国进口的液压锤的最大锤芯质量为30t，国产的蒸汽锤锤芯质量为42t，这些锤的下落高度一般不超过1.5m。常说液压锤的效率高，实际从桩锤匹配角度上考虑能量传递，它符合前面所讲的"重锤低击"原则。筒式柴油锤在一般常规桩型沉桩施工时广为采用，国外最大的柴油锤锤芯质量为15t，我国建筑工程常见的锤击预制桩横截面尺寸一般不超过600mm，用最大锤芯质量为6.2t（跳高3m左右）的柴油锤可满足沉桩要求。柴油锤是目前打桩过程监测（初打）和休止一定时间后复测（复打）或承载力验收检测采用较多的、能兼顾沉桩施工和检测的锤击设备，缺点是噪声大并伴有油烟污染。

（2）自制锤击设备

一般由锤体（整体或分块组装式）、脱钩装置、导向架及其底盘组成，主要用于承载力验收检测或复打。

常见的自制自由落锤脱钩装置大体分为力臂式、锁扣式和钳式三类。第一类是利用杠杆原理，在长臂端施加下拉力使脱钩器旋转一定角度，使锤体的吊耳从吊钩中滑出，或使锁扣机构打开。该脱钩装置的优点是制作简单，最大缺点是锤脱钩时受到偏心力作用，由于锤的重力突然释放，吊车起重臂将产生强烈反弹。第二类是锤在提升时是锁死的，当锤达到预定高度时，脱钩装置锁扣与凸出的限位机构碰撞使锁扣打开。这种装置的优点是锤脱钩时不受偏心力作用。第三类是利用两钳臂在受提升力时产生的水平分力将锤吊耳自动抱紧，锤上升至预定高度后，将脱钩装置中心吊环用钢丝绳锁定在导向架上，缓慢下放落锤使锤的重力逐渐传递给中心吊环的钢丝绳，此时两钳臂所受上拉力逐渐减小，抱紧力也随之减小，抱紧力减小到一定程度后锤将自动脱钩；该装置制作简单，脱钩时无偏心，几乎没有吊车起重臂反弹；但要求锤击装置的导向架应有足够的承重能力，试桩架底盘下的地基土不得在导向架承重期间产生不均匀沉降。

2. 《建筑基桩检测技术规范》JGJ 106 对冲击设备的要求

对于锤击设备类型的选择，《建筑基桩检测技术规范》JGJ 106 规定：锤击设备可采用筒式柴油锤、液压锤、蒸汽锤等具有导向装置的打桩机械，但不得采用导杆式柴油锤、振动锤。

《建筑基桩检测技术规范》JGJ 106 高应变法中对冲击设备还有以下规定。

（1）高应变检测专用锤击设备应具有稳固的导向装置。重锤应形状对称，高径（宽）比不得小于1。

（2）当采取落锤上安装加速度传感器的方式实测锤击力时，重锤的高径（宽）比应为1.0～1.5。

（3）采用高应变法进行承载力检测时，锤的重量与单桩竖向抗压承载力特征值的比值不得小于0.02。

（4）当作为承载力检测的灌注桩桩径大于600mm或混凝土桩桩长大于30m时，尚应对桩径或桩长增加引起的桩-锤匹配能力下降进行补偿，在满足第（3）条的前提下进一步提高检测用锤的重量。

无导向锤的脱钩装置多基于杠杆式原理制成，操作人员需在离锤很近的范围内操作，缺乏安全保障，且脱钩时会不同程度地引起锤的摇摆，更容易造成锤击严重偏心而产生垃圾信号。另外，如果采用汽车吊直接将锤吊起并脱钩，因锤的重量突然释放造成吊车吊臂的强烈反弹，对吊臂造成损害。因此稳固的导向装置的另一个作用是：在落锤脱钩前需将锤的重量通过导向装置传递给锤击装置的底盘，使吊车吊臂不再受力。扁平状锤如分片组装式锤的单片或混凝土浇筑的强夯锤，下落时不易导向且平稳性差，容易造成严重锤击偏心，影响测试质量。因此规定锤体的高径（宽）比不得小于1。

自由落锤安装加速度计测量桩顶锤击力的依据是牛顿第二和第三定律。其成立条件是同一时刻锤体内各质点的运动和受力无差异，也就是说，虽然锤为弹性体，只要锤体内部不存在波传播的不均匀性，就可视锤为一刚体或具有一定质量的质点。波动理论分析结果表明：当沿正弦波传播方向的介质尺寸小于正弦波波长的1/10时，可认为在该尺寸范围内无波传播效应，即同一时刻锤的受力和运动状态均匀。除钢桩外，较重的自由落锤在桩身产生的力信号中的有效频率分量（占能量的90%以上）在200Hz以内，超过300Hz后可忽略不计。按不利条件估计，对力信号有贡献的高频分量波长一般也不小于20m。所以，在大多数采用自由落锤的场合，牛顿第二定律能较严格地成立。规定锤体高径（宽）比不大于1.5正是为了避免波传播效应造成的锤内部运动状态不均匀。这种方式与在桩头附近的桩侧表面安装应变式传感器的测力方式相比，优缺点是：

（1）避免了桩头损伤和安装部位混凝土质量差导致的测力失败以及应变式传感器的经常损坏。

（2）避免了因混凝土非线性造成的力信号失真（混凝土受压时，理论上讲是对实测力值放大，是不安全的）。

（3）直接测定锤击力，即使混凝土的波速、弹性模量改变，也无需修正；当混凝土应力-应变关系的非线性严重时，不存在通过应变环测试换算冲击力造成的力值放大。

（4）测量响应的加速度计只能安装在距桩顶较近的桩侧表面，尤其不能安装在桩头变阻抗截面以下的桩身上。

（5）桩顶只能放置薄层桩垫，不能放置尺寸和质量较大的桩帽（替打）。

（6）锤高一般以2.0～2.5m为限，则最大使用的锤重可能受到限制，除非采用重锤或厚软锤垫减少锤上的波传播效应。

（7）锤在非受力状态时有负向（向下）的加速度，可能被误认为是冲击力变化：如撞击前锤体自由下落时的-1g（g 为重力加速度）加速度；撞击后锤体可能与桩顶脱离接触（反弹）并回落而产生负向加速度，锤愈轻、桩的承载力或桩身阻抗愈大，反弹表现就愈显著。

（8）重锤撞击桩顶瞬时难免与导架产生碰撞或摩擦，导致锤体上产生高频纵、横干扰波，锤的纵、横尺寸越小，干扰波频率就越高，也就越容易被滤除。

锤的重量大小直接关系到桩侧、桩端岩土阻力发挥的高低，只有充分包含土阻力发挥信息的信号才能视为有效信号，也才能作为高应变承载力分析与评价的依据。锤重不变时，随着桩横截面尺寸、桩的质量或单桩承载力的增加，锤与桩的匹配能力下降，试验中直观表象是锤的强烈反弹，锤落距提高引起的桩顶动位移或贯入度增加不明显，而桩身锤击应力的增加比传递给桩的有效能量的增加效果更为显著，因此轻锤高落距锤击是错误的做法。个别检测机构，为了降低运输（搬运）、吊（安）装成本和试验难度，一味采用轻锤进行试验，由于土阻力（承载力）发挥信息严重不足，遂随意放大调整实测信号，导致承载力虚高；有时，轻锤高击还引起桩身破损。

国际上，应尽量加大动测用锤重的观点得到了普遍推崇，如美国材料与试验协会ASTM 在 2000 年颁布的《桩的高应变动力检测标准试验方法》D4945 中提出：锤重选择以能充分调动桩侧、桩端岩土阻力为原则，并无具体低限值的要求；而在 2008 年修订时，针对灌注桩增加了"落锤锤重至少为极限承载力期望值的 1‰～2‰"的要求，相当于本规范所用锤重与单桩竖向抗压承载力特征值的比值为 2‰～4‰。

《建筑基桩检测技术规范》JGJ 106 对锤重的增加无上限限制，一是体现"重锤低击"原则，二是考虑以下情况：

（1）桩较长或桩径较大时，一般使侧阻、端阻充分发挥所需位移大；

（2）桩是否容易被"打动"取决于桩身"广义阻抗"的大小。广义阻抗与桩身截面波阻抗和桩周土岩土阻力均有关。随着桩直径增加，波阻抗的增加通常快于土阻力，而桩身阻抗的增加实际上就是桩的惯性质量增加，仍按承载力特征值的 2‰选取锤重，将使锤对桩的匹配能力下降。

因此，不仅从土阻力，也要从桩身惯性质量两方面考虑提高锤重是更科学的做法。当桩径或桩长明显超过本条低限值时，例如，1200mm 直径灌注桩，桩长 20m，设计要求的承载力特征值较低，仅为 2000kN，即使将锤重与承载力特征值的比值提高到 3‰，即采用 60kN 的重锤仍感锤重偏轻。

5.5 现场检测

5.5.1 受检桩的现场设备

1. 休止时间

试验时桩身混凝土强度（包括加固后的混凝土桩头强度）应达到设计强度值。

承载力时间效应因地而异，以沿海软土地区最显著。成桩后，若桩周岩土无隆起、侧挤、沉陷、软化等影响，承载力随时间增长。工期紧、休止时间不够时，除非承载力检测值已满足设计要求，否则应休止到满足表 5-4 规定的时间为止。

休止时间　　　　　　　　　　　　　　　表 5-4

土的类别		休止时间(d)
砂土		7
粉土		10
黏性土	非饱和	15
	饱和	25

注：对于泥浆护壁灌注桩，宜适当延长休止时间。

预制桩承载力的时间效应应通过复打确定，因打桩结束时测到的初打（也称 EOD，即 End of Driving 的缩写）承载力和休止一定时间后的复打（BOR 即 Beginning of Restrike 的缩写）承载力主要依土性的不同有较大或很大的差异，静载试验结果也是如此。国外报道的统计结果表明：受超孔隙水压力消散速率的影响，砂土中桩的承载力恢复随时间增加较快且增幅较小，黏性土中则较慢或很慢且增幅很大。桩承载力的增长和时间的对数基本呈线性关系。除此之外，承载力的歇后效应可能还和桩型和几何尺寸稍有关系。对于桩端持力层为遇水易软化的风化岩层，休止时间不应小于 25d。

2. 试桩桩头处理

（1）预制桩

预制桩的桩头处理较为简单，使用施工用柴油锤跟打时，只需要留出足够深度以备传感器安装；使用自由落锤测试时，则应清理场地确保锤击系统的使用及转场空间。预制桩混凝土强度较高，桩头较平整，一般垫上合适的桩垫即可，无须进行桩头处理，但有些桩是在截掉桩头或桩头打烂后才通知测试的，有时也有必要进行处理，或者将凸出部分敲掉（割掉，尤其出露的钢筋），或重新涂上一层高强度早强水泥使桩头平整。大部分预制桩桩侧非常平整，可直接安装传感器；小口径预应力管桩，则因曲率半径太小，不利于应变环与桩身的紧贴，有时需要进行局部处理。

（2）灌注桩

《建筑基桩检测技术规范》JGJ 106 规定：对不能承受锤击的桩头应加固处理，混凝土桩的桩头处理按下列步骤进行：

① 混凝土桩应先凿掉桩顶部的破碎层以及软弱或不密实的混凝土。

② 桩头顶面应平整，桩头中轴线与桩身上部的中轴线应重合。

③ 桩头主筋应全部直通至桩顶混凝土保护层之下，各主筋应在同一高度上。

④ 距桩顶 1 倍桩径范围内，宜用厚度为 3～5mm 的钢板围裹或距桩顶 1.5 倍桩径范围内设置箍筋，间距不宜大于 100mm。桩顶应设置钢筋网片 1～2 层，间距 60～100mm。

⑤ 桩头混凝土强度等级宜比桩身混凝土提高 1～2 级，且不得低于 C30。

⑥ 高应变法检测的桩头测点处截面尺寸应与原桩身截面尺寸相同。

⑦ 桩顶应用水平尺找平。

灌注桩的桩身处理较为复杂，由于使用的是自由锤，现场准备也有较多困难。针对不同的桩型，一般可采用下列几种方法。

① 制作长桩帽（一般不低于两倍桩径），传感器安装在桩帽上。

这种方法因便于传感器安装（原则上传感器应装在本桩上），不会砸烂桩头、桩帽强

166

度可以自由配置，信号质量较好而为许多单位喜爱。但是一旦接桩效果较差，便会严重影响上方传感器的测试信号；上下介质广义波阻抗相差较大时，也将使测试信号的可信度降低。常有人进行高应变动静法对比试验时，在静压桩帽上安装传感器，这种桩帽的截面积比桩身的截面积往往大得多，测得的信号如同断桩信号，给后续分析增加了难度。本方法的另一缺点是成本高、工期长。

② 制作短桩帽，传感器安装在本桩上。

这是较合理的一种处理方法，利用桩帽承受锤击时的不均匀打击力，以防桩头的开裂；因传感器在本桩上安装，接头处并无特别的处理要求。工程桩难有安装传感器的平整面，当桩头位于地表以下时，需大量开挖以保证传感器的安装是本方法的缺点。

③ 桩头缠绕几圈箍筋，并在桩顶铺设 10cm 厚的早强水泥。

箍筋的目的是防止桩头开裂，这是一种比较简单的处理方法。桩头开裂时有发生，开裂的裂隙过深时，极易将应变环拉坏。采取这种办法，测试时需垫有足够厚的桩垫，锤击也不应偏心，应尽量防止开裂。强度较低的桩最好不要采用这种方法。

3. 试桩开挖和桩侧清理

无论预制桩还是灌注桩，如果传感器必须安装在地表以下，那么合理挖出上段就很有必要，而且桩头开挖也有一定要求。如果仅安装传感器的部位挖出一个小洞，将使得选择的余地太小，从而很难找到适合传感器安装的平整面，自然测试效果不佳。

传感器的安装一般距桩顶 $2d$，考虑传感器离坑底必须有 20cm 以上高度，一般开挖深度以距桩顶（$2d+0.5m$）为宜；为了便于寻找平整面和安装传感器，必须将距桩侧 50cm 范围内的土挖掉，一般开出一个矩形坑。同时基坑应堵漏并将渍水抽干，至少应在测试时抽净；坑底也有必要垫上碎石和砂。

灌注桩的侧面与桩周土犬牙交错，因此桩头出露后，有必要清洗或用斧头和钢刷清除桩侧杂土，以利平整面寻找和传感器安装。

5.5.2 现场操作

1. 锤击装置的安设

为了减小锤击偏心和避免击碎桩头，锤击装置应垂直，锤击应平稳对中。这些措施对保证测试信号质量很重要。对于自制的自由落锤装置，锤架底盘与其下的地基土应有足够的接触面积，以确保锤架承重后不会发生倾斜以及锤体反弹对导向横向撞击使锤架倾覆。

2. 传感器安装

为了减小锤击在桩顶产生的应力集中和对锤击偏心进行补偿，应在距桩顶规定的距离下的合适部位对称安装传感器。检测时至少应对称安装冲击力和冲击响应（质点运动速度）测量传感器各两个，传感器安装见图 5-26。

冲击力和响应测量可采取以下方式和步骤：

（1）高应变法检测时的冲击响应可采用对称安装在桩顶下桩侧表面的加速度传感器测量；冲击力可按下列方式测量：

① 采用对称安装在桩顶下桩侧表面的应变传感器测量测点处的应变，并将应变换算成冲击力；

② 在自由落锤锤体顶面以下对称安装加速度传感器直接测量冲击力。

图 5-26　传感器安装示意图（单位：mm）

（2）在桩顶下桩侧表面安装应变传感器和加速度传感器检测时，应符合下列规定：

① 应变传感器和加速度传感器，宜分别对称安装在距桩顶不小于 2D 或 2B 的桩侧表面处；对于大直径桩，传感器与桩顶之间的距离可适当减小，但不得小于 D；传感器安装面处的材质和截面尺寸应与原桩身相同，传感器不得安装在截面突变处附近；

② 应变传感器与加速度传感器的中心应位于同一水平线上；同侧的应变传感器和加速度传感器间的水平距离不宜大于 80mm；

③ 各传感器的安装面材质应均匀、密实、平整；当传感器的安装面不平整时，可采用磨光机将其磨平；

④ 安装传感器的螺栓钻孔应与桩侧表面垂直；安装完毕后的传感器应紧贴桩身表面，传感器的敏感轴应与桩中心轴平行；锤击时传感器不得产生滑动；

⑤ 安装应变式传感器时，应对其初始应变值进行监视；安装后的传感器初始应变值不应过大，锤击时传感器的可测轴向变形余量的绝对值应符合下列规定：

混凝土桩不得小于 $1000\mu\varepsilon$；

钢桩不得小于 $1500\mu\varepsilon$。

（3）自由落锤锤体上安装加速度传感器时，除应满足第（2）条的有关规定外，尚应保证安装在桩侧表面的加速度传感器距桩顶的距离，不小于下列数值中的较大者：

① $0.4H_r$；

② D 或 B。

（4）当连续锤击监测时，应将传感器连接电缆有效固定。

3. 桩垫或锤垫

对于自制自由落锤装置，桩头顶部应设置桩垫，桩垫可采用 $10 \sim 30mm$ 厚的木板或胶合板等材料，并在桩垫上铺一层薄砂找平。

4. 重锤低击

采用自由落锤为锤击设备时，应重锤低击，最大锤击落距不宜大于 $2.5m$。根据波动理论分析，若视锤为一刚体，则桩顶的最大锤击应力只与锤冲击桩顶时的初速度有关，锤撞击桩顶的初速度与落距的平方根成正比。落距越高，锤击应力和偏心越大，越容易击碎桩头。轻锤高击并不能有效提高桩锤传递给桩的能量和增大桩顶位移，因为力脉冲作用持续时间不仅与锤垫有关，还主要与锤重有关；锤击脉冲越窄，波传播的不均匀性，即桩身受力和运动的不均匀性（惯性效应）越明显，实测波形中土的动阻力影响加剧，而与位移相关的静土阻力呈明显的分段发挥态势，使承载力的测试分析误差增加。事实上，若将锤重增加到预估单桩极限承载力的 $5\% \sim 10\%$ 以上，则可得到与静动法（Statnamic 法）相似的长持续力脉冲作用。此时，由于桩身中的波传播效应大大减弱，桩侧、桩端岩土阻力的发挥更接近静载作用时桩的荷载传递性状。因此，"重锤低击" 是保障高应变法检测承载力准确性的基本原则，这与低应变法充分利用波传播效应（窄脉冲）准确检测缺陷位置有着概念上的区别。

总之，"重锤低击" 的好处：

（1）重锤低击可避免 "轻锤高击" 产生的应力集中，而应力集中容易使桩身材料产生塑性甚至破坏；

（2）重锤低击荷载脉冲作用时间长，且荷载变化缓慢，可以使桩产生较大的沉降位移；

（3）重锤低击，桩体产生的速度较小，速度变化率也较小，因此动阻力的影响较小，可减少动阻尼参数误差对拟合分析影响，提高拟合分析精度；

（4）重锤低击作用可类似静荷载中快速加载及静动法试验。

相反，"轻锤高击"（窄脉冲）对分析有如下影响：

（1）轻锤高击产生的应力集中容易使桩身材料塑性变形甚至破坏；

（2）由于冲击脉冲窄小，应力波在向下传播时，桩部分处于加载状态，另一部分处于卸载状态，桩的沉降位移一般是很小的，桩甚至没有打动；

（3）由于加载速率较高，动阻力及惯性力较大，使用阻尼系数误差对结果影响很大。同时应力波衰减也较快，到达桩深部甚至变得比较微弱，质点的位移（动位移）很小。

5.5.3 仪器工作状态确认

对于高应变检测，一般不可能像低应变检测那样，可以通过反复调整锤击点和接收点位置、锤垫的软硬和施力大小，最终测到满意的响应波形。高应变检测虽非破坏性试验，但有时也不具备重复多次的锤击条件。比如，需要开挖试桩桩头以暴露传感器安装部位，此时地下水位较高、地基土松软，锤架受力后倾斜，试坑周边塌陷，使锤架倾斜或传感器被掩埋；桩头过早开裂或桩身缺陷进一步发展。这些都有可能使试验暂时或永远终止。因此，每一锤的高应变测试信号都非常宝贵，这就要求检测人员在锤击前能检查和识别仪器的工作状态。

传感器外壳与仪器外壳共地，测试现场潮湿，传感器对地未绝缘，交流供电时常出现50Hz的干扰，解决办法是良好接地或改用直流供电。利用仪器内置标准的模拟信号触发所有测试通道进行自检，以确认包括传感器、连接电缆在内的仪器系统是否处于正常工作状态。

5.5.4 测试参数设定

1. 采样间隔

采样时间间隔宜为 $50\sim200\mu s$，信号采样点数不宜少于 1024 点。

采样时间间隔为 $100\mu s$，对常见的工业与民用建筑的桩是合适的。但对于超长桩，例如桩长超过 60m，采样时间间隔可放宽至 $200\mu s$，当然也可增加采样点数。

2. 传感器参数

传感器的设定值应按计量检定结果设定。

应变式力传感器直接测到的是其安装面上的应变，并按下式换算成冲击力：

$$F=EA\varepsilon$$

式中　F——锤击力；

　　　A——测点处桩截面积；

　　　E——桩材弹性模量；

　　　ε——实测应变值。

显然，锤击力的正确换算依赖于测点处设定的桩参数是否符合实际。另一重要原因是：计算测点以下原桩身的阻抗变化，包括计算的桩身运动及受力大小，都是以测点处桩头单元为相对"基准"的。

3. 力锤上测力时加速度计的参数设定

自由落锤安装加速度传感器测力时，力的设定值由加速度传感器设定值与重锤质量的乘积确定。例如，自由落锤的质量为 10t，加速度计的灵敏度为 2.5mV/g（g 为重力加速度，其值等于 $9.8m/s^2$），则锤体测力的设定值为 39200kN/V。

4. 桩身参数设定

测点处的桩截面尺寸应按实际测量确定，波速、质量密度和弹性模量应按实际情况设定。测点以下桩长和截面积可采用设计文件或施工记录提供的数据作为设定值。

测点下桩长是指桩头传感器安装点至桩底的距离，一般不包括桩尖部分。

桩身材料质量密度应按表 5-5 取值。

桩身材料质量密度（t/m³）　　　　　　　　　　　　　　　　　表 5-5

钢桩	混凝土预制桩	离心管桩	混凝土灌注桩
7.85	2.45~2.50	2.55~2.60	2.40

桩身波速可结合本地经验或按同场地同类型已检桩的平均波速初步设定，现场检测完成后再根据实测信号确定的波速进行调整。

对于普通钢桩，桩身波速可直接设定为 5120m/s。对于混凝土桩，桩身波速取决于混凝土的骨料品种、粒径级配、成桩工艺（导管灌注、振捣、离心）及龄期，其值变化范围大多为 3000～4500m/s。混凝土预制桩可在沉桩前实测无缺陷桩的桩身平均波速作为设定值；混凝土灌注桩应结合本地区混凝土波速的经验值或同场地已知值初步设定，但回到室内计算分析前，应根据实测信号进行修正。

初次设定或纵波波速修正后，都应按下式

$$E=\rho c^2$$

计算或调整桩身材料弹性模量。

5.5.5 试打桩与打桩监控

试验目的为确定预制桩打桩过程中的桩身应力、沉桩设备匹配能力和选择桩长时，应进行试打桩与打桩过程监控。试打桩与打桩过程监控是信息化施工不可缺少的重要环节，它可以减少打桩时的破损率和选择合理桩入土深度（或收锤标准），实际起到了控制沉桩质量进而提高沉桩效率的作用。在我国陆地锤击沉桩施工中，特别是对软土地区长桩、超长桩施工，过去对此没有引起足够的重视，等到事后检测发现质量问题再回头处理时，大大增加了工程造价和拖延了工期。

打桩全过程监测是指预制桩施打开始后，从桩锤正常爆发起跳直到收锤为止的全部过程测试。

1. 试打桩

（1）为选择工程桩的桩型、桩长和桩端持力层进行试打桩时，应符合下列规定：

① 试打桩位置的工程地质条件应具有代表性。

② 试打桩过程中，应按桩端进入的土层逐一进行测试；当持力层较厚时，应在同一土层中进行多次测试。

（2）桩端持力层应根据试打桩结果的承载力与贯入度关系，结合场地岩土工程勘察报告综合判定。

（3）采用试打桩判定桩的承载力时，应符合下列规定：

① 判定的承载力值应小于或等于试打桩时测得的桩侧和桩端静土阻力值之和与桩在地基土中的时间效应系数的乘积，也就是说，对承载力随休止时间增加而增长的估计不应过高，并应进行复打校核。

② 复打至初打的休止时间应符合规范的规定。

2. 桩身锤击应力监测

（1）桩身锤击应力监测应符合下列规定：

① 被监测桩的桩型、材质应与工程桩相同；施打机械的锤型、落距和垫层材料及状况应与工程桩施工时相同。

② 监测内容应包括桩身锤击拉应力和锤击压应力两部分。

（2）为测得桩身锤击应力最大值，监测时应符合下列规定：

① 桩身锤击拉应力宜在预制桩端进入软土层或桩端穿过硬土层进入软夹层时测试。一般桩较长，锤击数小，桩底反射强，但桩锤能正常爆发起跳时，打桩拉应力很强。

② 桩身锤击压应力宜在桩端进入硬土层或桩周土阻力较大时测试。

（3）最大桩身锤击拉应力可按下式计算。对于预应力桩桩身的净拉应力估计时，应扣除制桩时桩身已经存在的预压应力。

$$\sigma_t = \frac{1}{2A}\left[Z \cdot V\left(t_1 + \frac{2L}{c}\right) - F\left(t_1 + \frac{2L}{c}\right) + Z \cdot V\left(t_1 + \frac{2L-2x}{c}\right) + F\left(t_1 + \frac{2L-2x}{c}\right)\right]$$

式中　σ_t——最大桩身锤击拉应力（kPa）；

　　　x——传感器安装点至计算点的距离（m）；

　　　A——桩身截面面积（m^2）。

（4）桩在正常打入时，最大桩身锤击压应力一般发生在桩顶处，即可按下式计算桩身最大锤击压应力

$$\sigma_p = \frac{F_{max}}{A}$$

式中　F_{max}——实测的最大锤击力。

但是，当打桩过程中突然出现贯入度骤减甚至拒锤时，应考虑与桩端接触的硬层对桩身锤击压应力的放大作用。打桩过程中出现的打烂桩尖的情况，时常与桩端碰到硬层或基岩有关，由于硬层或基岩顶板埋深有起伏，设计和施工一般采取标高和贯入度双控。

（5）桩身最大锤击应力控制值应符合有关标准规范的要求。但必须认识到，混凝土的动态抗压、抗拉强度一般比其相应的静态强度高，而且动态强度还与加荷速率以及反复锤击的疲劳强度有直接关系。目前不少资料提供的锤击最大拉应力幅值及其位置的控制值或估算公式多数带有地方经验色彩，一般不具普遍适用性。

事实上，最大拉应力幅值及其位置的主要影响因素包括：锤击力波幅值低和持续时间长，拉应力就低；打桩时土阻力弱拉应力就强；桩愈长且锤击力波持续时间愈短，最大拉应力位置就愈往下移。但有些因素是交织影响的：沉桩阻力小时桩锤对桩的作用力也会减小，从而降低了拉应力幅值；桩变长了以后，尽管打桩土阻力很小，但容易引起桩锤正常爆发起跳，又增大了锤对桩作用的压应力，从而使拉应力相对增强。所以，控制打桩应力的最好办法是通过现场试打桩高应变实测后，再有针对性地提出控制参数。

3. 锤击能量监测

（1）桩锤实际传递给桩的能量不仅对各种锤型、不同锤重不同，而且即使锤型和锤重相同时，但对不同桩的几何尺寸和承载力，当桩-锤系统不匹配时，也会下降。另外，锤下落中遇到的摩擦力，锤垫、桩垫产生塑性变形和发热，都会消耗锤击能量。所以应通过实测并按下式计算桩锤传递给桩的实际能量

$$E_n = \int_0^{t_e} F \cdot V \cdot dt$$

式中　E_n——桩锤实际传递给桩的能量（kJ）；

　　　t_e——采样结束的时刻（s）。

（2）桩锤最大动能宜通过测定锤芯最大运动速度确定，当为自由落锤时，锤芯最大运动速度 $V_0 = \sqrt{2gH}$（式中 g 为重力加速度，H 为锤的落高）。

（3）桩锤传递比应按桩锤实际传递给桩的能量与桩锤额定能量的比值确定；桩锤效率应按实测的桩锤最大动能与桩锤的额定能量的比值确定。

5.5.6　贯入度测量

测量贯入度的方法较多，可视现场具体条件选择：

（1）如采用类似单桩静载试验架设基准梁的方式测量，准确度较高，但现场工作量大，特别是重锤对桩冲击使桩周土产生振动，使受检桩附近架设的基准梁受影响，导致桩的贯入度测量结果可靠度下降。

（2）预制桩锤击沉桩时利用锤击设备导架的某一标记作基准，根据一阵锤（如10锤）的总下沉量确定平均贯入度，简便但准确度不高。

（3）采用加速度信号二次积分得到的最终位移作为贯入度，操作最为简便，但加速度计零漂大和低频响应差（时间常数小）时将产生明显的积分漂移，且零漂小的加速度计价格很高；另外因信号采集时段短，信号采集结束时若桩的运动尚未停止（以柴油锤打桩时为甚）则不能采用。

（4）用精密水准仪时受环境振动影响小，观测准确度相对较高。

所以，对贯入度测量精度要求较高时，宜采用精密水准仪等光学仪器测定。

5.5.7　信号采集质量的现场检查与判断

高应变试验虽不属于"破损检测"，但毕竟对桩身存在一定的损伤，且重复试验需消耗大量的人力、物力，因此，现场采集的信号质量优劣成为现场试验的关键。

检测时应及时检查采集数据的质量；每根受检桩记录的有效锤击信号应根据桩顶最大动位移、贯入度以及桩身最大拉、压应力和缺陷程度及其发展情况综合确定。

高应变试验成功的关键是信号质量以及信号中的桩-土相互作用信息是否充分。信号质量不好首先要检查测试各个环节，如动位移、贯入度小可能预示着土阻力发挥不充分，据此初步判别采集到的信号是否满足检测目的的要求；检查混凝土桩锤击拉、压应力和缺陷程度大小，以决定是否进一步锤击，以免桩头或桩身受损。自由落锤锤击时，锤的落距应由低到高；打入式预制桩则按每次采集一阵（10击）的波形进行判别。

出现测试波形紊乱，应分析原因；桩身有明显缺陷或缺陷程度加剧，应停止检测。

检测工作现场情况复杂，经常产生各种不利影响。为确保采集到可靠的数据，检测人员应能正确判断波形质量，熟练地诊断测量系统的各类故障，排除干扰因素。

高应变的现场实测信号，理想波形具有以下特征：

（1）力和速度的时程一致，上升峰值前二者重合，峰值后二者协调，力曲线应在速度曲线之上（除非桩身有缺陷），两曲线间距离随桩侧土阻力增加而增大，其差值等于相应深度的总阻力值，能真实反映桩周土阻力的实际情况。

（2）力和速度曲线的时程波形终线归零。位移曲线对时间轴收敛。

（3）锤击没有严重偏心，对称的两个力或速度传感器的测试信号不应相差太大，二组力信号不出现受拉。

（4）波形平滑，无明显高频干扰杂波，对摩擦桩桩底反射明确。

（5）有足够的采样长度。保证曲线拟合时间段长度不少于 $5L/c$，并在 $2L/c$ 时刻后延续时间不小于20ms。

（6）贯入度适中，一般单击贯入度不宜小于2mm，也不宜大于6mm。

关于贯入度，做如下说明：

贯入度的大小与桩尖刺入或桩端压密塑性变形量相对应，是反映桩侧、桩端土阻力是否充分发挥的一个重要信息。贯入度小，即通常所说的"打不动"，使检测得到的承载力低于极限值。本条是从保证承载力分析计算结果的可靠性出发，给出的贯入度合适范围，不能片面理解成在检测中应减小锤重使单击贯入度不超过 6mm。贯入度大且桩身无缺陷的波形特征是 $2L/c$ 处桩底反射强烈，其后的土阻力反射或桩的回弹不明显。贯入度过大造成的桩周土扰动大，高应变承载力分析所用的土的力学模型，对真实的桩-土相互作用的模拟接近程度变差。据国内发现的一些实例和国外的统计资料：贯入度较大时，采用常规的理想弹-塑性土阻力模型进行实测曲线拟合分析，不少情况下预示的承载力明显低于静载试验结果，统计结果离散性很大！而贯入度较小甚至桩几乎未被打动时，静动对比的误差相对较小，且统计结果的离散性也不大。若采用考虑桩端土附加质量的能量耗散机制模型修正，与贯入度小时的承载力提高幅度相比，会出现难以预料的承载力成倍提高。原因是：桩底反射强意味着桩端的运动加速度和速度强烈，附加土质量产生的惯性力和动阻力恰好分别与加速度和速度成正比。可以想象，对于长径比较大、侧阻力较强的摩擦型桩，上述效应就不会明显。此外，6mm 贯入度只是一个统计参考值。

5.6 检测数据的分析与判定

5.6.1 实测信号包含的信息

实测曲线都反映了一定的信息。

（1）F，ZV 曲线——传感器安装位置的桩身截面受力及速度的时程曲线。

力与速度时程曲线所包含的信息：

1）数据采集的质量，测试效果；

2）F，ZV 曲线是否归零反映出传感器以及仪器系统的工作状态；

3）冲击入射波；

4）土阻力的分布，判断桩的承载状况，有桩底反射时刻校核波速；

5）桩身完整性评价。

（2）上、下行波曲线——经过传感器安装处的上、下行波的时程曲线。

上、下行波曲线包含以下信息：

1）下行波曲线反映的就是锤击力随时间（仅 $0 < t < 2L/c$ 时段）变化关系。

2）上行波曲线反映的就是桩侧土阻力分布情况（包含静阻力和动阻力）（仅 $0 < t < 2L/c$ 时段）。

3）通过上下行波曲线可计算平均波速。

（3）能量、位移曲线——传感器安装处桩身截面的能量、位移时程曲线。

能量、位移曲线包含以下信息：

1）能量曲线中的峰值就是最大传递能量值。

2）位移曲线中的峰值就是桩身最大动位移量。

3）位移曲线中的最终稳定值就是桩相对于土的最终动位移量，有时可认为是桩身贯入度。

4）位移曲线相对时间轴是否收敛可体现加速度计的工作状态。

5.6.2 信号的选取与调整

1. 信号的选取

对以检测承载力为目的的试桩，从一阵锤击信号中选取分析用信号时，宜取锤击能量较大的击次。除要考虑有足够的锤击能量使桩周岩土阻力充分发挥这一主因外，还应注意下列问题：

（1）连续打桩时桩周土的扰动及残余应力；

（2）锤击使缺陷进一步发展或拉应力使桩身混凝土产生裂隙；

（3）在桩易打或难打以及长桩情况下，速度基线修正带来的误差；

（4）对桩垫过厚和柴油锤冷锤信号，因加速度测量系统的低频特性造成速度信号出现偏离基线的趋势项。

高质量的信号是得出可靠分析计算结果的基础。除柴油锤施打的长桩信号外，力的时程曲线应最终归零。对于混凝土桩，高应变测试信号质量不但受传感器安装好坏、锤击偏心程度和传感器安装面处混凝土是否开裂的影响，也受混凝土的不均匀性和非线性的影响。

这些影响对采用应变式传感器测试、经换算得到的力信号尤其敏感。混凝土的非线性一般表现为：随应变的增加，割线模量减小，并出现塑性变形，使根据应变换算到的力值偏大且力曲线尾部不归零。规范所指的锤击偏心相当于两侧力信号之一与力平均值之差的绝对值超过平均值的 33%。通常锤击偏心很难避免，因此严禁用单侧力信号代替平均力信号。因此，规范做出了如下规定：

当出现下列情况之一时，高应变锤击信号不得作为承载力分析计算的依据：

（1）传感器安装处混凝土开裂或出现严重塑性变形使力曲线最终未归零。

（2）严重锤击偏心，两侧力信号幅值相差超过 1 倍。

（3）四通道测试数据不全。

2. 信号的调整

（1）实测力和速度（F 与 ZV 曲线）峰值比例失调

进行信号幅值调整的情况只有以下两种：上述因波速改变需调整通过实测应变换算得到的力值；传感器设定值或仪器增益的输入错误。通常情况下，如正常施打的预制桩，力和速度信号在第一峰处应基本成比例，即第一峰处的 F 值与 VZ 值基本相等。但在以下几种情况下比例失调属于正常：

① 桩浅部阻抗变化和土阻力影响；

② 采用应变式传感器测力时，测点处混凝土的非线性造成力值明显偏高；

③ 锤击力波上升缓慢或桩很短时，土阻力波或桩底反射波的影响。

除对第②种情况当减小力值时，可避免计算的承载力过高外，其他情况的随意比例调整均是对实测信号的歪曲，并产生虚假的结果，因为这种比例调整往往是对整个信号乘以一个标定常数，如通过放大实测力或速度进行比例调整的后果是计算承载力不安全。因此，禁止将实测力或速度信号重新标定。这一点必须引起重视，因为有些仪器具有比例自动调整功能。高应变法最初传入我国时，曾把力和速度信号第一峰比例是否失调作为判断信号优劣（漂亮）的一个标准，但我国现实情况与国外不同，由于高应变法主要用于验收阶段的检测，采用打桩机械检测的机会不多，而且被测桩型有相当数量的灌注桩，即采用自制自由落锤的机会较多。所以，《建筑基桩检测技术规范》JGJ 106 做出如下强制性规定：

高应变实测的力和速度信号第一峰起始比例失调时，不得进行比例调整。

图 5-27　桩身波速的确定

（2）桩身波速的确定

桩身波速可根据下行波波形起升沿的起点到上行波下降沿的起点之间的时差与已知桩长值确定（图 5-27）；桩底反射明显时，桩身平均波速也可根据速度波形第一峰起升沿的起点和桩底反射峰的起点之间的时差与已知桩长值确定。桩底反射信号不明显时，可根据桩长、混凝土波速的合理取值范围以及邻近桩的桩身波速值综合确定。

对桩底反射峰变宽或有水平裂缝的桩，不应根据峰与峰间的时差来确定平均波速。对于桩身存在缺陷或水平裂缝桩，桩身平均波速一般低于无缺陷段桩身波速是可以想见的，如水平裂缝处的质点运动速度是 1m/s，则 1mm 宽的裂缝闭合所需时间为 1ms。桩较短且锤击力波上升缓慢时，反射峰与起始入射峰发生重叠，以致难于确定波速，可采用低应变法确定平均波速。

当测点处原设定波速随调整后的桩身平均波速改变时，桩身弹性模量应重新计算。当采用应变式传感器测力时，应对原实测力值校正，除非原实测力信号是直接以实测应变值保存的。这里需特作解释：

通常，当平均波速按实测波形改变后，测点处的原设定波速也按比例线性改变，模量则应按平方的比例关系改变。当采用应变式传感器测力时，多数仪器并非直接保存实测应变值，如有些是以速度（$V=c\varepsilon$）的单位存储。若模量随波速改变后，仪器不能自动修正以速度为单位存储的力值，则应对原始实测力值校正。由

$$F=ZV=Zc\varepsilon=\rho c^2 A\varepsilon$$

可见，如果波速调整变化幅度为 5％，则对力曲线幅值的影响约为 10％。因此，测试人员应了解所用仪器的"力"信号存储单位。

5.6.3　单桩竖向抗压承载力的判定

CASE 法和波动方程曲线拟合法都是分析高应变动力试桩信号、判定单桩竖向抗压承载力的方法。

采用 CASE 法判定桩承载力，应符合下列规定：

（1）只限于中、小直径桩；

（2）桩身材质、截面应基本均匀；

（3）阻尼系数 J_c 宜根据同条件下静载试验结果校核，或应在已取得相近条件下可靠对比资料后，采用实测曲线拟合法确定 J_c 值，拟合计算的桩数不应少于检测总桩数的 30％，且不应少于 3 根；

（4）在同一场地、地基条件相近和桩型及其截面积相同情况下，J_c 值的极差不宜大于平均值的 30%。

CASE 法在计算极限承载力时，单击贯入度与最大位移是参考值，计算过程与它们无关。另外，CASE 法承载力计算公式是基于以下三个假定推导出的：

（1）桩身阻抗基本恒定；

（2）动阻力只与桩底质点运动速度成正比，即全部动阻力集中于桩端；

（3）土阻力在时刻 $t_2 = t_1 + 2L/c$ 已充分发挥。

显然，它较适用于摩擦型的中、小直径预制桩和截面较均匀的灌注桩。

公式中的唯一未知数——CASE 法无量纲阻尼系数 J_c 定义为仅与桩端土性有关，一般遵循随土中细粒含量增加阻尼系数增大的规律。J_c 的取值是否合理在很大程度上决定了计算承载力的准确性。所以，缺乏同条件下的静动对比校核或大量相近条件下的对比资料时，将使其使用范围受到限制。当贯入度达不到规定值或不满足上述三个假定时，J_c 值实际上变成了一个无明确意义的综合调整系数。特别值得一提的是灌注桩，也会在同一工程、相同桩型及持力层时，可能出现 J_c 取值变异过大的情况。为防止 CASE 法的不合理应用，规定应采用静动对比或实测曲线拟合法校核 J_c 值。

CASE 法虽然有简便的计算公式，可在现场实时分析，但由于它对桩-土力学模型做了过多的假定，尤其是没有把单桩承载力和桩-土之间的位移建立联系。且计算公式中的 J_c 的取值带有较大的主观随意性。因此其可靠性和客观性显然不及实测曲线拟合法，且 CASE 法阻尼系数的取值也需要曲线拟合法确定或验证。

实测曲线拟合法虽不能像 CASE 法那样可在现场作实时分析，但由于它采用了更复杂的桩-土力学模型，使桩-土的计算模型更接近工程桩的实际状况，因此其结果的可靠性和客观性较 CASE 法前进了一大步。

拟合法单桩承载力与桩-土之间的位移建立了联系，可考虑桩身阻抗变化的影响，其结果的客观性可通过拟合质量数、桩-土参数的取值及地质情况的符合程度、桩顶贯入度的计算值与实测贯入度的符合程度等多个方向来评价和检验。因此其结果的可靠性较 CASE 法也明显提高了。

承载力分析计算前，应结合地基条件、设计参数，对实测波形特征进行定性检查：

（1）实测曲线特征反映出的桩承载性状；

（2）观察桩身缺陷程度和位置，连续锤击时缺陷的扩大或逐步闭合情况。

高应变分析计算结果的可靠性高低取决于动测仪器、分析软件和人员素质三个要素。其中起决定作用的是具有坚实理论基础和丰富实践经验的高素质检测人员。高应变法之所以有生命力，表现在高应变信号不同于随机信号的可解释性——即使不采用复杂的数学计算和提炼，只要检测波形质量有保证，就能定性地反映桩的承载性状及其他相关的动力学问题。因此对波形的正确定性解释的重要性超过了软件建模分析计算本身，对人员的要求首先是解读波形，其次才是熟练使用相关软件。增强波形正确判读能力的关键是提高人员的素质，仅靠技术规范以及仪器和软件功能的增强是无法做到的。因此，承载力分析计算前，应有高素质的检测人员对信号进行定性检查和判断。

在下列几种情况下，应采用静载试验方法对单桩承载力进一步验证：

（1）桩身存在缺陷，无法判定桩的竖向承载力；

(2) 桩身缺陷对水平承载力有影响；

(3) 触变效应的影响，预制桩在多次锤击下承载力下降；

(4) 单击贯入度大，桩底同向反射强烈且反射峰较宽，侧阻力波、端阻力波反射弱，即波形表现出竖向承载性状明显与勘察报告中的地基条件不符合；

此时，桩的运动呈现明显的刚体运动特征，波动效应不明显，高应变的 CASE 法和曲线拟合法都是建立在一维杆的波动理论上的。此时建立在波形理论基础上的桩-土力学模型和桩-土的实际状况相差甚远，使分析结果的客观性和可靠性大大降低。

(5) 嵌岩桩桩底同向反射强烈，且在时间 $2L/c$ 后无明显端阻力反射；也可采用钻芯法核验。

进行灌注桩的竖向抗压承载力检测时，应具有现场实测经验和本地区相近条件下的可靠对比验证资料。灌注桩的截面尺寸和材质的非均匀性、施工的隐蔽性（干作业成孔桩除外）及由此引起的承载力变异性普遍高于打入式预制桩，导致灌注桩检测采集的波形质量低于预制桩，波形分析中的不确定性和复杂性又明显高于预制桩。与静载试验结果对比，灌注桩高应变检测判定的承载力误差也如此。因此，积累灌注桩现场测试、分析经验和相近条件下的可靠对比验证资料，对确保检测质量尤其重要。

对于大直径扩底桩和预估 Q_s 曲线具有缓变型特征的大直径灌注桩，不宜采用高应变方法进行竖向抗压承载力检测。除嵌入基岩的大直径桩和纯摩擦型大直径桩外，大直径灌注桩、扩底桩（墩）由于尺寸效应，通常其静载 Q_s 曲线表现为缓变型，端阻力发挥所需的位移很大。另外，增加桩径使桩身截面阻抗（或桩的惯性）按直径的平方增加，而桩侧阻力按直径的一次方增加，桩-锤匹配能力下降。而多数情况下高应变检测所用锤的重量有限，很难在桩顶产生较长持续时间的荷载作用，达不到使土阻力充分发挥所需的位移量。

对于 t_1+2L/c 时刻桩侧和桩端土阻力均已充分发挥的摩擦型桩，可按以下 CASE 法公式的计算结果，判定单桩承载力：

$$R_c=\frac{1}{2}(1-J_c)[F(t_1)+ZV(t_1)]+\frac{1}{2}(1+J_c)\left[F\left(t_1+\frac{2L}{c}\right)-ZV\left(t_1+\frac{2L}{c}\right)\right]$$

$$Z=\frac{EA}{c}$$

式中　R_c——由 CASE 法计算的单桩竖向抗压承载力（kN）；

$\quad\quad J_c$——CASE 法阻尼系数；

$\quad\quad t_1$——速度第一峰对应的时刻（ms）；

$\quad F(t_1)$——t_1 时刻的锤击力（kN）；

$\quad V(t_1)$——t_1 时刻的质点运动速度（m/s）；

$\quad\quad Z$——桩身截面力学阻抗（kN·s/m）；

$\quad\quad A$——桩身截面面积（m²）；

$\quad\quad L$——测点下桩长（m）。

对于土阻力滞后于 t_1+2L/c 时刻明显发挥或先于 t_1+2L/c 时刻发挥并产生桩中上部强烈反弹这两种情况，宜分别采用以下两种方法对 R_c 值进行提高修正：

(1) 适当将 t_1 延时，确定 R_c 的最大值；

（2）考虑卸载回弹部分土阻力对 R_c 值进行修正。

由于公式中给出的 R_c 值与位移无关，仅包含 $t_2 = t_1 + 2L/c$ 时刻之前所发挥的土阻力信息，通常除桩长较短的摩擦型桩外，土阻力在 $2L/c$ 时刻不会充分发挥，尤以端承型桩显著。所以，需要采用将 t_1 延时求出承载力最大值的最大阻力法（RMX 法），对与位移相关的土阻力滞后 $2L/c$ 发挥的情况进行提高修正。

桩身在 $2L/c$ 之前产生较强的向上回弹，使桩身从顶部逐渐向下产生土阻力卸载（此时桩的中下部土阻力属于加载）。这对于桩较长、侧阻力较大而荷载作用持续时间相对较短的桩较为明显。因此，需要采用将桩中上部卸载的土阻力进行补偿提高修正的卸载法（RSU 法）。

RMX 法和 RSU 法判定承载力，体现了高应变法波形分析的基本概念——应充分考虑与位移相关的土阻力发挥状况和波传播效应，这也是实测曲线拟合法的精髓所在。

5.6.4　桩身完整性的判定

高应变法检测桩身完整性具有锤击能量大，可对缺陷程度定量计算，连续锤击可观察缺陷的扩大和逐步闭合情况等优点。但和低应变法一样，检测的仍是桩身阻抗变化，一般不宜判定缺陷性质。在桩身情况复杂或存在多处阻抗变化时，可优先考虑用实测曲线拟合法判定桩身完整性。桩身完整性判定可采用以下方法进行：

（1）采用实测曲线拟合法判定时，拟合所选用的桩土参数应按承载力拟合时的有关规定；根据桩的成桩工艺，拟合时可采用桩身阻抗拟合或桩身裂隙（包括混凝土预制桩的接桩缝隙）拟合。

（2）对于等截面桩，可按前面章节的表格并结合经验判定；桩身完整性系数 β 和桩身缺陷位置 x 应分别按公式计算。注意：前面章节介绍 β 的计算公式仅适用于截面基本均匀桩的桩顶下第一个缺陷的程度定量计算。

（3）出现下列情况之一时，桩身完整性判定宜按工程地质条件和施工工艺，结合实测曲线拟合法或其他检测方法综合进行：

① 桩身有扩径；

② 混凝土灌注桩桩身截面渐变或多变；

③ 力和速度曲线在第一峰附近不成比例，桩身浅部有缺陷；

④ 锤击力波上升缓慢；

⑤ 等截面桩且缺陷深度 x 以上部位的土阻力 R_x 出现卸载回弹时。

具体采用实测曲线拟合法分析桩身扩径、桩身截面渐变或多变的情况时，应注意合理选择土参数，因为土阻力（土弹簧刚度和土阻尼）取值过大或过小，一定程度上会产生掩盖或放大作用。

高应变法锤击的荷载上升时间通常在 1~3ms 范围，因此对桩身浅部缺陷的定位存在盲区，不能定量给出缺陷的具体部位，也无法根据公式来判定缺陷程度，只能根据力和速度曲线不成比例的情况来估计浅部缺陷程度；当锤击力波上升缓慢时，可能出现力和速度曲线不成比例的似浅部阻抗变化情况，但不能排除土阻力的耦合影响。对浅部缺陷桩，宜用低应变法检测并进行缺陷定位。

5.6.5 桩身最大锤击拉、压应力监测

桩身锤击拉应力是混凝土预制桩施打抗裂控制的重要指标。在深厚软土地区，打桩初始阶段侧阻和端阻虽小，但桩很长，桩锤能正常爆发起跳（高幅值锤击压应力是产生强拉应力的必要条件），桩底反射回来的上行拉力波的头部（拉应力幅值最大）与下行传播的锤击压力波尾部叠加，在桩身某一部位产生净的拉应力。当拉应力强度超过混凝土抗拉强度时，引起桩身拉裂。开裂部位一般发生在桩的中上部，且桩愈长或锤击力持续时间愈短，最大拉应力部位就愈往下移。当桩进入硬土层后，随着打桩阻力的增加拉应力逐步减小，桩身压应力逐步增加，如果桩在易打情况下已出现拉应力水平裂缝，渐强的压应力在已有裂缝处产生应力集中，使裂缝处混凝土逐渐破碎并最终导致桩身断裂。

入射压力波遇桩身截面阻抗增大时，会引起小阻抗桩身压应力放大，桩身可能出现下列破坏形态：表面纵向裂缝、保护层脱落、主筋压曲外凸、混凝土压碎崩裂。例如：打桩过程中桩端碰上硬层（基岩、孤石、漂石等）表现出的突然贯入度骤减或拒锤，继续施打会造成桩身压应力过大而破坏。此时，最大压应力出现在接近桩端的部位。

关于拉、压应力的计算，按照前面章节的计算公式进行计算。

5.6.6 单桩竖向承载力的确定

单桩竖向抗压承载力特征值 R_a 应按高应变法得到的单桩承载力检测值的 50% 取值。

高应变法动测承载力检测值多数情况下不会与静载试验桩的明显破坏特征或产生较大的桩顶沉降相对应，总趋势是沉降量偏小。这里需要强调指出：规范中取消了验收检测中对单桩竖向抗压承载力进行统计平均的规定。单桩静载试验常因加荷量或设备能力限制，而做不出真正的试桩极限承载力，于是一组试桩往往因某一根桩的极限承载力达不到设计要求特征值的 2 倍，结论自然是不满足设计要求。动测承载力则不同，可能出现部分桩的承载力远高于承载力特征值的 2 倍，即使个别桩的承载力不满足设计要求，但"高"和"低"取平均后仍可能满足设计要求。所以，规范中没有采用通过算术平均进行承载力值统计的规定，以规避高估承载力的风险。

5.6.7 检测报告的要求

《建筑基桩检测技术规范》JGJ 106 中规定：高应变检测报告应给出实测的力与速度信号曲线。只有原始信号才能反映出测试信号是否异常，判断信号的真实性和分析结果的可靠性。除上述强制要求的内容外，检测报告还应给出足够的信息：

（1）工程概述；

（2）岩土工程条件；

（3）检测方法、原理、仪器设备（锤重）和过程的叙述；

（4）受检桩的桩号、桩位平面图和施工记录，复打休止时间；

（5）计算中实际采用的桩身波速值和 J_c 值；

（6）实测曲线拟合法所选用的各单元桩土模型参数、拟合曲线、土阻力沿桩身分布图；

（7）实测贯入度；

（8）试打桩和打桩监控所采用的桩锤型号、锤垫类型，以及监测得到的锤击数、桩侧和桩端静阻力、桩身锤击拉应力和压应力、桩身完整性以及能量传递比随入土深度的变化；

（9）选择能充分并清晰反映土阻力和桩身阻抗变化信息的合理纵、横坐标尺度，信号幅值高度不宜小于 3～5cm，时间轴不宜过分压缩；

（10）必要的说明和建议，比如异常情况和对验证或扩大检测的建议。

高应变动力试桩法进行试打桩和打桩监控时，检测报告除应符合以上规定外，尚应包括下列内容：

（1）打桩机械、桩锤垫类型；

（2）锤击数、桩侧静土阻力、桩端静土阻力、桩身锤击压应力、桩身锤击拉应力和桩锤实际给桩的能量与桩入土深度的关系；

（3）对打桩全过程中桩身结构完整性的评价。

5.7 检测实例

5.7.1 检测实例

（1）钻孔灌注桩，桩径 0.8m，测点下桩长 16m，桩端持力层为全风化基岩。

试验采用 60kN 重锤，先做高应变检测，后做静载验证检测。图 5-28 为实测波形。

图 5-28 高应变实测波形

采用波形拟合法分析承载力时，波形拟合法承载力仅 950kN，承载力比按地质报告估算的低很多。静载验证试验尚未压至破坏，满足设计要求，Q_{max}＝1950kN，相应沉降 s＝11.5mm。静、动试验得出的荷载-沉降曲线对比见图 5-29，差异很大，但高应变测试的锤重、贯入度却"符合"要求。高应变拟合结果和静载结果误差—51%，所以对桩底速度反射波宽度大，并反射强烈的桩，采用常规的土模型，拟合结果差异大。

（2）钻孔灌注桩，桩径 0.8m，桩长 21.8m，土层分布：粉质黏土、粉土、黏土、细砂、桩端持力层粉质黏土。用锤重 41.5kN 重锤进行高应变法测试；图 5-30 中（a）为高应变实测波形，（b）拟合波形；（c）静载荷曲线和高应变法计算的曲线。

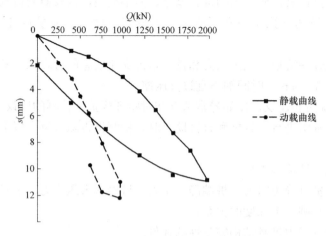

图 5-29　静载和动载模拟的 $Q\text{-}s$ 曲线比较

图 5-30　实测波形、拟合波形和动静对比 $Q\text{-}s$ 曲线

（a）高应变实测波形；（b）拟合曲线；（c）静载与动载模拟的 $Q\text{-}s$ 曲线

　　静载试验 $Q_{\max}=3600\mathrm{kN}$，相应沉降 $s=11.4\mathrm{m}$，$Q\text{-}s$ 曲线呈陡降型，单桩极限承载力 $Q_{\mathrm{u}}=3400\mathrm{kN}$，相应沉降 6.8mm。

　　由实测波形判断，该桩为摩擦端承桩，波形正常，波形拟合结果和静载结果比较，误差很小。

　　（3）人工挖孔灌注桩。桩径 1.6m（含护壁），桩长 18.8m，土层分布：淤泥质粉沙砂、粉细砂粉质黏土（软塑～硬塑），桩端持力层为强风化泥岩。

　　图 5-31（a）高应变实测波形；（b）静荷载 $Q\text{-}s$ 曲线，$Q_{\max}=12000\mathrm{kN}$，$s=87\mathrm{mm}$。曲线为缓变形。按照 $s=40\mathrm{mm}$ 所对应的荷载为单桩极限承载力，$Q_{\mathrm{u}}=10000\mathrm{kN}$，设计要求 $Q_{\mathrm{u}}=13500\mathrm{kN}$，不满足设计要求。

　　高应变法动力试桩，锤重 80kN，按照锤重取 1% 预估极限承载力的要求，锤重应为

100~140kN，锤重偏小，产生的桩顶动位移仅为 5.2mm，波形拟合法得到的承载力低于静荷载试桩很多。

从波形定性分析，承载力信息很少，同时桩底反射强烈并且峰宽。

(a)　　　　　　　　　(b)

图 5-31　实测波形和静载 *Q*-*s* 曲线

(a) 高应变实测波形；(b) 静载 *Q*-*s* 曲线

（4）0.6m×0.6m 预应力方桩，桩长 57m（单节桩），预应力施加值为 9MPa（总轴力为 3240kN），为了实测桩起吊时桩身弯矩以及打桩时实测桩应力和高应变法监测的拉应力比较，在桩身不同截面埋设电阻应变式钢筋计。打桩锤采用日本三菱 MH80B 柴油锤，动测测点安装在桩顶下 8.2m 处。

图 5-32 为桩未打到设计标高，*e*=100mm/击时的实测波形，从波形上分析看出：（1）采样长度 100ms 时（采样结束），桩的运动还未停止；（2）最大动位移 60mm；（3）实测钢筋最大拉应力 8.7MPa，位置在测点下 8.2m；（4）动测最大拉应力为 1020kN（2.8MPa），位置在测点下不远处。

1）一般桩较长，桩端进入软土层，或桩端穿过硬层进入软弱层时，这时锤击数少，但锤能正常爆发起跳，桩底反射强烈，易产生拉应力。所以打桩阻力弱拉应力强。

2）桩身混凝土抗拉强度设计值仅为桩抗压设计值的 1/10，当拉应力超过混凝土抗拉强度时，桩身开裂。

3）桩身拉裂处一般不止一条裂缝，反复锤击力作用，此处产生应力集中，最后发生抗压破坏，形成断桩。

4）桩越长，锤击力作用时间短，最大拉应力位置下移。

（5）预应力管桩，外径 0.55m，壁厚 0.1m，桩长 20m，C60 混凝土，土层分布：淤泥质黏土残积土（硬塑），

图 5-32　打桩拉应力实测实例

桩端持力层为花岗岩强风化。

图 5-33 正常打桩实测波形，从波形上看，桩承载力以端阻力为主；图 5-34 桩锤强烈反弹时实测波形，从波形上看，$2L/c$ 往后强烈的端阻力反射，可能遇到孤石。锤击最大力值为 3.5MN，应力 $\sigma = 24749$kPa（C60 混凝土抗压强度设计值为 27500kPa），反射波压应力 $\sigma = 19815$kPa。

桩身锤击压应力最大值一般发生在桩顶部位，当桩端进入坚硬土层或侧阻力很大时，其反射波产生较大压应力（图 5-34）。

图 5-33　正常的管桩波形

图 5-34　遇孤石情况下采集的波形

5.7.2　典型波形

不同的桩型会采集到不同的波形，下面一些图例分别列举了一些典型波形（图5-35～图5-50）。

图 5-35　导杆式柴油锤采集的波形

图 5-36　端阻力比较大的波形

图 5-37　传感器安装不紧的波形

图 5-38　传感器安装不紧的波形

图 5-39　锤击引起测点混凝土塑性变形

图 5-40　测点附近桩身扩颈或桩垫过厚

图 5-41　测点附近桩身有缩径

图 5-42 测点附近桩身有裂缝，或传感器安装
在新接桩头上，接头连接没做好

图 5-43 桩身浅部有严重缺陷或断桩

图 5-44 传感器安装处混凝土强度低

图 5-45 锤击严重偏心

图 5-46 浅部阻力较小的桩

图 5-47 浅部阻力较大的桩

图 5-48 无缺陷的端阻力大侧阻力小的桩

图 5-49 无缺陷的端阻力小侧阻力大的桩

图 5-50　典型的桩身缺损在实测记录上的表现

5.8　关于高应变法的若干问题

5.8.1　高应变法的适用范围

1. 单桩承载力检测

判定单桩承载力是否满足设计要求是高应变动力试桩法的主要功能之一，单桩承载力取决于桩身结构承载力和岩土对桩的抗力两个因素，通常情况下由岩土抗力控制。由于高应变无法定量评价桩身结构承载力，因此，对于桩身存在严重缺陷的桩（此时桩的承载能力很可能由桩身结构承载力控制），不适合用高应变法来判定单桩承载力。

高应变法判定的单桩承载力是指动力试桩中激发的岩土对桩的阻力，只有使桩-土之间产生足够的相对位移，才能对桩的承载力有一个客观的评价，高应变法使用桩-土之间产生的相对位移与静载试验相比还是有明显距离。因此，它判定的单桩承载力一般低于静载试验的单桩极限荷载（在工程上是偏安全的），尤其是锤与桩的匹配能力明显不足时，这一矛盾就更加突出。

高应变法严格地说是半经验法半直接法，因此，在检测单桩竖向抗压承载力方面，高应变法用的是"判定"这一半定量半定性的措辞，而非"确定"这一严格定量的措辞。同样道理，对于为设计提供依据的承载力试验应采用"直接法"，即单桩竖向抗压静载试验。

2. 桩身完整性检测

评价桩身完整性是高应变动力试桩的另一项重要功能。

与低应变法检测桩身完整性的快捷、廉价相比，高应变法检测桩身完整性存在设备笨重、效率低、费用高等缺点。但由于激励能量和检测有效深度大等优点，在判定桩身水平整合型缝隙、预制桩接头等缺陷时，能够查明这些"缺陷"是否影响桩的竖向抗压承载力的基础上，合理判定缺陷程度，因而可作为低应变检测这类缺陷桩的一种补充验证手段。

3. 打桩监测

回顾历史，CASE 法是从对预制桩的试打过程中的监测发展起来的，对打桩过程进行监控是其特有的功能。它能监测预制桩打入时的桩身应力（拉、压应力）、冲击系统的能量传递率、桩身完整性变化，为选择沉桩设备、桩型、确定合理的沉桩工艺参数提供依据，实现打桩过程的信息化施工，这些功能是静载试验无法做到的。

5.8.2 关于"高应变法动力试桩承载力检测精度"的问题

高应变试验从本质上说是一种半直接法：在桩顶施加冲击荷载后，通过在桩身上部安装的传感器，测得冲击过程中在传感器安装处，桩身截面的受力状况和运动状态，通过一维应力波理论和对桩-土力学模型作一些简化假定后，计算（或反演分析）桩的完整性状况和单桩竖向抗压承载力。

而静载试验则是一种直接测试法。

高应变的准确性（可靠性）主要取决于以下三方面的因素：

1. 现场检测时，数据信号的采集质量

获取能真实反映桩-土体系在冲击荷载作用下的力学性状的原始信号是决定高应变试验成败的关键。这一方面要求冲击设备和测试系统工作状态正常，另一方面也要求冲击设备有足够的能量使桩-土之间发生较大的相对位移而充分激发岩土对桩的阻力。

2. 测试人员的素质

"动力试桩技术"是一项涉及岩土力学、振动力学、波动力学、地基与基础工程、测试技术、信号分析与处理技术等多个基础学科的综合性技术，同时又是一门实践性很强的技术，要求从业人员具备较扎实的基础理论知识和较丰富的现场测试经验，只有这样的技术人员才能在检测现场实时判断测试信号的合理性并正确地解析动力试桩信号，得出可靠的试验结果。

3. 高应变试桩技术本身的局限性

（1）动力试桩中，所采用的桩-土力学模型与桩-土实际力学性质的差异。

前面提到，动力试桩是一种半直接法，它只能通过对应力波的直接测量得到打桩时的土阻力，这个土阻力与桩的承载力无直接对应关系，因此在对动力试桩信号的分析和处理前，必须对桩-土的力学模型和参数作假定。当采用的桩-土力学模型及参数取值与工程实际状况较为接近时，分析计算的结果的可靠性较高；反之，则可靠性明显下降。

目前用于高应变动力试桩信号分析的软件所采用的桩-土力学模型大同小异，都不可能与工程桩的实际状况完全吻合。

（2）当单桩的承载力由桩身结构承载力控制时，高应变试验无法定量评估桩身结构承载力，因而无法准确地判定单桩承载力。

（3）岩土对桩的支撑能力的发挥程度与桩-土之间的相对位移是密切相关的。高应变试验中，桩-土之间的相对位移与静载试验相比仍存在明显的差距，导致岩土阻力的发挥存在差别，因此在承载的判定上通常是小于静载试验的（这在工程上是偏于安全的）。例如因挤土效应而引起的预制桩上浮，使桩端与持力层之间出现间隙，在这种情况下，由于高应变动力试桩过程中桩的位移量级与静载试验相比较小（一般 $D_{max} < 25\text{mm}$），无法准确估算桩端间隙对单桩承载力的影响。

5.8.3 动力试桩中对桩身完整性检测的影响

动力试桩（这里仅指瞬态激振）根据冲击能量的高低可分为高应变、低应变两大类，这两种方法是目前检测基桩完整性的重要手段。通过大量的实测对比，我们发现：这两种动力试桩方法在下列 3 种情况下，对桩的完整性判别有较大差异：

（1）多节预制桩的接头（或桩身浅部水平裂隙）。

（2）混凝土灌注桩的低强区（因强度降低所致的缺陷）。

（3）长摩擦桩（尤其是多节预制桩）的中下部缺陷。

冲击脉冲在沿桩身传播过程中，由于桩侧土阻力、桩身材料阻尼及桩材介质的散射作用，脉冲能量都将逐步衰减，但冲击脉冲的能量高低，以及脉冲的频率构成都将影响脉冲的衰减速度。

在高应变试验中，冲击脉冲能量高，桩周土往往处于塑性阶段，冲击能量被土阻力消耗的比率较低（关于这一点可以从比较桩周土的剪切应力-应变关系与桩身材料的本构关系得出），冲击脉冲的大部分能量可传到桩底。同时高应变脉冲作用时间长，主频较低，因材料阻尼、桩材介质散射及土阻尼消耗的能量比率也较低。对于多节预制桩，高应变脉冲穿透接桩缝的能力也很强，可将能量传至桩的中、下部。

而低应变试验中，冲击脉冲能量低，桩周土处于初始弹性阶段，冲击脉冲能量被土阻力消耗的比率较高。脉冲作用时间短，主频高，因材料阻尼桩材介质散射及土阻尼消耗的能量比率大大增加。冲击能量在桩身中迅速衰减，对于桩侧摩阻力较大的长桩，难以传至桩底；且多节预制桩的接头也会给低应变脉冲的能量传递造成明显障碍，冲击脉冲难以到达桩的下部。

因此低应变试验对侧摩阻力较大的中长桩尤其是多节预制桩的中下部缺陷不敏感。

此外，高应变试验在分析桩的完整性时，可定量考虑土阻力波的影响，在计算 β 值时，对土阻力波作了适当的处理。

而低应变试验由于测试方法的局限，无法定量考虑土阻力波的影响。

5.8.4 高应变法动力试桩不能解决的桩基工程问题

高应变法动力试桩对以下的桩基问题是不能评定的：

（1）桩身结构破坏。桩承载力由两个因素决定，一是地基土对桩的支承能力；二是桩身结构强度所允许的最大轴向荷载，两者的小值作为控制桩的承载性能。

高应变法动力试桩解决的是地基土对桩的支承能力，并假定桩、土界面破坏，而对桩身结构强度所允许的轴向力无法评定。

（2）时间效应。打入桩沉入过程挤土扰动、饱和土孔隙水压力上升和随时间的消散，使土有效应力增加，致使桩承载力提高；灌注桩成孔过程，孔壁土受到扰动、桩周泥皮触变硬化过程，致使桩侧阻力提高，这些随时间增长，桩承载力的变化，高应变法动力试桩和静载试桩一样是无法考虑的，唯一的办法是成桩后经一定的休止时间再进行试桩。

（3）桩的负摩阻力。当桩处于松散填土、自重湿陷性黄土、欠固结土；桩周存在软弱土层，临近桩侧地面大面积堆载；降低地下水位，使桩周土体有效应力增大，产生压缩沉降，这些情况都会使桩周土体沉降大于桩沉降，土体对桩产生下拽荷载，称为桩负摩阻力，桩的负摩阻力问题，高应变动力试桩结果不能评定。

（4）土的蠕变。蠕变是软土重要工程特性之一，它是研究土体应力和应变随时间而变化规律，对于软土，虽然荷载恒定，但变形随时间而发展，又如桩处在风化基岩、页岩中，在恒定荷载作用下，随时间增长强度有所降低，这些现象动力试桩结果是无法预测的。

（5）砂土液化。桩处在饱和砂土、粉土时，在地震波作用下，孔隙水压力急剧上升，土的有效应力降低，土粒处于悬浮状态，土体失去强度，即为砂土液化。动力试桩不能预测砂土液化后桩的承载力。动力试桩经多次锤击有可能产生砂土液化，应尽量挑选头一、二锤的信号作为分析依据。

（6）桩基沉降。高应变动力试桩和静载荷试桩，作用桩顶荷载是瞬时和短时间荷载，解决不了桩的长期沉降和群桩效应问题。静载试桩凡 Q-s 曲线缓变形的，单桩极限承载力按桩顶沉降量确定，这样的桩动测结果误差都较大。

（7）嵌岩桩。嵌岩桩的承载力由覆盖土层的侧阻力、嵌岩段的摩擦力端承力组成，一旦嵌岩段被打动，嵌固力不能恢复，一般嵌岩桩不宜用高应变法动力试桩。

第6章 声波透射法

6.1 引言

声波及超声波测试技术是近年来发展非常迅速的一项新技术。它的基本原理是用人工方法在混凝土介质中激发一定频率的弹性波，该弹性波在介质中传播时，遇到混凝土介质缺陷会发生反射、透射、绕射，由接收换能器接收的波形，对波的到时、波幅、频率及波形特征进行分析，就能判断混凝土桩的完整性及缺陷的性质、位置、范围及缺陷程度。

声波透射法的基本方法是：基桩成孔后，灌注混凝土之前，在桩内预埋若干根声测管作为声波发射和接收换能器的通道，在桩身混凝土灌注若干天后开始检测，用声波检测仪沿桩的纵轴方向以一定的间距逐点检测声波穿过桩身各横截面的声学参数，然后对这些检测数据进行处理、分析和判断，确定桩身混凝土缺陷的位置、范围、程度，从而推断桩身混凝土的连续性、完整性和均匀性状况，评定桩身完整性等级。

声波透射法以其鲜明的技术特点成为目前混凝土灌注桩（尤其是大直径灌注桩）完整性检测的重要手段，在工业与民用建筑、水利电力、铁路、公路和港口等工程建设的多个领域得到了广泛应用。

6.2 基本理论

6.2.1 振动与波动

振动是物质的一种基本运动状态。物体或质点在某一平衡位置附近作往复运动，这种运动状态就叫作机械振动，简称振动。振动过程是自然界中十分普遍的一种现象，机械振动、电磁振荡、分子原子内部的振动等都是不同本质的振动现象。不同本质的振动过程有着不同的振动机理，电磁振荡是电场与磁场的相互作用，机械振动是一些机械力的作用。其中机械振动最直观，与人们的生活最为密切，工程技术中应用最为广泛，用于混凝土质量检测的超声波就是机械振动在混凝土中的传播过程。

机械振动过程可以用数学的形式来表示振动量与时间的关系，如果物体或质点做周期性的直线振动，它离开平衡位置的距离与时间的关系则可以用正弦或余弦函数来表示，这就称为简谐振动。

在无损检测中，进行有关振动的分析时，常将做简谐振动的弹簧振子 Q 作为基本分析模型，如图 6-1 所示。

弹簧振子 Q 受力振动后，振子 Q 离开平衡位置的位移量 X 随时间 t 的变化规律可由下列余弦函数（或正弦函数）描述：

图 6-1 弹簧振子的振动

$$X = A\cos\left(\frac{2\pi}{T}t + \varphi\right)$$

或

$$X = A\cos(\omega t + \varphi) = A\sin\left(\omega t + \varphi + \frac{\pi}{2}\right)$$

式中　A——振幅，它是质点（振子 Q）在振动过程中的最大位移量；

T——周期，它是质点（振子 Q）在其平衡位置附近振动一次所需要的时间；

f——频率，它是表示单位时间内质点（振子 Q）的振动次数，$f = 1/T$；频率的单位是赫兹（Hz），简称赫，1 赫兹（Hz）＝每秒振动一次，1 千赫（kHz）＝ 10^3 Hz，1 兆赫（MHz）＝1000000Hz＝ 10^6 Hz；

$(\omega t + \varphi)$——相位角，它表示质点（振子 Q）在振动过程的某一瞬间 t 时刻所处的位置和速度；φ 在 $t = 0$ 这一时刻的相位也称初始相位；

ω——圆频率，且有 $\omega = 2\pi f = \frac{2\pi}{T}$，它表示在 2π 秒内的振动周期数；

X——t 时间质点（振子 Q）离开平衡位置的距离。

由此可见，振幅 A、周期 T、频率 f 和相位（$\omega t + \varphi$）是描述简谐振动的基本物理参数。

简谐振动是很重要的一种振动，不但工程中经常碰到这种振动，而且所有的复杂振动都可以通过简谐振动作为基础进行研究。除了简谐振动外，还有固有振动、受迫振动、阻尼振动等，这些振动都是较为复杂的振动，它们的基础都是简谐振动。

在空间某处发生的扰动，以一定的速度由近及远地传播，这种传播着的扰动称为波动，机械扰动在介质内的传播形成机械波，如水波、声波。电磁扰动在真空或介质内的传播形成电磁波，如无线电波、光波等。

振动和波动是既有联系又有区别的运动形式，振动是波动产生的根源，波动是振动的结果，也是能量传播的一种方式。

在弹性介质中，任何一个质点作机械振动时，因为与其相邻的质点间有相互作用的弹性力联系着，所以它的振动将传递给临近的质点，引起相邻质点也同样地发生振动，如此由近及远地将振动能量传播出去，从而形成了机械波。可见机械波的产生，首先要有机械振动的波源，其次要有传播这种机械振动的介质。声波是弹性介质的机械波。根据各种声波的频率范围，分类如表 6-1 所示。

各种声波的频率范围 表 6-1

次声波	可闻声波	超声波	特超声波
0~20Hz	20Hz~20kHz	20kHz~1000MHz	1000MHz 以上

6.2.2 波的类型

根据质点振动方向与波的传播方向不同，可将机械波分为纵波、横波和表面波。

1. 纵波

质点振动方向与波的传播方向一致的波称为纵波，又称为 P 波。纵波的传播是依靠介质时疏时密（即时而拉升，时而压缩）使介质的容积发生变形引起压强的变化而传播的，它和介质的体积弹性有关。任何弹性介质都具有体积弹性，所以纵波可以在任何固体、气体、液体中传播。其传播形式如图 6-2 所示。

图 6-2 纵波

2. 横波

介质质点的振动方向与波的传播方向垂直的波称为横波，又称为 S 波。横波的传播是依靠使介质产生剪切变形（局部形状变化）引起的剪切力变化而传播的，它和介质的剪切弹性相关。固体介质除了具有拉伸压缩变形而产生法向应力外，还具有切变弹性，在剪切变形时会产生剪切应力，而液体、气体无一定形状，这种介质不具备切变弹性，不能承受剪切应力，所以横波只能在固体介质中传播。液体和气体中不能传播横波。横波的传播形式如图 6-3 所示。

图 6-3 横波

3. 表面波

固体介质表面受到交替变化的表面张力作用，介质表面质点发生相应的纵向振动和横向振动，结果使质点做这两种振动的合成运动，即绕其平衡位置作椭圆运动，该质点的运动又波及相邻质点，而在介质表面传播，这种波称为表面波，又称 R 波。如图 6-4 所示。

表面波传播时，质点振动的振幅随深度的增加迅速减少，当深度超过 2 倍的波长时，振幅已很小了。表面波也只能在固体中传播。

自然界中的机械波还有多种复杂形式，如兰姆波、扭转波等。单纯的纵波和横波是最简单的两种情形，根据运动学的叠加原理，任何复杂的波动都可以看成是纵波和横波的叠加。因此，纵波和横波是最基本的机械波。

图 6-4 表面波

6.2.3 波的形式

声波在无限大且各向同性的介质中传播时，其传播形式（波形）是根据波在传播过程中某一瞬间到达各质点的几何位置所连成的面（波阵面）的形状来区分的。

波阵面：介质中振动相位相同的点的轨迹称为波阵面，在波的传播过程中，波阵面有任意多个。

波前：最前面的波阵面称为波前，某一时刻波前只有一个。

波线：自波源出发且沿着波的传播方向所画的线称为波线。在各向同性介质中，波线与波阵面是垂直的。

按照波阵面的形状可以把超声波分为平面波、球面波和柱面波等。

图 6-5 平面波

1. 平面波

波阵面为平面的波称为平面波如图 6-5 所示。平面波可以看作为一个无限大的平面声源，在各向同性的弹性介质中作简谐振动所致。平面波的波阵面与声源平面平行，波线也相互平行，所以具有良好的方向性。平面波是一种理想化的传播模型。声源尺寸比它所产生的超声波的波长大很多时，该声源发射的声波可近似地看作是平面波。如果忽略介质的衰减作用，因为理想平面波的声束不会扩散，所以可以近似地认为平面波声压不随传播距离增大而变化。

2. 球面波

波阵面呈球面的波叫球面波。球面波可以看成是点状或球体波源激发的超声波在各向同性弹性介质中以相同的速度向四面传播所致，它的波阵面为一球面，如图 6-6 所示。对于混凝土质量检测来说，因振源（换能器）尺寸较小，振动频率不太高，传播距离有限，因此一般都按球面波来考虑。

3. 柱面波

波阵面为同轴圆柱面的波叫柱面波。柱面波可以看成是由无限长细长柱形的声波激发的超声波在各向同性弹性介质中以相同的速度向四周传播所致。柱面波也是一种理想化的分析模型。如果声源长度比波长大很多，而其径向尺寸又比声源长度小很多，则该柱形声源所产生的波动就可以看成是柱面波。如图 6-7 所示。

图 6-6　球面波　　　　　　　　　　　图 6-7　柱面波

6.2.4　波动方程

用于描述声波在媒质中传播时，波动介质中任一质点的位移随该质点的空间位置和时间变化规律的数学物理方程，称为波动方程。为了研究声波传播过程中媒质各质点的运动规律，用数学方程来描述最为方便。

1. 平面余弦波在理想介质中的波动方程

假设有一平面波在介质中沿 x 方向传播，由于是平面波，所以在与 x 轴垂直的任意平面上，所有质点运动状态相同。

如图 6-8 所示，如果在 $x=0$ 的平面上，质点振动方程为：

$$u=A_0\cos(\omega t)$$

式中　u——质点位移；

A_0——质点振幅；

ω——圆频率；

t——时间。

图 6-8　波动方程推导

若声波的传播速度为 v，则经时间 τ 后，声波传播距离为 $x=v\tau$，即在 x 处的平面上各质点的振动，比 $x=0$ 平面上的质点振动滞后了一段时间 $\tau=x/v$，因为介质是理想弹性介质，各质点振幅不变，x 处质点振动规律为：

$$u=A_0\cos\omega\left(t-\frac{x}{v}\right)$$

该方程描述了距波源为 x 的平面上各质点在任何时刻 t 的运动规律，因此，它就是平面余弦波在理想介质中的波动方程。

波在一个周期 T 内所传播的距离称为波长，用 λ 表示，因此

$$\lambda=vT$$

周期与频率互为倒数，所以

$$\lambda = \frac{v}{f}$$

这是波速、波长、频率间的基本关系。例如，当 50kHz 的超声波通过混凝土，测得超声波传播速度为 4000m/s，则由上式可以计算出混凝土中超声波的波长：

$$\lambda = \frac{v}{f} = \frac{4000 \times 10^3}{50 \times 10^3} = 80 \text{mm}$$

2. 球面余弦波在理想介质中的波动方程

由于介质不吸收能量，因此，余弦波通过各波阵面的平均能量流是相等的。

设距波源单位距离的波阵面上质点振幅为 A_0，距波源距离为 r 的波阵面上质点振幅为 $A_0(r)$，质点的振动能量与其振幅 A_0 的平方成正比，所以有 $4\pi \times 1^2 \times A^2 = 4\pi \times r^2 \times A^2(r)$，因此 $A_0(r) = \frac{A_0}{r}$。所以球面余弦波在理想介质中的波动方程为

$$u = \frac{A_0}{r} \cos\omega\left(t - \frac{r}{v}\right)$$

式中　u——质点位移；

　　　A_0——距声源单位半径处的球面波振幅；

　　　r——振动质点距声源的距离；

　　　v——介质的声速；

　　　ω——圆频率；

　　　t——时间。

3. 柱面余弦波在理想介质中的波动方程

对于柱面波，则垂直于圆柱轴线方向传播的柱面波的波动方程为：

$$u = \frac{A_0}{\sqrt{r}} \cos\omega\left(t - \frac{r}{v}\right)$$

式中　u——质点位移；

　　　A_0——距声源单位半径处的柱面波振幅；

　　　r——振动质点距声源轴线的垂直距离；

　　　v——介质的声速；

　　　ω——圆频率；

　　　t——时间。

6.2.5　波动方程的物理意义

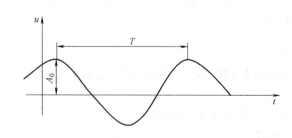

图 6-9　$x = x_0$ 处平面上质点的振动规律

两个自变量 x、t，如果给定 $x = x_0$，则 $u = A_0 \cos\omega\left(t - \frac{x_0}{v}\right)$ 表示 x_0 处平面上各质点的振动规律，即该平面上所有质点做简谐振动，如图 6-9 所示。

若给定 $t = t_0$，则 $u = A_0 \cos\omega\left(t_0 - \frac{x}{v}\right)$，此时波动方程表示在 t_0 时刻，介质中各

质点的位移，它表明该平面波是余弦波。如图 6-10 所示。

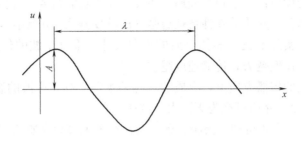

图 6-10 $t=t_0$ 时，介质中各质点的位移

如果 t 和 x 都在变化，则波动方程表示波线上各个质点在各个时刻的位移，即它揭示了介质中任一质点的位移随该质点的空间位置和时间的变化规律。

在空间坐标中，某一时刻 t_1 得到一条余弦曲线，另一时刻 $t_1+\Delta t$ 得到另一条余弦曲线，如图 6-11 所示。

当 $t=t_1$ 时，各质点位移为 $u=A_0\cos\omega\left(t_1-\dfrac{x}{v}\right)$

当 $t=t_1+\Delta t$ 时，各质点位移为 $u=A_0\cos\omega\left(t_1+\Delta t-\dfrac{x}{v}\right)$

比较上两式可知，在 $t=t_1+\Delta t$ 时，位于 $x+v\Delta t$ 处的质点位移恰等于 $t=t_1$ 时 x 处质点位移，即整个波形在 Δt 时间内向前移动了 $v\Delta t$，波速 v 就是整个波形向前行进的速度。因此，波动的频率、相位、振幅也就是波动介质中质点振动的频率、相位、振幅。

图 6-11   波的传播

6.2.6   声波在弹性固体介质中的传播速度

不同类型的波在相同介质中的传播速度是不同的。声波在固体介质中的传播速度，取决于固体介质的性质（密度、弹性模量、泊松比），所以声波是表征介质性质的一个声学特性参数。

1. 弹性固体介质中声速的影响因素

固体介质中声波的波速取决于波动方程的形式和介质的弹性常数，而波动方程的形式则取决于波的类型和介质的边界条件，因此，声波在固体介质中的传播速度主要受下列三方面因素的影响：

（1）波的类型：由于不同类型的波在固体介质中的传播机理不同，也就导致了传播速度的差异。

（2）固体介质的性质：对于弹性介质，主要取决于它的密度、弹性模量、泊松比。这是影响波速的内在因素，介质的弹性特征愈强（E 或 G 愈大，ρ 愈小），则波速愈高。

（3）边界条件：实际上就是固体介质的横向尺寸（垂直于波的传播方向上的几何尺寸）与波长的比值，比值越大，传播速度越快。

假设在垂直于波的传播方向上，介质的几何尺寸为 $a \times b$，声波的波长为 λ，则

① $a \gg \lambda$，$b \gg \lambda$，介质可视为无限大，波速最高。

② $a \ll \lambda$，$b > \lambda$，介质可视为薄板，此时波速小于无限大介质的波速。

③ $a \ll \lambda$，$b \ll \lambda$，介质可视为杆件，波速最小。

2. 弹性固体介质中各类声波在不同边界条件下的波速

由于声速的大小还与固体介质的边界条件有关，故根据波动方程与介质的边界条件可以推导出各类声波在介质中的波速。

（1）纵波波速

① 在无限大固体介质中传播的纵波声速

$$v_p = \sqrt{\frac{E}{\rho} \times \frac{1-\mu}{(1+\mu)(1-2\mu)}}$$

式中　E——介质杨氏弹性模量；

　　　μ——介质泊松比；

　　　ρ——介质密度。

② 在薄板（板厚远小于波长）中纵波声速

$$v_p = \sqrt{\frac{E}{\rho} \times \frac{1}{(1-\mu^2)}}$$

③ 在细长杆（横向尺寸远小于波长）中传播的纵波波速

$$v_p = \sqrt{\frac{E}{\rho}}$$

（2）横波波速

在无限大固体介质中传播的横波波速

$$v_s = \sqrt{\frac{E}{\rho} \times \frac{1}{2(1+\mu)}} = \sqrt{\frac{G}{\rho}}$$

式中　G——介质剪切弹性模量。

（3）表面波波速

在无限大固体介质表面传播的表面波声速

$$v_R = \frac{0.87 + 1.12\mu}{1+\mu} \sqrt{\frac{G}{\rho}}$$

无限大的介质实际上是不存在的。当固体介质的尺寸与所传播的波长相比足够大时，可视为半无限大体，其声速即与无限大介质中的声速相近。表 6-2 给出了部分材料的弹性参数和声速值。

部分材料的弹性模量、波速和特征阻抗　　　　　表 6-2

材料＼项目	杨氏弹性模量 (10⁴MPa)	泊松比 (μ)	密度 (g/cm³)	声速(m/s) v_p	声速(m/s) v_s	特征阻抗 ρv (10⁴ g/cm²·s)
钢	21.0	0.29	7.8	5940	3220	470
玻璃	7.0	0.25	2.5	5800	3350	129
陶瓷	5.9	0.23	2.4	5300	3100	130
混凝土	3.0	0.28	2.4	4500	2756	108
石灰石	7.2	0.31	2.7	6130	3200	166
淡水(20℃)	—	—	0.998	1481		14.8
空气(20℃)	—	—	0.0012	343		0.004

注：混凝土组成各异，表中所列数值系一般混凝土参考值。

通过对固体介质声速的讨论可以看出：

① 介质的弹性性能愈强，即 E 或 G 愈大，密度 ρ 愈小，则声速愈高。

② 纵、横波速度之比：

$$\frac{v_p}{v_s}=\sqrt{\frac{2(1-\mu)}{1-2\mu}}$$

对一般固体介质，μ 大约为 0.33，故 $\frac{v_p}{v_s}\approx2$，对于混凝土，泊松比取值一般在 $\mu=$ 0.20～0.30 之间，因此 $\frac{v_p}{v_s}$ 介于 1.63～1.87 之间，即在混凝土中，纵波速度为横波速度的 1.63～1.87 倍。

③ 对于混凝土，$v_R\approx0.9v_s$。即在混凝土中，表面波速度是横波速度的 0.9 倍，纵波速度是表面波速度的 1.81～2.08 倍。所以，在混凝土中 $v_p>v_s>v_R$。

6.2.7 声场

充满声波的空间称为声场，声压、声强、声阻抗率是表述声场的几个重要的物理量，称为声场特征量。

1. 声压

声压是指声场中某一点在某一瞬间所具有的压强与没有声场存在时同一点的静态压强之差。声波在介质中传播时，介质中每一点的声压随时间、距离的变化而变化。

对于余弦平面波在无吸收的无限均匀固体介质中的传播，声压按下面方法计算。

（1）对于无限均匀固体介质中的任意一截面面积为 ds，长为 dx、体积 $dV=dsdx$ 的质点，设固体密度为 ρ，其质量 $dm=\rho dsdx$，如图 6-12 所示。

当波传播至体积元时，质点所受声压

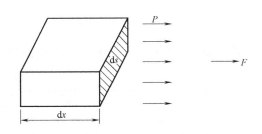

图 6-12 声压公式推导图

p，则声压对质点产生冲力 $F=p\mathrm{d}s$。根据质点动力学原理有：

$$F\mathrm{d}t=\mathrm{d}m \cdot \mathrm{d}v_a=\rho\mathrm{d}s \cdot \mathrm{d}x \cdot \mathrm{d}v_a$$

（2）根据公式，可求出质点振动速度，即

$$v_a=\frac{\mathrm{d}y}{\mathrm{d}t}=\frac{\mathrm{d}\left[A\cos\omega\left(t-\frac{x}{v}\right)\right]}{\mathrm{d}t}=-A\omega\sin\omega\left(t-\frac{x}{v}\right)$$

$$v=\frac{\mathrm{d}x}{\mathrm{d}t}$$

式中　v_a——质点运动速度；

　　　v——波速；

　A、ω——分别为余弦波振幅、角频率；

　　　x——波线上任一点离开原点的距离；

　　　y——质点在 t 时离开平衡位置的位移。

因此可推导出声压随时间与距离的关系方程：

$$p=-A\rho v\omega\sin\omega\left(t-\frac{x}{v}\right)=\rho vv_a$$

式中　ρv——声阻抗率。

声压绝对值与波速成正比、与材料密度成正比、与角频率成正比。由于 $\omega=2\pi f$，所以声压绝对值也与频率成正比，频率越高、升压越大，如超声波的声压大于可闻声波。

2. 声强

声强是指在垂直于声波传播方向上，单位面积、单位时间内通过的声能量。

当声波传播到介质中某处时，该处原来静止的质点开始振动，因而具有动能。同时该处的介质也将产生形变，因而它也具有位能。声波传播时，介质由近及远一层接一层地振动，能量就逐层传播出去。

对于余弦平面波在无吸收的无限均匀固体介质中的传播，声强可按下面方法计算。

（1）对于无限均质固体介质中的任一面积为 $\mathrm{d}s$、长为 $\mathrm{d}x$、体积 $\mathrm{d}V=\mathrm{d}s\mathrm{d}x$ 的质点，设固体密度为 ρ，其质量 $\mathrm{d}m=\rho\mathrm{d}s\mathrm{d}x$。当波传播至该质点时，其振动过程中具有的能量形式是动能、弹性位能相互交替，但总的能量为一个常数。当振动速度最大时，弹性位能为零，动能最大，等于总的能量 $\mathrm{d}E$，即：

$$\mathrm{d}E=\frac{1}{2}\mathrm{d}mv_a^2$$

振动速度的幅值（即速度的最大值）为：$v_{am}=A\omega$，代入上式得：

$$\mathrm{d}E=\frac{1}{2}\mathrm{d}mv_{am}^2=\frac{1}{2}\mathrm{d}m\omega^2A^2$$

声强为单位体积质点、单位时间内通过的能量，则：

$$J=v\frac{\mathrm{d}E}{\mathrm{d}V}=v\frac{\frac{1}{2}\mathrm{d}m\omega^2A^2}{\frac{\mathrm{d}m}{\rho}}=\frac{1}{2}\rho v\omega^2A^2$$

（2）质点振动速度 v_a、声压 p、声强三者的关系

振动速度幅值：$v_{am}=A\omega$

声压幅值为：$p_m = \rho v v_{am}$

由上面公式可得：

$$J = \frac{1}{2}\rho v v_{am}^2 = \frac{1}{2}\frac{p_m^2}{\rho v}$$

声强与质点振动位移幅值的平方成正比，与质点振动角频率 ω 的平方成正比，与质点振动速度幅度值的平方成正比，与声压幅值 p_m 的平方成正比。

综上可知，超声波的频率大于可闻声波，因此，超声波的声强远大于可闻声波，这是超声波用于检测、加工、清洗的原因。

3. 声阻抗率

在声学中，把介质中某点的有效声压与质点振动速度的比值称为声阻抗率，以符号 Z 表示，根据声压计算公式可得声阻抗率：

$$Z = \frac{p}{v_a} = \frac{\rho v v_a}{v_a} = \rho v$$

在无吸收的平面波中，对于一定频率的声波来说，声阻抗率只取决于介质的特性，所以又称 Z 为特征阻抗。在数值上它是 ρ 与 v 的乘积而不是其中某一个值。

由上式可知，在声压一定的情况下，声阻抗率 ρv 越大，质点振动速度 v_a 越小，反之声阻抗率 ρv 越小，质点振动速度 v_a 则越大；当振动速度一定，则声阻抗率 ρv 越大，该质点声压越大。

部分介质的特征阻抗值列于表 6-2。

4. 圆盘声源辐射的纵波声场

由于混凝土超声波检测中常用的换能器是平面换能器，它可以看作一圆盘形声源。圆盘源上各微小圆面积都可以看成单一点源。把所有这些单一点源辐射的声压叠加起来就得到合成声波的声压。

由于声波在固体介质中的声场相当复杂，故在此研究连续余弦平面波在无吸收的液体介质中的声压场情况。

（1）声源轴线上的声压

声源轴线上距声源距离为 x 处的声压幅值 p 的变化有如下公式

$$p = 2p_0 \sin\left[\frac{\pi}{\lambda}\left(\sqrt{\frac{D^2}{4} + x^2} - x\right)\right]$$

式中　p_0——距声源距离为零处的声压；

　　　D——圆盘声源直径；

　　　λ——波长。

可用图 6-13 表示。从图中可看到，在距离 x 小于某一特定的值 N 时，声压有若干个极大值。这是由于声源上各点源辐射到轴线上一点的声波因波程差引起的相互干涉造成的。这一范围的声场叫近场。$x >$ N 时，声压随 x 的增加而衰减，这

图 6-13　圆盘源轴线上的声压

个范围叫远场。近场区的长度 N 取决于声源的尺寸和声波波长。可推导出

$$N = \frac{D^2}{4\lambda} - \frac{\lambda}{4}$$

近场区声压变化复杂，在检测时应避开这一区域。

图 6-14 还给出了声源为点源情况下声压变化线（虚线）。当 $x > 3N$ 时，圆盘声源与点状声源辐射的球面波声场接近。

（2）圆盘声源的指向性

前面讨论的是圆盘声源轴线上的声场。在此方向上声压最大，而偏离轴线一定角度时声压即减小。根据圆盘上各微小声源辐射的声压叠加的方法可计算出离圆盘声源足够远处声场的变化情况。若用极坐标描写声压比（偏离轴线某一角度 θ 时的声压与轴线上的声压之比）与偏离角度 θ 的关系，可得到一幅形象地表征声源指向性图形——指向性图案。如图 6-14 所示。

图 6-14 圆盘声源指向性图

从图中可以看到，随着偏离角度 θ 的增大，声压比迅速减小。到某一偏离角 θ_0 时，声压比为零。此时的偏离角 θ_0 称为半扩散角 θ_0 的值可按下式计算

$$\theta_0 = \sin^{-1}\left(1.22\frac{\lambda}{D}\right)$$

随着角度 θ 再增大，声压比很小并重复交替变化，其间出现若干零值。

从实用角度考虑，认为整个声束限定在 $2\theta_0$ 范围内并称这个区域内为声波的瓣，其余有声压分布的区域称为声波的副瓣。

在混凝土声波检测中所采用的是低频超声波，半扩散角很大，方向性差，在传播一定距离后已近于球面波。

6.2.8 声波在介质界面的反射与透射

声波在无限大介质中传播只是在理论上成立，实际上任何介质总有一个边界。当声波在传播中从一种介质到达另一种介质时，在两种介质的分界面上，一部分声波被反射，仍然回到原来的介质中，称为反射波；另一部分声波则透过界面进入另一种介质中继续传播，称为折射波（透射波）。声波透过界面时，其方向、强度、波形均产生变化，这种变化取决于两种介质的特性阻抗和入射波的方向。先分垂直入射和倾斜入射两种情况来讨论。

1. 垂直入射

（1）单一的平面界面

声压为 p_0 的一平面波，从特征阻抗 Z_1 的第一介质垂直入射到特征阻抗为 Z_2 的第二介质（两介质交界面为光滑平面界面），将产生一个与入射波方向相反的反射波和一个与入射波方向相同的透射波。如图 6-15 所示。

在界面上，用反射波声压 p_r 与入射波声压 p_0 的比值表示声压反射率 R_r，即：

$$R_{r}=\frac{p_{r}}{p_{0}}$$

用透射波声压 p_{d} 与入射波声压 p_{0} 的比值表示声压透射率 R_{d}，即：

$$R_{d}=\frac{p_{d}}{p_{0}}$$

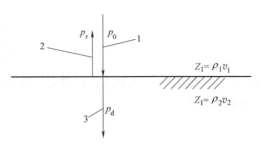

图 6-15　垂直入射单一界面情况
1—入射波；2—反射波；3—透射波

平面界面两侧的声波应符合两个边界条件：

① 第一介质中的总声压 p_{1} 与第二介质中的总声压 p_{2} 相等，即：

$$p_{1}=p_{0}-p_{r}$$
$$p_{2}=p_{d}$$

② 第一介质中质点振动速度幅值 v_{a1} 与第二介质中质点振动速度幅值 v_{a2} 相等，即：

$$v_{a}=\frac{p}{\rho v}=\frac{p}{Z}$$

$$v_{a1}=\frac{p_{0}-p_{r}}{Z_{1}}$$

$$v_{a2}=\frac{p_{d}}{Z_{2}}$$

联立上述方程组可得到声压反射率和透射率：

$$\begin{cases} R_{r}=\dfrac{Z_{2}-Z_{1}}{Z_{2}+Z_{1}} \\ R_{d}=\dfrac{2Z_{2}}{Z_{2}+Z_{1}} \end{cases}$$

由上式可以看出：

① 若 $Z_{1}=Z_{2}$，则 $R_{r}=0$，$R_{d}=1$，这时声波全部从第一介质透射入第二介质，对声波来说，两种介质如同一种介质一样；

② 若 $Z_{1}\gg Z_{2}$，则 $R_{r}\rightarrow-1$，声波在界面上几乎全部反射，透射极少；

③ 若 $Z_{1}\ll Z_{2}$，则 $R_{r}\rightarrow1$，声波也几乎全部反射，且反射率为负，表示反射波与入射波反相（相差 $180°$）。

为直观起见，现以混凝土与水界面为例，计算 R_{r} 和 R_{d}。

当平面波从混凝土入射到混凝土与水的交接面时，Z_{1}（混凝土）$=108\times10^{4}\,g/(cm^{2}\cdot s)$，$Z_{2}$（水）$=14.8\times10^{4}\,g/(cm^{2}\cdot s)$，于是：

$$\begin{cases} R_{r}=\dfrac{14.8-108}{14.8+108}=-0.76 \\ R_{d}=\dfrac{2\times14.8}{14.8+108}=0.24 \end{cases}$$

反射声压为入射波声压的 76%，负号表示反射波与入射波反相，即假如在某一时刻界面上入射波声压到正的极大值，则反射波在同一时刻达到负的极大值；透射波声压为入射波声压的 24%。

至于在界面上声强的变化，另以声强反射系数 α 和声强透射系数 β 来描述，且定义：

$$\begin{cases} \alpha = \dfrac{J_r}{J_0} \\ \beta = \dfrac{J_d}{J_0} \end{cases}$$

式中　J_0、J_r、J_d——入射波、反射波、透射波的声强。

可以推导出：

$$\begin{cases} \alpha = \dfrac{(Z_2 - Z_1)^2}{(Z_1 + Z_2)^2} \\ \beta = \dfrac{4Z_1 Z_2}{(Z_1 + Z_2)^2} \end{cases}$$

从上式可看出：

① 若 $Z_1 = Z_2$，$\alpha = 0$，$\beta = 1$，声波能量全部透射；

② 若 $Z_1 \gg Z_2$ 或 $Z_1 \ll Z_2$，则 $\alpha \to 1$，$\beta \to 0$，即当两种介质声阻抗相差悬殊时，声波能量在界面绝大部分被反射，难于进入第二种介质；

③ $\alpha + \beta = 1$，这符合能量守恒定律。

（2）异质薄层的反射与透射

当声波在一种介质中传播时，有时会遇到第二种介质的薄层，如混凝土裂缝就是这种情况。这种情况下声波将产生多次反射与透射，情况要更复杂一些。

图 6-16　声波通过薄层的反射与透射

图 6-16 中，声阻抗率为 Z_1，Z_3 的介质，中间夹有声阻抗率为 Z_2 的薄层，Ⅰ、Ⅱ 为薄层的上下两界面。

声波 p_0 入射到 Ⅰ 界面时，将产生声压为 p_{r1} 的反射波、声压为 p_{d1} 的透射波；p_{d1} 透射波穿过薄层到达 Ⅱ 界面，产生声压为 p_{r2} 的反射波、声压为 p_{d2} 的透射波；p_{r2} 反射波又回到 Ⅰ 界面，产生声压为 p_{r3} 的发射波、声压为 p_{d3} 的透射波；p_{r3} 反射波回到 Ⅱ 界面，又会产生 p_{r4} 反射波与 p_{d4} 透射波。如此反复，一系列的波互相叠加，使得计算很复杂。

平面波在夹层中的反射率与透射率可按下式计算：

$$\begin{cases} R_d = \dfrac{1}{\sqrt{1 + \dfrac{1}{4}\left(n - \dfrac{1}{n}\right)^2 \sin^2 \dfrac{2\pi d}{\lambda}}} \\ R_r = \sqrt{\dfrac{\dfrac{1}{4}\left(n - \dfrac{1}{n}\right)^2 \sin^2 \dfrac{2\pi d}{\lambda}}{1 + \dfrac{1}{4}\left(n - \dfrac{1}{n}\right)^2 \sin^2 \dfrac{2\pi d}{\lambda}}} \end{cases}$$

式中　n——两种介质的声阻抗率之比，$n=\dfrac{Z_1}{Z_2}$；

　　　d——薄层厚度；

　　　λ——声波在薄层中的波长。

从式中可以看出：

① 薄层厚度越小，透射率越高、反射率越低；

② 薄层声阻抗率越小（如空气远小于水），透射率越低、反射率越高；

③ 声波频率越高，透射率越低、反射率越高。

所以，为了发现混凝土中的细微裂缝，应采用频率较高的超声波进行检测。

2. 倾斜入射

当声波在一种介质中倾斜入射到另一种介质界面时，将产生方向、角度及波形的变化。声波在界面上方向和角度的变化也服从反射定律与折射定律，如图 6-17 所示。

图 6-17　不同界面上声波的反射与折射

（a）流体界面上声波的反射与折射；（b）固体界面上声波的反射与透射

反射定律：声波从一种介质（$Z_1=\rho_1 v_1$）传播到另一种介质（$Z_2=\rho_2 v_2$）时，在界面上有一部分能量被界面反射，形成反射波。入射波波线及反射波波线与界面法线的夹角分别为入射角和反射角，入射角 i 的正弦与反射角 β 的正弦之比，等于波速之比，即

$$\frac{\sin i}{\sin \beta}=\frac{v_1}{v_2}$$

当入射波和反射波的波型相同时，$v_1=v_2$，所以

$$i=\beta$$

折射定律：声波的部分能量将透过界面形成折射波，折射波线与界面法线的夹角为折射角。入射角 i 的正弦与折射角 θ 的正弦之比，等于入射波在第一种介质中的波速 v_1 与折射波在第二种介质中的波速 v_2 之比，即

$$\frac{\sin i}{\sin \theta}=\frac{v_1}{v_2}$$

由于流体介质只有纵波传出，所以以上情况只能在流体介质的分界面看到，如图 6-17（a）所示。

在固体介质的分界面的情况则复杂一些。当一种波（例如纵波）入射到固体分界面时，波形将发生变化，分离为反射纵波、反射横波、折射纵波和折射横波，各波的传播方

向（即反射角与折射角）也各不相同，如图 6-17（b）所示，波的传播方向也符合反射定律和折射定律，其数学表达式为：

$$\frac{v_{1p}}{\sin i_p}=\frac{v_{1p}}{\sin\beta_p}=\frac{v_{1s}}{\sin\beta_s}=\frac{v_{2p}}{\sin\theta_p}=\frac{v_{2s}}{\sin\theta_s}$$

式中　i_p、β_p、θ_p——分别为纵波的入射角、反射角和折射角；

$\qquad\beta_s$、θ_s——分别为横波的反射角和折射角；

$\qquad v_{1p}$、v_{1s}——分别为纵波和横波在第一介质中的声速；

$\qquad v_{2p}$、v_{2s}——分别为纵波和横波在第二介质中的声速。

如果入射波是纵波，且 $v_{1p}<v_{2p}$，$\theta_p>i_p$。当 i_p 增大，θ_p 也增大，当 $\theta_p=90°$ 时，此时的入射角叫第一临界角，用符号 i_1 表示。显然，当入射角大于第一临界角时，在第二介质中将只存在横波。这是一种获得横波的方法。

第一临界角为：

$$i_1=\sin^{-1}\frac{v_{1p}}{v_{2p}}$$

当 $\theta_s=90°$ 时，此时的入射角叫第二临界角，用符号 i_2 表示，则

$$i_2=\sin^{-1}\frac{v_{1p}}{v_{2s}}$$

6.2.9　声波在传播过程中的衰减

声波在介质中传播的过程中，其振幅随传播距离的增大而逐渐减小的现象称为衰减。声波衰减的大小及变化不仅取决于所使用的超声波频率及传播距离，还取决于被检测材料的内部结构及性能。因此研究声波在介质中的衰减情况将有助于探测介质的内部结构及性能。

固体材料中声波衰减主要有以下几个方面的原因：

（1）吸收衰减：声波在介质中传播时，部分机械能被介质转换成其他形式的能量（如热能）而散失，这种衰减现象称为吸收衰减。声波被介质吸收的机理是比较复杂的，它涉及介质的黏滞性、热传导及各种弛豫过程。

（2）散射衰减：声波在一种介质中传播时，因碰到另一种介质组成的障碍物而向不同方向产生散射，从而导致声波减弱（即声传播的定向性减弱）的现象称为散射衰减。

散射衰减也是一个复杂的问题，它既与介质的性质、状况有关，又与障碍物的性质、形状、尺寸及数量有关。

通常认为：当障碍物尺寸远小于波长时，散射衰减系数与频率的四次方成正比；当障碍物尺寸与波长相近时，散射衰减系数与频率平方成正比。

如在混凝土中，一方面其中的粗骨料构成许多声学界面，使声波在这些界面上产生多次反射、折射和波形转换；另一方面微小颗粒在超声波的作用下产生新的振源，向四周发射声波，使声波能量的扩散到最大。

（3）扩散衰减：声波发射器发出的超声波波束都有一定的扩散角。波束的扩散，导致能量的逐渐分散，从而使单位面积的能量随传播距离的增加而减弱。

对于混凝土而言，强度高的混凝土声波衰减系数小，相对接收波幅大；强度低或存在缺陷的混凝土的衰减系数大，相对接收波幅小。当混凝土质量差或存在缺陷时接收到的声

信号中高频已损失，频率变低。

6.2.10 超声波检测混凝土质量的意义及特点

1. 超声波检测混凝土质量的意义

混凝土为当今建筑材料中应用最广泛、使用量最大的一种材料。它是由胶结料、细骨料和粗骨料及外加剂，通过一定比例配合，经过搅拌、运输、浇灌、振捣、养护等一系列工序制作而成的人工石材，它的质量不仅直接受材料品种和质量的影响，同时还受到各个施工环节的影响。作为混凝土胶结料的水泥，其质量除了受水泥生产工艺的影响外，还受施工现场的堆放条件、储存时间的影响；作为粗、细骨料的石子和砂子，大多数情况是就地取材，随来随用，其产地、材料、规格、含泥（粉）量、含水率等都在经常变化。就是说直接影响混凝土质量的材料本身存在许多不确定性因素，再加上各个施工环节，管理稍有疏忽，就有可能产生质量问题。还有，建筑物在使用过程中，由于受环境侵蚀（物理的或化学的）或使用条件所造成的损害，也会产生质量问题。

由此可见，结构混凝土在施工和使用过程中，都有可能出现这样或那样的问题。一旦有了问题，人们总希望通过科学手段，对混凝土进行质量检测，查清混凝土的实际质量情况。通过检测如确有质量问题，应进一步弄清楚混凝土的强度是多少，裂缝或不密实等缺陷的具体情况，以便进行合理的处理。

对于结构混凝土的质量检测，虽然包括的内容不少，但主要检测的项目是混凝土强度和内部缺陷。结构混凝土强度检测，目前虽有回弹法、钻芯法、拔出法等，这些方法只能单纯地检测混凝土强度，不能反映其缺陷情况。而超声波既可以检测混凝土强度同时又可以发现或专门检测内部缺陷情况；用超声波和回弹仪综合检测混凝土强度，它用多个参数，内外结合，能更全面地反映混凝土强度质量；有时结构或构件的表面不能进行回弹、钻芯和拔出等检测时，超声波就更显示它的优越性了。对于混凝土缺陷检测，虽然还有 X 射线、γ 射线、中子流及红外线、雷达扫描等方法，但这些方法穿透能力有限，尤其对非匀质的混凝土，其穿透深度受到很大限制，而且那些射线设备相当复杂和昂贵，又需要严格的防护措施，现场应用很不方便。超声波的穿透能力强，尤其用于混凝土检测，这一特点更为突出，而且超声波检测设备简单、操作方便，所以被广泛用于混凝土缺陷检测。

2. 混凝土超声波检测中应用的超声波

声波在介质中传播时，声源持续发射声波，使介质中各质点均做连续不断的振动，这种波称为连续波；如果介质中各质点的振动是同频率的谐振动，则称为连续余弦波。

如果声源间歇地发射一组组声波，介质中各质点作间歇的脉冲振动，这种波称为脉冲波。

（1）脉冲声波的特点

在混凝土的无损检测中，常用的是脉冲声波（又称声脉冲），这种脉冲声波有两大特点：

① 每次发射的持续时间短，重复间断发射，这种重复发射的频率（每秒钟发射脉冲的次数）称为声脉冲的重复频率，一般的声波仪为 50Hz 或 100Hz。而脉冲声波本身的频率取决于压电晶体的特性，它表示声波每秒振荡的次数，称为声波频率。

虽然脉冲波与连续波不同，但单一界面的反射率和透过率公式仍适用。至于异质薄层的反射率和透射率公式只有在异质薄层相对于脉冲宽度很窄（比如裂隙），脉冲波近似于连续波时才适用。

② 声脉冲经频谱分析后，具有众多的频率成分，因此声脉冲是一种复频波（多种频率成分的余弦波叠加而成的声波），其主频就是声波换能器的标称频率。

（2）脉冲声波在介质中的传播的特征

脉冲声波的上述特点决定了它在介质中的传播比单频连续波复杂得多。

① 声波在介质中的频散现象造成声脉冲的畸变。不同频率的余弦波在介质中传播时，具有不同的传播速度。一般高频快、低频慢，这种现象称为频散。

频散现象必然导致声脉冲在介质中传播时，与传播距离俱增的畸变，如图 6-18 所示。

② 声波在介质中的"频漂"引起声脉冲的畸变。

声脉冲在介质中传播时，由于各种频率成分的衰减量不同，频率高的成分比频率低的成分衰减大，因此脉冲频谱将发生变化，主频将向低频端漂移，造成声脉冲波形的畸变，如图 6-18 所示，这种现象称为"频漂"。

声脉冲主频的漂移程度，也是介质对声波衰减作用的一个表征。

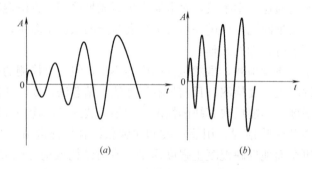

图 6-18　声脉冲在介质中传播时的畸变
(*a*) 声波发射信号；(*b*) 经介质传播后的畸变信号

3. 混凝土超声波检测的特点

前面关于声学原理的论述，大多是以各向同性的均匀弹性介质为基础的，而实际的工程材料大多为非均匀介质。比如混凝土实际上是一种黏弹塑性材料（其力学模型如图6-19所示）。

在混凝土的声学检测中，我们的研究对象混凝土实际上是一种集结型复合材料，是多相复合体系，其内部存在着广泛分布的复杂界面，例如砂浆与粗骨料之间的界面、砂浆和粗骨料与气孔或微裂缝之间的界面，各种缺陷（裂缝、孔洞、不密实区等）所形成的界面。因此，声波在混凝土中的传播状况要比在均匀介质中的传播复杂得多。如图 6-20 所示。

根据超声波的性质和混凝土的上述特征，决定了超声波在混凝土中传播的如下特点：

（1）只能采用低频超声波

由于混凝土中存在广泛的异质界面，因此，超声波传播过程中，其散射损失是十分明显的，尤其是高频成分散射更严重。如果把混凝土中的骨料视为分散在水泥砂浆中的球状障碍物，这种散射功率的大小与声波频率的平方成正比。

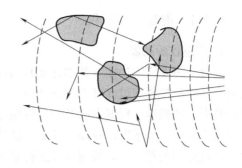

图 6-19　混凝土材料的力学模型　　　图 6-20　声波在混凝土中的传播状态示意图

为了使声波在混凝土中的传播距离增大，往往采用比金属材料探伤中所采用的频率低得多的声波。一般都采用 $20\sim300kHz$（测强用 $50\sim100kHz$）的低频超声波。

（2）射出的超声波指向性差

混凝土中声束的指向性较差的原因主要有两个方面：

① 使用的声波频率较低，波长较长（$\lambda=40\sim90mm$），而且发射换能器的直径较小（$D=30\sim40mm$），故波束的扩散角较大，近似于球面波。

② 混凝土内存在众多的声学界面导致出现许多反射波和折射波，虽然这些波的声强比入射波低，但由于数量众多，而且彼此相互干涉和叠加，因而造成较大的漫射声能。

（3）超声波传播路径复杂

波线往往因界面反射和折射而曲折，因此，当声波在混凝土中遇到较大缺陷时，并非直线传播。

（4）接收到的信号十分复杂

混凝土中，在声场所及的空间内的任何一点，都存在着一次声波（即入射声波）及二次声波（即反射声波、折射声波和波形转换后的横波）。换能器的接收信号是一次声波和二次声波的叠加。所以直接穿越的一次声波所走的距离较短，首先到达接收换能器，但由于衰减作用往往波幅较低。二次波经多次反射，所走距离较长，其中横波波速较慢，它到达的时间要比一次波滞后，但由于相互的叠加，使接收信号变大，而且使波形畸变。正确地认识这一现象，对于波形分析以及声波传播时间的精确测量均是有益的。

声波在混凝土中的传播过程是非常复杂的，混凝土内部的缺陷、粗骨料与水泥砂浆构成的声学界面的数量和空间分布也是随机的、多样性的，很难找到合适的力学模型去模拟。因此，对声波在混凝土中传播机理的把握目前只停留在定性的水平上。但是，了解声波在混凝土中的传播特点，是用声波进行混凝土质量检测的基础。

6.3　仪器设备

混凝土声波检测设备主要包含了声波仪和换能器两大部分。用于混凝土检测的声波频率一般在 $20\sim250kHz$ 范围内，属超声频段，因此，通常也可称为混凝土的超声波检测，相应的仪器也叫超声仪。

6.3.1 混凝土声波仪

1. 声波仪的功能

混凝土声波仪的功能（基本任务），是向待测的结构混凝土发射声波脉冲，使其穿过混凝土，然后接收穿过混凝土的脉冲信号。仪器显示声脉冲穿过混凝土所需时间、接收信号的波形、波幅等。根据声脉冲穿越混凝土的时间（声时）和距离（声程），可计算声波在混凝土中的传播速度；波幅可反映声脉冲在混凝土中的能量衰减状况，根据所显示的波形，经过适当处理后可对被测信号进行频谱分析。

常见声波仪如图 6-21 所示。

图 6-21　RSM-SY8 系列声波仪

2. 混凝土声波仪的发展概况

混凝土超声波检测仪器的开发和研制，从 20 世纪 60 年代末以来国内一些单位先后研制并批量生产的非金属超声波检测仪很多，如电子管式（CTS-10）；中小规模集成电路的单数字显示（JC 2）、示波数字双显示（SYC-2、SC-2、CTS-25）；数字式（CTS-35、2000A 等）；智能式（RSM-SY5、RSM-SY6、NM 系列、RS-ST01C 等）、多跨孔声波自动循测仪（RSM-SY7）。其中特别是 RSM-SY7 系列声波仪开创了四通道自发自收基桩剖面全组合的超声波检测方式，一次最多能检测四管六个剖面，大大提升了检测效率。短短十年间，智能型数字声波检测仪的发展经历了从单发单收（双收）人工采集、单发双收自动采集、多发多收全自动采集这三个阶段。2015 年，更是诞生了 RSM-SY8 基桩超声波 CT 成像测试仪，一次完成整桩全剖面平测及全剖面斜测并配备专业基桩三维 CT 成像软件，可对测试结果生成各类三维动态图，将混凝土超声检测仪在非金属领域的应用推向了一个新的高度。

超声波换能器的研制开发也很快，从单一的平面式窄频带的纵波换能器发展到能适应不同测试需要的多种类型换能器，如多种频率的平面振动式纵波、横波换能器、宽频带换能器和孔中测试的径向振动式换能器等。

3. 混凝土声波仪的组成与特点

目前国内检测机构使用较多的是智能型声波仪，但也有少量的模拟式声波仪仍在工程检测中使用。

下面我们将介绍模拟式声波仪和数字式声波仪的组成与特点。

（1）模拟式超声检测仪

组成主要为：

① 同步分频部分：产生同步信号来协调和统一声波仪各部分的工作；

② 发射部分：用周期脉冲作为触发脉冲去激励发射换能器的机械振动，产生声波脉

冲进入被测混凝土；

③ 接收部分：穿过混凝土的超声脉冲由接收换能器接收，转变为电脉冲信号并经过衰减放大网络，送到示波器；

④ 扫描示波部分：示波器显示接收电脉冲信号；

⑤ 显示部分：用手动游标测读超声脉冲的传播时间（从发射时刻到信号首波到达时刻），并显示计数时间；

⑥ 电源部分：220V 交流电或 12V 直流供电。

其主要特点有：

① 接收和显示的信号是模拟信号，不能保存；

② 用示波器显示波形，用数码管显示数字；

③ 用游标手动判读首波到达时间，用数码管显示声时；

④ 波幅测试只能用衰减器的量值反映，屏幕信号不能量化；

⑤ 频率测试只能由时域波形的周期进行推算；

⑥ 现场测试工作量大，人工读数、人工记录，效率低；

⑦ 后期数据处理工作繁琐，数据录入工作量大。

（2）数字式声波仪

随着工程检测实践需求的不断提高和深入，大量的数据、信息需要在检测现场作及时处理、分析，以便充分运用波形所带来的被测构件内部的各种信息，对被测混凝土结构的质量做出更全面、更可靠的判断，使现场检测工作做到既全面、细致，又能突出重点。在电子技术和计算机技术高速发展的背景下，智能型声波仪应运而生。智能型声波仪实现了数据的高速采集和传输，大容量存储和处理，高速运算，配置了多种应用软件，大大提高了检测工作效率，在一定程度上实现了检测过程的信息化。

基本组成：

数字式声波仪一般由计算机、高压发射与控制、程控放大与衰减、A/D 转换与采集四大部分组成。高压发射电路受主机同步信号控制，产生受控高压脉冲激励发射换能器，电声转换为超声脉冲传入被测介质，接收换能器接收到穿过被测介质的超声信号后转换为电信号，经程控放大与衰减对信号作自动调整，将接收信号调节到最佳电平，输送给高速 A/D 采集板，经 A/D 转换后的数字信号以 DMA 方式送入计算机，进行各种信息处理。

其主要特点有：

① 数字化信号便于存储、传输和重现。

② 数字化信号便于进行各种数字处理，如频域分析、平滑、滤波、积分、微分。

③ 可用计算机软件自动进行各种信息处理，获得声速—深度、波幅—深度、频率—深度、PSD—深度曲线等。

④ 计算机可完成大量的数据、信息处理工作。明显提高了检测工作效率。

4. 声波透射法检测对声波仪的要求（依据 JGJ 106）

（1）实时显示和记录接收信号时程曲线以及频率测量或频谱分析；

（2）最小采样时间间隔应小于等于 $0.5\mu s$，系统频带宽度应为 $1\sim200kHz$，声波幅值测量相对误差应小于 5%，系统最大动态范围不得小于 100dB；

（3）声波发射脉冲应为阶跃或矩形脉冲，电压幅值应为 $200\sim1000V$；

（4）首波实时显示；

（5）自动记录声波发射与接收换能器位置。

5. 声波仪的校验与维护

（1）声波仪的校验

仪器的各项技术指标应在出厂前用专门仪器进行性能检测，购买仪器后，在使用期内应定期（一般为一年）送计量检定部门进行计量检定（或校准）。即使仪器在检定周期内，在日常检测中也应对仪器性能进行校验。

下面介绍声波仪器声时检测系统校验的方法。

用声波仪测定的空气声速与空气标准声速进行比较的方法来对声波仪的声时检测系统进行校验，其具体步骤如下：

① 取常用的厚度振动式换能器一对，接于声波仪器上，将两个换能器的辐射面相互对准，以间距为 50mm、100mm、150mm、200mm…，依次放置在空气中，在保持首波幅度一致的条件下，读取该间距所对应的声时值 t_1、t_2、t_3、…t_n。同时测量空气的温度 T_k（读至 $0.5℃$），如图 6-22 所示。

测量时应注意下列事项：

——两换能器间距的测量误差应不大于 $±0.5\%$。

——换能器宜悬空相对放置。若置于地板或桌面时，应在换能器下面垫以海绵或泡沫塑料并保持两个换能器的轴线重合及辐射面相互平行。

——测数点应不少于 10 个。

② 空气声速测量值计算：以测距 l 为纵坐标，以声时读数 t 为横坐标，绘制"时—距"坐标图（如图 6-23 所示），再用回归分析方法求出 l 与 t 之间的回归直线方程：

$$l = a + bt$$

式中　a、b——待求的回归系数。

坐标图中直线 AB 的斜率 "$\Delta l/\Delta t$" 或回归直线方程的回归系数 b 即为空气声速的实测值 v_s（精确至 $0.1m/s$）。

**图 6-22　声波仪声时检测系统
校验换能器悬挂装置示意图**

1—定滑轮；2—螺栓；3—刻度尺；4—支架

图 6-23　测空气声速的"时-距"图

③ 空气声速的标准值应按下式计算：

$$v^c = 331.4 \times \sqrt{1 + 0.00367 \times T_k}$$

式中　v^c——空气声速的标准值（m/s）；

　　　T_k——空气的温度（℃）。

④ 空气声速实测值 v^s 与空气声速标准值 v^c 之间的相对误差 e_r，应按下式计算：

$$e_r = (v^c - v^s) / v^c \times 100\%$$

通过上式计算的相对误差 e_r 应不大于 ±0.5%，否则仪器计时系统不正常。

下面介绍声波仪器波幅测试系统校验的方法。

仪器波幅检测准确性的校验方法较简单。将屏幕显示的首波幅度调至一定高度，然后把仪器衰减系统的衰减量增加或减小 6dB，此时屏幕波幅高度应降低一半或升高一倍。如果波幅高度变化不符，表示仪器衰减系统不正确或者波幅计量系统有误差，但要注意，在测试时，波幅变化过程中不能超屏。

（2）声波仪的维护与保养

① 使用前务必了解仪器设备的使用特性，仔细阅读仪器使用说明书，需对整个仪器的使用规定有全面的了解后再开机使用。

② 注意使用环境，在潮湿、烈日、尘埃较多等不利环境中使用时应采取相应的保护措施。

③ 仪器使用的电源要稳定，并尽可能避开干扰源（电焊机、电锯、电台及其他强电磁场）。

④ 仪器发射端口有脉冲高压，接、拔发射换能器时应将发射电压调至零伏或关机后进行。

⑤ 仪器的环境温度不能太高，以免元件变质、老化、损坏，一般半导体元件及集成电路组装的仪器，使用环境温度为 -10~40℃。

⑥ 连续使用时间不宜过长。

⑦ 保持仪器清洁，以免短路，清理时可用压缩空气或干净的毛刷。

⑧ 仪器应存放在干燥、通风、阴凉的环境中保存，若长期不用，应定期开机驱潮。

⑨ 仪器发生故障时，应由专业技术人员维修或与生产厂家联系维修。

6.3.2　声波换能器

1. 声波换能器的功能

运用声波检测混凝土，首先要解决的问题是如何产生声波以及接收经混凝土传播后的声波，然后进行测量。解决这类问题通常采用能量转换方法：首先将电能转化为声波能量，向被测介质（混凝土）发射声波，当声波经混凝土传播后，为了度量声波的各声学参数，又将声能量转化为最容易量测的量——电量，这种实现电能与声能相互转换的装置称为换能器。

换能器依据其能量转换方向的不同，又分为发射换能器和接收换能器：

发射换能器——实现电能向声能的转换；

接收换能器——实现声能向电能的转换。

发射换能器和接收换能器的基本构成是相同的，一般情况下，可以互换使用，但有的接收换能器为了增加测试系统的接收灵敏度而增设了前置放大器，这时，收、发换能器就不能互换使用。

2. 声波换能器的工作原理

实现电声能量转换的方式有多种，如电磁法、静电法、磁致伸缩法及压电伸缩法等。在声波检测中，由于要求换能装置具有较高的频率，稳定一致的工作状态和不大的体积，一般都采用压电伸缩法，即压电式换能器。

压电体与压电效应：对某些不显电性的电介质（某些晶体或多晶陶瓷）施加作用力，介质产生应变，引起介质内部正负电荷中心发生相对位移而极化，导致介质两端出现符号相反的束缚电荷，介质内出现电场，其电荷密度与应力成正比；当作用力反向时，电荷亦改变符号，这种现象称为正电压效应；另一方面，如将具有压电效应的介质置于电场中，由于电场作用，引起介质内部正负电荷中心发生位移，这种位移在宏观上表现为在介质内产生了应变，这种应变与电场强度成正比；如果电场反向，应变也反向。这种现象称为反压电效应（又称电压效应）。

有两种压电效应是很常用的，一种是形变的方向与电场的方向重合，这种压电效应称为纵向压电效应；另一种是形变的方向与电场方向相垂直，称为横向压电效应。如图6-24所示。

图6-24 压电体的纵向压电效应和横向压电效应

(*a*) 纵向压电效应；(*b*) 纵向反压电效应；(*c*) 横向压电效应；(*d*) 横向反压电效应

根据反压电效应可知，若在压电体上加一突变的脉冲电压，则压电体产生相应的突然激烈变形，从而激发压电体的自振而发出一组声波，这就是发射换能器的基本原理。反之，根据压电效应，若压电体与一具有声振动的物体接触，则因物体的振动而使压电体被交变地压缩或拉伸，因而压电体输出一个与声波频率相应的交变电信号，这就是接收换能器的基本原理。

3. 换能器的构造

在混凝土灌注桩跨孔超声波检测中，采用的是径向换能器。径向换能器是利用压电陶瓷（圆片、圆环或球体）的径向振动模式来产生和接收声波，其辐射面是曲面。这类换能器通常被置于结构物的钻孔或导管中进行检测。混凝土灌注桩的跨孔声波透射法检测也是采用径向换能器。目前常用的径向换能器有增压式、圆环式以及一发双收式等。

（1）增压式换能器

增压式换能器在一薄壁金属圆管内侧紧贴若干等距离排列的压电陶瓷圆片。根据需要，各压电片相互之间用串联、并联或串并联混合等方式联结。当激励电脉冲加在各压电片上时，各圆片同时作径向振动。单片的压电片换能效率低，但增压式换能器的这种结构可以提高换能效率。这是因为整个圆管表面所承受到的声压合力加到圆片周边，使圆片周边所受到的声压提高，故名增压式。反过来，在电脉冲激励下，各压电片作径向振动，共同工作，并将振动传给金属圆管，它比单片陶瓷片的发射效率高。为了使金属管能将所承受的声压合力尽可能多地传到陶瓷片上，特将金属管剖成 2 片或 4 片，再粘结起来。整个换能器连同联接电缆用聚氨酯树脂或橡胶密封，以满足水下使用的要求。如图 6-25 所示。

（2）圆环式径向换能器

圆环式径向换能器是采用圆环式压电陶瓷片代替普通圆片式压电陶瓷制作的径向换能器。由于圆环压电陶瓷片比普通的压电陶瓷圆片具有更高的径向灵敏度。这样就不必采用多片连接的方式，从而减少了换能器的外径和工作长度，有利于换能器在声测管中的移动，也减小了声测管的尺寸，降低了检测成本。而且这类换能器的接收换能器设置了前置放大器，将接收信号在没有干扰信号进入前进行放大，提高了测试系统的信噪比和接收灵敏度，增强了高频换能器在大测距检测时的适用性。如图 6-26 所示。

图 6-25　增压式换能器

(a) 圆柱形增压式换能器的结构示意图；(b) 增压式换能器的简化模型

1—下法兰盘；2—增压管；3—压电陶瓷；4—电极引出线；5—密封层；6—上法兰盘；7—电缆；

a—压电圆片的半径；t—压电圆片的厚度；t'—金属薄片的壁厚；l—压电圆片的间隙

（3）一发双收换能器

上述的径向换能器是发、收分开，分置于两个钻孔中作穿透测量（又称跨孔换能器）。所测的部分是钻孔或导管间混凝土的质量情况。一发双收换能器则将发、收振子置于同一孔中，所探测的部分是沿钻孔周围垂直方向混凝土质量情况。又称这种换能器为单孔换能器。

一发双收换能器的原理如图 6-27 所示。以压电陶瓷圆环做成的发射振子发出一束超声波，其半扩散角为 θ_0，θ_0 角的大小与圆环高度 h 有关。选择适当 h 的圆环，使 θ_0 大于水/混凝土界面第一临界角 i_1（$i_1 = \sin^{-1} \dfrac{v_w}{v_c}$），其中，$v_w$、$v_c$ 分别是水和混凝土的纵波声

图 6-26 圆环式径向换能器原理及构造

(*a*) 薄圆环径向振动；(*b*) 圆环式径向换能器构造

1—引出电缆；2—压电圆环；3—下锥体；4—扶正器；5—前置放大器

速。当 $\theta_0 > i_1$ 时，将有一束声波经水中以临界角射入混凝土。由于其折射角为 $90°$，故该波沿孔壁滑行，称为滑行波。同样，根据惠更斯原理，介质中每一点都是新的波源，于是孔壁滑行波又将有声波束射回钻孔，被接收振子 S_1、S_2 所接收（S_1、S_2 也是由压电陶瓷圆环制作）。

振子 F 与 S_1、S_2 之间的距离可设计得使沿孔壁传播的滑行波比经由水中传播的直达波先到达 S_1 和 S_2（水的声速小于混凝土声速），同时，振子 F 与 S_1、S_2 之间联系又采用隔声橡胶或窗格状的尼龙制作，以隔断或延迟由联系物传播的直达波。声波仪测读最先到达的波，就是沿孔壁传播的滑行波。同时，由于 F、S_1、S_2 处在孔中相似位置，所以超声波在水中的 FA、BS_1、CS_2 各段的传播时间相等。这样，当分别测得超声波从 F 出发，到达 S_1 的时间 t_{FS1} 和到达 S_2 的时间 t_{FS2}，则孔壁 BC 段混凝土的声速即可按下式计算：

图 6-27 一发双收换能器工作原理

F—发射振子；S_1、S_2—接收振子

$$v = \frac{\Delta l}{t_{FS2} - t_{FS1}}$$

式中 Δl——两接收振子间的距离。

在制作时，一发双收换能器已将发射、接收振子固定在一根棒上的不同位置，Δl 值已固定，分别引出三根电缆线，为发射、接收1、接收2，如图 6-28 所示。具有双通道接收的声波仪可以同时显示测读两个接收波；单通道的声波仪则逐一测读这两个接收波。沿孔壁逐段测读，即可得出距孔壁面一定深度（约为1个波长）的混凝土的声速值。据此可推断沿钻孔垂直方向混凝土的质量。

4. 换能器的技术要求

用于混凝土灌注桩声波透射法检测的换能器应符合下列要求：

图 6-28　一发双收换能器

1—引出电缆；2—发射振子；3—联结体；4—接收振子 1；5—接收振子 2

（1）圆柱状径向振动：沿径向（水平方向）无指向性。

（2）径向换能器的谐振频率宜采用 30～60kHz、有效工作面轴向长度不大于 150mm。当接收信号较弱时，宜选用带前置放大器的接收换能器。

换能器的谐振频率越高，对缺陷的分辨率越高，但高频声波在介质中衰减快，有效测距变小。选配换能器时，在保证有一定的接收灵敏度的前提下，原则上尽可能选择较高频率的换能器。提高换能器谐振频率，可使其外径减少到 30mm 以下，有利于换能器在声测管中升降顺畅或减小声测管直径。但因声波发射频率的提高，将使声波穿透能力下降。所以，用 30～60kHz 谐振频率范围的换能器，在混凝土中产生的声波波长约 8～15cm，能探测的缺陷尺度约在分米量级。当测距较大接收信号较弱时，宜选用带前置放大器的接收换能器，也可采用低频换能器，提高接收信号的幅度，但后者要以牺牲分辨率为代价。

应根据测距大小和被测介质（混凝土）质量的好坏来选择合适频率的换能器。低频声波衰减慢，在介质中传播距离远，但对缺陷的敏感性和分辨率低；高频声波衰减快，在介质中传播距离短，但对缺陷的敏感性和分辨率高。一般在保证具有一定接收信号幅度的前提下，尽量使用较高频率的换能器，以提高声波对小缺陷的敏感性。使用带前置放大器的接收换能器可提高测试系统的信噪比和接收灵敏度，此时可选用较高频率的换能器。

声波换能器有效工作面长度是指起到换能作用的部分的实际轴向尺寸，该尺寸过大将夸大缺陷实际尺寸并影响测试结果。

（3）换能器的实测主频与标称频率相差应不大于 ±10%，对用于水中的换能器，其水密性应在 1MPa 水压下不渗漏。

换能器的实测频率与标称频率应尽可能一致。实际频率差异过大易使信号鉴别和数据对比造成混乱。

桩中的声波检测一般以水作为耦合剂，换能器在 1MPa 水压下不渗水也就是在 100m 水深能正常工作，这可以满足一般的工程桩检测要求。对于超长桩，宜考虑更高的水密性指标。

5. 换能器的使用与维护

（1）换能器的耦合

耦合的目的是一方面使尽可能多的声波能量进入被测介质中，另一方面又能使经介质传播的声波信号尽可能多地被测试系统接收。从而提高测试系统的工作效率和精度。

混凝土灌注桩的声波检测一般采用水作为换能器与混凝土的耦合剂，应保证声测管中不含悬浮物（如泥浆、砂等），悬浮液中的固体颗粒对声波有较强的散射衰减，影响声幅的测试结果。

（2）换能器的维护与保养

① 目前使用的换能器大多以压电陶瓷作为压电体，因此换能器在使用时必须保证温度低于相应压电陶瓷的上居里点（表6-3）。

部分压电陶瓷换能器的使用温度 表 6-3

压电体名称	使用温度（℃）
钛酸钡	＜70
锆钛酸铅	＜250
酒石酸钾钠	＜40
石英	＜550

② 换能器内压电陶瓷易碎，粘结处易脱落，切忌敲击，现场使用时应避免摔打或践踏，不用时可用套筒防护保存。

③ 普通换能器不防水，不能在水中使用，水下径向换能器虽有防水层，但连接处常因扰动而损坏，使用中应注意连接处的水密性。

6.4 检测技术

6.4.1 声波透射法检测混凝土灌注桩的几种方式

按照声波换能器通道在桩体中不同的布置方式，声波透射法检测混凝土灌注桩可分为三种方式：桩内跨孔透射法、桩内单孔透射法和桩外孔透射法。

1. 桩内跨孔透射法

在桩内预埋两根或两根以上的声测管，把发射、接收换能器分别置于两管道中（如图6-29*a* 所示）。检测时声波由发射换能器出发穿透两管间混凝土后被接收换能器接收，实际有效检测范围为声波脉冲从发射换能器到接收换能器所扫过的面积。根据两换能器高程的变化又可分为平测、斜测、扇形扫测等方式。

当采用钻芯法检测大直径灌注桩桩身完整性时，可能有两个以上的钻芯孔。如果我们需要进一步了解两钻孔之间的桩身混凝土质量，也可以将钻芯孔作为发、收换能器通道进行跨孔透射法检测。

2. 桩内单孔透射法

在某些特殊情况下只有一个孔道可供检测使用，例如钻孔取芯后，我们需进一步了解芯样周围混凝土质量，作为钻芯检测的补充手段，这时可采用单孔检测法（如图6-29*b* 所示）。此时，换能器放置于一个孔中，换能器间用隔声材料隔离（或采用专用的一发双收换能器）。声波从发射换能器出发经耦合水进入孔壁混凝土表层，并沿混凝土表层滑行一段距离后，再经耦合水分别到达两个接收换能器上，从而测出声波沿孔壁混凝土传播时的各项声学参数。

单孔透射法检测时，由于声传播路径较跨孔法复杂得多，须采用信号分析技术，当孔道中有钢质套管时，由于钢管影响声波在孔壁混凝土中的绕行，故不能采用此方法。

单孔检测时，有效检测范围一般认为是一个波长左右（8～10cm）。

3. 桩外孔透射法

当桩的上部结构已施工或桩内没有换能器通道时，可在桩外紧贴桩边的土层中钻一个孔作为检测通道，由于声波在土中衰减很快，因此桩外孔应尽量靠近桩身。检测时在桩顶面放置一发射功率较大的平面换能器，接收换能器从桩外孔中自上而下慢慢放下，声波沿桩身混凝土向下传播，并穿过桩与孔之间的土层，通过孔中耦合水进入接收换能器，逐点测出透射声波的声学参数。当遇到断桩或夹层时，该处以下各点声时明显增大，波幅急剧下降，以此为判断依据，如图6-29（c）所示。这种方法受仪器发射功率的限制，可测桩长十分有限，且只能判断夹层、断桩、缩径等缺陷，另外灌注桩桩身剖面几何形状往往不规则，给测试和分析带来困难。

上述三种方法中，桩内跨孔透射法是一种较成熟可靠的方法，是声波透射法检测灌注桩混凝土质量最主要的形式，另外两种方式在检测过程的实施、数据的分析和判断上均存在不少困难，检测方法的实用性、检测结果的可靠性均较低。

基于上述原因，《建筑基桩检测技术规范》JGJ 106中关于声波透射法的适用范围为适用于已预埋声测管的混凝土灌注桩桩身完整性检测，即适用于桩内声波跨孔透射法检测桩身完整性。

但应注意，当桩径小于0.6m时，声测管的耦合误差使声时测试的相对误差增大，因此桩径小于0.6m时应慎用本方法。

同时当出现下列情况之一时，也不得采用声波透射法对整桩的桩身完整性进行评定：

（1）声测管未沿桩身通长配置；

（2）声测管堵塞导致检测数据不全；

（3）声测管埋设数量不符合规范要求的情况。

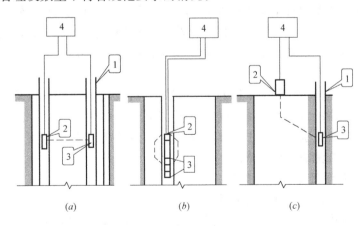

图6-29　灌注桩声波透射法检测方式示意图

（a）桩内双孔检测；（b）桩内单孔检测；（c）桩外孔检测

1—声测管；2—发射换能器；3—接收换能器；4—声波检测仪

6.4.2 关于用声波透射法测试声速来推定桩身混凝土强度的问题

由于混凝土声速与其强度有一定的相关性，通过建立专用"强度-声速"关系曲线来推定混凝土强度的方法广泛地应用于结构混凝土的声波检测中，但作为隐蔽工程的桩与上部结构有较大差别。

"强度—声速"关系曲线受混凝土配合比、骨料品种、硬化环境等多种因素的影响，上部结构混凝土的配合比和硬化环境我们可以较准确地模拟。而在桩中的混凝土由于重力、地下水等多种因素的影响而产生离析现象，导致桩身各个区段混凝土的实际配比产生变化，且这种变化情况无法预估，因而无法对"强度-声速"关系曲线作合理的修正。

另一方面，声测管的平行度也会对强度的推定产生很大影响，声测管在安装埋设过程中难以保证管间距离恒定不变，检测时，我们只能测量桩顶的两管间距，并用于计算各声测线（组成某一检测剖面的两声测管中声测线之间的连线，它的声学特征与其声场辐射区域的混凝土质量之间具有较显著的相关性，故《建筑基桩检测技术规范》采用"声测线"代替"测点"）的声速，这就必然造成声速检测值的偏差。

而"强度—声速"关系一般是幂函数或指数函数关系，声速的较小偏差所对应的强度偏差被指数放大了。所以即使在检测前已按桩内混凝土的设计配合比制定了专用"强度—声速"曲线，以实际检测声速来推定桩身混凝土强度仍有很大误差。

因此，规范在声波透射法的适用范围中，回避了桩身强度推定问题，只检测灌注桩桩身完整性，确定桩身缺陷位置、程度和范围。

6.4.3 混凝土声学参数与混凝土质量的关系

结构混凝土在施工过程中常因各种原因产生缺陷，尤其是混凝土灌注桩，由于施工难度大，工艺复杂，隐蔽性强，硬化环境及混凝土成型条件复杂，更易产生空洞、裂缝、夹杂局部疏松、缩径等各种桩身缺陷，对建筑物的安全和耐久性构成严重威胁。

声波透射法是检测混凝土灌注桩桩身缺陷、评价其完整性的一种有效方法，当声波经混凝土传播后，它将携带有关混凝土材料性质、内部结构与组成的信息，准确测定声波经混凝土传播后各种声学参数的量值及变化，就可以推断混凝土的性能、内部结构与组成情况。

目前，在混凝土质量检测中常用的声学参数为声速、波幅、频率以及波形。

声波在混凝土中的传播速度是混凝土声学检测中的一个主要参数。混凝土的声速与混凝土的弹性性质有关，也与混凝土内部结构（是否存在缺陷及缺陷程度）有关。这是用声速进行混凝土测强和测缺的理论依据。

1. 声波波速与混凝土质量的关系

（1）声波波速与混凝土强度的关系

声波在混凝土中的传播波速反映了混凝土的弹性性质，而混凝土的弹性性质与混凝土的强度具有相关性，因此混凝土声速与强度之间存在相关性。另一方面，对组成材料相同的构件（混凝土），其内部越致密，孔隙率越低，则声波波速越高，强度也越高。因此构件（混凝土）强度与声速之间亦应该有相关性。但是，混凝土材料是一种多相复合体，其强度与声速的关系不是完全稳定的，受到多种因素的影响，归纳起来有四大类：

① 混凝土原材料性质及配合比的影响；

② 龄期影响；

③ 温、湿度等混凝土硬化环境的影响；

④ 施工工艺。

对同一工程的同类型构件（比如混凝土灌注桩），上述四类影响因素是相近的，因此在这种情况下，构件的声速高低基本上可以反映其强度的高低。

（2）混凝土内部缺陷对声波波速的影响

如图 6-30 所示，当声波在传播路径上遇到缺陷时，若该缺陷是空洞，则其中必填充空气或水。由于混凝土与空气的特性阻抗相差悬殊，界面的声能反射系数近于 1，因此，超声波难于通过混凝土/空气界面。但由于低频超声波漫射的特点，声波又将沿缺陷边缘而传播。这样，因为绕射传播的路径比直线传播的路径长，所测得的声时也就比正常混凝土要长。在计算声测线声速时，我们总是以换能器间的直线距离 l 作为传播距离，结果有缺陷处的计算声速（视声速）就减小。

图 6-30 声波在有缺陷介质中的传播路径
1—声波绕过桩身缺陷传播；
2—声波穿越桩身缺陷的传播

有时混凝土内缺陷是由较为松散的材料构成（例如漏振等情况形成的蜂窝状结构或配料错误形成的低密实性区）。由于这些部位的材料的声速比正常混凝土小，也会使这些部位声测线的声时增大。在这种情况下，超声波分两条路径传播：一是绕过缺陷分界面传播；二是直接穿过低声速材料。不论哪种情况，在该处测得的声时都将比正常部位长。因为我们是以首先到达的波（首波）为准来读取声时值，所以哪条路径所需声时相对短一些，则测读到的便是哪条路径传来的声信号时间。总之，在有缺陷部位测得的声速要比正常部位小。

2. 接收声波波幅与混凝土质量的关系

接收声波波幅是表征声波穿过混凝土后能量衰减程度的指标之一。一般认为，接收波波幅强弱与混凝土的黏塑性有关。接收波幅值越低，混凝土对声波的衰减就越大。根据混凝土中声波衰减的原因可知，当混凝土中存在低强度区、离析区以及存在夹泥、蜂窝等缺陷时，吸收衰减和散射衰减增大，使接收波波幅明显下降。幅值可直接在接收波上观察测量，也可用仪器中的衰减器测量，测量时通常以首波（即接收信号的前面半个周期）的波幅为准。后续的波往往受其他叠加波的干扰，影响测量结果。幅值的测量受换能器与试体耦合条件的影响较大，在灌注桩检测中，换能器在声测管中通过水进行耦合，一般比较稳定，但要注意使探头在管中处于居中位置，为此应在探头上安装定位器。

接收声波幅值与混凝土质量紧密相关，它对缺陷区的反应比声时值更为敏感，所以它也是缺陷判断的重要参数之一。

3. 接收波频率变化与混凝土质量的关系

声波脉冲是复频波，具有多种频率成分。当它们穿过混凝土后，各频率成分的衰减程度不同，高频部分比低频部分衰减严重，因而导致接收信号的主频率向低频端漂移，其漂移的多少取决于衰减因素的严重程度。所以，接收波主频率实质上是介质衰减作用的一个表征量，当遇到缺陷时，由于衰减严重，使接收波主频率明显降低。

接收波频率的测量一般以首波第一个周期为准，可直接在接收波的示波图形上作简易测量。近年来，为了更准确地测量频率的变化规律，已采用频谱分析的方法，它获得的频谱所包含的信息比采用简易方法时接收波首波频率所带的信息更为丰富，更为准确。

4. 接收波波形的变化与混凝土质量的关系

接收波波形：由于声波脉冲在缺陷界面的反射和折射，形成波线不同的波束，这些波束由于传播路径不同，或由于界面上产生波形转换而形成横波等原因，使得到达接收换能器的时间不同，因而使接收波成为许多同相位或不同相位波束的叠加波，导致波形畸变。实践证明，凡超声脉冲在传播过程中遇到缺陷，其接收波形往往产生畸变，所以波形畸变程度可作为判断缺陷程度的参考依据。

声波透过正常混凝土和有缺陷的混凝土后，接收波波形特征如下：

（1）声波透过正常混凝土后的接收波形有如下特征：

① 首波陡峭，振幅大；

② 第一周期波的后半周即达到较高振幅，接收波的包络线呈半圆形，如图 6-31 所示；

③ 第一个周期的波形无畸变。

（2）声波透过有缺陷混凝土后，接收波形有如下特征：

① 首波平缓，振幅小；

② 第一周期波的后半周甚至第二个周期，幅度增加得仍不够，接收波的包络线呈喇叭形（图 6-32）；

③ 第一、二个周期的波形有畸变；

④ 当缺陷严重且范围大时，无法接收声波。

**图 6-31　正常混凝土的接收波
形（包络线为半圆形）**

**图 6-32　有缺陷混凝土的接收波
形（包络线呈喇叭形）**

导致波形畸变的因素很多，某些非缺陷因素：如换能器本身振动模式复杂、换能器性能的变化（比如老化）、耦合状态的不同，都会导致波形的畸变。此外，后续波是各种不同类型波的叠加，同样会导致波形畸变，因此，观察波形畸变程度应以初至波（接收波的第一、第二周期的波形）为主。

由于声波在混凝土中传播过程是一个相当复杂的过程，目前对波形畸变的分析尚处于经验性的阶段，有待于进一步的研究。

5. 判定混凝土质量的几种声学参数的比较

（1）声速的测试值较为稳定，结果的重复性较好，受非缺陷因素的影响小，在同一桩的不同剖面以及同一工程的不同桩之间可以比较，是判定混凝土质量的主要参数，但声速对缺陷的敏感性不及波幅。

（2）接收波波幅（首波幅值）对混凝土缺陷很敏感，它是判定混凝土质量的另一个重要参数。但波幅的测试值受仪器系统性能、换能器耦合状况、测距等诸多非缺陷因素的影响，它的测试值没有声速稳定，目前只能用于相对比较，在同一桩的不同剖面或不同桩之间往往无可比性。

（3）接收波主频的变化虽然能反映声波在混凝土中的衰减状况，从而间接反映混凝土质量的好坏，但声波主频的变化也受测距、仪器设备状态等非缺陷因素的影响，因此在不同剖面以及不同桩之间的可比性不强，只用于同一剖面内各声测线的相对比较，其测试值也没有声速稳定。因此，目前主频漂移指标仅作为声速、波幅的辅助判据。

（4）接收波波形。接收波也是反映混凝土质量的一个重要方面，它对混凝土内部的缺陷也较敏感，在现场检测时，除逐点读取首波的声时、波幅外，还应注意观察整个接收波形态的变化，作为声波透射法对混凝土质量进行综合判定时的一个重要的参考，因为接收波形是透过两声测管间混凝土的声波能量的一个总体反映，它反映了发、收换能器之间声波在混凝土各种声传播路径上的总体能量，其影响区域大于直达波（首波）。

6. 声学参数的检测技术

（1）声速

在实测时，声速不是直接测试量，而是根据测距和声时来计算的，因此声速的测试精度取决于测距和声时的测试精度。

在混凝土灌注桩的完整性检测中，测距就是声测管外壁间的净距，一般用钢卷尺在桩顶面度量。这个测试值代表了整个测试剖面内各声测线的测距。因此，声测管的平行度对声速测试精度的影响是相当大的。

声波在被测介质中传播一定声程所需的时间称为声时。

在测试时，仪器所显示的发射脉冲与接收信号之间的时间间隔，实际上是发射电路施加于压电晶片上的电信号的前缘与接收到的声波被压电晶体交换成的电信号的起点之间的时间间隔，由于从发射电脉冲变成到达试体表面的声脉冲，以及从声脉冲变成输入接收放大器的电信号，中间还有种种延迟，所以仪器所反映的声时并非声波通过试件的真正时间，这一差异来自下列几个方面：

① 电延迟时间：由声波仪电路原理可知，发出触发电脉冲并开始计时的瞬间到电脉冲开始作用到压电体的时刻，电路中有触发、转换过程。这些电路转换过程有短暂延迟的响应。另外，触发电信号在线路及电缆上也需短暂的传递时间，接收换能器也类似。这些延迟统称电延迟。

② 电声转换时间：在电脉冲加到压电体瞬间到产生振动发出声波瞬间有电声转换的延迟。接收换能器也类似。

③ 声延迟：换能器中压电体辐射出的声波并不是直接进入被测体，而是先通过换能器壳体或夹心式换能器的辐射体，再通过耦合介质层，然后才进入被测体。接收过程也类

似。超声波在通过这些介质时需要花费一定的时间，这些时间统称为声延迟。

这三部分延迟构成了仪器测读时间 t_1 与声波在被测体中传播时间 t 的差异。这三部分中，声延迟所占的比例最大，这种时间上的差异统称仪器零读数，常用符号 t_0 来表示。仪器零读数的定义为：当发收换能器间仅有耦合介质（发、收各一层，共两层）时仪器的测读时间，而声波在被测物体中的传播时间 $t = t_1 - t_0$。

要准确求得 t 应首先标定出仪器零读数 t_0。显然，不同的声波仪、不同的换能器，其 t_0 值均各不相同，应分别标定。

使用径向换能器时，系统延时 t_0 的标定方法——时距法：

径向换能器辐射面是圆柱面，应采用如下方法标定：将发、收换能器平行悬于清水中，逐次改变两换能器的间距，并测定相应声时和两换能器间距，做出若干点的声时—间距线性回归曲线，就可求得 t_0，如图 6-33 所示，即

$$t = t_0 + bl$$

式中　b——回归直线斜率；

　　　l——发、收换能器辐射面边缘间距；

　　　t——仪器各次测读的声时；

　　　t_0——时间轴上的截距（μs），即测试系统的延时。

值得注意的是，径向换能器用上述方法标定出的零读数只是测试系统（声波仪和换能器）的延迟，没有包括声波在耦合介质（水）及声测管壁中的传播延迟时间（水层和声测管壁的延迟都产生两次）。在耦合介质（水）中的延迟传播时间

$$t_w = \frac{d_1 - d_2}{v_w}$$

式中　d_1——声测孔直径（钻孔中测量）或声测管内径（声测管中测出）；

　　　d_2——径向换能器外径；

　　　v_w——耦合介质的声速，通常以水作耦合介质 $v_w = 1480 \text{m/s}$。

声测管壁延时

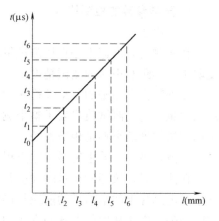

图 6-33　径向换能器 t_0 标定的时—距法回归直线

$$t_p = \frac{d_3 - d_1}{v_p}$$

式中　d_3——声测管外径；

　　　d_1——声测管内径；

　　　v_p——耦合介质的声速，通常以钢管作为声测管 $v_p = 5940 \text{m/s}$；对于 PVC 管，$v_p = 2350 \text{m/s}$。

在使用径向换能器进行测量时，还应加上这些时间才是总的零读数值。使用径向换能器在孔（管）中进行测量时，总的零读数 t_{0a} 为

在钻孔中：$t_{0a} = t_0 + t_w$

在声测管中：$t_{0a}=t_0+t_w+t_p$

t_{0a} 测得后，从仪器测读声时中扣除 t_{0a} 就是声波在被测介质（混凝土）中的传播时间。测试系统的延时与声波仪、换能器、信号线均有关系。

在更换上述设备和配件时，都应对系统延时 t_0 重新标定。

（2）波幅

波幅是标志接收换能器接收到的声波信号能量大小的参量。

波幅的测量是用某种指标来度量接收波首波波峰的高度，并将它们作为比较多个声测线声波信号强弱的一种相对指标。目前在波幅测量中一般都采用分贝（dB）表示法，即将声测线首波信号峰值 a 与某一固定信号量值 a_0 的比值取对数后的量值定为该声测线波幅的分贝（dB）值，表示为 $A_P=20\lg\dfrac{a}{a_0}$。

（3）频率

对接收波形的主频测量有下列两种方法。

① 对模拟式声波仪通常采用周期法

所谓周期法就是利用频率和周期的倒数关系，用声波仪测量出接收波的周期，进而计算出接收波的主频值。

② 数字式声波仪都配有频域分析软件，可用频谱分析的方法更精确地测试接收声波信号的主频。

和波幅类似，频率测值也与换能器种类、性能、声耦合状况、探测距离等因素有关。只有上述因素固定，频率值才能作为相对比较的参数而用于混凝土质量判断。

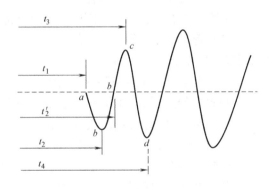

图 6-34　接收波形特征点

（4）波形的记录

声波在传播过程中遇到混凝土内部缺陷、裂缝或异物时会使波形畸变，因此，对接收波形的分析与研究有助于混凝土内部质量及缺陷的判断，模拟式仪器的波形记录只能用屏幕拍照方法。数字式仪器的高速数字信号采集系统既可实时观察接收波形的动态变化，又可将波形以数字信号方式记录并存储在波形文件中，波形可以文件的方式存储、显示、调用，并打印出波形图。将多次采样后的一组波列文件显示在同一屏中，可以形成波列列表图。同一检测剖面上多个连续声测线的波形记录组合为波列图后，可以直观地显示出声参量的变化。

6.4.4　现场检测

1. 声测管的埋设及要求

声测管是声波透射法测桩时，径向换能器的通道，其埋设数量决定了检测剖面的个数（检测剖面数为 C_n^2（n 为声测管数），同时也决定了检测精度：声测管埋设数量多，则两两组合形成的检测剖面越多，声波对桩身混凝土的有效检测范围更大、更细致，但需消耗更多的人力、物力，增加成本；减小声测管数量虽然可以缩减成本，但同时也减小了声波对桩身混凝土的有效检测范围，降低了检测精度和可靠性。

声测管之间应保持平行，否则对测试结果造成很大影响，甚至导致检测方法失效：声测管两两组合形成的每一个检测剖面，沿桩长方向具有许多条声测线（声测线间距不大于100mm），以桩顶面两声测管之间边缘距离作为该剖面所有声测线的测距，在两声测管相互平行的条件下，这样处理是可行的。但两声测管不平行时，在实测过程中，检测人员往往把因测距的变化导致的声学参数的变化误认为是混凝土质量差别所致，而声参数对测距的变化都很敏感。这必将给检测数据的分析、结果的判定带来严重影响。虽然在有些情况下，可对斜管测距进行修正，作为一种补救办法，但当声测管严重弯折翘曲时，往往无法对测距进行合理的修正，导致检测方法失效。

因此声测管的埋设质量（平行度）直接影响检测结果的可靠性和检测试验的成败。

《建筑基桩检测技术规范》JGJ 106 对声测管的埋设作了具体规定。

（1）声测管埋设的基本要求

按照 JGJ 106 的要求，声测管的埋设应该满足以下规定：

① 声测管内径应大于换能器外径；

② 声测管应有足够的径向刚度，声测管材料的温度系数应与混凝土接近；

③ 声测管应下端封闭、上端加盖、管内无异物；声测管连接处应光顺过渡，管口应高出混凝土顶面 100mm 以上；

④ 浇灌混凝土前应将声测管有效固定。

声测管内径与换能器外径相差过大时，声耦合误差明显增加；相差过小时，影响换能器在管中的移动，因此两者差值取 10mm 为宜。声测管管壁太薄或材质较软时，混凝土灌注后的径向压力可能会使声测管产生过大的径向变形，影响换能器正常升降，甚至导致试验无法进行，因此要求声测管有一定的径向刚度，如采用钢管、镀锌管等管材，不宜采用 PVC 管。由于钢材的温度系数与混凝土相近，可避免混凝土凝固后与声测管脱开产生空隙。声测管的平行度是影响测试数据可靠性的关键，因此，应保证成桩后各声测管之间基本平行。

（2）声测管埋设数量及布置

声测管应沿钢筋笼内侧呈对称形状布置，并依次编号，如图 6-35 所示。

在检测时沿箭头所指方向开始将声测管沿顺时针方向编号。

检测剖面编号分别为：

AB（1-2）；

AB，BC，CA（1-2，2-3，3-1）；

AB，BC，CD，DA，AC，BD（1-2，2-3，3-4，4-1，1-3，2-4）。

这样编号的目的一方面使检测过程可以再现；混凝土灌注桩声波透射法检测是一种非破损检测方法，当现场检测完成后，回来处理数据时，如果对检测数据有疑问或对结果存在争议时可对受检桩进行复检。采用上述方式对声测管进行编号，使各个剖面在复检时不至混淆。

另一方面，当桩身存在缺陷时，便于有关方根据检测报告对缺陷方位做出准确定位，为验证试验或桩身补强指明方向。

声测管的数量应该满足如下要求：

① 桩径小于或等于 800mm 时，不得少于 2 根声测管；

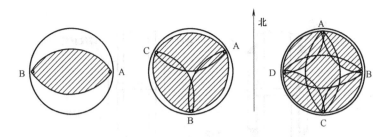

图 6-35　声测管布置示意图

② 桩径大于 800mm 且小于或等于 1600mm 时，不得少于 3 根声测管；

③ 桩径大于 1600mm 时，不得少于 4 根声测管；

④ 桩径大于 2500mm 时，宜增加预埋声测管数量。

为了更好的表示检测剖面、桩身横截面等的关系，特将测点的名称改为了声测线，其相关关系如图 6-36 所示。

检测剖面与剖面序号（检测剖面序号为 j）的关系为：2 根管时，AB 剖面（$j=1$）；3 根管时，AB 剖面（$j=1$），BC 剖面（$j=2$），CA 剖面（$j=3$）；4 根管时，AB 剖面（$j=1$），BC 剖面（$j=2$），CD 剖面（$j=3$），DA 剖面（$j=4$），AC 剖面（$j=5$），BD 剖面（$j=6$）。

由于声波在介质中传播时，能量随传播距离的增加呈指数规律衰减，所以两声测管组成的单个剖面的有效检测范围占桩横截面的比例将随桩径的增大而变小。

对 $D \leqslant 800$mm 的桩，由于两根声测管只能组成一个检测剖面，其有效检测范围

图 6-36　检测剖面、声测线、检测横截面编组和编号示意图

相当有限，但测距短，声波衰减小，有效检测面积占桩横截面积有一定比率，所以 $D \leqslant$ 800mm 时规定预埋两根声测管。三根声测管可组成三个检测剖面，其有效检测范围覆盖钢筋笼内的绝大部分桩身横截面，其声测管的利用率是最高的。因此，《建筑基桩检测技术规范》JGJ 106 把预埋三根管的桩径范围放得很宽。这样处理，符合检测工作既细致又经济的双重要求。对于桩径大于 1600mm 的桩，考虑到测距的进一步加大所导致检测精度的降低，所以应增至四根声测管；对于大于 2500mm 以上的桩，宜再增加预埋声测管数量。

（3）声测管的连接与埋设

用作声测管的管材一般都不长（钢管为 6m 长一根）当受检桩较长时，需把管材一段一段地连接，接口必须满足下列要求：

① 有足够的强度和刚度，保证声测管不至于因受力而弯折、脱开；

② 有足够的水密性，在较高的静水压力下，不漏浆；

③ 接口内壁保持平整通畅，不应有焊渣、毛刺等凸出物，以免妨碍探头的上、下移动。

④ 通常有两种连接方式：螺纹连接和套筒连接（如图 6-37 所示）。

图 6-37　声测管的连接

(*a*) 套筒连接；(*b*) 螺纹连接

声测管一般用焊接或绑扎的方式固定在钢筋笼内侧，在成孔后，灌注混凝土之前随钢筋笼一起放置于桩孔中，如图 6-38 所示声测管应一直埋到桩底，声测管底部应密封，如果受检桩不是通长配筋，则在无钢筋笼处的声测管间应设加强箍，以保证声测管的平行度。

图 6-38　声测管的安装方法

1—钢筋；2—声测管；3—套接管；4—箍筋；5—密封胶布

安装完毕后，声测管的上端应用螺纹盖或木塞封口，以免落入异物，阻塞管道。

声测管的连接和埋设质量是保证现场检测工作顺利进行的关键，也是决定检测数据的可靠性以及试验成败的关键环节，应引起高度重视。

2. 现场测试

（1）检测前的准备工作。

按照《建筑基桩检测技术规范》JGJ 106 的要求，制定检测工作程序。

按照《建筑基桩检测技术规范》JGJ 106 的要求，调查、收集待检工程及受检桩的相关技术资料和施工记录。比如桩的类型、尺寸、标高、施工工艺、地质状况、设计参数、桩身混凝土参数、施工过程及异常情况记录等信息。

（2）检查测试系统的工作状况，必要时（更换换能器、电缆线等）应按率定法对测试

系统的延时 t_0 重新标定，并根据声测管的尺寸和材质计算偶合声时 t_w，声测管壁声时 t_p。

率定法测定仪器系统延迟时间的方法是将发射、接收换能器平行悬于清水中，逐次改变点源距离并测量相应声时，记录不少于 4 个点的声时数据并作线性回归的时距曲线：

$$t = t_0 + b \cdot l$$

式中　b——直线斜率（$\mu s/mm$）；

　　　l——换能器表面净距离（mm）；

　　　t——声时（μs）；

　　　t_0——仪器系统延迟时间（μs）。

因此，声测管及耦合水层声时修正值按下式计算：

$$t' = \frac{d_1 - d_2}{v_t} + \frac{d_2 - d'}{v_w}$$

式中　d_1——声测管外径（mm）；

　　　d_2——声测管内径（mm）；

　　　d'——换能器外径（mm）；

　　　v_t——声测管材料声速（km/s）；

　　　v_w——水的声速（km/s）；

　　　t'——声测管及耦合水层声时修正值（μs）。

（3）将伸出桩顶的声测管切割到同一标高，测量管口标高，作为计算各声测线高程的基准。

（4）向管内注入清水，封口待检。

（5）在放置换能器前，先用直径与换能器略同的圆钢作吊绳。检查声测管的通畅情况，以免换能器卡住后取不上来或换能器电缆被拉断，造成损失。有时，对局部漏浆或焊渣造成的阻塞可用钢筋导通。

（6）用钢卷尺测量桩顶面各声测管之间外壁净距离，作为相应的两声测管组成的检测剖面各声测线测距，测试误差小于 1%。

（7）测试时径向换能器宜配置扶正器，尤其是声测管内径明显大于换能器直径时，换能器的居中情况对首波波幅的检测值有明显影响。扶正器就是用 1～2mm 厚的橡皮剪成一齿轮形，套在换能器上，齿轮的外径略小于声测管内径。扶正器既保证换能器在管中能居中，又保护换能器在上下提升中不致与管壁碰撞，损坏换能器。软的橡皮齿又不会阻碍换能器通过管中某些狭窄部位。

3. 检测前对混凝土龄期的要求

原则上，桩身混凝土满 28d 龄期后进行声波透射法检测是最合理的，也是最可靠的。但是，为了加快工程建设进度、缩短工期，当采用声波透射法检测桩身缺陷和判定其完整性等级时，可适当将检测时间提前。特别是针对施工过程中出现异常情况的桩，可以尽早发现问题，及时补救，赢得宝贵时间。

这种将检测时间适当提前的做法基于以下两个原因：

一方面，声波透射法是一种非破损检测方法，声波对混凝土的作用力非常小，即使混凝土没有达到龄期，也不会因检测导致桩身混凝土结构的破坏。

另一方面，在声波透射法检测桩身完整性时，没有涉及混凝土强度问题，对各种声参数的判别采用的是相对比较法，混凝土的早期强度和满龄期后的强度有一定的相关性，而混凝土内因各种原因导致的内部缺陷一般不会因时间的增长而明显改善。因此，原则上只要求混凝土硬化并达到一定强度即可进行检测。《建筑基桩检测技术规范》JGJ 106 中规定："当采用低应变法或声波透射法检测桩身完整性时，受检桩混凝土强度至少达到设计强度的 70%，且不小于 15MPa"。混凝土达到 28d 强度的 70% 一般需要 10～15d 左右的时间。

4. 检测步骤

现场的检测过程一般分两个步骤进行，首先是采用平测法对全桩各个检测剖面进行普查，找出声学参数异常的声测线。然后，对声学参数异常的声测线采用加密测试、斜测或扇形扫测等细测方法进一步检测，这样一方面可以验证普查结果，另一方面可以进一步确定异常部位的范围，为桩身完整性类别的判定提供可靠依据。

(1) 平测（如图 6-39 所示）

平测可以按照下列步骤进行：

将多根声测管以两根为一个检测剖面进行全组合（共有 C_n^2 个检测剖面，n 为声测管数），并进行剖面编码。

① 将发、收换能器分别置于某一剖面的两声测管中，并放至桩的底部，保持相同标高。

② 自下而上将发、收换能器以相同的步长（一般不宜大于 100mm）向上提升，提升过程中应校核换能器的深度和校正换能器的高差，并确保测试波形的稳定性，提升速度不宜超过 0.5m/s。每提升一次，进行一次测试，实时显示和记录声测线的声波信号的时程曲线，读取声时、首波幅值和周期值（模拟式声波仪），宜同时显示频谱曲线和主频值（数字式仪器）。重点是声时和波幅，同时也要注意实测波形的变化。保存检测数据的同时，应保存实测波列图。

声测线间距将影响桩身缺陷纵向尺寸的检测精度，间距越小，检测精度越高，但需花费更多的时间。一般混凝土灌注桩的缺陷在空间有一定的分布范围，规定声测线间距不大于 100mm，可满足工程检测精度的要求。当采用自动提升装置时，声测线间距还可进一步减小。

非匀速下降的换能器在由静止（或缓降）变为向下运动（或快降）时，由于存在不同程度的失重现象，使电缆线出现不同程度松弛，导致换能器位置不准确。因此应从桩底开始同步提升换能器进行检测才能保证记录的换能器位置的准确性。

自动记录声波发射与接收换能器位置时，提升过程中电缆线带动编码器卡线轮转动，编码器计数卡线轮转动值换算得到换能器位置。电缆线与编码器卡线轮之间滑动、卡线轮直径误差等因素均会导致编码器位置计数与实际传感器位置有一定误差，因此每隔一定间距应进行一次高差校核。此外，自动记录声波发射与接收换能器位置时，如果同步提升声波发射与接收换能器的速度过快，会导致换能器在声测管中剧烈摆动，甚至与声测管管壁发生碰撞，对接收的声波波形产生不可预测的影响。因此换能器的同步提升速度不宜过快，应保证测试波形的稳定性。

③ 在同一桩的各检测剖面的检测过程中，声波发射电压和仪器设置参数应保持不变。由于声波波幅和主频的变化，对声波发射电压和仪器设置参数很敏感，而目前的声波透射法测桩，对声参数的处理多采用相对比较法，为使声参数具有可比性，仪器性能参数应保

持不变。

（2）对可疑声测线的细测（加密平测、斜测、扇形扫测）

通过对平测普查的数据分析，可以根据声时、波幅和主频等声学参数相对变化及实测波形的形态，找出可疑声测线。

对可疑声测线，先进行加密平测（换能器提升步长应小于100mm），核实可疑点的异常情况，并确定异常部位的纵向范围。再用斜测法对异常点缺陷的严重情况进行进一步的探测。斜测（如图6-40a所示）就是让发、收换能器保持一定的高程差，在声测管内以相同步

图 6-39 平测

T—发射换能器；R—接收换能器

长同步升降进行测试，而不是像平测那样让发、收换能器在检测过程中始终保持相同的高程。斜测又分为单向斜测和交叉斜测（如图6-40所示）。

由于径向换能器在铅垂面上存在指向性，因此，斜测时，发、收换能器中心连线与水平面的夹角不能太大，一般不大于30°，进行扇形扫测时一般不大于40°。

图 6-40 斜测细查

（a）单向斜测；（b）交叉斜测；（c）斜侧角度要求

T—发射换能器；R—接收换能器

① 局部缺陷：如图6-41（a）所示，在平测中发现某测线测值异常（图中用实线表示），进行斜测，在多条斜测线中，如果仅有一条测线（实线）测值异常，其余皆正常，则可以判断这只是一个局部的缺陷，位置就在两条实线的交点处。

② 缩径或声测管附着泥团：如图6-41（b）所示，在平测中发现某（些）测线测值异常（实线），进行斜测。如果斜测线中通过异常平测点发射处的测线测值异常，而穿过两声测管连线中间部位的测线测值正常，则可判断桩中心部位是正常混凝土，缺陷应出现在桩的边缘，声测管附近有可能是缩径或声测管附着泥团。当某根声测管陷入包围时，由它构成的两个测试面在该高程处都会出现异常测值。

③ 层状缺陷（断桩）：如图6-41（c）所示，在平测中发现某（些）测线值异常（实线），进行斜测。如果斜测线中除通过异常平测点发收处的测线测值异常外，所有穿过两声测管连线中间部位的测线测值均异常，则可判定该声测管间缺陷连成一片。如果三个测

试面均在此高程处出现这种情况，如果不是在桩的底部，测值又低下严重，则可判定是整个断面的缺陷，如夹泥层或疏松层，即断桩。

斜测有两面斜测和一面斜测。最好进行两面斜测，以便相互印证，特别是像图 6-41 (b) 那种缩径或包裹声测管的缺陷，两面斜测可以避免误判。

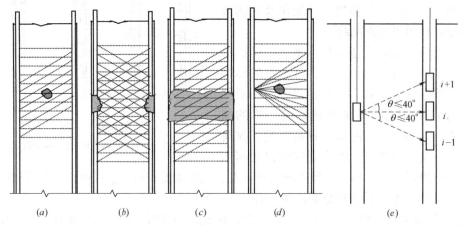

图 6-41　灌注桩的交叉斜测和扇形扫测

(a) 局部缺陷；(b) 缩径或声测管附着泥团；(c) 层状缺陷（断桩）；(d) 扇形扫测；(e) 扇测角度要求

④ 扇形扫查：在桩顶或桩底斜测范围受限制时，或者为减少换能器升降次数，作为一种辅助手段，也可扇形扫查测量，如图 6-41 (d) 所示。一只换能器固定在某高程不动，另一只换能器逐点移动，测线呈扇形分布。要注意的是，扇形测量中各声测线测距是各不相同的，虽然波速可以换算，相互比较，但振幅测值却没有相互可比性（波幅除与测距有关，还与方位角有关，且不是线性变化），只能根据相邻声测线测值的突变来发现测线是否遇到缺陷。

测试中还要注意声测管接头的影响。当换能器正好位于接头处，有时接头会使声学参数测值明显降低，特别是振幅测值。其原因是接头处存在空气夹层，强烈反射声波能量。遇到这种情况，判断的方法是：将换能器移开 10cm，测值立刻正常，反差极大，往往属于这种情况。另外，通过斜测也可做出判断。

6.4.5　测试数据的整理

灌注桩的声波透射法检测需要分析和处理的主要声学参数是声速、波幅、主频，必要时观察和记录波形，目前大量使用的数字式声波仪有很强的数据处理、分析功能，几乎所有的数学运算都是由计算机来完成的。作为一个合格的现场检测技术员了解这些数据整理的方法有助于对桩身缺陷的正确判别和桩身完整性的正确判定。

声学参数的计算和波形记录：

（1）声速

首先计算各声测线波速：

$$t_{ci}(j) = t_i(j) - t_0 - t'$$

$$v_i(j) = \frac{l'_i(j)}{t_{ci}(j)}$$

式中　i——声测线编号，应对每个检测剖面自下而上（或自上而下）连续编号；

　　　j——检测剖面编号，按规范顺序编组；

　$t_{ci}(j)$——第 j 检测剖面第 i 声测线声时（μs）；

　$t_i(j)$——第 j 检测剖面第 i 声测线声时测量值（μs）；

　　　t_0——仪器系统延迟时间（μs）；

　　　t'——声测管及耦合水层声时修正值（μs）；

　$l'_i(j)$——第 j 检测剖面第 i 声测线的两声测管的外壁间净距离（mm），当两声测管平行时，可取为两声测管管口的外壁间净距离；斜测时，$l'_i(j)$ 为声波发射和接收换能器各自中点对应的声测管外壁处之间的净距离，可由桩顶面两声测管的外壁间净距离和发射接收声波换能器的高差计算得到；

　$v_i(j)$——第 j 检测剖面第 i 声测线声速（km/s）。

（2）声幅

这里说的声幅是声测线首波幅值，它有两种表示方式。一种是用分贝（dB）数表示，即用声测线实测首波幅值与某一基准幅值比较得出的分贝数；另一种是直接以示波屏上首波高度表示，单位是毫米（或示波屏刻度格数）。

目前大量使用的数字式声波仪采用的是第一种方式：

$$A_{pi}(j) = 20\lg \frac{a_i(j)}{a_0}$$

式中　$A_{pi}(j)$——第 j 检测剖面第 i 声测线的首波幅值（dB）；

　　$a_i(j)$——第 j 检测剖面第 i 声测线信号首波幅值（V）；

　　　a_0——基准幅值，也就是 0dB 对应的幅值（V）。

声幅的数值与测试系统（仪器、换能器、电缆线）的性能、状态、设置参数、声耦合状况、测距、测线倾角相关，只有在上述条件均相同的条件下，声测线声幅的差异才能真实地反映被测混凝土质量差异导致的声波能量衰减的差异。

（3）频率

这里说的频率是指声测线声波接收信号的主频，计算接收信号的主频通常有两种方法：

① 周期法

直接取测试信号的前一、两个周期，用周期与频率的倒数关系进行计算：

$$f_i(j) = \frac{1000}{T_i(j)}$$

式中　$f_i(j)$——第 j 检测剖面第 i 声测线信号主频值（kHz），可经信号频谱分析得到；

　　$T_i(j)$——第 j 检测剖面第 i 声测线首波周期（μs）。

② 频域分析法

数字式声波仪一般都配有频谱分析软件，可启动软件直接对测试信号进行频域分析，获得信号的主频值。由于用于混凝土检测的声波都是复频波，因而，使用频谱分析计算信号主频比周期法更精确。

（4）波形记录与观察

实测波形的形态能综合反映发、收换能器之间声波能量在混凝土中各种传播路径上的总的衰减状况，应记录有代表性的混凝土质量正常的声测线的波形曲线和异常声测线的波形曲线，可作为对桩身缺陷的辅助判断。

（5）绘制声参数～深度曲线

根据各个声测线声参数的计算值和声测线标高，绘制声速～深度曲线、声幅～深度曲线、主频～深度曲线，将三条曲线对应起来进行异常声测线的判断更直观，便于综合分析。

6.5 检测数据分析与结果判定

6.5.1 声速判据

声速是分析桩身质量的一个重要参数，在《建筑基桩检测技术规范》JGJ 106 中对声速的分析、判断主要采用概率法，在计算剖面声速异常判断概率统计时采用了"双边剔除法"，通过混凝土声速的低限值和混凝土试件的声速平均值对概率法判据值作合理限定以得到该剖面的声速异常判断值。

概率法：

（1）概率法的基本原理

正常情况下，由随机误差引起的混凝土的质量波动是符合正态分布的，这可以从混凝土试件抗压强度的试验结果得到证实，由于混凝土质量（强度）与声学参数存在相关性，可大致认为正常混凝土的声学参数的波动也服从正态分布规律。灌注桩作为一种混凝土构件，可认为在正常情况下其各条声测线的声速测试值也近似服从正态分布规律。这是用概率统计法计算混凝土灌注桩各剖面声速异常判断概率统计值的前提。

（2）声速异常判断概率统计值的计算方法

① 将第 j 检测剖面各声测线的声速值 $v_i(j)$ 由大到小依次按下式排序：

$$v_1(j) \geqslant v_2(j) \geqslant \cdots v_{k'}(j) \geqslant \cdots \geqslant v_{i-1}(j) \geqslant v_i(j) \geqslant v_{i+1}(j) \geqslant \cdots \geqslant v_{n-k}(j) \geqslant \cdots \geqslant v_{n-1}(j) \geqslant v_n(j)$$

式中　$v_i(j)$——第 j 检测剖面第 i 声测线声速，$i=1, 2, \cdots\cdots, n$；

　　　　n——第 j 检测剖面的声测线总数；

　　　　k——拟去掉的低声速值的数据个数，$k=0, 1, 2, \cdots\cdots$；

　　　　k'——拟去掉的高声速值的数据个数，$k'=0, 1, 2, \cdots\cdots$。

② 对逐一去掉 $v_i(j)$ 中 k 个最小数值和 k' 个最大数值后的其余数据，按下列公式进行统计计算：

$$v_{01}(j) = v_m(j) - \lambda \cdot s_x(j)$$

$$v_{02}(j) = v_m(j) + \lambda \cdot s_x(j)$$

$$v_m(j) = \frac{1}{n-k-k'} \sum_{i=k'+1}^{n-k} v_i(j)$$

$$s_x(j) = \sqrt{\frac{1}{n-k-k'-1} \sum_{i=k'+1}^{n-k} \left[v_i(j) - v_m(j) \right]^2}$$

$$C_v(j) = \frac{s_x(j)}{v_m(j)}$$

式中　$v_{01}(j)$——第 j 剖面的声速异常小值判断值；

　　　　$v_{02}(j)$——第 j 剖面的声速异常大值判断值；

　　　　$v_m(j)$——$(n-k-k')$ 个数据的平均值；

$s_x(j)$——$(n-k-k')$ 个数据的标准差；

$C_v(j)$——$(n-k-k')$ 个数据的变异系数；

λ——由表 6-4 查得的与 $(n-k-k')$ 相对应的系数。

统计数据个数 $(n-k-k')$ 与对应的 λ 值   表 6-4

$n-k-k'$	10	11	12	13	14	15	16	17	18	20
λ	1.28	1.33	1.38	1.43	1.47	1.50	1.53	1.56	1.59	1.64
$n-k-k'$	20	22	24	26	28	30	32	34	36	38
λ	1.64	1.69	1.73	1.77	1.80	1.83	1.86	1.89	1.91	1.94
$n-k-k'$	40	42	44	46	48	50	52	54	56	58
λ	1.96	1.98	2.00	2.02	2.04	2.05	2.07	2.09	2.10	2.11
$n-k-k'$	60	62	64	66	68	70	72	74	76	78
λ	2.13	2.14	2.15	2.17	2.18	2.19	2.20	2.21	2.22	2.23
$n-k-k'$	80	82	84	86	88	90	92	94	96	98
λ	2.24	2.25	2.26	2.27	2.28	2.29	2.29	2.30	2.31	2.32
$n-k-k'$	100	105	110	115	120	125	130	135	140	145
λ	2.33	2.34	2.36	2.38	2.39	2.41	2.42	2.43	2.45	2.46
$n-k-k'$	150	160	170	180	190	200	220	240	260	280
λ	2.47	2.50	2.52	2.54	2.56	2.58	2.61	2.64	2.67	2.69
$n-k-k'$	300	320	340	360	380	400	420	440	470	500
λ	2.72	2.74	2.76	2.77	2.79	2.81	2.82	2.84	2.86	2.88
$n-k-k'$	550	600	650	700	750	800	850	900	950	1000
λ	2.91	2.94	2.96	2.98	3.00	3.02	3.04	3.06	3.08	3.09
$n-k-k'$	1100	1200	1300	1400	1500	1600	1700	1800	1900	2000
λ	3.12	3.14	3.17	3.19	3.21	3.23	3.24	3.26	3.28	3.29

③ 按 $k=0$、$k'=0$、$k=1$、$k'=1$、$k=2$、$k'=2$……的顺序，将参加统计的数列最小数据 $v_{n-k}(j)$ 与异常小值判断值 $v_{01}(j)$ 进行比较，当 $v_{n-k}(j)$ 小于等于 $v_{01}(j)$ 时剔除最小数据；将最大数据 $v_{k'+1}(j)$ 与异常大值判断值 $v_{02}(j)$ 进行比较，当 $v_{k'+1}(j)$ 大于等于 $v_{02}(j)$ 时剔除最大数据；每次剔除一个数据，对剩余数据构成的数列，重复以上第二点的计算步骤，直到下列两式成立：

$$v_{n-k}(j) > v_{01}(j)$$
$$v_{k'+1}(j) < v_{02}(j)$$

双剔法是按照下列顺序逐一剔除：（1）异常小，（2）异常大，（3）异常小，……每次统计计算后只剔一个，每次异常值的误判次数均为 1，没有改变原规范的概率控制条件。

在实际计算时，先将某一剖面 n 条声测线的声速测试值从大到小排列为一数列，计算这 n 个测试值在正常情况下（符合正态分布规律下）可能出现的最小值 $v_{01}(j) = v_m(j) - \lambda \cdot s_x(j)$ 和最大值 $v_{02}(j) = v_m(j) + \lambda \cdot s_x(j)$，依次将声速数列中大于 $v_{02}(j)$ 或小于 $v_{01}(j)$ 的数据逐一剔除（这些被剔除的数据偏离了正态分布规律），再对剩余数据构成的数列重新计算，直至同时满足，此时认为剩余数据全部服从正态分布规律。$v_{01}(j)$ 就是判断声速异常的概率法统计值。

由于统计计算的样本数是 10 个以上，因此对于短桩，可通过减小声测线间距获得足够的声测线数。

桩身混凝土均匀性可采用变异系数 $C_v = s_x(j)/v_m(j)$ 评价。

为比较"单边剔除法"和"双边剔除法"两种计算方法的差异，将 21 根工程桩共 72 个检测剖面的实测数据分别用两种方法计算得到各检测剖面的声速异常判断概率统计值，如图 6-42 所示。1～15 号桩（对应剖面为 1～48）桩身混凝土均匀、质量较稳定，两种计算方法得到的声速异常判断概率统计值差异不大（双剔法略高）；16～21 号桩（对应剖面为 49～72）桩身存在较多缺陷，混凝土质量不稳定，两种计算方法得到的声速异常判断概率统计值差异较大，单剔法得到的异常判断概率统计值甚至会出现明显不合理的低值，而双剔法得到的声速异常判断概率统计值则比较合理。

图 6-42　21 根桩 72 个检测剖面双剔法与单剔法的异常判断概率统计值比较
1—单边剔除法；2—双边剔除法

再分别将两种计算方法对同一根桩的各个剖面声速异常判断概率统计值的标准差进行统计分析，结果如图 6-43 所示。由该图可以看到，双剔法计算得到的每根桩各个检测剖面声速异常判断概率统计值的标准差普遍小于单剔法。在工程上，同一根桩的混凝土设计强度、配合比、地基条件、施工工艺相同，不同检测剖面（自下而上）不存在明显差异，各剖面声速异常判断概率统计值应该是相近的，其标准差趋于变小才合理。所以双剔法比单剔法更符合工程实际情况。

双剔法的结果更符合规范总则——安全适用。一方面对于混凝土质量较稳定的桩，双剔法异常判断概率统计值接近或略高于单剔法（在工程上偏于安全）；另一方面对于混凝土质量不稳定的桩，尤其是桩身存在多个严重缺陷的桩，双剔法有效降低了因为声速标准差过大而导致声速异常判断概率统计值过低（如小于 3500m/s），从而漏判桩身缺陷而留下工程隐患的可能性。

当桩身混凝土质量稳定，声速测试值离散小时，由于标准差 $s_x(j)$ 较小，可能导致异常判断概率统计值 $v_{01}(j)$ 过高从而误判；另一方面当桩身混凝土质量不稳定，声速测试值离散大时，由于 $s_x(j)$ 过大，可能会导致异常判断概率统计值 $v_{01}(j)$ 过小从而导致漏判。为尽量减小出现上述两种情况的概率，对变异系数 $C_v(j)$ 作了限定。

第 j 检测剖面的声速异常判断概率统计值，应按下式计算：

$$v_0(j)=\begin{cases}v_{\mathrm{m}}(j)\,(1-0.015\lambda) & \text{当 } C_{\mathrm{v}}(j)<0.015 \text{ 时}\\ v_{01}(j) & \text{当 } 0.015\leqslant C_{\mathrm{v}}(j)\leqslant 0.045 \text{ 时}\\ v_{\mathrm{m}}(j)\,(1-0.045\lambda) & \text{当 } C_{\mathrm{v}}(j)>0.045 \text{ 时}\end{cases}$$

通过大量工程桩检测剖面统计分析，发现将 $C_{\mathrm{v}}(j)$ 限定在 [0.015，0.045] 区间内，声速异常判断概率统计值的取值落在合理范围内的概率较大。

图 6-43　21 根桩双剔法与单剔法的标准差比较

④ 受检桩的声速异常判断临界值，应按下列方法确定：

应根据本地区经验，结合预留同条件混凝土试件或钻芯法获取的芯样试件的抗压强度与声速对比试验，分别确定桩身混凝土声速低限值 v_{L} 和混凝土试件的声速平均值 v_{p}。

当 $v_0(j)$ 大于 v_{L} 且小于 v_{p} 时

$$v_{\mathrm{c}}(j) = v_0(j)$$

式中　$v_{\mathrm{c}}(j)$——第 j 检测剖面的声速异常判断临界值；

　　　$v_0(j)$——第 j 检测剖面的声速异常判断概率统计值。

当 $v_0(j)$ 小于等于 v_{L} 或 $v_0(j)$ 大于等于 v_{p} 时，应分析原因；第 j 检测剖面的声速异常判断临界值可按下列情况的声速异常判断临界值综合确定：

（a）同一根桩的其他检测剖面的声速异常判断临界值；

（b）与受检桩属同一工程、相同桩型且混凝土质量较稳定的其他桩的声速异常判断临界值。

对只有单个检测剖面的桩，其声速异常判断临界值等于检测剖面声速异常判断临界值；对具有三个及三个以上检测剖面的桩，应取各个检测剖面声速异常判断临界值的算术平均值，作为该桩各声测线的声速异常判断临界值。

（3）采用概率法判据应注意的几个问题

① 以一个剖面的所有声测线测值为统计样本，且声测线总数不少于 10 条，当桩长很短时，可减小声测线间距，加大测试数量。

② 由于临界值的计算是以正常混凝土的声速分布服从正态分布为前提，统计计算正常波动下可能出现的最低值。因此参与统计的声测线都是正常波动声测线，异常点不应该参与统计计算 v_{m} 和 s_{x}，否则，将使计算统计的离散度增大（s_{x} 变大），平均值降低（v_{m} 变小），从而影响临界值的合理取值。

③ v_L 的合理确定是大量既往检测经验的体现，当桩身混凝土未达到龄期要求而提前检测时，应对 v_L、v_p 的取值作适当调整。

④ 概率法本质上也是一种相对比较法，在进行异常点的鉴别和缺陷的判定时，应结合声测线的实际声速与正常值的偏离程度以及其他声参数进行综合判定。

⑤ 概率法存在的问题：

(a) 统计计算有无缺陷的临界值时，完全按照低测值声测线可能出现的概率来计算，没有考虑误判概率和漏判概率；

(b) 概率法的基本前提是桩身混凝土的声速服从正态分布，严格地说混凝土强度服从正态分布，其声速不服从正态分布，虽然强度与声速具有相关性，但这种相关性多为幂函数型，是非线性的。

影响桩身混凝土质量的因素，比上部结构混凝土复杂得多，与标准养护试件相比更是相去甚远，因此，对于用概率法临界值判断出来的可疑声测线，还应结合其他声参数指标和判据，来综合判定可疑声测线是否就是桩身缺陷。

6.5.2 *PSD* 判据（斜率法判据）

1. *PSD* 判据的基本原理

根据桩身某一检测剖面各声测线的实测声时 t_c（μs），及声测线高程 z（mm），可得到一个以 t_c 为因变量，z 为自变量的函数。

$$t_c = f(z)$$

当该桩桩身完好时，$f(z)$ 应是连续可导函数，即 $\Delta z \to 0$，$\Delta t_c \to 0$。

当该剖面桩身存在缺陷时，在缺陷与正常混凝土的分界面处，声介质性质发生突变，声时 t_c 也发生突变，当 Δz 趋于 0 时，Δt_c 不趋于 0，即 $f(z)$ 在此处不可导。因此函数 $f(z)$ 不可导点就是缺陷界面位置，如图 6-44 所示。在实际检测时，声测线有一定间距，Δz 不可能趋于零，而且由于缺陷表面凸凹不平，以及孔洞等缺陷是由于声波绕行导致声时变化的，所以 $f(z)$ 的实测曲线在缺陷界面只表现为斜率的变化。$f(z) \sim z$ 图上各声测线的斜率只能反映缺陷的有无，不能明显地反映缺陷的大小（声时差），因而用声时差对斜率加权。

2. *PSD* 法判据

$$PSD(j, i) = \frac{[t_{ci}(j) - t_{ci-1}(j)]^2}{z_i - z_{i-1}}$$

$$\Delta t = t_{ci}(j) - t_{ci-1}(j)$$

式中　　PSD——声时-深度曲线上相邻两点连线的斜率与声时差的乘积（$\mu s^2/m$）；

$t_{ci}(j)$——第 j 检测剖面第 i 声测线的声时（μs）；

$t_{ci-1}(j)$——第 j 检测剖面第 $i-1$ 声测线的声时（μs）；

z_i——第 i 声测线深度（m）；

z_{i-1}——第 $i-1$ 声测线深度（m）。

根据实测声时计算某一剖面各声测线的 PSD 判据，绘制"判据值~深度"曲线，然后根据 PSD 值在某深度处的突变，结合波幅变化情况，进行异常点判定。采用 PSD 法突出了声时的变化，对缺陷较敏感，同时也减小了因声测管不平行或混凝土不均匀等非缺陷因素造成的测试误差对数据分析判断的影响。

采用 PSD 法应注意的是当桩身缺陷为缓变型时，声时值也呈缓变，PSD 判据并不敏感。

在实际应用时，可先假定缺陷的性质（如夹层、空洞、蜂窝）和尺寸，来计算临界状态的 PSD 值作为临界值判据，但必须对缺陷区的声波波速作假定。

图 6-44　PSD 法原理

3. 桩身混凝土缺陷性质、程度、范围与 PSD 判据的关系

PSD 判据实际上反映了声测线间距、声波穿透距离、混凝土质量等因素之间的综合关系，这一关系随缺陷的性质和范围的不同而不同。

（1）假定缺陷为夹层（见图 6-45）。设混凝土的声速为 v_1，夹层中夹杂物的声速为 v_2，声程为 l，声测线间距为 Δz（即 $z_i - z_{i-1}$）。若在完好混凝土中的声时值为 t_{i-1}，夹层中的声时值为 t_i，即两测点介于夹层边缘的两侧，则

$$t_{ci-1}(j) = \frac{l}{v_1}$$

$$t_{ci}(j) = \frac{l}{v_2}$$

所以

$$t_{ci}(j) - t_{ci-1}(j) = \frac{l}{v_2} - \frac{l}{v_1}$$

将上式代入得

$$K_c = \frac{l^2 (v_1 - v_2)^2}{v_1^2 v_2^2 \Delta z}$$

所求得的判据值即为遇到夹杂物的声速等于 v_2 的夹层断桩的临界判据值，以 K_c 表示。

若某点 i 的 PSD 判据 K_i 大于该点的临界判据值 K_c，则该点可判为夹层或断桩。

（2）假定缺陷为空洞（图 6-46）。如果缺陷是半径为 R 的空洞，以 t_{i-1} 代表声波在完好混凝土中直线传播时的声时值，t_i 代表声波遇到空洞时绕过缺陷其波线呈折线状传播时的声时值，则

$$t_{ci-1} = \frac{l}{v_1}$$

$$t_{ci}(j) = \frac{2\sqrt{R^2 + \left(\frac{l}{2}\right)^2}}{v_1}$$

图 6-45　桩身缺陷为夹层

$$PSD(j,i) = \frac{4R^2 + 2l^2 - 2l\sqrt{4R^2 + l^2}}{\Delta z \cdot v_1^2}$$

上式反映了 K_i 值与空洞半径 R 之间的关系。

（3）假定缺陷为"蜂窝"或被其他介质填塞的孔洞（图 6-47）。这时声波脉冲在缺陷区的传播有两条途径：一部分声脉冲穿过缺陷到达接收换能器，另一部分沿缺陷绕行后到达接收换能器。当绕行声时小于穿行声时时，可按空洞算式处理。反之，缺陷半径 R 与判据的关系可按相同的方法求出：

$$PSD(j,i) = \frac{4R^2(v_1 - v_3)^2}{\Delta z \cdot v_1^2 v_3^2}$$

式中　v_3——孔洞中填塞物的声速；

其余各项含义同前。

图 6-46　空洞

通过上述临界判据值以及各种缺陷大小与判据值关系的公式，用它们与各点的实测值所计算的判据值作比较，即可估算缺陷的位置、性质和大小。

实践证明，用以上判据判断缺陷的存在与否，是可靠的。但由于以上公式中的 v_2、v_3 均为估计值或间接测量值，所以，所计算的缺陷大小也是估算值，最终应采用各种细测的方法，并综合各种声参数进行判定。

6.5.3　波幅判据

接收波首波波幅是判定混凝土灌注桩桩身缺陷的另一个重要参数，首波波幅对缺陷的反应比声速更敏感，

图 6-47　"蜂窝"或被泥砂等物填塞的孔洞

但波幅的测试值受仪器设备、测距、耦合状态等许多非缺陷因素的影响，因而其测值没有声速稳定。

如果说桩身质量正常的混凝土声速的波动与正态分布规律有一定的偏差，但大致符合的话，那么桩身混凝土声波波幅与正态分布的偏离可能更远，采用基于正态分布规律的概率法来计算波幅临界值可能更缺乏可靠的理论依据。

在《建筑基桩检测技术规范》JGJ 106 中采用下列方法确定波幅临界值判据：

$$A_m(j) = \frac{1}{n}\sum_{j=1}^{n} A_{pi}(j)$$
$$A_c(j) = A_m(j) - 6$$

波幅 $A_{pi}(j)$ 异常应按下式判定：

$$A_{pi}(j) < A_c(j)$$

式中　$A_m(j)$ ——第 j 检测剖面各声测线的波幅平均值（dB）；

$A_{pi}(j)$ ——第 j 检测剖面第 i 声测线的波幅值（dB）；

$A_c(j)$ ——第 j 检测剖面波幅异常判断的临界值（dB）；

n ——第 j 检测剖面的声测线总数。

即波幅异常的临界值判据为同一剖面各声测线波幅平均值的一半。

由于桩内测试时波幅本身波动很大，采用波幅平均值的一半作为临界值判据可能过严，容易造成误判。因此《建筑基桩检测技术规范》JGJ 106 中采用了"可"的措辞。

6.5.4　主频判据

声波接收信号的主频漂移程度反映了声波在桩身混凝土中传播时的衰减程度，而这种衰减程度又能体现混凝土质量的优劣。声波接收信号的主频漂移越大，该声测线的混凝土质量就越差。接收信号的主频与波幅有一些类似，也受诸如测试系统状态、耦合状况、测距等许多非缺陷因素的影响，其波动特征与正态分布也存在偏差，测试值没有声速稳定，对缺陷的敏感性不及波幅，在实测中用得较小。

在《建筑基桩检测技术规范》JGJ 106 中只是把主频判据作为桩身缺陷的一个辅助判据，即"主频－深度曲线上主频值明显降低的声测线可判定为异常"。

6.5.5　实测声波波形

实测波形可以作为判断桩身混凝土缺陷的一个参考，前面讨论的声速和波幅只与接收波的首波有关，接收波的后续部分是发、收换能器之间各种路径声波叠加的结果，目前作定量分析比较难，但后续波的强弱在一定程度上反映了发、收换能器之间声波在桩身混凝土内各种声传播路径上总的能量衰减。在检测过程中应注意对声测线实测波形的观察，应选择混凝土质量正常的声测线的有代表性的波形记录下来并打印输出，对声参数异常的声测线的实测波形应注意观察其后续波的强弱，对确认桩身缺陷的声测线宜记录并打印实测波形。

6.5.6　接收信号的能量判据

接收信号的能量与接收信号的幅值存在正相关性，可以将约定的某一足够长时间段内的声波时域曲线的绝对值对时间积分后得到的结果（或约定的某一足够长时段内的声波时域曲线的平均幅值）作为能量指标。接收信号的能量反映了声波在混凝土介质中各个声传播路径上能量总体衰减情况，是测区混凝土质量的综合反映，也是波形畸变程度的量化指标。使用能量判据时，接收信号不应超量程（削波）。

当采用接收信号的能量作为辅助异常声测线判据时，能量-深度曲线上接收信号能量明显降低可判定为异常。

6.5.7　桩身混凝土缺陷的综合判定

1. 综合判定的必要性

在灌注桩的声波透射法检测中，如何利用所检测的混凝土声参数去发现桩身混凝土缺陷、评价桩身混凝土质量从而判定桩的完整性类别是我们检测的最终目的，同时又是声学检测中的一个难题。其原因一方面是因为混凝土作为一种多材料的集结体，声波在其中的传播过程是一个相当复杂的物理过程；另一方面，混凝土灌注桩的施工工艺复杂、难度大，混凝土的硬化环境和条件以及影响混凝土质量的其他各种因素远比上部结构复杂而且难以预见，因此桩身混凝土质量的离散性和不确定性明显高于上部结构混凝土。另外，从测试角度看，在桩内进行声测时，各声测线的测距及声耦合状况的不确定性也高于上部结构混凝土的声学测试，因此一般情况下桩的声测测量误差高于上部结构混凝土。

我们讨论了用于判断桩身混凝土缺陷的多个声学指标——声速、PSD 判据、波幅、主频、实测波形，它们各有特点，但均有不足，在实际应用时，既不能唯"声速论"，也不能不分主次将各种判据同等对待。声速与混凝土的弹性性质相关，波幅与混凝土的黏塑性相关，采用以声速、波幅判据为主的综合判定法对全面反映混凝土这种黏弹塑性材料的质量是合理的、科学的处理方法。

在《建筑基桩检测技术规范》JGJ 106 中明确指出：桩身完整性类别应结合桩身混凝土各声学参数临界值、PSD 判据、混凝土声速低限值以及桩身质量可疑点加密测试后确定的缺陷范围，按规范表中规定的特征进行综合判定。

2. 综合判定的方法

相对于其他判据来说声速的测试值是最稳定的、可靠性也最高，而且测试值是有明确物理意义的量，与混凝土强度有一定的相关性，是进行综合判定的主要参数，波幅的测试值是一个相对比较量，本身没有明确的物理意义，其测试值受许多非缺陷因素的影响，测试值没有声速稳定，但它对桩身混凝土缺陷很敏感，是进行综合判定的另一重要参数。

综合分析往往贯彻于检测过程的始终，因为检测过程中本身就包含了综合分析的内容（例如对平测普查结果进行综合分析找出异常声测线并进行细测），而不是说在现场检测完成后才进行综合分析。

现场检测与综合分析可按以下步骤进行：

（1）采用平测法对桩的各检测剖面进行全面普查。

（2）对各检测剖面的测试结果进行综合分析确定异常声测线。

① 采用概率法确定各检测剖面的声速临界值。

② 如果某一检测剖面的声速临界值与其他剖面或同一工程的其他桩的临界值相差较大，则应分析原因，如果是因为该剖面的缺陷点很多声速离散太大则应参考其他桩的临界值；如果是因声测管的倾斜所致，则应进行管距修正，再重新计算声速临界值；如果声速的离散性不大，但临界值明显偏低，则应参考声速低限值判据。

③ 对低于临界值的声测线或 PSD 判据中的可疑声测线，如果其波幅值也明显偏低，则这样的声测线可确定为异常声测线。

（3）对各剖面的异常部位桩身混凝土进行细测（加密测试）。

① 采用加密平测和交叉斜测等方法验证平测普查对异常声测线的判断并确定桩身缺陷在该剖面的范围和投影边界。

② 细测的主要目的是确定缺陷的边界，在加密平测和交叉斜测时，在缺陷的边界处，波幅较为敏感，会发生突变；声速和接收波形也会发生变化，应注意综合运用这些指标。

（4）综合各个检测剖面细测的结果推断桩身缺陷的范围和程度。

① 缺陷范围的推断

考察各剖面是否存在同一高程的缺陷。

如果不存在同一高程的缺陷，则该缺陷在桩身横截面的分布范围不大，该缺陷的纵向尺寸将由缺陷在该剖面的投影的纵向尺寸确定。

如果存在同一高程的缺陷，则依据该缺陷在各个检测剖面的投影大致推断该缺陷的纵向尺寸和在桩身横截面上的位置和范围。

对桩身缺陷几何范围的推断是判定桩身完整性类别的一个重要依据，也是声波透射法检测混凝土灌注桩完整性的优点。

② 缺陷程度的推断

对缺陷程度的推断主要依据以下四个方面：

缺陷处实测声速与正常混凝土声速（或平均声速）的偏离程度；

缺陷处实测波幅与同一剖面内正常混凝土波幅（或平均波幅）的偏离程度；

缺陷处的实测波形与正常混凝土声测线处实测波形相比的畸变程度；

缺陷处 PSD 判据的突变程度。

（5）在对缺陷的几何范围和程度做出推断后，对桩身完整性类别的判定可按表 6-5 描述的各种类别桩的特征进行，但还需综合考察下列因素：桩的承载机理（摩擦型或端承型），桩的设计荷载要求，受荷状况（抗压、抗拔、抗水平力等），基础类型（单桩承台或群桩承台），缺陷出现的部位（桩上部、中部还是桩底）等。

桩身完整性判定　　　　　　　　　　　　　　　　　　　表 6-5

类别	特　征
Ⅰ	所有声测线声学参数无异常,接收波形正常； 存在声学参数轻微异常、波形轻微畸变的异常声测线,异常声测线在任一检测剖面的任一区段内纵向不连续分布,且在任一深度横向分布的数量小于检测剖面数量的 50%
Ⅱ	存在声学参数轻微异常、波形轻微畸变的异常声测线,异常声测线在一个或多个检测剖面的一个或多个区段内纵向连续分布,或在一个或多个深度横向分布的数量大于或等于检测剖面数量的 50%； 存在声学参数明显异常、波形明显畸变的异常声测线,异常声测线在任一检测剖面的任一区段内纵向不连续分布,且在任一深度横向分布的数量小于检测剖面数量的 50%
Ⅲ	存在声学参数明显异常、波形明显畸变的异常声测线,异常声测线在一个或多个检测剖面的一个或多个区段内纵向连续分布,但在任一深度横向分布的数量小于检测剖面数量的 50%； 存在声学参数明显异常、波形明显畸变的异常声测线,异常声测线在任一检测剖面的任一区段内纵向不连续分布,但在一个或多个深度横向分布的数量大于或等于检测剖面数量的 50%； 存在声学参数严重异常、波形严重畸变或声速低于低限值的异常声测线,异常声测线在任一检测剖面的任一区段内纵向不连续分布,且在任一深度横向分布的数量小于检测剖面数量的 50%
Ⅳ	存在声学参数明显异常、波形明显畸变的异常声测线,异常声测线在一个或多个检测剖面的一个或多个区段内纵向连续分布,且在一个或多个深度横向分布的数量大于或等于检测剖面数量的 50%； 存在声学参数严重异常、波形严重畸变或声速低于低限值的异常声测线,异常声测线在一个或多个检测剖面的一个或多个区段内纵向连续分布,或在一个或多个深度横向分布的数量大于或等于检测剖面数量的 50%

注：1. 完整性类别由Ⅳ类往Ⅰ类依次判定。

2. 对于只有一个检测剖面的受检桩,桩身完整性判定应按该检测剖面代表桩全部横截面的情况对待。

（6）对表 6-5 需要做如下补充说明：

表中声波透射法桩身完整性类别分类特征是根据以下几个因素来划分的：① 缺陷空

间几何尺寸的相对大小；②声学参数异常的相对程度；③ 接收波形畸变的相对程度；④声速与低限值比较。这几个因素中除声速可与低限值作定量对比外，如Ⅰ、Ⅱ类桩混凝土声速不低于低限值，Ⅲ、Ⅳ类桩局部混凝土声速低于低限值，其他参数均是以相对大小或异常程度来作定性的比较。

预埋有多个声测管的声波透射法测试过程中，多个检测剖面中也常出现某一检测剖面个别声测线声学参数明显异常情况，即空间范围内局部较小区域出现明显缺陷。这种情况，可依据缺陷在深度方向出现的位置和影响程度，以及基桩荷载分布情况和使用特点，将类别划分的等级提高一级，即多个检测剖面中某一检测剖面只有个别声测线声学参数明显异常、波形明显畸变，该特征归类到Ⅱ类桩；而声学参数严重异常、接收波形严重畸变或接收不到信号，则归类到Ⅲ类桩。

这里需要说明：对于只预埋 2 根声测管的基桩，仅有一个检测剖面，只能认定该检测剖面代表基桩全部横截面，无论是连续多根声测线还是个别声测线声学参数异常均表示为全断面的异常，相当于表中的"大于或等于检测剖面数量的 50%"。

根据规范规定采用的换能器频率对应的波长以及 100mm 最大声测线间距，使异常声测线至少连续出现 2 次所对应的缺陷尺度一般不会低于 10cm 量级。

声波接收波形畸变程度示例见图 6-48。

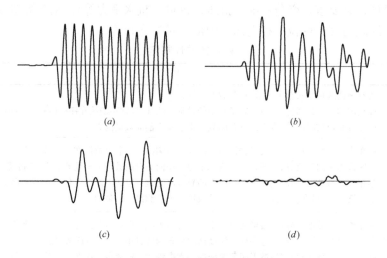

(*a*)　　　　　　　　　　　　　　　　(*b*)

(*c*)　　　　　　　　　　　　　　　　(*d*)

图 6-48　接收波形畸变程度示意
(*a*) 正常接收波形；(*b*) 轻微畸变波形；(*c*) 明显畸变波形；(*d*) 严重畸变波形

6.5.8　混凝土灌注桩的常见缺陷性质与声学参数的关系

灌注桩可能产生各种类型的缺陷。所有缺陷虽然都会引起声学参数的异常变化，但不同类型的缺陷使声学参数变化的特征有所不同。目前还难以根据声学参数的变化明确定出缺陷的性质，但可以总结出某些规律：

（1）沉渣：沉渣是松散介质，其本身声速很低，对声波的衰减也相当剧烈，所以凡遇到沉渣，必然是声速和振幅均剧烈下降。通常在桩底出现这种情况多属沉渣所引起。

（2）泥砂与水泥浆的混合物：这类缺陷多由浇注导管提升不当造成，若在桩身就是断桩；若在桩顶就是桩顶标高不够。其特点也是声速和振幅均明显下降。只不过出现在桩身时往往是突变，在桩顶是缓变。若桩顶缓变低到某一界限（可根据波速值确定这一界限），其以上部位应截桩，根据应截桩的标高可判定桩顶标高是否够。

（3）若是挖孔桩出现各断面均测值异常的层状缺陷则往往是施工中的事故引起的疏松层或桩孔中下部排水不净或混凝土浇注后出水，稀释混凝土所致。

（4）孔壁坍塌或泥团：声速与振幅均下降，但下降多少则视缺陷情况而定。如果是局部的泥团，并未包裹声测管，则下降的程度并不很大；如果泥团包裹声测管，则下降程度较大，特别是振幅的下降更为剧烈。一根声测管被泥团包裹将影响与此声测管相关的测试面。通过斜测可以分辨这些情况。

当确定为包裹声测管的泥团时，可根据泥团处两声测管间的声时、正常混凝土处的声时，并假定泥团的声速（2000m/s 左右），大致估算在两声测管间泥团的尺寸。

（5）混凝土离析：灌注桩容易发生混凝土离析，造成桩身某处粗骨料大量堆积，而相邻部位浆多骨料少的情况。粗骨料多的地方，由于粗骨料多，而粗骨料本身波速高，往往造成这些部位声速值并不低，有时反而有所提高。但由于粗骨料多，声学界面多，对声波的反射、散射加剧，接收信号削弱，于是波幅下降。至于粗骨料少而砂浆多的地方则正好相反：由于该处砂浆多，粗骨料少，测得的波速下降，但振幅测值不但不下降，有时还会高于附近测值。这显然是由于粗骨料少，则声波被反射、散射少的缘故。应采用波速和振幅两个参数进行综合的分析判断。

（6）气泡密集的混凝土：在灌注桩上部桩身有时因为混凝土浇注管提升过快造成大量空气封在混凝土内。虽不一定造成孔洞，但可能形成大量气泡分布在混凝土内，使混凝土质量有所降低。这种混凝土内的分散气泡不会使波速明显降低，但却使声波能量明显衰减（散射），接收波能量明显下降，这是这类缺陷的特征。

6.5.9 声测管的斜管测距修正

1. 弯管问题

在灌注桩的声波检测中，各声测线声速不是直接测试量，它是根据仪器实测各声测线声波在混凝土中的传播时间 t_i 和桩顶声测管外壁间距 l_0，由下式计算而得：

$$v_i = l_0 / t_i$$

而各声测线实际声速为

$$v_{Ti} = l_i / t_i$$

因此

$$v_i = \frac{l_0}{l_i} v_{Ti}$$

式中　l_0——桩顶面两声测管外壁间距；

　　v_i——声测线 i 按 l_0 计算的声速；

　　l_i——声测线 i 的实际测距（检测时无法知道）；

　　v_{Ti}——声测线 i 按实际测距 l_i 计算的声速；

　　t_i——声测线 i 处桩身混凝土声时。

当两声测管保持较好的平行度时，$l_i = l_0$，$v_i = v_{Ti}$，即按桩顶面两声测管外壁间距 l_0 和各声测线实测声时计算的声速与各声测线的实际波速相同。

但在实际工程中，声测管之间很难保持绝对的平行，如果安装时操作不当或声测管连接、固定不好，可能会造成声测管严重倾斜、弯折、翘曲，使同一剖面内各声测线的测距发生很大的差异，导致按公式推算的声速与声测线的实际声速有很大差别，甚至使检测试验失败（实测数据无法分析）。

因此声测管的连接、固定、埋设质量是决定声波检测试验成败的一个关键环节。

2. 管距修正原理

由公式可知：对于某一检测剖面的声速-深度曲线 $v(z)$，各声测线混凝土质量（可由实际声速 v_{Ti} 表征）和实际测距 l_i 与 l_0 的比值都将影响声速-深度曲线的形态（l_0/l_i 即是声测管的倾斜度）。

而桩身混凝土质量 v_{Ti} 是波动的，各声测线测距也是变化的，只有一个方程，要确定两个未知量（v_{Ti} 和 l_i），在理论上似乎不可能。但是声测管倾斜对曲线 $v(z)$ 的影响和桩身混凝土质量 v_{Ti} 波动对曲线 $v(z)$ 的影响是有差别的。如果我们将推算声速 v、桩身混凝土实际声速 v_T、两声测管在同一高程的间距 l（既各声测线实际测距）均定义为深度 z 的函数。

$$v(z) = \frac{l_0}{l} v_T$$

两边求导可得

$$\frac{\mathrm{d}v(z)}{\mathrm{d}z} = \frac{l_0}{l(z)} \cdot \frac{\mathrm{d}v_T(z)}{\mathrm{d}z} - \frac{l_0 v_T(z)}{l^2(z)} \cdot \frac{\mathrm{d}l(z)}{\mathrm{d}z}$$

在大多数情况下，由于声测管本身有一定的刚度，声测管即使发生倾斜，也仍能保持为一连续光滑曲线（或者是按段光滑曲线），在光滑段内相邻声测线的测距是渐变的，即 $l(z)$ 在光滑段内是可导函数的，测距 $l(z)$ 对曲线 $v(z)$ 的影响是渐变的，有一定趋势。而混凝土质量 $v_T(z)$ 对 $v(z)$ 曲线形态的影响往往是突变的，在平均值上、下波动，没有一定趋势，这是因为在桩身缺陷边缘，真实声速 $v_T(z)$ 不是连续变化的，而是突变的，即此时 $\frac{\mathrm{d}v_T(z)}{\mathrm{d}z}$ 不存在，因而 $\mathrm{d}v(z)/\mathrm{d}z$ 也不存在，即对应 $v(z)$ 曲线上的不可导点。$v(z)$ 曲线上的不可导点也可能因声测管弯折引起，此时对照相应声测线的波幅是否发生突变就可以将两种情况区分开来。

总之，声测管倾斜影响 $v(z)$ 曲线的总体趋势，是一个渐变（或者按段渐变）的过程，同一趋势影响的深度范围较大，属系统误差。桩身混凝土质量的波动（$v_T(z)$ 的变化）对曲线 $v(z)$ 的影响是突变的，在平均值附近上下波动的，同一趋势影响的深度范围小，属偶然误差。而桩身缺陷对曲线 $v(z)$ 的影响是剧烈的，一般情况下明显偏离曲线的整体趋势，也属偶然误差（如图6-49所示）。

3. 管距修正的传统方法

(1) 在声速-深度曲线上，以曲线的转折点为分界点将 $v(z)$ 曲线划分为若干段（或者按曲线的大体趋势来划分）。

(2) 对每一段 $v(z)$ 曲线，用一曲线 $f(z)$ 与 $v(z)$ 曲线拟合，得到一条与实测 $v(z)$ 曲线的总体趋势和形态基本吻合的曲线方程。

(3) 以桩顶处混凝土声速为基础（此处管距 l_0 是真实的），对各声测线声速进行修正。

因为

$$f(z) = v(z) = \frac{l_0}{t_z}, t_z = \frac{l(z)}{v_{Tz}} = \frac{l(z)}{v_0}$$

所以

$$l(z) = \frac{v_0}{f(z)} l_0$$

图 6-49　斜管修正原理示意图

$$v'(z)=\frac{l(z)}{t_z}$$

式中　　$l(z)$ ——修正后的深度为 z 的声测线测距；

　　　　$f(z)$ ——$v(z)$ 的高阶拟合曲线；

　　　　v_0 ——桩顶混凝土声速；

　　　　l_0 ——桩顶测距；

　　　　$v(z)$ ——经测距修正后的各声测线声速；

　　　　t_z ——各声测线的实测声时。

（4）绘制经过测距修正后的声速-深度曲线 $v(z)$。

4. 管距修正存在的问题

（1）$v(z)$ 曲线变化规律复杂，很难由一条曲线来拟合，而是以曲线转折点为分界点，按段拟合。工作量较大，人为误差也大。

（2）桩身存在渐变型缺陷时，它对 $v(z)$ 曲线的影响也是缓变的，大范围的，影响 $v(z)$ 曲线的总体趋势，属系统误差，此时很难区分这个区域 $v(z)$ 的总体变化是管距变化引起还是桩身渐变型缺陷引起。

6.5.10　检测报告

（1）检测报告应包括以下共性内容：

① 委托方名称，工程名称、地点，建设、勘察、设计、监理和施工单位，基础、结构形式，层数，设计要求，检测目的，检测依据，检测数量，检测日期；

② 地质条件描述；

③ 受检桩的桩号、桩位和相关施工记录；

④ 检测方法，检测仪器设备，检测过程叙述；

⑤ 受检桩的检测数据，实测与计算分析曲线、表格和汇总结果；

⑥ 与检测内容相应的检测结论。

（2）针对声波透射法，检测报告还应包括以下：

① 声测管布置图及声测剖面编号；

② 受检桩每个检测剖面声速-深度曲线、波幅-深度曲线，并将相应判据临界值所对应的标志线绘制于同一个坐标系；

③ 当采用主频值、PSD 值或接收信号能量进行辅助分析判定时，应绘制相应的主频-深度曲线、PSD 曲线或能量-深度曲线；

④ 各检测剖面实测波列图；

⑤ 对加密测试、扇形扫测的有关情况说明；

⑥ 当对管距进行修正时，应注明进行管距修正的范围及方法。

其中第①条应包含检测剖面的编号，第④条缺陷分布图可参照加密平测和交叉斜测等细测结果，画出桩身缺陷在高程上和桩身横截面上的大致位置分布草图。有条件时，检测报告可附上正常声测线有代表性的实测波形和桩身缺陷处的实测波形。

6.6　声波透射法检测混凝土灌注桩工程实例分析

（1）图 6-50 为某钻孔灌注桩超声波检测波列图。该桩长为 54.0m，桩径 1500mm，

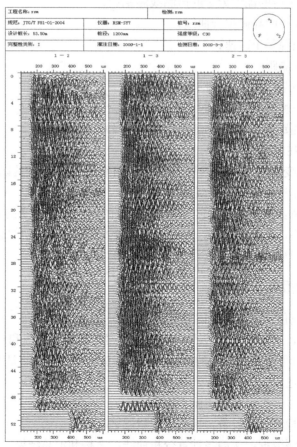

图 6-50　波列图

248

桩身混凝土设计强度为 C30，12、23、13 剖面的测管距离分别为：1200mm，1250mm，1240mm。图 6-51 为其取芯验证的结果。

根据图形及表所列的测试结果进行综合评价，该桩距桩顶 50m 以下存在大面积缺陷，波形畸变，距桩顶 50m 以下各声测剖面上的声速值及波幅值均小于相应的临界值，可判为Ⅳ类桩。

（2）图 6-52 为某钻孔灌注桩超声波检测波列图。该桩长为 45.0m，桩径为 1400mm，桩身混凝土设计强度为 C30，12、23、13 剖面的测管距离分别为：1100mm，1090mm，1200mm。图 6-53 为其开挖验证的结果。

根据图形及表所列的测试结果进行综合评价，该桩距桩顶 2～4m 处存在大面积缺陷，波形畸变，距桩顶 2～4m 各声测剖面上的声速值及波幅值均小于相应的临界值，可判为Ⅳ类桩。

（3）某一根桩，在检测过程中发现 1-2、1-3 与 2-3 剖面声幅及波形差别较大。而声测管间距基本一致，检查仪器参数也未发现问题，如图 6-54（a）、（b）所示。

图 6-51　芯样图

图 6-52　波列图

图 6-53　开挖图

图 6-54 波列图

(a) 1-2 面；(b) 2-3 面

后经现场反复复测发现，首次测试时 1 号管探头与 2、3 号管探头深度不一致，复测结果正常。

（4）图 6-55 为某钻孔灌注桩超声波检测曲线图。该桩长为 26.0m，桩径 1400mm，桩身混凝土设计强度为 C30，1-2、2-3、1-3 剖面的测管距离分别为：900mm，900mm，1000mm。图 6-56 为其波列图。

图 6-55 曲线图

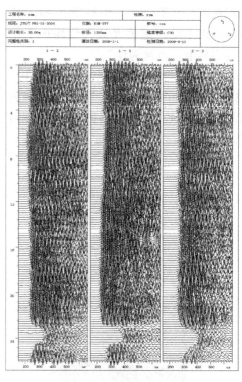

图 6-56 波列图

根据图形及表所列的测试结果进行综合评价，该桩距桩顶 23 ～24.5m 处存在大面积缺陷，波形畸变，距桩顶 23～24.5m 各声测剖面上的声速值及波幅值均小于相应的临界值，可判为 IV 类桩。

（5）图 6-57 为某钻孔灌注桩超声波检测曲线图，图 6-58 为检测波列图。该桩长为 20.0m，桩径 1400mm，桩身混凝土设计强度为 C30，1-2、2-3、1-3 剖面的测管距离分别为：630mm，700mm，700mm。

根据图形及测试结果进行综合评价，该桩身完整，波形正常，各声测剖面上的声速值及波幅值均大于相应的临界值，波速在正常取值范围之内，可判为Ⅰ类桩。

图 6-57　曲线图

图 6-58 波列图

（6）某一根桩，在分析过程中发现 2-4 剖面直接从波形上观察，感觉该剖面在 42m 以下存在大范围缺陷如图 6-59 所示。

图 6-59　波列图与曲线图

但通过观察 PSD 的变化及声速声幅曲线的变化，我们发现，PSD 并无强烈变化，且声速声幅呈趋势性渐变，应为声测管偏斜，按规范要求需进行管斜修正。图 6-60 为修正后曲线。

图 6-60　管斜修正后的数据表与曲线图

6.7　声波层析成像（CT）技术

在混凝土灌注桩声波透射法检测中，通过平测法和斜测法断面的声学参数的统计分析，确定缺陷异常的位置和范围，但由于测试分析方法本身的局限性，测试结果对缺陷的定位具有一定的精度，而对缺陷的大小、分布范围及形状难以给出定量的结果。为此，近几年发展起来了灌注桩声波层析成像（CT）技术，该技术是检测灌注桩桩身缺陷在桩内的空间分布状况的一种新方法，具有检测结果形象直观、准确全面等特点。

近年来一些行业和发达地区已经将层析成像（CT）技术列为应采用的技术手段。例如，2014 年 10 月开始实施的国家建筑行业标准《建筑基桩检测技术规程》JGJ 106—2014 第 10.4.3 条规定"在桩身质量可疑的声测线附近，应采用增加声测线或采用扇形扫测（图 10.4.3）、交叉斜测、层析成像（CT）影像技术等方式，进行复测和加密测试"，《建筑基桩检测技术规程（上海市工程建设规程）》DGJ 08—218—2003 第 9.3.5 条规定"对桩身质量可疑的声测线，必要时宜用超声波穿透层析成像（CT）技术（附录 D）进行复检以进一步确定桩身缺陷的位置和范围"。

6.7.1　超声波 CT 的原理

1. 传统声波 CT 检测方法

传统声波 CT 探测方法，如图 6-61 所示，首先保持一个探头不动，例如保持发射探头不动，然后向上提拉接收探头的电缆，声测线路径如图 6-61（a）所示。接着，将发射探头向上移动一个位置，又将接收电缆从基桩底部向上提拉直到基桩顶部，声测线路径如图 6-61（b）所示，如此反复。发射探头从基桩底部一直提拉到基桩顶部为止。得到的完整声测线路径如图 6-61（c）所示。将所有声测线的时差进行反演成像（一般采用 ART/

SIRT 或其他方法），可以得到声波速度的分布图如图 6-61 (*d*) 所示。从图可以直观地给出缺陷的深度分布和水平分布情况。

这种传统的声波 CT 方法优点是测试数据多，成像精度高。

这种方法缺点也比较明显。突出的缺点是野外采集速度慢，一个 CT 剖面需要反复提拉不同声测管的探头，野外采集时间很长。对于一个基桩内如果有多个声测管多个 CT 剖面，需要采集更长时间。另外，这种采集方法数据量大，室内资料处理需要大内存计算机，成像速度也慢，对计算机的性能要求较高。另外，当发射声波探头与接收声波探头距离较远时，透射声波能量损失较大，采集的声波数据信噪比降低，给时差提取等信号分析带来了较大难度。

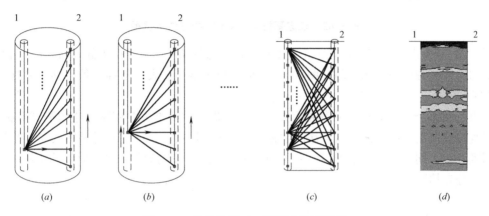

图 6-61 传统声波 CT 探测方法示意图

2. 改进基桩声波 CT 探测方法

改进基桩声波 CT 探测方法如图 6-62 所示。改进声波 CT 探测方法是每个声测管的电缆上有两个声波探头，这两个探头既可以作为发射探头也可以作为接收探头。每个深度位置的声测线路径有 4 条，既有平行声测线又有倾斜声测线，可以对 CT 剖面进行反演成像，给出缺陷的深度位置和水平位置，同时，其野外采集方法与传统声波测试方法一样，首先将声波探头放到基桩底部，然后同时提拉电缆，一次性采集完所有数据，野外测试速度快。

图 6-62 (*a*) 是两条电缆都在基桩底部时声测线路径图，图 6-62 (*b*) 是同时提拉两条电缆到下一个位置时的声测线路径图。野外采集时，保持提拉电缆的速度较慢且匀速时，基桩声波仪器自动进行扫描叠加，以增强声波信号的信噪比。一个声波 CT 剖面的声测线路径图如图 6-62 (*c*) 所示，其成像效果图如图 6-62 (*d*) 所示。由于 4 个探头的相对高差较小，透射声波的振幅衰减较小，采集的声波数据质量高。

这种方法的优点是野外采集速度快，数据量也不大，成像速度也较快，可以达到野外准实时成像。

对一个 CT 剖面的声测线路径进行分析，可以发现其可以分解为三种声测线子集，如图 6-63 所示。

图 6-63 (*a*) 是总的声测线路径图，图 6-63 (*b*) 是分解的水平声测线路径图，即1-2P声测线路径，表示 1 号探头和 2 号探头的深度一样，图 6-63 (*c*) 是分解的倾斜声测线路

图 6-62 改进基桩声波 CT 探测方法示意图

径图，即 1-2X 声测线路径，表示 1 高 2 低，即 1 号探头高，2 号探头低，图 6-63（*d*）是分解的另外一种倾斜声测线路径图，即 2-1X 声测线路径，表示 2 高 1 低，即 1 号探头低 2 号探头高。

由于在每个电缆上有两个声波探头，这种改进基桩声波 CT 探测方法的测试数据中，可以直接提取出传统声波测试方法的数据，可以根据 1-2P 数据集的时差图实时给出缺陷的深度分布。同时，综合 1-2X 和 2-1X 倾斜声测线路径集的数据，准实时地给出缺陷的水平位置分布情况。

图 6-63 改进基桩声波 CT 探测方法声测线路径分解示意图

6.7.2 工程实例

某模型桩，直径 1800mm，为人工挖孔桩 C30 混凝土浇灌。采用声波透射法检测 AB、BC、CD、DA、AC、BD 共 6 个剖面，声测管布置及管间距离见图 6-64。

采用 100mm 步距进行平测，经对平测数据分析，缺陷纵向分别情况如图 6-65 所示：AB 剖面距桩顶 2.1～2.3m、12.0～13.0m，BC 剖面距桩顶 5.5～5.8m、12.5～13.0m，CD 剖面距桩顶 12.8～13.0m，DA 剖面距桩顶 9.8～10.0m、12.0～13.0m，AC 剖面距

图 6-64 基桩截面和声测管分布图

桩顶 5.5～5.8m、12.0～13.0m，BD 剖面距桩顶 5.5～5.8m、12.6～13.0m。

图 6-65 平测各剖面波列图

　　由于此桩在多个剖面多个深度存在一定范围缺陷，使用 RSM-SY8 对 AB、BC、CD、DA、AC、BD 进行了整桩 CT 测试，成像结果如图 6-66 所示，缺陷区域与声波透射平测结果一致，评定桩身完整性类别为Ⅳ类。

图 6-66　三维层析成像结果图

6.8　声波透射法的若干问题分析

6.8.1　影响桩身缺陷纵向尺寸检测精度的因素

换能器在声测管中以一定的步长向上提升，换能器的辐射体在纵向有一定的长度，这些因素都会影响到缺陷纵向尺寸的检测精度（图 6-67）。下面就来讨论这个问题：

某桩桩身存在纵向尺寸（长度）为 l_2 的缺陷，换能器的辐射体的纵向尺寸为 l_1，换能器在自下而上（提升步长为 Δ）的提升过程中第一次检测到缺陷时，换能器辐射体的顶面与缺陷下边缘的距离为 d_1，显然 $d_1 \in [0, \Delta]$，换能器最后一次检测到缺陷时换能器辐射体的底面与缺陷顶面距离为 d_2，同样 $d_2 \in [0, \Delta]$，由换能器所检测推断的缺陷纵向尺寸为 l_3，因此，

图 6-67　桩身缺陷纵向尺寸
检测精度分析示意图

256

$l_3 = l_2 - d_1 - d_2 + l_1 = (l_1 + l_2) - (d_1 + d_2)$，由于 $d_1 \in [0, \Delta]$，$d_2 \in [0, \Delta]$

所以，$\max[l_3] = l_1 + l_2$

$\min[l_3] = (l_1 + l_2) - 2\Delta$

缺陷被夸大的情况（考虑极端情况，即 l_3 取最大值）此时

缺陷检测长度为 $l_3 = l_1 + l_2$，

相对误差：

$$\frac{l_3 - l_2}{l_2} \times \frac{100}{100} = \frac{l_1}{l_2} \times \frac{100}{100}$$

缺陷被低估的情况（l_3 取最小值）

缺陷检测长度 $l_3 = l_1 + l_2 - 2\Delta$，

相对误差：

$$\frac{l_3 - l_2}{l_2} \times \frac{100}{100} = \frac{l_1 - 2\Delta}{l_2} \times \frac{100}{100}$$

因此，径向换能器辐射体的纵向尺寸 l_1，检测步长 Δ 将影响缺陷纵向尺寸的检测精度。

当然，对缺陷的定位也同样存在误差，缺陷下边缘相差 $d_1 \in [0, \Delta]$，上边缘相差 $(l_1 - d_2) \in [l_1 - \Delta, l_1]$。

所以，在保证一定的辐射能量的条件下，换能器工作长度越小，声测线间距 Δ 越小，对缺陷纵向尺寸的检测精度就越高。

6.8.2 基桩低应变法测试波速与声波透射法波速的比较

在基桩低应变检测和声波透射法检测中均采用纵波，两者波的类型是相同的，桩身材料是相同的，不同之处主要有以下三个方面：

1. 波长和边界条件

低应变试验，应力波波长量级为米，应力波沿桩纵轴线传播，在垂直于波的传播方向上的横向尺寸为桩径（一般在 0.8~1.4m），纵向尺寸为桩长，桩可视为杆件，声速 v_1 近似于杆件波速。

声波透射法试验中，波长量级为厘米，在垂直于波的传播方向上桩的横向尺寸为桩纵剖面，明显大于波长，声速 v_2 接近体波波速。因此，v_2 明显大于 v_1。

2. 声波频率

低应变冲击脉冲主频在几百赫兹，声波脉冲主频高达 30~50kHz。

在相同介质中，高频声波波速高于低频声波波速，即存在所谓"频散"现象。

3. 测距

低应变若以桩底反射信号和桩长反算波速，则"测距"为 2 倍桩长。

声波透射法测距比桩径略小，明显小于桩长，声波在其传播过程中有"频漂"现象，即随着传递距离的增加，主频降低，传播速度减慢，测试波速减小。因此测距的差异也加大了低应变反射法波速与声波透射法波速的差异。

上述三个影响因素中，波长和边界条件的影响是根本的。

某工程用反射波法和声波透射法对同一批混凝土灌注桩进行检测，该批桩混凝土强度设计等级为 C25。从中选出 10 根桩身质量优良的桩进行对比：

低应变反射波法，平均波速为 3750m/s；

声波透射法平均波速为 4200m/s。

6.8.3 桩身缺陷在桩横截面上分布状况的推断

对单一检测剖面的平测、斜测结果进行分析，我们只能得出缺陷在该检测剖面上的投影范围，桩身缺陷在空间的分布是一个不规则的几何体，要进一步确定缺陷的范围（在桩身横截面上的分布范围），则应综合分析各个检测剖面在同一高程或邻近高程上的声测线的测试结果，如图 6-68 所示，一灌注桩桩身存在缺陷，在三个检测剖面的同一高程上通过细测（加密平测和斜测），确定了该桩身缺陷在三个检测剖面上的投影范围，综合分析桩身缺陷的三个剖面投影可大致推断桩身缺陷在桩横截面上的分布范围。

图 6-68 桩身缺陷在桩横截面上的分布及在各检测剖面上的投影

桩身缺陷的纵向尺寸可以比较准确地检测，因为声测线间距可以任意小，所以在桩身纵剖面上可以有任意多条测线。而桩身缺陷在桩横截面上的分布则只是一个粗略的推断，因为在桩身横截面上最多只有 C_n^2 条测线（n 为声测管埋设数量）。

近几年发展起来的灌注桩声波层析成像（CT）技术是检测灌注桩桩身缺陷在桩内的空间分布状况的一种新方法。

第7章　钻　芯　法

7.1　概述

基桩质量检测方法有静载试验、高应变法、低应变法、声波透射法、钻芯法等，但在实际工程中，可能由于现场条件、当地试验设备能力等条件限制无法进行静载试验和高应变法检测，由于目前检测技术水平限制无法进行高应变法和低应变法检测，由于没有预埋声测管或声测管堵塞无法进行声波透射法试验。而钻芯法设备安装对拟建工程场地条件要求要比静载试验和高应变法低得多，检测能力的限制条件主要受桩的长径比制约，当然它不能对预制桩和钢桩的成桩质量进行检测。

钻芯法是一种微破损或局部破损检测方法，具有科学、直观、实用等特点，不仅可检测混凝土灌注桩，也可检测地下连续墙的施工质量，检测地下连续墙的施工质量是钻芯法的优势所在；同时，它不仅可检测混凝土灌注桩的桩长、混凝土质量及强度，而且可检测沉渣厚度、桩身完整性、混凝土与持力层的接触情况，以及持力层的岩土性状、是否存在夹层等，这一点也是目前其他检测方法无法比拟的。钻芯法借鉴了地质勘探技术，在混凝土中钻取芯样，通过芯样表观质量和芯样试件抗压强度试验结果，综合评价混凝土的质量是否满足设计要求。

钻芯法不仅用于混凝土灌注桩的质量检测，也用于混凝土结构质量等方面检测，为了使读者有较全面的了解，下面简要予以介绍。

7.1.1　钻芯法检测结构混凝土强度

《钻芯法检测混凝土强度技术规程》CECS 03 对结构或构件混凝土或钢筋混凝土强度（工业与民用建筑的普通混凝土和普通钢筋混凝土，其混凝土的干重度为 $1900\sim2500\mathrm{kg/m^3}$）检测进行了规定。该规程适用于从混凝土结构中钻取芯样，以测定普通混凝土的强度，与此类似的标准还有原国家冶金工业部在 1986 年 10 月颁布的行业标准《钻芯取样法测定结构混凝土抗压强度技术规程》YBJ 209-86。

钻芯法检测结构混凝土强度主要用于下列情况：

（1）对试块抗压强度的测试结果有怀疑，如试块强度很高而结构混凝土质量很差，或者试块强度不足而结构混凝土质量较好；

（2）因材料、施工或养护不良而发生混凝土质量问题；

（3）混凝土遭受冻害、火灾、化学侵蚀或其他损害；

（4）需检测经多年使用的建筑结构或构筑物中混凝土强度。

结构混凝土强度也可采用回弹、超声或超声回弹综合法等无损方法进行检测，但采用无损方法检测混凝土强度时，有一个非常重要的前提条件是混凝土的内外质量基本一致，对于测试部位表层与内部的质量有明显差异、遭受化学侵蚀或火灾、硬化期间遭受冻伤等的混凝土，由于内外质量不一致，测试结果会有较大误差，而这些混凝土均可采用钻芯法检测其强度。有时为了保证无损测试结果的准确性，也可用钻取的芯样强度来校核修正无损测试强度。

对于混凝土强度等级低于 C10 的结构或虽然强度等级较高，但龄期较短的混凝土结构，钻芯过程中容易破坏砂浆与粗骨料之间的粘结力，钻出的芯样表面比较粗糙，有时甚至很难取出完整芯样，为了保证检测结果的准确性，这种情况下一般不采用钻芯法检测。

7.1.2　钻芯法检测预应力混凝土强度

近年来，离心高强混凝土制品有了很大的发展，尤其是先张法预应力混凝土管桩在我国建筑基础工程中得到大力的推广应用，据不完全统计，2001 年度全国管桩产量约 6500 万 m，管桩生产企业达 70 多家，先张法预应力混凝土管桩已成为我国工程建设中重要的桩型。而中国工程建设标准化委员会标准《钻芯法检测混凝土抗压强度技术规程》CECS 03 不适用于管桩桩身离心高强混凝土的检验，因此，根据我国离心高强混凝土制品的生产、使用、检测的实际情况，非等效采用英国标准 BS1881：Part 120：1983《钻芯法检测混凝土抗压强度试验方法》、中国香港标准 CS1：1990：Section 15《芯样的钻取及混凝土抗压强度的测定》制定了国家标准《钻芯法检测离心高强混凝土抗压强度试验方法》GB/T 19496—2004。该标准适用于先张法预应力混凝土管桩（以下简称管桩，即利用离心成型工艺对混凝土制品进行密实成型的强度等级为 C50 及其以上等级的混凝土，混凝土的干重度为 2500～2550kg/m³），对离心高强混凝土制品的芯样钻取、芯样加工、芯样抗压试验、芯样试件混凝土抗压强度推算值的计算、试验结果评定等作了规定。标准主要用于对制品的混凝土立方试件强度的代表性有异议时（一种情况是产品结构混凝土质量很差、如管桩施工的破损率较高，而试块强度很高；另一种情况是试块强度不足而产品结构混凝土质量较好）的处理；标准建议在试验前各方必须考虑试验的必要性、试验的目的、试验结果的重要性并就钻芯法检测离心高强混凝土抗压强度的试验方法及试验结果的处理达成统一的意见，即在确定采用钻芯法检测混凝土抗压强度前，各方必须就试验的方法和试验结果对产品质量的处置达成统一的意见。必须指出，与《建筑基桩检测技术规范》钻芯法检测基桩混凝土强度一样，芯样试件混凝土抗压强度值不等于混凝土标准养护 28d 试块抗压强度值。

1. 管桩芯样钻取规定

管桩芯样钻取应符合下列规定：

（1）混凝土质量应具有代表性。由于在施打（压）过程中施工机具对结构混凝土的破坏较大，如锤击法沉桩后桩身结构混凝土强度由于锤击作用而下降 30％～50％，因此，不得在已破损的管桩桩身上钻取，也不得在沉桩过程中的桩身上或沉桩后的管桩桩身上钻取。

（2）应在制品中部且便于钻芯机安装与操作的部位，同时离制品两端 1.5m 以外，且芯样的取样间距不宜小于 1m，尽量避开预应力钢筋、螺旋筋密绕的部位及桩身钢模合缝处。

（3）钻取的芯样直径为 70～100mm，一般不宜小于骨料最大粒径的 3 倍，在任何情况下不得小于骨料最大粒径的 2 倍。

2. 管桩芯样强度试验结果评价

同一制品钻取的芯样数量为 3 个。芯样试件混凝土抗压强度推算值 R 按下式计算:

$$R=[4F/(\pi d^2)]f_1f_2$$
$$f_1=2.5/(1.5+1/\alpha)$$
$$f_2=1.0+1.5\{[\sum(d_sh_s)]/(dH)\}$$
$$\alpha=H/d$$

式中 R——芯样试件混凝土抗压强度推算值 (MPa);

       F——芯样抗压试验时测得的最大压力 (N);

       d——芯样的平均直径 (mm);

       f_1——芯样高径比修正系数;

       f_2——芯样内含钢筋修正系数;

       α——芯样的高径比;

       H——芯样的高度 (mm);

       d_s——芯样内含钢筋的直径 (mm);

       h_s——芯样内含钢筋轴心与芯样端面较近一端的距离 (mm)。

若钻取的 3 个芯样所测得的芯样试件混凝土抗压强度推算值符合下列规定,则判定该制品的混凝土强度合格。

$$R\geqslant f_{cu,k}$$
$$R_{min}\geqslant 0.85f_{cu,k}$$

式中 R——3 个芯样的芯样试件混凝土抗压强度推算值的平均值 (MPa);

       R_{min}——3 个芯样的芯样试件混凝土抗压强度推算值中的最小值 (MPa);

       $f_{cu,k}$——混凝土立方体抗压强度标准值 (MPa),如 C80 混凝土, $f_{cu,k}=80$MPa。

若钻取的 3 个芯样所测得的芯样试件混凝土抗压强度推算值同时不符合上述两式的规定,则判定该制品的混凝土强度不合格。若 3 个芯样的强度统计值只符合上述两式中一个公式的规定,则需在该制品上再钻取 9 个芯样进行试验。若新钻取的 9 个芯样的强度指标与原 3 个芯样的强度指标的统计值(共 12 个芯样)同时符合下面两式的规定,则判定该制品的混凝土强度合格。

$$R'\geqslant 0.85f_{cu,k}$$
$$R'_{min}\geqslant 0.75f_{cu,k}$$

式中 R'——钻取的 12 个芯样的芯样试件混凝土抗压强度推算值的平均值 (MPa);

       R'_{min}——钻取的 12 个芯样的芯样试件混凝土抗压强度推算值中的最小值 (MPa)。

若新钻取的 9 个芯样的强度指标与原 3 个芯样的强度指标的统计值(共 12 个芯样)不能同时符合上述两式的规定,或仅符合上述公式中的一项,则判定该制品的混凝土强度不合格。

7.1.3 混凝土立方体试件强度检验评定

无论是混凝土结构,还是混凝土灌注桩,对于正常施工情况,都应该按规定制作混凝土立方体试块进行强度检验和评定。不能用芯样强度试验代替立方体试件强度试验,因此，立方体试件强度试验是评定混凝土强度的重要资料。

我国把混凝土按立方体抗压强度来分级，称之为强度等级，混凝土的标准试件为边长150mm的立方体。立方体抗压强度标准值系指按标准方法制作和养护的边长为150mm的立方体试件，在28d龄期，用标准试验方法测得的抗压强度为总体分布中的一个值，在混凝土强度测定值的总体中，低于该强度的概率不大于5％（即0.05分位数）。混凝土强度等级是混凝土物理力学性能的基本度量尺度，是通常用来评价混凝土质量的一个主要的技术指标，是反映混凝土工程质量的一个最基本参数。

最常用的混凝土强度评定标准是《混凝土强度检验评定标准》GB/T 50107，混凝土强度合格评定方法有三种：第一种是方差已知的统计方法；第二种是方差未知的统计方法；第三种是非统计评定方法。标准规定，凡有条件的混凝土生产单位均应采用统计方法进行混凝土强度的检验评定，预拌混凝土厂、预制混凝土构件和采用现场集中搅拌的施工单位，应按统计法评定混凝土强度，并应定期对混凝土强度进行统计分析，控制混凝土质量；对零星生产的预制构件的混凝土或现场搅拌的批量不大的混凝土，可按非统计方法评定。

一个验收批的混凝土应由强度等级相同、生产工艺条件和配合比基本相同的混凝土组成，一般来说，一个验收批的批量不宜过大。因为批量过大，一旦检验不合格，需做处理的混凝土量太大，造成不必要的经济损失；但批量过小，也会使检验工作量太大。批量应根据具体生产条件来确定，对于施工现场的现浇混凝土，宜按分项工程来划分验收批。

一个验收批由若干组混凝土试件构成，每组由三个试件组成，每组三个试件的混凝土强度代表值的取舍原则如下：

① 当一组试件中强度的最大值和最小值与中间值之差，均未超过中间值的15％时，取三个试件强度的算术平均值作为每组试件的强度代表值；

② 当一组试件中强度的最大值或最小值与中间值之差，超过中间值的15％时，取中间值作为该组试件的强度代表值；

③ 当一组试件中强度的最大值和最小值与中间值之差，均超过中间值的15％时，该组试件的强度不能作为评定的依据。

1. 方差已知的统计方法

当同一品种的混凝土生产，有可能在较长的时间内，通过质量管理维持基本相同的生产条件，即维持原材料、设备、工艺和人员配备的稳定性，即使有所变化，也能很快地予以调整而恢复正常。在这种生产状况下，每批混凝土强度变异性基本稳定，每批混凝土的强度标准差 σ_0 可按常数考虑，其数值可以根据前一时期生产累计的强度数据加以确定。在这种情况下，采用方差已知的统计方法。方差是在生产周期三个月内，由不少于15个连续批的强度数据确定。一个验收批由连续的三组试件组成，其强度应同时满足下列要求：

$$m_{f_{cu}} \geqslant f_{cu,k} + 0.7\sigma_0$$
$$f_{cu,min} \geqslant f_{cu,k} - 0.7\sigma_0$$

当混凝土强度等级不高于C20时，强度的最小值尚应满足下式要求：

$$f_{cu,min} \geqslant 0.85 f_{cu,k}$$

当混凝土强度等级高于C20时，强度的最小值尚应满足下式要求：

$$f_{cu,min} \geqslant 0.90 f_{cu,k}$$

式中　$m_{f_{cu}}$——同一验收批混凝土立方体抗压强度的平均值（MPa）；

　　　$f_{cu,k}$——混凝土立方体抗压强度标准值（MPa）；

　　　σ_0——验收批混凝土立方体抗压强度的标准差（MPa）；当 $\sigma_0 < 2.5$MPa 时，取 2.5MPa。

　　　$f_{cu,min}$——同一验收批混凝土立方体抗压强度的最小值（MPa）。

2. 方差未知的统计方法

该方法是现场浇灌混凝土强度的主要评定方法。当混凝土生产连续性较差，在较长的时间内不能保证维持基本相同的生产条件，混凝土强度变异性不能保持稳定时，或生产周期短，在前一个检验期内的同一品种混凝土没有足够的数据用以确定验收批混凝土的强度标准差 σ_0 时，应由不少于 10 组的试件组成一个验收批，其强度应同时满足下列公式的要求：

$$m_{f_{cu}} - \lambda_1 S_{f_{cu}} \geqslant f_{cu,k}$$

$$f_{cu,min} \geqslant \lambda_2 f_{cu,k}$$

式中　$S_{f_{cu}}$——同一验收批混凝土立方体抗压强度的标准差（MPa）；当 $S_{f_{cu}} < 2.5$MPa 时，取 $S_{f_{cu}} = 2.5$MPa；

　　　λ_1，λ_2——合格判定系数，按表 7-1 取用。

混凝土强度的合格判定系数　　　表 7-1

试件组数	10~14	15~24	≥25
λ_1	1.15	1.05	0.95
λ_2	0.90	0.85	

3. 非统计方法评定

不具备统计方法评定条件，试件组数小于 10 组，用非统计方法。由于试件组数较少，检验效率较差，误判的可能性较大。

按非统计方法评定混凝土强度时，其强度应同时满足下列要求：

$$m_{f_{cu}} \geqslant \lambda_3 f_{cu,k}$$

$$f_{cu,min} \geqslant \lambda_4 f_{cu,k}$$

合格判定系数 λ_3、λ_4 取值为：$f_{cu,k} < 60$ 时，$\lambda_3 = 1.15$，$f_{cu,k} \geqslant 60$ 时，$\lambda_3 = 1.10$；$\lambda_4 = 0.95$。

当一个验收批的混凝土试件仅有一组时，则该组试件的强度不得低于标准值的 115%。

《混凝土结构工程施工质量验收规范》GB 50204 规定结构构件的混凝土强度应按现行国家标准《混凝土强度检验评定标准》GB/T 50107 的规定分批检验评定。结构混凝土的强度必须符合设计要求。用于检查结构构件混凝土强度的试件，应在混凝土的浇筑地点随机抽取。取样与试件留置应符合下列规定：

（1）每拌制 100 盘且不超过 100m³ 的同配合比的混凝土，取样不得少于 1 次；

（2）每工作班拌制的同一配合比的混凝土不足 100 盘时取样不得少于 1 次；

（3）当一次连续浇筑超过 1000m³ 时，同一配合比的混凝土每 200m³ 取样不得少于 1 次；

（4）每一楼层、同一配合比的混凝土取样不得少于 1 次；

（5）每次取样应至少留置一组标准养护试件，同条件养护试件的留置组数应根据实际需要确定。

《建筑地基基础工程施工质量验收规范》GB 50202 作为强制性条文规定灌注桩每浇筑 50m³ 必须有一组试件，小于 50m³ 的桩，每根桩必须有一组试件。

7.1.4　钻芯法检测混凝土灌注桩

钻芯法检测混凝土灌注桩是本节的主要内容，下面将详细介绍。理论上讲，钻芯法对所有混凝土灌注桩均可检测，但实际上，当受检桩长径比较大时，成孔的垂直度和钻芯孔的垂直度很难控制，钻芯孔容易偏离桩身，如果要求对全桩长进行检测，一般要求受检桩桩径不宜小于 800mm、长径比不宜大于 30；如果仅仅是为了抽检桩上部的混凝土强度，可以不受桩径和长径比的限制，有些工程由于验收的需要，对中小直径的沉管灌注桩的上部混凝土也进行钻芯法检测。《建筑基桩检测技术规范》JGJ 106 允许通过桩顶浅部钻取芯样验证桩身混凝土实体强度。其条文说明指出，可按结构取芯的方式，根据《混凝土结构现场检测技术标准》GB/T 50784，在满足随机抽样的代表性和数量要求的条件下，给出具有保证率的检验批次混凝土强度推定值，验证评价桩身实体混凝土强度。如果认为结构取芯的深度太浅，也可以利用地质钻对桩上部进行钻芯取样。

另一个问题是强度问题，适用钻芯法检测的混凝土强度的范围是多少？福建省标准《基桩钻芯法检测技术规程》DBJ 13—28 规定检测基桩混凝土强度等级不宜低于 C15；广东省标准《基桩和地下连续墙钻芯检验技术规程》DBJ 15—28 条文说明指出，混凝土强度等级小于 C20 时，如果技术条件允许，亦可进行钻孔检测；行业标准《建筑桩基检测技术规范》JGJ 106 未作规定。为什么行业标准未作这方面的规定呢？因为这里隐含有一个逻辑上的矛盾，首先我们要问这个"强度"是指混凝土的设计强度等级还是混凝土局部实际强度，如果是设计强度等级，那么作出类似规定是没有意义的，因为灌注桩（地下连续墙）的混凝土设计强度等级均不小于 C20（2002 版《建筑地基基础设计规范》规定灌注桩的混凝土强度等级不应低于 C20，而 2011 新版已提高至 C25），实际施工的混凝土配合比均大于 C20；如果这个"强度"是指混凝土局部实际强度，灌注桩桩身（地下连续墙墙体）混凝土局部强度确实可能存在小于 C15 或 C10，甚至是松散的，如果说钻芯法不适用这种情况，那么这部分的混凝土质量如何评价呢？事实上，对于各种混凝土质量，即使是松散的混凝土，钻芯法均可钻取出芯样，对于不是松散的混凝土而强度又比较低，钻取的芯样可能是破碎的。钻取松散的混凝土要采取一定的技术措施。

大量工程实践表明，钻芯法是检测钻（冲）孔、人工挖孔等现浇混凝土灌注桩的成桩质量的一种有效手段，不受场地条件的限制，特别适用于大直径混凝土灌注桩的成桩质量检测。钻芯法检测的主要目的有四个：

（1）检测桩身混凝土质量情况，如桩身混凝土胶结状况、有无气孔、蜂窝麻面、松散或断桩等，桩身混凝土强度是否符合设计要求，判定桩身完整性类别。

（2）桩底沉渣是否符合设计或规范的要求。

（3）桩底持力层的岩土性状（强度）和厚度是否符合设计或规范要求。

（4）测定桩长是否与施工记录桩长一致。

如果仅在桩身钻取芯样，是无法判断桩的入岩深度的，若要判断桩的入岩深度，还需在桩侧增加钻孔，通过桩侧钻孔结果与桩身钻芯结果比较可确定桩的入岩深度。钻芯法也可用于检验地下连续墙混凝土强度、完整性、墙深、沉渣厚度以及持力层的岩（土）性状。

另外，关于钻芯法检测水泥土搅拌桩，《建筑地基基础工程施工质量验收规范》GB 50202要求对高压喷射注浆地基的桩体强度或完整性进行检验，对水泥土搅拌桩、水泥粉煤灰碎石桩（CFG桩）的桩身强度进行检查。《建筑地基处理技术规范》JGJ 79指出，经触探和载荷试验后对水泥土搅拌桩桩身质量有怀疑时，应在成桩28d后，用双管单动取样器钻取芯样做抗压强度试验；高压喷射注浆可根据工程要求和当地经验采用取芯（常规取芯或软取芯）等方法进行检验。我们说钻芯法借鉴了地质勘探技术，地质勘探的对象包括强度低的淤泥、淤泥质土、一般土以及强度高的岩石，从勘探角度来说，不管对象的强度高低，均可钻取芯样，但是钻取芯样的目的主要是划分地层及各地层岩土的物理力学性能。在实际建筑工程中，我们有时也采用钻芯法检测深层搅拌桩等低强度桩的桩身质量，但在检测结果的分析评价上有许多困难，复合地基中的桩体远没有混凝土灌注桩均匀，这些增强体的质量不仅与施工工艺密切相关，而且与土层性质密切相关，如深层搅拌桩在砂层中的桩身强度可高达近10MPa，而在淤泥中可能不到1MPa，因此，如何准确描述芯样、评价竖向增强体施工质量，需要很多工作。广东省标准《建筑地基基础检测规范》DBJ/T 15—60规定，复合地基竖向增强体和支护工程中的排桩的桩身完整性、水泥土墙的墙身完整性、天然岩石地基的钻芯法检测可参照执行，但未能提供具体评价准则；行业标准《建筑地基检测技术规范》JGJ 340作出了具体的相关规定。

7.1.5 水泥土钻芯法检测

水泥土钻芯法适用于检测水泥土桩的桩长、桩身强度和均匀性，判定或鉴别桩底持力层岩土性状。

钻芯法检测是地基基础工程检测的一个基本方法，比较直观，可靠性强，在灌注桩检测中起到了巨大的作用。由于水泥土桩强度低，均匀性相对较差，其强度评定和完整性评价偏差有时较大，因此钻芯法可作为水泥土桩的辅助检测手段，当桩身强度和均匀性较差时，应采用平板载荷试验确定复合地基的承载力。

钻芯法适用于检测水泥土搅拌桩、高压旋喷桩、夯实水泥土桩等各种水泥土桩的桩长、桩身水泥土强度和桩身均匀性，还可判定和鉴别桩底持力层岩土性状。CFG桩、微型桩长径比大，钻芯时易偏出，检测实操难度较大，不推荐使用钻芯法检测，当有可靠措施能取到桩全长芯样时，也可作为其辅助检测方法。

以概率论为基础、用可靠性指标度量可靠度是比较科学的评价方法，即在钻芯法受检桩的芯样中截取一批芯样试件进行抗压强度试验，采用统计的方法判断桩身强度是否满足设计要求。为了取得较多的统计样本，准确评价单位工程同一条件下受检桩的桩身强度标准值，要求受检桩每根桩按上、中、下截取3组9个芯样试件。

试验抗压试件直径不宜小于70mm，试件的高径比宜为1∶1；抗压芯样应进行密封，避免晾晒。

芯样试件的加工和测量可按现行行业标准《建筑基桩检测技术规范》JGJ 106 的有关规定执行。芯样试件制作完毕可立即进行抗压强度试验。

试验机宜采用高精度小型压力机，试验机额定最大压力不宜大于预估压力的 5 倍。

桩身强度应按单位工程检验批进行评价。对单位工程同一条件下的受检桩，应取桩身芯样试件抗压强度代表值进行统计，并按下列公式分别计算平均强度、标准差和变异系数，并应按下列公式计算桩身强度标准值。

$$\overline{q}_{uf} = \frac{\sum\limits_{i=1}^{n} q_{ufi}}{n}$$

$$\sigma_{uf} = \sqrt{\frac{1}{n-1} \sum_{i=1}^{n} (\overline{q}_{uf} - q_{ufi})^2}$$

$$\delta_{uf} = \frac{\sigma_{uf}}{\overline{q}_{uf}} \times 100\%$$

式中　q_{ufi}——单桩的芯样试件抗压强度代表值（kPa）；

　　　$\overline{q}_{uf}$——检验批水泥土桩的芯样试件抗压强度平均值（kPa）；

　　　σ_{uf}——桩身抗压强度代表值的标准差（kPa）；

　　　δ_{uf}——桩身抗压强度代表值的变异系数；

　　　n——受检桩数。

7.2　仪器设备

7.2.1　设备要求

（1）钻机宜采用岩芯钻探的液压高速钻机，并配有相应的钻塔和牢固的底座，机械技术性能良好，不得使用立轴晃动过大的钻机。钻杆应顺直，直径宜为 50mm。

钻机设备参数应满足：额定最高转速不低于 790r/min；转速调节范围不少于 4 挡；额定配用压力不低于 1.5MPa。

水泵的排水量宜为 50～160L/min，泵压宜为 1.0～2.0MPa。

孔口管、扶正稳定器（又称导向器）及可捞取松软渣样的钻具应根据需要选用。桩较长时，应使用扶正稳定器确保钻芯孔的垂直度。桩顶面与钻机塔座距离大于 2m 时，宜安装孔口管，孔口管应垂直且牢固。

（2）钻取芯样的真实程度与所用钻具有很大关系，进而直接影响桩身完整性的类别判定。为提高钻取桩身混凝土芯样的完整性，钻芯检测用钻具应为单动双管钻具，明确禁止使用单动单管钻具。

（3）为了获得比较真实的芯样，要求钻芯法检测应采用金刚石钻头，钻头胎体不得有肉眼可见的裂纹、缺边、少角喇叭形磨损。

芯样试件直径不宜小于骨料最大粒径的 3 倍，在任何情况下不得小于骨料最大粒径的 2 倍，否则试件强度的离散性较大。目前，钻头外径有 76mm、91mm、101mm、110mm、

130mm 几种规格，从经济合理的角度综合考虑，应选用外径为 101mm 和 110mm 的钻头；当受检桩采用商品混凝土、骨料最大粒径小于 30mm 时，可选用外径为 91mm 的钻头；如果不检测混凝土强度，可选用外径为 76mm 的钻头。

（4）芯样制作分两部分，一部分是锯切芯样，另一部分是对芯样端部进行处理。锯切芯样时应尽可能保证芯样不缺角、两端面平行，可采用单面锯或双面锯。当芯样端部不满足要求时，可采取补平或磨平方式进行处理。

7.2.2 钻芯法设备的选择

钻芯法仪器设备一般包括钻机、钻具和钻头。

1. 钻机

基桩和地下连续墙钻芯法采用液压钻机，如图 7-1 所示。

金刚石钻头切削刀细、破碎岩石平稳、钻具孔壁间隙小、破碎孔底环状面积小，且由于金刚石较硬、研磨性较强，高速钻进时芯样受钻具磨损时间短，容易获得比较真实的芯样，是取得第一手真实资料的好办法，因此钻芯法检测应采用金刚石钻进。

灌注桩和地下连续墙的混凝土质量检测宜采用液压操纵的钻机，并配有相应的钻塔和牢固的底座，机械技术性能良好。应采用带有产品合格

图 7-1　液压钻机

证的钻芯设备，钻机的额定最高转速应不低于 790r/min，额定最高转速最好能不低于 1000r/min，转速调节范围应不少于 4 挡，额定配用压力应不低于 1.5MPa，配用压力越大钻机可钻孔越深。

钻芯法应采用单动双管钻具，并配备相应的孔口管、扩孔器、卡簧、扶正稳定器（又称导向器）及可捞取松软渣样的钻具。尤其是当桩较长时，应使用扶正稳定器确保钻芯孔的垂直度。早期钻芯法采用单管钻具，实践证明，这种钻具无法保证混凝土芯样的质量，现在严禁使用单动单管钻具。钻杆的粗细也是影响钻孔垂直度的因素之一，选用较粗且平直的钻杆，由于其刚度大，与孔壁的间隙就小，晃动就小，钻孔的垂直度就易保证。钻杆应顺直，直径宜为 50mm。

2. 钻具

（1）钻芯检测桩身混凝土的钻具应为单动双管钻具，钻头宜用外径为 101mm 的金刚石或人造金刚石薄壁钻头，如果桩直径或墙厚较小，而又确定需要采用钻孔取芯法检测时，钻头外径可采用 91mm 或 76mm。

（2）为提高钻取桩身混凝土芯样的完整性，钻芯检测用钻具应为单动双管钻具，明确禁止使用单动单管钻具。

（3）对于单动双管钻具要求有良好的单动性能，内外管、异径接头，扩孔器和钻头各连接部分同心度好；岩芯管无弯曲，无压扁和伤裂现象；螺纹质量合格、无松动过紧、丝扣不漏水；隔水性能好，卡心牢固；水路畅通；结构简单耐用；加工装卸方便。

3. 钻头

（1）金刚石钻头的基本知识

金刚石钻头由三部分组成，即金刚石、胎体和钻头体。金刚石钻头的基本结构如图7-2所示。

图7-2 金刚石钻头结构

（a）表镶钻头；（b）孕镶钻头

1—金刚石；2—胎体；3—钻头体；4—水口

图7-3 金刚石钻头刃部

（a）表镶钻头：1—底刃金刚石；2—规径金刚石；

3—侧刃金刚石；4—胎体；5—钻头；

（b）孕镶钻头：1—金刚石；2—工作部分胎体；

3—非工作部分胎体；4—钻头体；h—孕镶层高度

金刚石是钻头的刃部，对于表镶钻头，金刚石镶嵌在胎体的表层，如图7-3（a）所示，孕镶钻头的金刚石是镶嵌在胎体之中，如图7-3（b）所示。钻头体是指钻头的钢体部分，用中碳钢制成，单管钻头的钢体长71mm，双管钻头的钢体长115mm。胎体用于包镶金刚石并与钻头体部分牢固相连，对胎体的主要要求有：一是要牢固地包镶金刚石，对于表镶金刚石更是如此；二是应有足够的强度，具有一定的抗冲击能力；三是要求胎体的硬度、抗冲蚀能力、耐磨性应与所钻岩石的压入硬度、抗压强度、岩粉的冲蚀性、岩石的研磨性相适应。

孕镶金刚石钻头常用胎体硬度及其适用岩层范围见表7-2。孕镶钻头胎体中单位体积内金刚石含量的多少称为胎体中金刚石的浓度，其单位为克拉/cm³，生产厂家一般采用"金刚石制品国际浓度标准"来表示，即100%的浓度表示每1cm³中含金刚石4.39克拉，对于不同岩石推荐的金刚石浓度见表7-3。表镶金刚石钻头胎体表面单面积内金刚石含量的多少称为金刚石在胎体表面分布的密度（简称密度），以粒/cm²表示，对于不同粒度的金刚石应有不同的密度，常用的密度见表7-4。金刚石的粒度有两种表示方法，凡大于1mm的金刚石，通常以粒/克拉（SPC）来表示，用作表镶钻头；直径小于1mm的金刚石，通常以"目"来表示，用"♯"来表示，"目"即网目数，为筛网每英寸长网眼度内的数，用作孕镶钻头。大于1mm颗粒金刚石又分为：粗粒：15～25粒/克拉；中粒：25～40粒/克拉；细粒：40～100粒/克拉。小于1mm颗粒金刚石又分为24目、36目、46目、60目、70目、80目、100目等档次。孕镶钻头的人造金刚石粒度与地层的关系见表7-5。表镶钻头不同粒度的金刚石的适用范围见表7-6。

钻头胎体硬度及适用范围表   表 7-2

级别	代号	胎体硬度(HRC)	适用岩层
特软	0	10～20	坚硬致密岩层
软	1	20～30	坚硬的中等研磨性岩层
中软	2	30～35	硬的中等研磨性岩层
中硬	3	35～40	中硬的中等研磨性地层
硬	4	40～45	硬的强研磨性岩层
特硬	5	50	硬、坚硬的强研磨性地层,硬、脆、碎地层

人造孕镶金刚石钻头在不同岩层推荐的金刚石浓度   表 7-3

	代号	1	2	3	4	5
浓度	金刚石制品浓度(%)	44	50	75	100	125
	相当的体积浓度(%)	11	12.5	18.8	25	31.5
金刚石的实际含量(克拉/cm³)		1.93	2.2	3.3	4.39	5.49
适用岩层		硬-坚硬弱研磨性	坚硬弱研磨性	中硬-硬中等研磨性	硬-中硬强研磨性	

表镶钻头常用金刚石密度表   表 7-4

密度代号	金刚石粒度(粒/克拉)	钻头胎体上金刚石分布密度(粒/cm²)	适用地层
1	15	≈16	中硬
2	25	≈21	中硬
3	40	≈38	硬
4	55	≈33	硬
5	75	≈39	硬-坚硬
6	100	≈41	硬-坚硬

孕镶钻头金刚石粒度推荐表   表 7-5

金刚石粒度	人造金刚石(♯)	＞35/40～45/50	45/50～60/70	60/70～80/100
	天然金刚石(♯)	20/25～30/35	30/35～40/45	40/45～60/70
岩层		中硬-坚硬		

表镶钻头金刚石粒度推荐表   表 7-6

粒度(粒/克拉)(SPC)	8～15	15～25	25～40	40～60	60～100
适用岩层	软-中硬	中硬	中硬-硬	硬	硬-坚硬

(2) 钻头的选择

应根据混凝土设计强度等级选用合适粒度、浓度、胎体硬度的金刚石钻头,且外径不宜小于 100mm。为了保证钻芯质量,应采用符合现行国家专业标准《人造金刚石薄壁钻头》ZB 400 要求的钻头进行钻芯取样。如钻头胎体有肉眼可见的裂纹裂缝、缺边、少角、倾斜及喇叭口变形等,不仅降低钻头寿命,而且影响钻芯质量。

使用硬质合金钻头，钻进正常的混凝土，很难保证混凝土芯样质量。合金钻头价格较低，对钻取松散部位的混凝土和桩底沉渣，采用干钻时，应采用合金钻头。开孔时也可采用合金钻头。

为了避免粗骨料对试件强度的影响，要求试件尺寸明显大于骨料最大粒径，如果试件尺寸接近粗骨料粒径，试件强度可能反映的是粗骨料的强度而不是混凝土的强度。《混凝土结构工程施工质量验收规范》GB 50204 规定，检验评定混凝土强度用的混凝土试件的尺寸及强度的尺寸换算系数应按表 7-7 取用。

混凝土试件尺寸及强度的尺寸换算系数　　　　　　　　表 7-7

骨料最大粒径(mm)	试件尺寸(mm)	强度的尺寸换算系数
≤31.5	100×100×100	0.95
≤40	150×150×150	1.00
≤63	200×200×200	1.05

注：对强度等级为 C60 及以上的混凝土试件，其强度的尺寸换算系数可通过试验确定。

试验表明，芯样试件直径不宜小于骨料最大粒径的 3 倍，在任何情况下不得小于骨料最大粒径的 2 倍，否则试件强度的离散性较大。钻（冲、挖）孔灌注桩和地下连续墙施工中一般选用粒径 20～40mm 的粗骨料。目前，钻头外径有 76mm、91mm、101mm、110mm、130mm 几种规格，从经济合理的角度综合考虑，应选用外径为 101mm 或 110mm 的钻头；当受检桩采用商品混凝土、骨料最大粒径小于 30mm 时，可选用外径为 91mm 的钻头；如果不检测混凝土强度，可选用外径为 76mm 的钻头。一般来说，钻头外径越大，混凝土芯样（包括存在缺陷时）的采取率越高，芯样质量更加客观真实。

4. 冲洗液

在各种钻进中，钻进对冲洗液的要求为：

（1）洗液的性能应能在较大范围内调节，以便适应钻进各种复杂地层；

（2）冲洗液应有良好的冷却散热能力和润滑性能；

（3）冲洗液使用中应能抗外界各种干扰，性能基本稳定；

（4）冲洗液的使用应有利于或不妨碍取芯、防斜等工作的进行；

（5）冲洗液应不腐蚀钻具和地面的循环设备，不污染环境。

冲洗液的主要作用有四点：一是清洗孔底，携带和悬浮岩粉；二是冷却钻头；三是润滑钻头和钻具；四是保护孔壁。

基桩钻芯法采用清水钻进。清水钻进的优点是黏度小，冲洗能力强，冷却效果好，可获得较高的机械钻速。水泵的排水量应为 50～160L/min、泵压应为 0.5～1.5MPa。

7.2.3　仪器设备操作要领

1. 钻机使用前的检查要点

（1）检查钻机安装是否正确平稳，各连接处是否牢固，操纵手把是否灵活可靠，各运动部件是否转动灵活。

（2）检查变速箱的油面是否达到游标尺刻线位置。液压油箱内的油是否加满，各润滑部位应加注润滑油或润滑脂。

（3）检查卷扬机上的抱闸手把是否灵活，在制动或松开状态下，松紧程度是否合适。并检查在闸带、转筒和支架表面是否有油，以免打滑。

（4）将摩擦离合器手把置于"断开"位置，然后再把两个变速手把放在抵挡位置，联动手把放在连通立轴位置，用人力转动立轴检查钻机转动是否灵活，有无阻力过大、异音，如有应消除。

2. 钻机使用中操作要点

（1）钻机不得在无人照顾下运转。

（2）扳动变速箱手把或卷扬机联动手把时，必须先断开离合器，待齿轮停止运转后再进行，以免齿轮打坏，并应注意将手把置于定位孔内。

（3）关合回转器时必须先打开离合器，待小齿轮停止旋转后进行，并将合箱螺栓锁紧才能开动立轴。

（4）在开钻前必须将钻具提离孔底，再合上离合器，待运转正常后开始钻进。

（5）提升钻具时应注意可先使用卷扬机将机上钻杆提离井口并从专用变丝接头与机下钻杆连接的锁接头处卸开，然后打开回转器，再提升井下钻机。

（6）升降钻具时必须注意保护小伞齿轮，避免与钻具碰撞。

（7）卷扬器操作者不得在悬挂钻具的情况下离开制动手把，去处理其他工作或者调整抱闸，以免抱闸制动松开造成事故。

（8）钻机在运转过程中，注意检查各部件承轴承位，变速箱的温度不得过高，允许在60℃以下（环境温度40℃）工作。

（9）钻机在运转过程中，如发现有剧烈振动和尖叫撞击等异声，应立即停车检查原因。

3. 单动双管钻具使用要点

（1）拧紧钻具各部位时，要使用多点接触的自由钳，不许使用管钳，丝扣要涂油。

（2）禁止用铁锤敲击，不得墩管。

（3）检查水路是否畅通，水眼是否有异物堵塞。

（4）检查单动性能是否良好，卡簧座到钻头内台阶距离是否合适，岩芯管有无弯曲挤扁，丝扣是否松动。

（5）检查钻头与扩孔器外径差、钻头内径与卡簧内径差是否合理，也可将卡簧往岩样上套，以不松不紧有一定阻力为宜。

（6）运输时禁止摔、撞、挤、压，要放平整。

（7）存放处不要雨淋，要涂油保护。

4. 金刚石钻进操作要领

金刚石钻头与岩芯管之间必须安有扩孔器，用以修正孔壁；扩孔器外径应比钻头外径大0.3~0.5mm，卡簧内径应比钻头内径小0.3mm左右；金刚石钻头和扩孔器应按外径先大后小的排列顺序使用，同时考虑钻头内径小的先用，内径大的后用。钻头、卡簧、扩孔器的使用不配套，或钻进过程中操作不当，往往造成芯样侧面周围有明显的磨损痕迹，情况严重的，芯样被扭断，横断面有明显的磨痕。

（1）金刚石钻进技术参数

① 钻头压力

钻芯法的钻头压力应根据混凝土芯样的强度与胶结好坏而定，胶结好、强度高的钻头压力应大，反之压力应小；一般情况初压力为 0.2MPa，正常压力 1.0～2.0MPa。

② 转速

回次初转速宜为 100r/min 左右，正常钻进时可以采用高转速，但芯样胶结强度低的混凝土应采用低转速。

③ 冲洗液量

冲洗液量一般按钻头大小而定。钻头直径为 100mm 时，其冲洗液流量应为 60～120L/min。

（2）金刚石钻进应注意的事项

① 金刚石钻进前，应将孔底硬质合金捞取干净并磨灭，然后磨平孔底。提钻卸取芯样时，应使用专门的自由钳拧卸钻头和扩孔器，严禁敲打卸芯。

② 提放钻具时，钻头不得在地下拖拉；下钻时金刚石钻头不得碰撞孔口或孔口管上；发生墩钻或跑钻事故，应提钻检查钻头，不得盲目钻进。

③ 当孔内有掉块、混凝土芯脱落或残留混凝土芯超过 200mm 时，不得使用新金刚石钻头扫孔，应使用旧的金刚石钻头或针状合金钻头套扫。

④ 下钻前金刚石钻头不得下至孔底，应下至距孔底 200mm 处，采用轻压慢转扫到孔底，待钻进正常后再逐步增加压力和转速至正常范围。

⑤ 正常钻进时不得随意提动钻具，以防止混凝土芯堵塞，发现混凝土芯堵塞时应立刻提钻，不得继续钻进。

⑥ 钻进过程中要随时观察冲洗液量和泵压的变化，正常泵压应为 0.5～1MPa，发现异常应查明原因，立即处理。

⑦ 钻机设备安装必须周正、稳固、底座水平。应确保钻机在钻芯过程中不发生倾斜、移位，钻芯孔垂直度偏差≤0.5%。

7.3 现场操作

7.3.1 钻芯检测前的准备工作

（1）钻芯前应明确：检测目的、方法、数量、深度、检测日期、地点及特殊要求等。

（2）了解现场情况：包括受检桩的位置、道路、场地平整、水、电源及障碍物等。

（3）应按规范规定收集必要的资料，主要包括：

1）工程概况表；

2）受检桩平面位置图；

3）受检桩的相关设计、施工资料（包括桩型、桩号、桩径、桩长、桩顶标高、桩身混凝土设计强度等级、单桩设计承载力、成桩日期、持力层的岩土性质等）；

4）场地的工程地质资料。

（4）对于仲裁检测或重大检测项目，或委托方有要求时，应制定检测方案。

（5）桩头处理：为准确确定桩中心位置，受检桩头应出露；由于特殊原因不能使桩头出露，应要求施工单位在实地将桩位置准确放出。

7.3.2　钻芯设备安装

（1）钻芯钻机的安装必须稳固、精心调平，各部固定螺栓要拧紧，传动系统要相应对线，确保施工过程不发生倾斜、移位；

（2）钻机应安装稳固，底座应调平，并保证立轴垂直。钻机安装定位后，钻机的立轴中心、天轮中心（天车前沿切点）与钻芯孔中心点必须在同一条铅垂线上；

（3）设备安装后必须进行试运转，在确定正常后方能开钻；

（4）应具备冲洗液循环系统，循环系统必须离钻机塔脚 0.5m 以上，避免冲洗液冲湿地面造成钻机倾斜、移位。

7.3.3　钻芯孔位置的确定

（1）当基桩钻芯孔为一个时，宜在距桩中心 100～150mm 位置开孔；当钻芯孔为两个或两个以上时，宜在距桩中心 $D/6$ 处均匀对称布置；

（2）地下连续墙槽段，当钻芯孔仅为一个时，宜在槽段中心位置开孔；当钻芯孔为两个时，宜在距槽段接头 1000～1200mm 位置开孔；当钻芯孔为两个以上时，开孔位置在两端孔之间均匀布置。

7.3.4　钻芯技术

1. 桩身钻芯技术

桩身混凝土钻芯每回次进尺宜控制在 1.5m 内；钻进过程中，尤其是前几米的钻进过程中，应经常对钻机立轴垂直度进行校正，可用垂直吊线法校正，即在钻机两侧吊两根与立轴平行的铅垂线，如发现平行出现偏差，应及时纠正立轴偏差，同时应注意钻机塔座的稳定性，确保钻芯过程不发生倾斜、移位。如果发现芯样侧面有明显的波浪状磨痕，或芯样端面有明显磨痕，应查找原因，如重新调整钻头、扩孔器、卡簧的搭配，检查塔座是否牢固稳定等。

松散的混凝土应采用合金钻"烧结法"钻取，必要时应回灌水泥浆护壁，待护壁稳定后再钻取下一段芯样。

钻探过程中发现异常时，应立即分析其原因，根据发现的问题采用适当的方法和工艺，尽可能地采取芯样，或通过观察回水含砂量及颜色、钻进的速度变化，结合施工记录及已有的地质资料，综合判断缺陷位置和程度，以保证检测质量。

应区分松散混凝土和破碎混凝土芯样，松散混凝土芯样完全是施工所致，而破碎混凝土仍处于胶结状态，但施工造成其强度低，钻机机械扰动使之破碎。

2. 桩底钻芯技术

钻至桩底时，应采取适宜的钻芯方法和工艺钻取沉渣并测定沉渣厚度。一般说来，钻至桩底时，为检测桩底沉渣或虚土厚度，应采用减压、慢速钻进，若遇钻具突降，应立即停钻，及时测量机上余尺，准确记录孔深及有关情况。当持力层为中、微风化岩石时，可将桩底 0.5m 左右的混凝土芯样、0.5m 左右的持力层以及沉渣纳入同一回次。当持力层为强风化岩层或土层时，钻至桩底时，可改用合金钢钻头干钻反循环吸取法等适宜的钻芯方法和工艺钻取沉渣并测定沉渣厚度。

3. 持力层钻芯技术

应采用适宜的方法对桩底持力层岩土性状进行鉴别。包括持力层夹层和持力层中存在溶洞孔洞等情况。对中、微风化岩的桩底持力层，应采用单动双管钻具钻取芯样，如果是软质岩，拟截取的岩石芯样应及时包裹浸泡在水中，避免芯样受损；根据钻取芯样和岩石单轴抗压强度试验结果综合判断岩性。对于强风化岩层或土层，宜采用合金钻钻取芯样，并进行动力触探或标准贯入试验等，试验宜在距桩底 50cm 内进行，并准确记录试验结果；根据试验结果及钻取芯样综合鉴别岩性。

7.3.5 现场钻芯作业要求

(1) 下钻前金刚石钻头不得下至孔底，应下至距孔底 200mm 处，采用轻压慢转扫到孔底，待钻进正常后再逐步增加压力至正常范围。

(2) 正常钻进时不得随意提动钻具，以防止混凝土芯堵塞，发现混凝土芯堵塞时必须立即提钻，不得继续钻进。

(3) 在钻进过程中，钻孔内循环水流不得中断，水压应能保证充分排除孔内岩粉。当钻孔钻至接近桩端或墙底的地基持力层时，应采取提钻或其他措施，保证在一个回次中能反映桩端或墙底接触带的持力层性状。

(4) 在钻芯过程中，应观察并记录回水含砂量及颜色、钻进的速度变化，当出现异常情况时，应记录缺陷位置及程度、沉渣厚度等情况。

(5) 钻芯孔倾斜率不得大于 0.5%，当出现钻孔偏离桩或墙体时，应立即停机，并查找原因。当有争议时应安排专业队伍进行钻孔测斜，以判定是工程桩倾斜超过规范要求还是钻芯孔倾斜过人。

(6) 拧卸金刚石钻头与扩孔器时，要用专门的自由钳，并不得使钳子咬住钻头或扩孔器胎体部位。

(7) 提放粗径钻具时，不许让钻头在地下拖拉，下钻时要扶正粗径钻具，不能使金刚石钻头碰在孔口或孔口管上，发生墩钻或跑钻事故，必须提钻检查钻头，不准盲目钻进。

(8) 钻进时适当控制回次进尺，一般每个回次不宜超过 2m，在预测或钻到胶结较差、断桩、表层、桩身缩径及桩顶以下 1m 内、桩底接近持力层部位等应采用轻压慢转钻进，回次进尺必须控制在 1m 以内。

(9) 当孔内有掉块、混凝土芯脱落或残留混凝土芯长度超过 200mm 时，不得使用新金刚石钻头扫孔，要用旧金刚石钻头下至距孔底 200mm 处，采用轻压慢转扫到孔底，待钻进正常后再逐步增加压力至正常范围。

(10) 芯样取出后，应按回次顺序放进芯样箱中，及时标上清晰标记，如钻芯回次、节数、节长等，并及时进行记录，表明取芯深度。

(11) 当进尺接近桩底时，必须注意穿桩时的钻进速度，若出现钻尺快进现象，必须立即关水泵起钻，然后用无泵或反循环进行捞渣钻进，以确定沉渣厚度及沉渣组成。

(12) 对混凝土的胶结情况、骨料的分布情况、混凝土芯样表面的光滑程度、气孔大小、蜂窝、夹泥、松散、桩或墙底混凝土与持力层的接触情况、沉渣厚度以及桩或墙端持力层的岩土特征等，应做出清晰、准确的详细记录。

(13) 当终孔时若发现基桩或地下连续墙有关技术指标不符合设计要求，或钻芯桩长、钻芯墙深与委托方提供的施工桩长、墙深不一致，应如实记录。

（14）当持力层要求为强风化岩层或土层而又未有超前钻探资料时，应进行标准贯入试验。

（15）采取芯样试件前应对有注明工程名称、钻芯桩号或连续墙槽段编号、钻孔号的标牌的全貌进行拍照。有明显缺陷的芯样表面应朝上，务求能反映芯样的真实情况。

（16）钻芯工作完毕，应按规定办理签字认可手续，如果桩、墙质量和持力层满足设计要求时，对钻芯后留下的孔洞应用 0.3～0.5MPa 压力，从孔底往上用水灰比为 0.5～0.7 的水泥浆回灌封闭；如果桩或墙身有严重缺陷、桩（墙）底沉渣厚度大于设计规定、持力层未能满足设计要求时，则钻孔应封存，留待处理。

（17）取样完毕，剩余的芯样应移交委托单位妥善保存。保存时间由建设单位和监理单位根据工程实际商定或至少保留到基础工程验收。

7.3.6 现场记录

1. 操作记录

钻取的芯样应由上而下按回次顺序放进芯样箱中，每个回次的芯样应排成一排，为了避免丢失或人为调换，芯样侧面上应清晰标明回次数、块号、本回次总块数，采用写成带分数的形式是比较好的唯一性标识方法，具有较好的溯源性，如第 2 个回次共有 5 块芯样，在第 3 块芯样上标记 $2\frac{3}{5}$，那么 $2\frac{3}{5}$ 可以非常清楚地表示出这是第 2 回次的芯样，第 2 回次共有 5 块芯样，本块芯样为第 3 块。

有时由于现场管理不到位，现场人员未分工或分工不合理，往往未填写或未及时填写钻芯现场记录表，或填写不规范；或未使用芯样箱，芯样未编号或未及时编号，或编号不符合要求，芯样随意摆放，本应能拼接上的，结果人为地造成拼接不上，碎块未摆上去，甚至发生芯样丢失现象；有的将两个回次编成一个回次，一般来说，应该一个回次摆成一排。应按表 7-8 的格式及时记录钻进情况和钻进异常情况，对芯样质量做初步描述，包括记录孔号、回次数、起至深度、块数、总块数等。

钻芯法检测现场操作记录表　　　　　表 7-8

桩号			孔号		工程名称		
时间		钻进(m)			芯样编号	芯样长度(m)	残留芯样	芯样初步描述及异常情况记录
自	至	自	至	计				
检测日期				机长：		记录：	页次：	

2. 芯样编录

应按表 7-9 的格式对芯样混凝土、桩底沉渣以及桩端持力层做详细编录。对桩身混凝土芯样的描述包括混凝土钻进深度，芯样连续性、完整性、胶结情况、表面光滑情况、断口吻合程度、混凝土芯样呈长柱状短柱状或块状、骨料大小分布情况，气孔、蜂窝麻面、沟槽、破碎、夹泥、松散的情况，以及取样编号和取样位置。

钻芯法检测芯样编录表 表 7-9

工程名称				日期		
桩号/钻芯孔号		桩径		混凝土设计强度等级		
项目	分段(层)深度(m)	芯样描述		取样编号取样深度		备注
桩身混凝土		混凝土钻进深度，芯样连续性、完整性、胶结情况、表面光滑情况、断口吻合程度、混凝土芯是否为柱状、骨料大小分布情况，以及气孔、空洞、蜂窝麻面、沟槽、破碎、夹泥、松散的情况				
桩底沉渣		桩端混凝土与持力层接触情况、沉渣厚度				
持力层		持力层钻进深度、岩土名称、芯样颜色、结构构造、裂隙发育程度、坚硬及风化程度；分层岩层应分层描述		（强风化或土层时的动力触探或标贯结果）		

检测单位： 记录员： 检测人员：

对持力层的描述包括持力层钻进深度、岩土名称、芯样颜色、结构构造、裂隙发育程度、坚硬及风化程度，以及取样编号和取样位置，或动力触探、标准贯入试验位置和结果。分层岩层应分别描述。

芯样质量指标是指在某一基桩中，用钻芯法连续采取的芯样中，大于 10cm 的混凝土芯样段长度之和与基桩中钻探混凝土总进尺的比值。以百分数表示。芯样质量指标参照《岩土工程勘察规范》GB 50021 相关条文岩石质量指标 RQD 计算。

芯样采取率即钻孔取得的混凝土芯样长度与钻探混凝土总进尺的比值，以百分数表示。

芯样采取率是衡量钻探设备性能和钻机操作人员技术水平以及芯样质量的综合指标，一般应符合以下规定：

(1) 混凝土结构完整连续，采取率达到 95% 以上；

(2) 混凝土胶结尚好，采取率达到 80% 以上；

(3) 胶结差或没有胶结的，必须捞取样品（包括桩底沉渣）；

(4) 持力层岩芯采取率不少于 80%。

芯样质量指标和芯样采取率均很难用于评价基桩混凝土施工质量。总的来说，芯样质量指标和芯样采取率高，表示混凝土质量相对较好；芯样质量指标和芯样采取率低，表示混凝土质量相对较差，但是很难量化到与桩身完整性类别挂钩。例如，桩长 20m，芯样采取率为 98%，意味破碎和松散的芯样长度累计可能达 0.4m，如果它们集中在同一个部位，那么该部位的混凝土质量很可能很差，如果它们分散在几个部位，那么桩身混凝土质量可能比较好。因此，在《建筑基桩检测技术规范》JGJ 106—2014 中未提及这两个指标。

条件许可时，可采用钻孔电视辅助判断混凝土质量。钻孔电视是工业电视的一种，它通过井下摄像探头摄取钻孔周围图像，图像信号经过视频电缆传输至地面监视器显示并记录钻孔图像。新式的数字化钻孔电视更为先进、轻捷，井下图像信号传输至地面工业控制计算机，进行图像 A/D 转换、存储、回放、编辑等，并可通过播放机回放观看图像。通过钻孔电视可直接观测钻孔中混凝土和地质体的各种特征，如混凝土蜂窝、沟槽、松散、断桩等以及地层岩性、岩石结构、断层、裂隙、夹层、岩溶等，还可用于混凝土浇筑质量、地下管道破损探测以及地下仪器埋设监测等。

3. 芯样拍照

芯样和钻探标示牌的内容包括：工程名称、桩号、钻芯孔号、芯样试件采取位置、桩长、孔深、检测单位名称等，可将一部分内容在芯样上标识，将另一部分标识在指示牌上。对全貌拍完彩色照片后，再截取芯样试件，拍照前应将被包封浸泡在水中的岩样打开并摆在相应的位置。取样完毕剩余的芯样宜移交委托单位妥善保存。如图 7-4 所示。

图 7-4 芯样照片示意图

7.3.7 检测要求

1. 抽样方法和检测数量

基桩和地下连续墙钻芯法检测可采用随机抽样的方法，也可根据其他已完成的检测方法的试验结果有针对性地确定桩位。一般来说，基桩钻芯法检测不应简单地采用随机抽样的方法进行，而应结合设计要求、施工现场成桩（墙）记录以及其他检测方法的检测结果，经过综合分析后对质量确有怀疑或质量较差的、有代表性的桩进行抽检，以提高检测结果的可靠性，减少工程隐患。钻芯法检测时混凝土龄期不得少于 28d，如果协商一致，混凝土强度达到 C20 时，可以提早进行钻芯检验，无需等到 28d 龄期，但芯样试件的试验时间最好等到混凝土龄期大于或等于 28d，以免因芯样抗压强度不满足设计要求而产生矛盾。若验收检测工期紧无法满足休止时间规定时，应在检测报告中注明。

《建筑基桩检测技术规范》JGJ 106 对桩身完整性检测数量做了规定，要求对于大直径嵌岩灌注桩或设计等级为甲级的大直径灌注桩，按不少于 10% 的比例采用声波透射法或钻芯法进行检测，但未规定钻芯法的抽检数量。

《建筑基桩检测技术规范》JGJ 106—2003 规定：对于端承型大直径灌注桩，当受设备或现场条件限制无法检测单桩竖向抗压承载力时，可采用钻芯法测定桩底沉渣厚度并钻取桩端持力层岩土芯样检测桩端持力层。抽检数量不应少于总桩数的 10%，且不应少于 10 根。《建筑基桩检测技术规范》JGJ 106—2014 规定：对于端承型大直径灌注桩，当受设备或现场条件限制无法检测单桩竖向抗压承载力时，可选择下列方式之一，进行持力层核验。一是采用钻芯法测定桩底沉渣厚度，并钻取桩端持力层岩土芯样检验桩端持力层，检测数量不应少于总桩数的 10%，且不应少于 10 根；二是采用深层平板载荷试验或基岩平板载荷试验，检测应符合现行国家标准《建筑地基基础设计规范》GB 50007 和行业标准《建筑桩基技术规范》JGJ 94 的相关规定，检测数量不应少于总桩数的 1%，且不少于 3 根。

抽取的数量应符合下列规定（验证检测和扩大检测不在此范围）：

（1）基桩钻芯检验抽取数量不应少于总桩数的 5%，且不得少于 5 根；当总桩数不大于 50 根时，钻芯检验桩数不得少于 3 根；

（2）对于端承型大直径灌注桩，当受设备或现场条件限制无法检测单桩竖向抗压承载力时，可采用钻芯法测定桩底沉渣厚度并钻取桩端持力层岩土芯样来检验桩端持力层。抽检数量不应少于总桩数的 10％，且不应少于 10 根。

2. 钻孔数及钻孔位置

基桩钻孔数量应根据桩径 d 大小确定：

（1）$d<1.2m$，每桩钻一孔；

（2）$1.2m \leqslant d \leqslant 1.6m$，每桩宜钻二孔；

（3）$d>1.6m$，每桩宜钻三孔。

为准确确定桩的中心点，桩头宜开挖裸露；来不及开挖或不便开挖的桩，应由经纬仪测出桩位中心。灌注桩在浇注混凝土时存在浇捣不均，不同深度或同一深度的不同位置混凝土浇捣质量可能不同，钻芯孔位合理布置，才能客观反映桩身混凝土的实际情况。当基桩钻芯孔为一个时，宜在距桩中心 100～150mm 位置开孔，这主要是考虑导管附近的混凝土质量相对较差、不具有代表性；同时也方便第二个孔的位置布置。当钻芯孔为两个或两个以上时，宜在距桩中心 $0.15d$～$0.25d$ 内均匀对称布置。

当选择钻芯法对桩身质量、桩底沉渣、桩端持力层进行验证检测时，受检桩的钻芯孔数可为 1 孔。

3. 钻孔孔深

桩端持力层岩土性状的准确判断直接关系到受检桩的使用安全。《建筑地基基础设计规范》GB 50007 规定：嵌岩灌注桩要求按端承桩设计，桩端以下三倍桩径范围内无软弱夹层、断裂破碎带和洞隙分布，在桩底应力扩散范围内无岩体临空面。虽然施工前已进行岩土工程勘察，但有时钻孔数量有限，对较复杂的地质条件，很难全面弄清岩石、土层的分布情况。因此，应对桩底持力层进行足够深度的钻探。

每桩至少应有一孔钻至设计要求的深度，如设计没有明确要求时，宜钻入持力层 3 倍桩径且不应少于 3m。

7.4 芯样采集加工与试验

7.4.1 混凝土芯样采集

1. 采集原则

混凝土芯样截取原则主要考虑两个方面：一是能科学、准确、客观地评价混凝土实际质量，特别是混凝土强度；二是操作性较强，避免人为因素影响，故意选择好的或差的混凝土芯样进行抗压强度试验。当钻取的混凝土芯样均匀性较好时，芯样截取比较好办，当混凝土芯样均匀性较差或存在缺陷时，应根据实际情况增加取样数量。所有取样位置应标明其深度或标高。

桩基质量检测的目的是查明安全隐患，评价施工质量是否满足设计要求，当芯样钻取完成后，有缺陷部位的强度是否满足设计要求、是否构成安全隐患是问题的焦点。至于整体的施工质量水平、整根桩（芯样）的"平均强度"不是我们要关心的主要指标。正如目前先用反射波法普查，然后有目的地重点抽查质量有疑问或质量差的桩进行静载试验或钻芯法检测，以确保桩基工程的质量。

《建筑基桩检测技术规范》JGJ 106采用了按上、中、下截取芯样试件的原则，同时对缺陷部位和一桩多孔取样作了规定。

一般来说，蜂窝麻面、沟槽等缺陷部位的强度较正常胶结的混凝土芯样强度低，无论是严把质量关并尽可能查明质量隐患，还是便于设计人员进行结构承载力验算，都有必要对缺陷部位的芯样进行取样试验。因此，缺陷位置能取样试验时，《建筑基桩检测技术规范》JGJ 106明确规定应截取一组芯样进行混凝土抗压试验。

如果同一基桩的钻芯孔数大于一个，其中一孔在某深度存在蜂窝麻面、沟槽、空洞等缺陷，芯样试件强度可能不满足设计要求，在其他孔的相同深度部位取样进行抗压试验是非常必要的，在保证结构承载能力的前提下，应减少加固处理费用。

2. 采集规定

《建筑基桩检测技术规范》JGJ 106要求截取混凝土抗压芯样试件应符合下列规定：

(1) 当桩长为10~30m时，每孔截取3组芯样；当桩长小于10m时，可取2组，当桩长大于30m时，不少于4组。

(2) 上部芯样位置距桩顶设计标高不宜大于1倍桩径或2m，下部芯样位置距桩底不宜大于1倍桩径或2m，中间芯样宜等间距截取。

(3) 缺陷位置能取样时，应截取一组芯样进行混凝土抗压试验。

(4) 如果同一基桩的钻芯孔数大于一个，其中一孔在某深度存在缺陷时，应在其他孔的该深度处截取一组芯样进行混凝土抗压试验。

3. 地方标准芯样采集规定

(1) 湖北省地方规范《建筑地基基础检测技术规范》DB 42/269规定由受检桩确定桩身混凝土强度时，钻孔数和截取芯样试件数不应小于表7-10的规定。

桩身混凝土强度试验钻孔数、截取芯样试件数表　　　　表7-10

桩长、桩径		项目			
		单桩钻孔数（个）	每孔截取芯样数（组）	每组芯样数（个）	总计截取芯样试样件数（个）
5≤l<30	d≤1200	1	2	3	6
	1200<d≤1600	2	2	3	12
	d>1600	3	2	3	18
l≥30	d≤1200	1	2	3	6
	1200<d≤1600	2	3	3	18
	d>1600	3	3	3	27

注：1. l—桩长（m）；d—桩身直径（mm）。

　　2. 截取芯样的位置一般沿桩身全长均匀截取，或视设计要求、地质情况、施工情况等综合确定。

(2) 广东省标准《基桩和地下连续墙钻芯检验技术规程》DBJ 15—28—2001要求混凝土抗压芯样试件采取数量应符合如下规定：

① 当桩长或墙深小于10m时，应在上半部和下半部取代表性芯样2组，每组连续取3个芯样试件；

当桩长或墙深在10~30m时，每孔应在上、中、下三个部位分别选取有代表性芯样3组；

当桩长或墙深大于30m时，每孔选取不少于4组代表性芯样；

② 当缺陷部位经确认可进行取样时，必须进行取样；

③ 当一桩钻孔在两个或两个以上且其中一孔因缺陷严重未能取样时，应在其他孔相同深度取样进行混凝土抗压试验。

（3）福建省标准《基桩钻芯法检测技术规程》DBJ 13—28规定：混凝土抗压试验芯样应从检测桩上、中、下三段随机连续选取3组，每组3块，试件芯样不应少于9块。当桩长大于30m时，宜适当增加试验组数，选取的试件均应具有代表性。

（4）深圳市标准《深圳地区基桩质量检测技术规程》SJG 09规定，每孔均应选取桩芯混凝土抗压试件芯样，每1.5m应有一块，且每孔不应少于10块，宜沿桩长均匀选取。

7.4.2 岩石芯样采集

当桩底持力层为中、微风化岩层且岩芯可制作成试件时，应在接近桩底部位截取一组岩石芯样；如遇分层岩性时宜在各层取样。为便于设计人员对端承力进行验算，提供分层岩性的各层强度值是必要的。为保证岩石原始性状，避免岩芯暴露时间过长，而改变其强度，拟选取的岩石芯样应及时包装并浸泡在水中。

7.4.3 芯样加工

由于混凝土芯样试件的高度对抗压强度有较大的影响，为避免高径比修正带来误差，应取试件高径比为1，即混凝土芯样抗压试件的高度与芯样试件平均直径之比应在0.95～1.05的范围内。

每组芯样应制作3个芯样抗压试件。

基桩混凝土芯样要求试件不能有裂缝或有其他较大缺陷，而且要求芯样试件内不能含有钢筋；同时，为了避免试件强度的离散性较大，在选取芯样试件时，应观察芯样侧面的表观混凝土粗骨料粒径，确保芯样试件平均直径小于2倍表观混凝土粗骨料最大粒径。

1. 芯样试件加工

采用的锯切机加工设备必须具有产品合格证。应采用双面锯切机加工芯样试件，加工时应将芯样固定，锯切平面垂直于芯样轴线。锯切过程中应淋水冷却金刚石圆锯片。

锯切过程中，由于受到振动、夹持不紧、锯片高速旋转过程中发生偏斜等因素的影响，芯样端面的平整度及垂直度不能满足试验要求时，可采用在磨平机上磨平或在专用补平装置上补平的方法进行端面加工。采用补平方法处理端面应注意两个问题：经端面补平后的芯样高度和直径之比应符合有关规定；补平层应与芯样结合牢固，抗压试验时补平层与芯样的结合面不得提前破坏。常用的补平方法有以下两种：

（1）硫磺胶泥（或硫磺、环氧胶泥）补平

① 补平前先将芯样端面污物清洗干净，然后将芯样垂直地夹持在补平器的夹具上，并提升到一定高度（图7-5）。

② 在补平器底盘上涂薄层矿物油或其他脱模剂，以防硫磺胶泥与底盘粘结。

③ 将硫磺胶泥置于容器中加热熔化。待硫磺胶泥溶液由黄色变成棕色时（约150℃），倒入补平器底盘中。然后，转动手轮使芯样下移并与底盘接触。待硫磺胶泥凝固后，反向

转动手轮，把芯样提起，打开夹具取出芯样。然后，按上述步骤补平该芯样的另一端面。

补平器底盘内的机械加工表面平整度，要求每长 100mm 不超过 0.05mm。硫磺胶泥（或硫磺、环氧胶泥）补平厚度不宜大于 1.5mm。

本方法一般适用于自然干燥状态下抗压试验的芯样试件补平。

（2）用水泥砂浆（或水泥净浆）补平

① 补平前先将芯样端面污物清洗干净，然后将端面用水湿润。

② 在平整度为每长 100mm 不超过 0.05mm 的钢板上涂一薄层矿物油或其他脱模剂。然后，倒上适量水泥砂浆摊成薄层，稍许用力将芯样压入水泥砂浆之中，并应保持芯样与钢板垂直。待两小时后，再补另一端面。仔细清除多余水泥砂浆，在室内静置一昼夜后送入养护室内养护。待补平材料强度不低于芯样强度时，方能进行抗压试验，如图 7-6 所示。

图 7-5 硫磺胶泥补平示意图

图 7-6 水泥砂浆（或水泥净浆）补平示意图

本方法一般适用于潮湿状态下抗压试验的芯样试件补平。水泥砂浆（或水泥净浆）补平厚度不宜大于 5mm。

2. 芯样试件测量

试验前，应对芯样试件的几何尺寸做下列测量：

（1）平均直径：用游标卡尺测量芯样中部，在相互垂直的两个位置上，取其两次测量的算术平均值，精确至 0.5mm。如果试件侧面有较明显的波浪状，选择不同高度对直径进行测量，测量值可相差 1～2mm，误差可达 5%，引起的强度偏差为 1～2MPa，考虑到钻芯过程对芯样直径的影响是强度低的地方直径偏小，而抗压试验时直径偏小的地方容易破坏，因此，在测量芯样平均直径时宜选择表观直径偏小的芯样中部部位。

（2）芯样高度：用钢卷尺或钢板尺进行测量，精确至 1mm。

（3）垂直度：将游标量角器的两只脚分别紧贴于芯样侧面和端面，测出其最大偏差，一个端面测完后再测另一端面，精确至 0.1°，如图 7-7 所示。

（4）平整度：用钢板尺或角尺立起紧靠在芯样端面上，一面转动钢板尺，一面用塞尺测量与芯样端面之间的缝隙，然后慢慢旋转 360°，用塞尺测量其最大间隙，如图 7-8 所示。实用上，如对直径为 80mm 的芯样试件，可采用 0.08mm 的塞尺检查，看能否塞入最大间隙中去，能塞进去为不合格，不能塞进去为合格。在诸多因素中，芯样试件端面的平整度是一个重要的因素，也是容易被检测人员忽视的因素，应引起足够的重视，有数据表明，平整度不严格把关，强度可降低 20％～30％。

图 7-7　垂直度测量示意图　　　　图 7-8　平整度测量示意图

3. 试件合格标准

试件在进行抗压试验前必须进行检查，检查合格的才能做抗压试验。芯样试件表面有裂缝或有其他较大缺陷、芯样试件内含有钢筋、芯样试件平均直径小于 2 倍表观混凝土粗骨料最大粒径时均不能作为抗压试件，在截取试件前应注意这一点。试件制作完成后尺寸偏差超过下列数值时，也不得用作抗压强度试验：

(1) 芯样试件高度小于 0.95*d* 或大于 1.05*d* 时（*d* 为芯样试件平均直径）；

(2) 沿试件高度任一直径与平均直径相差达 2mm 以上时；

(3) 试件端面的不平整度在 100mm 长度内超过 0.1mm 时；

(4) 试件端面与轴线的不垂直度超过 2°时。

允许沿试件高度任一直径与平均直径相差达 2mm，极端情况下，芯样试件的最大直径与最小直径相差可达 4mm，此时固然满足规范规定，但是，当芯样侧面有明显波浪状时，应检查钻机的性能，钻头、扩孔器、卡簧是否合理配置，机座是否安装稳固，钻机立轴是否摆动过大，而且还要提高钻机操作人员的技术水平。

7.4.4　芯样试件抗压强度试验

1. 混凝土芯样试件强度试验

混凝土芯样试件的含水量对抗压强度有一定影响，含水越多则强度越低。这种影响也与混凝土的强度有关，强度等级高的混凝土的影响要小一些，强度等级低的混凝土的影响要大一些。据国内一些单位试验，泡水后的芯样强度比干燥状态芯样强度下降 7％～22％，平均下降 14％。

根据桩的工作环境状态，试件宜在 20±5℃的清水中浸泡一段时间后进行抗压强度试验。基桩混凝土一般位于地下水位以下，考虑到地下水的作用，应以饱和状态进行试验。按饱和状态进行试验时，芯样试件在受压前宜在 20±5℃的清水中浸泡 40～48h，从水中取出后应立即进行抗压强度试验。

考虑到钻芯过程中诸因素影响均使芯样试件强度降低，同时也为方便起见，《建筑基桩检测技术规范》JGJ 106 允许芯样试件加工完毕后，立即进行抗压强度试验。

混凝土芯样试件的抗压强度试验应按《普通混凝土力学性能试验方法标准》GB 50081 的有关规定执行。芯样试件抗压破坏时的最大压力值与混凝土标准试件明显不同，芯样试件抗压强度试验时应合理选择压力机的量程和加荷速率，保证试验精度。试验应均匀地加荷，加荷速度应为：混凝土强度等级低于 C30 时，取每秒钟 0.3～0.5MPa；混凝土强度等级高于或等于 C30 时，取每秒钟 0.5～0.8MPa。当试件接近破坏而开始迅速变形时，停止调整试验机油门，直至试件破坏。

抗压强度试验后，若发现芯样试件平均直径小于 2 倍试件内混凝土粗骨料最大粒径，且强度值异常时，该试件的强度值无效，不参与统计平均。当出现截取芯样未能制作成试件、芯样试件平均直径小于 2 倍试件内混凝土粗骨料最大粒径时，应重新截取芯样试件进行抗压强度试验。条件不具备时，可将另外两个强度的平均值作为该组混凝土芯样试件抗压强度值。在报告中应对有关情况予以说明。

2. 岩石芯样试验

桩底岩芯单轴抗压强度试验可参照《建筑地基基础设计规范》GB 50007 执行。

每组岩石芯样制作三个芯样抗压试件。当岩石芯样抗压强度试验仅仅是配合判断桩底持力层岩性时，检测报告中可不给出岩石饱和单轴抗压强度标准值，只给出平均值；当需要确定岩石饱和单轴抗压强度标准值时，宜按《建筑地基基础设计规范》GB 50007 附录 J 执行。

芯样试件出现下列情况时，不得用作抗压或单轴抗压强度试验：

（1）试件有裂缝或有其他较大缺陷时；

（2）混凝土芯样试件内含有钢筋时；

（3）混凝土芯样试件高度小于 0.95d 或大于 1.05d 时（d 为芯样试件平均直径）；

（4）岩石芯样试件高度小于 2.0d 或大于 2.5d 时；

（5）沿试件高度任一直径与平均直径相差达 2mm 以上时；

（6）试件端面的不平整度在 100mm 长度内超过 0.1mm 时；

（7）试件端面与轴线的不垂直度超过 2°时；

（8）表观混凝土粗骨料最大粒径大于芯样试件平均直径 0.5 倍时。

7.5 检测数据分析与判定

混凝土强度检验评定的主要依据是《混凝土强度检验评定标准》GB/T 50107，统计计算的对象是标准方法制作和养护的边长为 150mm 的立方体试件，在 28d 龄期，用标准试验方法测得的抗压强度值。但是，当立方体标准试件强度评定不合格或对试块抗压强度的测试结果有怀疑时，需要从混凝土结构中钻取芯样，以测定混凝土的强度。大量数据表明，标准养护立方体试件抗压强度（f_{cu}^0）比实体结构混凝土强度（f_s）高，同条件养护立方体试件抗压强度（f_{cu}^t）可较真实地反映结构中的实际混凝土强度，钻孔取芯芯样试件的混凝土强度也较真实地反映结构中的实际混凝土强度，但受温湿度和时间等诸多因素的影响。《钻芯法检测混凝土强度技术规程》CECS 03 相关条文指出，由于受到施工、养护等条件的影响，结构混凝土强度一般仅为标准强度的 75%～80%，龄期 28d 的芯样试件强度换算值也仅为标准强度的 86%，为同条件养护试块的 88%。

为排除龄期、振捣和养护条件的差异，考察小芯样取芯的离散性（如尺寸效应、机械扰动等），《建筑基桩检测技术规范》JGJ 106 编制组曾安排广东、福建、河南等地 6 家单位进行类似试验，共完成 184 组对比试验，强度等级为 C15～C50，芯样直径为 68～100mm，但结果表明：芯样试件强度与立方体强度的比值分别为 0.689、0.848、0.895、

0.915、1.106、1.106，平均为 0.943，其中有两家单位得出了芯样强度与立方体试件强度相比均接近于 1.0 的结论。当排除龄期和养护条件（温度、湿度）差异时，尽管普遍认同芯样强度低于立方体强度，尤其是在桩身混凝土中钻芯更是如此，但上述结果说明：尚不能采用一个统一的折算系数来反映芯样强度与立方体强度的差异。《建筑基桩检测技术规范》JGJ 106 作为行业标准，为了安全起见，暂不推荐采用 1/0.88（国内一些地方标准采用的折算系数）对芯样强度进行提高修正，留待各地根据试验结果进行调整。

7.5.1 数据分析

1. 强度计算

混凝土芯样试件抗压强度应按下列公式计算：

$$f_{cor} = \frac{4P}{\pi d^2}$$

式中　f_{cor}——混凝土芯样试件抗压强度（MPa），精确至 0.1MPa；

　　　P——芯样试件抗压试验测得的破坏荷载（N）；

　　　d——芯样试件的平均直径（mm）。

混凝土芯样试件抗压强度可按地方标准规定的折算系数取值对上式的计算结果进行修正。

2. 混凝土桩芯样强度代表值

混凝土芯样试件的强度值不等于在施工现场取样、成型、同条件养护试块的抗压强度，也不等于标准养护 28d 的试块抗压强度。

同一根桩有两个或两个以上钻芯孔时，应综合考虑各钻孔芯样强度来评价桩身结构的承载能力。取同一深度部位各钻孔芯样试件抗压强度的平均值作为该深度的混凝土芯样试件抗压强度代表值，是一种简便实用方法。因此，行业标准《建筑基桩检测技术规范》JGJ 106 规定取一组三块试件强度值的平均值为该组混凝土芯样试件抗压强度代表值。同一受检桩同一深度部位有两组或两组以上混凝土芯样试件抗压强度代表值时，取其平均值作为该桩该深度处混凝土芯样试件抗压强度代表值。

单桩混凝土芯样试件和水泥土芯样试件抗压强度代表值指该桩中不同深度位置的混凝土芯样试件抗压强度代表值中的最小值。

7.5.2 结果判定

1. 成桩质量评价

由于建筑场地地质条件是复杂多变和非均匀的，工程桩逐根施工，各桩浇注的不一定是同一批混凝土，其成桩质量变化较大。为保证工程质量，应按单桩进行桩身完整性和混凝土强度评价，不应根据几根桩的钻芯结果对整个工程桩基础进行评价。在单桩（地下连续墙单元槽段）的钻芯孔为两个或两个以上时，不应按单孔分别评定，而应根据单桩（地下连续墙单元槽段）各钻芯孔质量综合评定受检基桩（单元槽段）质量。成桩质量评价应结合钻芯孔数、现场混凝土芯样特征、芯样单轴抗压强度试验结果，按表 7-11 的特征进行综合判定。

桩身完整性判定 表 7-11

类别	特 征		
	单 孔	两 孔	三 孔
Ⅰ	混凝土芯样连续、完整、胶结好,芯样侧表面光滑、骨料分布均匀,芯样呈长柱状、断口吻合		
	芯样侧表面仅见少量气孔	局部芯样侧表面有少量气孔、蜂窝麻面、沟槽,但在另一孔同一深度部位的芯样中未出现,否则应判为Ⅱ类	局部芯样侧表面有少量气孔、蜂窝麻面、沟槽,但在三孔同一深度部位的芯样中未同时出现,否则应判为Ⅱ类
Ⅱ	混凝土芯样连续、完整、胶结较好,芯样侧表面较光滑、骨料分布基本均匀,芯样呈柱状、断口基本吻合。有下列情况之一:		
	1. 局部芯样侧表面有蜂窝麻面、沟槽或较多气孔; 2. 芯样侧表面蜂窝麻面严重、沟槽连续或局部芯样骨料分布极不均匀,但对应部位的混凝土芯样试件抗压强度检测值满足设计要求,否则应判为Ⅲ类	1. 芯样侧表面有较多气孔、严重蜂窝麻面、连续沟槽或局部混凝土芯样骨料分布不均匀,但在两孔同一深度部位的芯样中未同时出现; 2. 芯样侧表面有较多气孔、严重蜂窝麻面、连续沟槽或局部混凝土芯样骨料分布不均匀,且在另一孔同一深度部位的芯样中同时出现,但该深度部位的混凝土芯样试件抗压强度检测值满足设计要求,否则应判为Ⅲ类; 3. 任一孔局部混凝土芯样破碎段长度不大于10cm,且在另一孔同一深度部位的局部混凝土芯样的外观判定完整性类别为Ⅰ类或Ⅱ类,否则应判为Ⅲ类或Ⅳ类	1. 芯样侧表面有较多气孔、严重蜂窝麻面、连续沟槽或局部混凝土芯样骨料分布不均匀,但在三孔同一深度部位的芯样中未同时出现; 2. 芯样侧表面有较多气孔、严重蜂窝麻面、连续沟槽或局部混凝土芯样骨料分布不均匀,且在任两孔或三孔同一深度部位的芯样中同时出现,但该深度部位的混凝土芯样试件抗压强度检测值满足设计要求,否则应判为Ⅲ类; 3. 任一孔局部混凝土芯样破碎段长度不大于10cm,且在另两孔同一深度部位的局部混凝土芯样的外观判定完整性类别为Ⅰ类或Ⅱ类,否则应判为Ⅲ类或Ⅳ类
Ⅲ	大部分混凝土芯样胶结较好,无松散、夹泥现象。有下列情况之一:		大部分混凝土芯样胶结较好。有下列情况之一:
	1. 芯样不连续、多呈短柱状或块状; 2. 局部混凝土芯样破碎段长度不大于10cm	1. 芯样不连续、多呈短柱状或块状; 2. 任一孔局部混凝土芯样破碎段长度大于10cm但不大于20cm,且在另一孔同一深度部位的局部混凝土芯样的外观判定完整性类别为Ⅰ类或Ⅱ类,否则应判为Ⅳ类	1. 芯样不连续、多呈短柱状或块状; 2. 任一孔局部混凝土芯样破碎段长度大于10cm但不大于30cm,且在另两孔同一深度部位的局部混凝土芯样的外观判定完整性类别为Ⅰ类或Ⅱ类,否则应判为Ⅳ类; 3. 任一孔局部混凝土芯样松散段长度不大于10cm,且在另两孔同一深度部位的局部混凝土芯样的外观判定完整性类别为Ⅰ类或Ⅱ类,否则应判为Ⅳ类
Ⅳ	有下列情况之一:		
	1. 因混凝土胶结质量差而难以钻进; 2. 混凝土芯样任一段松散或夹泥; 3. 局部混凝土芯样破碎长度大于10cm	1. 任一孔因混凝土胶结质量差而难以钻进; 2. 混凝土芯样任一段松散或夹泥; 3. 任一孔局部混凝土芯样破碎长度大于20cm; 4. 两孔同一深度部位的混凝土芯样破碎	1. 任一孔因混凝土胶结质量差而难以钻进; 2. 混凝土芯样任一段松散或夹泥段长度大于10cm; 3. 任一孔局部混凝土芯样破碎长度大于30cm; 4. 其中两孔在同一深度部位的混凝土芯样破碎、松散或夹泥

当混凝土出现分层现象时，宜截取分层部位的芯样进行抗压强度试验。抗压强度满足设计要求的，可判为Ⅱ类；抗压强度不满足设计要求或不能制作成芯样试件的，应判为Ⅳ类。

当出现下列情况之一时，应判定该受检桩不满足设计要求：

(1) 桩身完整性为Ⅳ类的桩；

(2) 受检桩混凝土芯样试件抗压强度代表值小于混凝土设计强度等级的桩；

(3) 桩长、桩底沉渣厚度不满足设计或规范要求的桩；

(4) 桩底持力层岩土性状（强度）或厚度未达到设计或规范要求的桩。

除桩身完整性和芯样试件抗压强度代表值外，当设计有要求时，应判断桩底的沉渣厚度、持力层岩土性状（强度）或厚度是否满足或达到设计要求；否则，应判断是否满足或达到规范要求。钻芯法可准确测定桩长，若钻芯法测定桩长与施工记录桩长不符，应指出，检测时实测桩长小于施工记录桩长，有两种情况：一种是桩端进入设计要求的持力层或进入持力层的深度不满足设计要求，直接影响桩的承载力；另一种情况是桩端按设计要求进入了持力层，基本不影响桩的承载力。不论哪种情况，按桩身完整性定义中连续性的涵义，均应判为Ⅳ类桩。

通过芯样特征对桩身完整性分类，有比低应变法更直观的一面，也有一孔之见代表性差的一面。同一根桩有两个或两个以上钻芯孔时，桩身完整性分类应综合考虑各钻芯孔的芯样质量情况，不同钻芯孔的芯样在同一深度部位均存在缺陷时，该位置存在安全隐患的可能性大，桩身缺陷类别应判重些。

桩身完整性是一个综合定性指标，虽然按芯样特征判定完整性和通过芯样试件抗压试验判定桩身强度是否满足设计要求在内容上相对独立，且表 7-11 中的桩身完整性分类是针对缺陷是否影响结构承载力而做出的原则性规定。但是，除桩身裂隙外，根据芯样特征描述，不论缺陷属于哪种类型，都指明或相对表明桩身混凝土质量差，即存在低强度区这一共性。因此对于钻芯法，完整性分类尚应结合芯样强度值综合判定。

蜂窝麻面、沟槽、空洞等缺陷程度应根据其芯样强度试验结果判断。若无法取样或不能加工成试件，缺陷程度应判重些。

芯样连续、完整、胶结好或较好、骨料分布均匀或基本均匀、断口吻合或基本吻合；芯样侧面无表观缺陷，或虽有气孔、蜂窝麻面、沟槽，但能够截取芯样制作成试件；芯样试件抗压强度代表值不小于混凝土设计强度等级；则判定基桩的混凝土质量满足设计要求。

芯样任一段松散、夹泥或分层，钻进困难甚至无法钻进，则判定基桩的混凝土质量不满足设计要求；若仅在一个孔中出现前述缺陷，而在其他孔同深度部位未出现，为确保质量，仍应进行工程处理。

局部混凝土破碎、无法取样或虽能取样但无法加工成试件，一般判定为Ⅲ类桩。但是，当钻芯孔数为 3 个时，若同一深度部位芯样质量均如此，宜判为Ⅳ类桩；如果仅一孔的芯样质量如此，且长度小于 10cm，另两孔同深度部位的芯样试件抗压强度较高，宜判为Ⅱ类桩。

2. 持力层的评价

桩底持力层性状应根据芯样特征、岩石芯样单轴抗压强度试验、动力触探或标准贯入试验结果，综合判定桩底持力层岩土性状。桩底持力层岩土性状的描述、判定应有工程地质专业人员参与，并应符合《岩土工程勘察规范》GB 50021 的有关规定。

7.6　检测报告

检测报告是最终向委托方提供的重要技术文件。作为技术存档资料，检测报告首先应结论准确，用词规范，具有较强的可读性；其次是内容完整、精炼。

钻芯检测报告应包含下列内容：

（1）工程概况，在"工程概况"中应对检测的工程有一个全面的描述；

（2）检测场地的工程地质概况，及相应的有代表性地质钻孔柱状图，进行超前钻探的检测桩位应附上超前钻探的地质柱状图；

（3）检测桩数、钻孔数量、开孔相对位置，架空高度、混凝土芯进尺、持力层进尺、总进尺，混凝土试件组数、岩石试件个数、圆锥动力触探或标准贯入试验结果；

（4）桩基或地下连续墙平面图及施工异常情况的说明；

（5）钻芯设备情况、检测原理方法及检测依据的规范、规程、标准；

（6）检测结果应包括下列内容：

1）钻孔深度、芯样连续性、胶结情况、每孔混凝土芯样试件强度的代表值、受检桩混凝土芯样试件强度的代表值；

2）桩、地下连续墙端与持力层情况，沉渣厚度；

3）钻岩（土）深度，岩石名称、颜色、工程地质性状、岩石单轴抗压强度；

4）异常情况说明。

其中的附图、附表中应包括：

1）钻芯检桩或墙的混凝土岩综合柱况图；

2）混凝土（岩）抗压强度试验报告；

3）芯样彩色照片。

（7）结论意见应包括下列内容：

1）基桩或地下连续墙混凝土的连续性、胶结情况，受检桩混凝土芯样试件强度代表值是否达到设计要求；

2）桩底或地下连续墙沉渣厚度是否符合现行设计及施工验收规范要求；

3）桩或地下连续墙端持力层的工程地质性状是否符合设计要求；

4）施工桩长或地下连续墙深度是否与检验桩长墙深相符。

7.7　工程实例

1. 工程实例一

某工程采用钻孔灌注桩基础，设计桩径 $\phi1200$mm，桩身混凝土设计强度等级为 C35，设计桩端持力层要求为微风化花岗岩，其中 A-ZJ16 号桩施工桩长为 25.60m，钻孔深度为 30.65m。

检测结果：该受检桩桩身混凝土芯样在 0.00～4.85m 为浮浆，系灌注过程中超灌部分，不予描述；4.85～30.45m芯样连续、完整、表面光滑、胶结好，骨料分布均匀，呈长柱状、断口处吻合，钻进速度慢；30.45～30.65m为微风化花岗岩，芯样完整，岩芯呈深灰色，短柱状，完整致密，岩质坚硬。钻取芯样照片如图7-9所示。在良好位置抽检三组混凝土抗压强度代表值满足设计要求。桩端支承于微风化花岗岩，其持力层满足设计为微风化花岗岩的要求。施工记录桩长与抽芯检测出实际桩长基本相符。该受检桩桩身完整性类别为Ⅰ类桩，满足本工程设计要求。

2. 工程实例二

某工程采用钻孔灌注桩基础，设计桩径φ1200mm，桩身混凝土设计强度等级为C35，设计桩端持力层设计要求为微风化花岗岩，其中C41号桩施工桩长为30.2m，钻孔深度为34.2m。

检测结果：该受检桩桩身混凝土芯样在0.00～3.11m为浮浆，系灌注过程中超灌部分，不予描述；3.11～33.31m芯样连续、完整、表面光滑、胶结好，骨料分布均匀，呈长柱状、断口处吻合，钻进速度慢；33.31～34.20m为微风化花岗岩，芯样完整，岩芯呈灰白色，短柱状，完整致密，岩质坚硬。钻取芯样照片如图7-10所示。在良好位置抽检三组混凝土抗压强度代表值满足设计要求。桩端支承于微风化花岗岩，其持力层满足设计为微风化花岗岩的要求。施工记录桩长与抽芯检测出实际桩长基本相符。该受检桩桩身完整性类别为Ⅰ类桩，满足本工程设计要求。

图7-9　工程实例一（A-ZJ16号桩）

图7-10　工程实例二（C41号桩）

3. 工程实例三

某工程采用钻孔灌注桩基础，设计桩径φ1500mm，桩身混凝土设计强度等级为C30，其中D25-2号桩施工桩长为34.0m，终孔深度为42.58m。

图7-11　工程实例三（D25-2号桩）

本次检查目的：检测上述工程桩混凝土的浇注质量及其桩底沉渣厚度。

检测结果为：混凝土芯样连续、完整、表面光滑、胶结好、骨料分布均匀，混凝土芯样呈长柱状，断口处吻合较好，浇注质量总体较好，桩长及混凝土抗压强度代表值满足设计要求，钻取芯样照片见图7-11；桩基的芯样进行了单轴抗压强度试验，混凝土抗压强度代表值满足$m_{fcu}\geqslant 1.15f_{cu,k}$和$f_{cu,min}\geqslant 0.95f_{cu,k}$的要求，施工记录桩长与抽芯检测出实际桩长基本相符，综合判定此根桩桩身完整性为 Ⅰ 类，满足本工程设计要求。

4. 工程实例四

某混凝土灌注桩，桩径 1.2m，桩长 20m，设计为 C30 水下混凝土。钻芯 2 孔，每孔同一深度部位截取 3 组芯样，芯样强度如表 7-12 所示。

芯样强度 表 7-12

序号	第1组(MPa)			第2组(MPa)			第3组(MPa)		
1号孔	32.3	28.6	30.0	27.1	31.1	28.2	31.4	31.0	29.2
2号孔	33.6	32.5	31.4	30.0	31.2	29.1	29.8	30.5	34.3

检测结果：

（1）取 1 组 3 块试件强度换算值的平均值为该组混凝土芯样试件抗压强度计算值。同一受检桩同一深度部位有多组混凝土芯样试件代表值时，取其平均值为该基桩该深度处混凝土芯样试件抗压强度代表值。受检桩中不同深度位置的混凝土芯样试件抗压强度代表值中的最小值为该混凝土芯样试件抗压强度代表值。

计算结果如表 7-13 所示。

计算结果 表 7-13

序号	第1组(MPa)	第2组(MPa)	第3组(MPa)
1号孔	30.3	28.8	30.5
2号孔	32.5	30.1	31.5
同组平均	31.4	29.5	31.0

因此，混凝土芯样试件的抗压强度代表值为 29.5MPa。

（2）29.5MPa＜30MPa，判定该工程桩混凝土强度不满足设计要求。

5. 工程实例五

某工程采用冲孔灌注桩基础，设计桩径 φ1000mm，桩身混凝土设计强度等级为 C25，设计桩端持力层设计要求为中风化岩，其中 35 号桩施工桩长 25.40m。

检测结果：该受检桩桩身混凝土芯样在 18.07～18.67m 段离析松散，其他位置混凝土芯样连续、完整、断口吻合、呈柱状、节长 0.10～1.55m，表面光滑、胶结良好、粗细骨料分布均匀，钻取芯样照片见图 7-12。在良好位置抽检三组混凝土抗压强度代表值满足设计要求。桩底有 20cm 沉渣，沉渣厚度未能满足规范要求。桩端支承于中风化岩，其持力层满足设计为中风化岩的要求。施工记录桩长与抽芯检测出实际桩长基本相符。该受检桩桩身完整性类别为 Ⅳ 桩，成桩质量未能满足设计要求。

图 7-12 工程实例五

6. 工程实例六

某工程采用人工挖孔灌注桩基础，设计桩径 $\phi 1600mm$，桩身混凝土设计强度等级为 C30，桩端持力层设计要求为强风化岩，其中 12 号桩施工桩长 25.40m，该桩钻两孔。

图 7-13　工程实例六

检测结果：该受检桩桩身混凝土芯样在之一孔 4.60～6.30m 段蜂窝发育，钻取芯样照片见图 7-13；在之二孔 22.30～23.10m 段胶结稍差、柱面粗糙，其他位置混凝土芯样连续、完整、断口吻合、呈柱状、节长 0.10～1.44m，表面光滑、胶结基本良好、粗细骨料分布均匀，钻取芯样照片见图 7-13。5.30～5.70m 缺陷位置混凝土抗压强度：之一孔为 15.7MPa，之二孔为 31.4MPa，代表值为 23.6MPa。22.30～22.70m 缺陷位置混凝土抗压强度：之一孔为 30.4MPa，之二孔为 19.2MPa，代表值为 24.8MPa，其抗压强度代表值未能满足设计要求。桩底无沉渣。桩端支承于强中风化岩，其持力层满足设计为强风化岩的要求。施工记录桩长与钻芯检测出实际桩长基本相符。综合判定该受检桩桩身完整性类别为Ⅲ类桩。

7. 工程实例七

某工程采用人工挖孔灌注桩基础，设计桩径 $\phi 1000mm$，桩身混凝土设计强度等级为 C25，桩端持力层要求为强风化岩，其中 14 号桩施工桩长 14.20m。

检测结果：该受检桩桩身混凝土芯样在 12.40～14.20m 松散，其他位置连续、结构基本完整，胶结基本良好；钻取芯样照片见图 7-14。在基本良好位置抽检混凝土抗压强度代表值满足设计要求。桩底无沉渣。桩端支承于 0.20m 厚中风化岩后，下为强风化岩，其持力层满足设计为强风化岩的要求。施工记录桩长与抽芯检测出实际桩长相符。该受检桩桩身完整性类别为Ⅳ桩，成桩质量未能满足设计要求。

8. 工程实例八

某工程采用冲孔灌注桩基础，设计桩径 $\phi 1400mm$，桩身混凝土设计强度等级为 C30，桩端持力层要求为微风化岩，其中 35 号桩施工桩长 45.70m，该桩钻两孔。

图 7-14　工程实例七　　　　　　**图 7-15　工程实例八**

检测结果为：该受检桩桩身混凝土芯样在之二孔局部 31.40～32.00m 及 34.60～35.20m 段蜂窝较发育，柱面较粗糙，其他位置连续、完整，胶结基本良好，钻取芯样照片见图 7-15。混凝土抗压强度代表值满足设计要求，桩身完整性类别为 Ⅱ 类桩，桩底无沉渣。桩端在之一孔支承于 0.6m 厚微风化岩后，下为 7.3m 溶洞；之二孔支承于 0.8m 厚微风化岩后，下为 0.6m 溶洞，之后为 0.7m 微风化岩后下为 5.6m 溶洞，其持力层未能满足设计为微风化岩的要求。施工记录桩长与抽芯检测出实际桩长相符。

7.8 钻芯法的相关问题

钻芯法为直接检测法，可对采用其他方法检测存在缺陷的问题桩进行复检验证，其检测成果真实可见有一定的权威性。但是传统的钻芯法存在芯样丢失和被置换的可能性，导致测试结果会受到业主和质检方的质疑，存在一定的局限性和主观性。

为了避免上述问题的发生，同时与钻芯结果进行辅助判断，进一步对桩身质量、缺陷情况及持力层情况进行验证，同时留存钻芯孔的电子资料，防止芯样丢失和被更换，检测结果更真实可靠。

钻孔电视在钻芯工程中的应用情况如下示例所示（图 7-16、图 7-17）。

图 7-16　钻孔电视仪器示意图　　　　图 7-17　钻孔电视成图效果图

（1）实例一：本项目为福建某大桥，本次检测的桩型为钻孔灌注桩，桩长 74m，桩径 2200mm，本次实验桩编号为 15-2 号桩，主要对桩身完整性进行检测。按规范要求，对桩的完整性进行检测，该桩在成桩前，已经预埋设声测管，通过常规的声波检测方式，对该桩进行完整性检测，检测结果如下（图 7-18）：

根据声波透射法检测结果，能发现该桩有两处缺陷。

为了更清晰地将缺陷的位置进行定位，使用武汉中岩科技股份有限公司生产的 RSM-SY8 基桩超声波 CT 成像测试仪对缺陷部位进行局部复测、成像，对缺陷进行判断定位，如下：

通过如图 7-19 所示 CT 成像结果图，可以发现在该桩 2.8～3.2m，5.4～6.5m 处有明显的缺陷。

(a)

(b)

图 7-18　声波成果图

(a) 六剖面桩中的三个剖面曲线；(b) 六剖面桩中的另三个剖面曲线

为进一步对桩身的缺陷进行验证，采用钻孔取芯法对完整性进一步进行检测确认。

根据 RSM-SY8 超声波 CT 成像的效果图，对本桩缺陷较严重的位置（3～4 管中间）进行钻孔抽芯检测（图 7-20）。

通过钻孔抽芯检测，施工方反馈取芯照片和超声波检测结果不符，对超声波检测的结果提出异议。因取芯人员为施工方提供，为进一步确定缺陷类别，核实现场情况，对此取芯孔进行了钻孔电视成像检测。

图 7-19　RSM-SY8 超声波 CT 三维成像效果　　　　图 7-20　取芯芯样图

本次采用武汉中岩科技股份有限公司生产的 RSM-DCT（W）钻孔电视成像仪对取芯后的钻孔进行成像检测。现场检测如图 7-21 所示。

图 7-21　RSM-DCT（W）钻孔电视现场测试

图 7-22　钻孔摄像展开图

采用 RSM-DCT（W）对桩钻芯孔 3～4 进行摄像检测，观察测试图片，如图 7-22 所示。清晰可见在 5.4～6.5m 处，出现夹泥。可以最终判定该桩距离桩顶 5.4～6.5m 处，局部夹泥缺陷。

（2）实例二：根据委托单位提供的设计及施工资料，该工程基桩采用桩径为

ϕ2000mm 桩，设计桩长为 56m 左右，设计混凝土强度等级为 C30。

本项目为广东某大桥，本次检测的桩型为钻孔灌注桩，桩长 56m，桩径 2000mm，本次实验桩编号为 A9-4 号桩，主要对桩身完整性进行检测。

按规范要求，对桩的完整性进行检测，该桩在成桩前，已经预埋设声测管，通过常规的声波检测方式，对该桩采用声波透射法进行完整性检测。现场采用 RSM-SY7 基桩超声波自动循测仪对桩身进行超声波透射法进行了完整性检测，发现桩底缺陷严重（图 7-23）。

图 7-23　声波成果图

（*a*）六剖面桩中的三个剖面曲线；（*b*）六剖面桩中的另三个剖面曲线

为更准确定出缺陷范围，遂采用 SY8 基桩超声波 CT 成像测试仪对桩身完整性进行了检测。对桩进行三维成像，对缺陷程度以及方位进行定量分析。

通过三维成像，在波速色谱中很明显看出桩底缺陷的严重程度。添加斜测阴影网格后，桩底位置更加明显（图 7-24）。

从 CT 软件自动生成的三维柱状图看出，缺陷位置和大小一目了然。并根据《建筑基

图 7-24　六剖面的网格图

桩检测技术规范》JGJ 106 得出结论，此桩直接判为 IV 类桩（图 7-25）。

图 7-25　三维图

应业主要求，对此桩进行取芯验证。但受限于取芯工艺影响，桩底芯样不完整，缺陷部分仅 CT 成像显示缺陷一半大小，无法对缺陷进行准确确认。判定结果产生争议（图7-26）。

为进一步确认缺陷情况。取芯后使用 RSM-DCT（W）钻孔电视成像仪，对取芯孔进行成像测试（图 7-27）。

此桩经 RSM-DCT（W）钻孔电视成像仪成像鉴定后，缺陷范围与 RSM-SY8 超声波 CT 三维成像的成像数据一致，缺陷深度相同。缺陷明显，缺陷性质定义为大范围空洞。

图 7-26　芯样照片

图 7-27　RSM-DCT（W）钻孔电视成像展开图

第8章 静载试验法

静载试验是检测基桩与地基承载力的一种最直观、最可靠的传统方法，静载试验主要包括单桩竖向抗压静载试验、单桩竖向抗拔静载试验、单桩水平静载试验、地基平板荷载试验以及自平衡和内力测试试验等。本章将对这些试验方法分别进行介绍，关于对静载仪器以及测量仪表的性能要求集中在8.1节进行介绍。

8.1 单桩竖向抗压静载试验

8.1.1 适用范围

单桩竖向抗压静载试验采用接近于竖向抗压桩的实际工作条件的试验方法，确定单桩竖向抗压承载力，是目前公认的检测基桩竖向抗压承载力最直观、最可靠的试验方法。

单桩竖向抗压静载荷试验主要是通过测量确定单桩竖向抗压极限承载力，即指单桩在竖向载荷作用下达到破坏状态前或出现不适于继续承载的变形时所对应的最大荷载。它取决于土对桩的支承阻力和桩身结构强度，一般由土对桩的支承阻力控制，对于端承桩、超长桩和桩身质量有缺陷的桩，可能由桩身结构强度控制。

单桩竖向抗压静载试验的主要目的是确定基桩竖向抗压承载力，虽然试验中也能得到与承载力相对应的沉降，但必须指出的是，静载试验中的沉降量 s 与建筑（构）物的后期沉降量 s' 是不一样的。影响单桩竖向抗压静载试验中的桩顶沉降量 s 的因素主要是桩（包括桩型、桩长、桩径、成桩工艺等）和桩周桩端岩土性状，而对建（构）筑物的后期沉降量 s' 的影响，除了这些因素外，还有群桩效应、建（构）筑物的结构形式等诸多因素。建（构）筑物的后期沉降量 s' 明显大于单桩竖向抗压静载试验中的桩顶沉降量 s。对于非嵌岩桩，如北京地区，二者有的相差 4～5 倍，上海地区，二者有的相差达 10 倍。国外有的静载试验采用 24h 或 72h 终极维持荷载法，目的是试图根据单桩竖向抗压静载试验中的桩顶沉降量来分析计算建（构）筑物的后期沉降，但是，有关这方面的研究尚不成熟，仍有许多工作要做。

8.1.2 试验仪器设备

静载试验设备主要由反力装置、加载装置、荷载量测装置、位移量测装置和自动采集装置组成。

1. 反力装置

静载荷反力装置主要是由钢梁（主要是主梁、次梁等）及配重组成。静载荷试验加载反力装置可根据现场条件选择压重平台反力装置（图 8-1）、锚桩横梁反力装置、锚桩压重联合反力装置、地锚反力装置等。

选择加载反力装置应注意：加载反力装置能提供的反力不得小于最大加载量的 1.2 倍（在《公路工程基桩检测技术规程》中，此项要求为不小于 1.3 倍最大加载量），在最大试验荷载作用下，加载反力装置的全部构件不应产生过大的变形，应有足够的安全储备。应对加载反力装置的全部构件进行强度和变形验算，当采用锚桩横梁反力装置时，还应对锚桩抗拔力（地基土、抗拔钢筋、桩的接头混凝土抗拉能力）进行验算，并应监测锚桩的上拔量。

图 8-1　静载荷现场试验图

（1）钢梁受力机理及选择方式

应该指出的是，同一根钢梁，当用于锚桩横梁反力装置和用于压重平台反力装置时，允许使用的最大试验荷载是不同的。压重平台反力装置的主梁和次梁是受均布荷载作用，而锚桩横梁反力装置的主梁和次梁受集中荷载作用，集中荷载作用点与试验桩（主梁）、锚桩（次梁）的相对位置有关，而且集中荷载作用点的位置直接影响主梁和次梁所承受的弯矩荷载。

表 8-1 给出了钢梁的荷载与应力、挠度的关系。

<table>
<tr><td colspan="3">钢梁的荷载与应力、挠度的关系</td><td>表 8-1</td></tr>
<tr><td></td><td>压重平台反力装置的主梁</td><td colspan="2">锚桩横梁反力装置的主梁</td></tr>
<tr><td>最大剪应力（千斤顶处）</td><td>$Q/2$</td><td colspan="2">$Q/2$</td></tr>
<tr><td>最大弯矩</td><td>$QL/8$</td><td colspan="2">$QL/4$</td></tr>
<tr><td>最大挠度</td><td>$QL^3/(128EJ_x)$</td><td colspan="2">$QL^3/(48EJ_x)$</td></tr>
<tr><td>梁端部最大转角</td><td>$QL^2/(48EJ_x)$</td><td colspan="2">$QL^2/(16EJ_x)$</td></tr>
<tr><td>适用条件</td><td>梁受均布荷载作用，总荷载为 Q，
主梁长为 L</td><td colspan="2">千斤顶在主梁的正中间，次梁的集中
荷载作用在主梁的两端端部</td></tr>
<tr><td>备注</td><td colspan="3">E 为钢梁的弹模，J_x 为惯性矩，EJ_x 为梁的抗弯刚度</td></tr>
</table>

由受力关系图可知，主梁的最大受力区域在梁的中部，因此，在实际加工制作主梁时，一般在主梁的中部（约占 1/4～1/3 主梁长度）进行加强处理，如图 8-2 所示。

在静载荷试验中，钢梁的选取一定要注意钢梁的承重能力以及钢梁的

加肋筋　　加肋板

图 8-2　钢梁制作示意图

变形。

（2）压重平台反力装置

压重平台反力装置（俗称堆载法）由重物、工字钢（次梁）、主梁、千斤顶等构成（图 8-3）。常用的堆载重物为砂包和钢筋混凝土构件，少数用钢（铁）、石块等。压重不得少于预估最大试验荷载的 1.2 倍，且压重宜在试验开始之前一次加上，并均匀稳固地放置于平台之上。规范要求压重施加于地基土的压应力不宜大于地基土承载力特征值的 1.5 倍，当压重平台支墩尺寸较小时，压重平台支墩施加于地基土的压应力可能会大于地基土承载力，造成地基土破坏或明显下沉，导致堆载平台倾斜甚至坍塌。当压重在试验前一次加足可能会造成支墩下地基土破坏时，少部分压重可在

图 8-3　堆载试验装置示意图

试验过程中加上，试验过程中应保证压重不小于试验荷载的 1.2 倍。这样做存在安全隐患，如果在较高荷载下桩身脆性破坏，全部压重作用于支墩下的地基土，使地基土破坏，极有可能造成整个压重平台坍塌。

一般压重平台反力装置的次梁放在主梁的上面，重物的重心较高，有稳定和安全方面的隐患，设计静载试验装置时，也可将次梁放在主梁的下面，类似于锚桩横梁反力装置，通过拉杆将荷载由主梁传递给次梁，若干根次梁可以焊接组合成一个小平台，整个堆重平台可由多个小平台组成，该类反力装置尤其适合混凝土块以及砂包堆载。

（3）锚桩反力装置

锚桩横梁反力装置（俗称锚桩法）是大直径灌注桩静载试验中最常用的加载反力系统，由试桩、锚桩、主梁、次梁、拉杆、锚笼（或挂板）、千斤顶等组成（图 8-4），次梁可放在主梁的上面或放在主梁的下面。锚桩、反力梁装置提供的反力不应小于预估最大试验荷载的 1.2～1.5 倍。当采用工程桩作锚桩时，锚桩数量不得少于 4 根，当要求加载值较大时，有时需要 6 根

图 8-4　锚桩反力装置

甚至更多的锚桩。具体锚桩数量要通过验算各锚桩的抗拔力来确定。

图 8-5 提供了几种锚桩布置示意图。假设布桩均匀分布，桩中心行距为 a，列距为 b，当采用如图 8-5 （a）所示四根锚桩时，主梁和次梁的长度只需 $\sqrt{a^2+b^2}+d$ （d 为桩径），一般情况下，$\sqrt{a^2+b^2}$ 比 $2a$ 或 $2b$ 要小；如图 8-5 （b），当 2 号锚桩因入土深度浅而抗拔力不够时，可用 1 号和 3 号锚桩来代替 2 号锚桩，这是五根锚桩的布置。六根锚桩的布置有多种形式，如果主梁较长，可采用如图 8-5 （c）的形式，如果主梁较短，无法利用 3 号、7 号桩作锚桩，可用一根较长的次梁锚 1 号和 9 号桩来代替 3 号和 7 号桩；还有在图 8-5 （b）中，如果 2 号锚桩也利用起来，以及在图 8-5 （d）中不用 4 号和 6 号桩作锚桩，都是六根锚桩的布置形式；图 8-5 （d）是八根锚桩的常见布置形式。锚桩的具体布置形式既要考虑现有试验设备能力，也要考虑锚桩的抗拔力。

◎ 试桩　● 锚桩　○ 除试桩、锚桩外的其他工程桩

图 8-5　选择锚桩图例

（a）四根锚桩的情况；（b）五根锚桩的情况；（c）六根锚桩的情况；（d）八根锚桩的情况

（4）锚桩压重联合反力装置

当试桩的最大加载量超过锚桩的抗拔能力时，可在主梁和副梁上堆重或悬挂一定重物，由锚桩和重物共同承受千斤顶加载反力，以满足试验荷载要求。采用锚桩压重联合反力装置应注意两个问题：一是当各锚桩的抗拔力不一样时，重物应相对集中在抗拔力较小的锚桩附近；二是重物和锚桩反力的同步性问题，拉杆应预留足够的空隙，保证试验前期锚桩暂不受力，先用重物作为试验荷载，试验后期联合反力装置共同起作用。

除上述三种主要加载反力装置外，还有其他形式。例如地锚反力装置，如图 8-6 所

示，适用于较小桩的试验加载，采用地锚反力装置应注意基准桩、地锚锚杆、试验桩之间的间距应符合表8-2的规定；对岩面浅的嵌岩桩，可利用岩锚提供反力；对于静力压桩工程，可利用静力压桩机的自重作为反力装置进行静载试验，但应注意不能直接利用静力压桩机的加载装置，而应架设合适的主梁，采用千斤顶加载，且基准桩的设置应符合规范规定。

图 8-6　伞形地锚装置示意图

2. 加载装置

静载试验均采用千斤顶与油泵相连的形式，由千斤顶施加荷载。荷载测量可采用以下两种形式：一是通过放置在千斤顶上的荷重传感器直接测定；二是通过并联于千斤顶油路的压力表或压力传感器测定油压，根据千斤顶率定曲线换算荷载。用荷重传感器测力，不需考虑千斤顶活塞摩擦对出力的影响；用油压表（或压力传感器）间接测量荷载需对千斤顶出力进行率定，受千斤顶活塞摩擦的影响，不能简单地根据油压乘活塞面积计算荷载，同型号千斤顶在保养正常状态下，相同油压时的出力相对误差约为 $1\%\sim2\%$，非正常时高达 5%，现场试验应该按照千斤顶的率定曲线换算千斤顶的出力。采用传感器测量荷重或油压，容易实现加卸荷与稳压自动化控制，且测量准确度较高。准确度等级一般是指仪器仪表测量值的最大允许误差，如采用惯用的弹簧管式精密压力表测定油压时，符合准确度等级要求的为 0.4 级，不得使用大于 0.5 级的压力表控制加载。当油路工作压力较高时，有时出现油管爆裂、接头漏油、油泵加压不足造成千斤顶出力受限，压力表在超过其 3/4 满量程时的示值误差增大。所以，应适当控制最大加荷时的油压，选用耐压高、工作压力大和量程大的油管、油泵和压力表。另外，也应避免将大吨位级别的千斤顶用于小荷载（相对千斤顶最大出力）的静载试验中。

目前市场上的油泵的种类较多，在进行工程试验的时候应该选择合适的油泵进行试验，选择油泵主要遵循几点。

（1）油泵的额定出油量，也就是油泵在运行状态下每分钟的出油量，如在大吨位试验的时候，不宜选择额定出油量过小的油泵，会导致加载的时间过长；在小吨位试验的时候，不宜选择额定出油量过大的油泵，否则在加载过程中会经常出现加荷超值的现象。

（2）油泵的油箱大小，同样也是油泵选取的一个要素，如在进行较大吨位试验时，选取小油箱的油泵，在试验的过程中需要多次对油泵进行加油，而在卸载的时候需要对油泵进行取油，增加现场检测人员的负担。但大油箱油泵在运输搬运的过程中又存在搬运较困难的问题，所以需要合理选择油泵油箱大小。

目前市场上有两类千斤顶，一类是单油路千斤顶，只有一个油嘴，进油和回油（加载或卸载）都是通过这个油路，压力表连接在该油路上；另一类是双油路千斤顶，有上下两个油嘴，进油路接在千斤顶的下油路，压力表也连接在该油路上，油泵通过该油路对桩进行加载，回油路接在千斤顶的上油路。

在千斤顶的使用过程中，千斤顶的行程以及额定出力是千斤顶选择的要点，并且在千斤顶的使用过程中需要定期检定。

千斤顶检定一般从其量程的 20%或 30%开始，根据 5~8 个点的检定结果给出率定曲线（或校准方程）。因此，选择千斤顶时，最大试验荷载对应的千斤顶出力宜为千斤顶量程的 30%~80%。当采用两台及两台以上千斤顶加载时，为了避免受检桩偏心受荷，千斤顶型号、规格应相同且应并联同步工作。

试验用油泵、油管在最大加载时的压力不应超过规定工作压力的 80%，当试验油压较高时，油泵应能满足试验要求。

3. 荷载量测装置

常规的荷载量测装置为油压表，目前市场上用于静载试验的油压表的量程主要有 25MPa、40MPa、60MPa、100MPa，应根据千斤顶的配置和最大试验荷载要求，合理选择油压表。最大试验荷载对应的油压不宜小于压力表量程的 1/4，避免"大秤称轻物"；同时为了延长压力表的使用寿命，最大试验荷载对应的油压不宜大于压力表量程的 2/3。

采用荷重传感器和压力传感器同样存在量程和精度问题，一般要求传感器的测量准确度应优于 0.5%。

近几年来，许多单位采用自动化静载试验设备进行试验，采用荷重传感器测量荷载或采用压力传感器测定油压，实现加卸荷与稳压自动化控制，不仅减轻检测人员的工作强度，而且测试数据准确可靠。关于自动化静载试验设备的量值溯源，不仅应对压力传感器进行校准，而且还应对千斤顶进行校准，或者对压力传感器和千斤顶整个测力系统进行校准。

4. 位移量测装置

位移量测装置主要由基准桩、基准梁和百分表或位移传感器组成。

（1）基准桩

国家标准《建筑地基基础设计规范》GB 50007 要求试桩、锚桩（压重平台支墩边）和基准桩之间的中心距离大于 4 倍试桩和锚桩的设计直径且大于 2.0m。1985 年，国际土力学与基础工程协会（ISSMFE）根据世界各国对有关静载试验的规定，提出了静载试验的建议方法并指出：试桩中心到锚桩（或压重平台支墩边）和到基准桩各自间的距离应分别"不小于 2.5m 或 3d"，小直径桩按 3d 控制，大直径桩按 2.5m 控制，这和我国现行规范规定的"大于等于 4d 且不小于 2.0m"相比更容易满足。高层建筑物下的大直径桩试验荷载大、桩间净距小（规定最小中心距为 3d），往往受设备能力制约，采用锚桩法检测时，三者间的距离有时很难满足"大于等于 4d"的要求，加长基准梁又会受到显著的气候环境影响。考虑到现场试验中的困难，且加载过程中，锚桩上拔对基准桩、试桩的影响一般小于压重平台对它们的影响，因此，《建筑基桩检测技术规范》JGJ 106 中对部分间距的规定放宽为"不小于 3d"，具体见表 8-2。

关于压重平台支墩边与基准桩和试桩之间的最小间距问题，应区别两种情况对待。在场地土较硬时，堆载引起的支墩及其周边地面沉降和试验加载引起的地面回弹均很小。如 ϕ1200 灌注桩采用（10×10）m² 平台堆载 11550kN，土层自上而下为凝灰岩残积土、强风化和中风化凝灰岩，堆载和试验加载过程中，距支墩边 1m、2m 处观测到的地面沉降及回弹量几乎为零。但在软土场地，大吨位堆载由于支墩影响范围大而应引起足够的重视。以某一场地 ϕ500 管桩用（7×7）m² 平台堆载 4000kN 为例：在距支墩边 0.95m、1.95m、2.55m 和 3.5m 设四个观测点，平台堆载至 4000kN 时观测点下沉量分别为 13.4mm、6.7mm、

试桩、锚桩（或压重平台支墩边）和基准桩之间的中心距离　　　　表 8-2

反力装置	试桩中心与锚桩中心 （或压重平台支墩边）	试桩中心与基准桩中心	基准桩中心与锚桩中心 （或压重平台支墩边）
锚桩横梁	≥4(3)d 且>2.0m	≥4(3)d 且>2.0m	≥4(3)d 且>2.0m
压重平台	≥4(3)d 且>2.0m	≥4(3)d 且>2.0m	≥4(3)d 且>2.0m
地锚装置	≥4d 且>2.0m	≥4(3)d 且>2.0m	≥4d 且>2.0m

注：1. d 为试桩、锚桩或地锚的设计直径或边宽，取其较大者。

　　2. 如试桩或锚桩为扩底桩或多支盘桩时，试桩与锚桩的中心距尚不应小于 2 倍扩大端直径。

　　3. 括号内数值可用于工程桩验收检测时多排桩设计桩中心距离小于 $4d$ 的情况或压重平台支撑墩下 2～3 倍宽影响范围内的地基土已进行加固处理的情况。

　　4. 软土场地压重平台堆载重量较大时，宜增加支墩边与基准桩中心和试桩中心之间的距离，并在试验过程中观测基准桩的竖向位移。

3.0mm 和 0.1mm；试验加载至 4000kN 时观测点回弹量分别为 2.1mm、0.8mm、0.5mm 和 0.4mm。但也有报道管桩堆载 6000kN，支墩产生明显下沉，试验加载至 6000kN 时，距支墩边 2.9m 处的观测点回弹近 8mm。这里出现两个问题：其一，当支墩边距试桩较近时，大吨位堆载地面下沉将对桩产生负摩阻力，特别对摩擦型桩将明显影响其承载力；其二，桩加载（地面卸载）时地基土回弹对基准桩产生影响。支墩对试桩、基准桩的影响程度与荷载水平及土质条件等有关。对于软土场地超过 10000kN 的特大吨位堆载（目前国内压重平台法堆载已超过 50000kN），为减少对试桩产生附加影响，应考虑对支墩影响范围内的地基土进行加固；对大吨位堆载支墩出现明显下沉的情况，尚需进一步积累资料和研究可靠的沉降测量方法，简易的办法是在远离支墩处用水准仪或张紧的钢丝观测基准桩的竖向位移。

基准桩埋设应满足以下几个条件：基准桩桩身不变动；没有被接触或破坏的危险；附近没有热源；不受直射阳光与风雨等干扰；不受锚桩上拔、试桩下沉、堆载地面沉降影响。上述情况中，根据经验看，锚桩、试桩、堆载对基准桩产生的影响尤为普遍与严重，故基准桩与锚桩、试桩、堆载支墩应保持一定的距离，条件可能时应尽量采用相邻工程桩作为基准桩。

（2）基准梁

基准梁应一端固定，另一端简支，这是为减少温度变化引起的基准梁挠曲变形。在满足表 8-2 的规定条件下，基准梁不宜过长，并应采取有效遮挡措施，以减少温度变化和刮风下雨的影响，尤其在昼夜温差较大且白天有阳光照射时更应注意。

基准梁和基准桩问题是实际试验中看似简单但又容易忽视的问题，实际试验中，应避免一些违反规范要求的做法，如简单地将基准梁放置在地面上，或不打基准桩而架设在砂袋（或红砖）上；基准桩打的不够深、不稳；基准梁长度不符合规范要求；基准梁的刚度不够，产生较大的挠曲变形；未采取有效措施防止外界因素对基准梁的影响。宜采用工字钢作基准梁，高跨比不宜小于 1/40，尤其是大吨位静载试验，试验影响范围较大，要求采用较长和刚度较大的基准梁，有时由于运输和型钢尺寸的限制，需要在现场将两根钢梁组合或焊接成一根基准梁，如果组合或焊接质量不好，会影响基准梁的稳定性，必要时可将两根基准梁连接或者焊接成网架结构，以提高其稳定性。另外，基准梁越长，越容易受外界因素的影响，有时这种影响较难采取有效措施来预防。

（3）百分表或位移传感器

基桩沉降测量宜采用位移传感器或大量程百分表，对于机械式大量程（50mm）百分表，《大量程百分表》JJG 379 规定的 1 级标准为：全程示值误差和回程误差分别不超过 $40\mu m$ 和 $8\mu m$，相当于满量程测量误差不大于 0.1%。因此《建筑基桩检测技术规范》要求沉降测量误差不大于 0.1%FS，分辨率优于或等于 0.01mm。常用的百分表量程有 50mm、30mm、10mm，量程越大，周期检定合格率越低，但沉降测量使用的百分表量程过小，会造成频繁调表，影响测量精度。

沉降测定平面宜定在距桩顶 200mm 以下位置，最好不小于 0.5 倍桩径，测点应牢固地固定于桩身，即不得在承压板上或千斤顶上设置沉降观测点，避免因承压板变形导致沉降观测数据失实。直径或边宽大于 500mm 的桩，应在其两个方向对称安置 4 个百分表或位移传感器，直径或边宽小于等于 500mm 的桩可对称安置 2 个百分表或位移传感器。

5. 测试仪器设备

静载试验由于试验时间较长，现场的环境较恶劣，市面上出现了很多静载荷试验仪，能够较大程度增加现场的检测效率，减少现场检测工作人员的工作量，并且能够较精准的进行操作和记录等（图 8-7）。

图 8-7　静载荷测试仪

使用静载荷测试仪，不仅能提高现场的工作效率，保障现场工作人员的安全，并且能更准确地进行试验。

8.1.3　现场检测

1. 桩头处理

试验过程中，应保证不会因桩头破坏而终止试验，但桩头部位往往承受较高的垂直荷载和偏心荷载，因此，一般应对桩头进行处理。

对于预制方桩和预应力管桩，如果未进行截桩处理，桩头质量正常，单桩设计承载力合理，可不进行处理。预应力管桩尤其是进行了截桩处理的预应力管桩，可采用填芯处理，填芯高度 h 一般为 $1\sim2m$，可放置钢筋也可不放钢筋，填芯用的混凝土宜按 C25～C30 配制，也可用特制夹具箍住桩头，如图 8-8（a）所示。为了方便安装两个千斤顶，同时进一步保证桩头不受破损，可针对不同的桩径制作特定的桩帽套在试验桩桩头上。

混凝土桩桩头处理应先凿掉桩顶部的松散破碎层和低强度混凝土，露出主筋，冲洗干净桩头后再浇注桩帽，并符合下列规定：

桩帽顶面应水平、平整，桩帽中轴线与原桩身上部的中轴线严格对中，桩帽面积大于或等于原桩身截面积，桩帽截面形状可为圆形或方形；

桩帽主筋应全部直通至混凝土保护层之下，如原桩身露出主筋长度不够时，应通过焊接加长主筋，各主筋应在同一高度上，桩帽主筋应与原桩身主筋按规定焊接；

距桩顶 1 倍桩径范围内，宜用 3～5 mm 厚的钢板围裹，或距桩顶 1.5 倍桩径范围内设置箍筋，间距不宜大于 150mm。桩帽应设置钢筋网片 3～5 层，间距 80～150mm；

桩帽混凝土强度等级宜比桩身混凝土提高 1～2 级，且不得低于 C30。

图 8-8 是几种桩帽设计图，可供参考。

图 8-8　静载试验桩桩帽设计示意图（单位：mm）

(a) 管桩静载试验桩；(b) 小吨位静载试验桩；(c) 大吨位静载试验桩

试桩桩顶标高最好由检测单位根据自己的试验设备来确定，特别是对大吨位静载试验更有必要。为便于沉降测量仪表安装，试桩顶部宜高出试坑地面；为使试验桩受力条件与设计条件相同，试坑地面宜与承台底标高一致。对于工程桩验收检测，当桩身荷载水平较低时，允许采用水泥砂浆将桩顶抹平的简单桩头处理方法。

2. 系统检查

在所有试验设备安装完毕之后，应进行一次系统检查。其方法是对试桩施加一较小的荷载进行预压，其目的是消除整个量测系统和被检桩本身由于安装、桩头处理等人为因素造成的间隙而引起的非桩身沉降，排除千斤顶和管路中的空气，检查管路接头、阀门等是否漏油等。如一切正常，卸载至零，待百分表显示的读数稳定后，并记录百分表初始读数，即可开始进行正式加载。

3. 试验方式

单桩竖向抗压试验加、卸载方式应符合下列规定：

加载应分级进行，采用逐级等量加载；分级荷载宜为最大加载量或预估极限承载力的 1/10，其中第一级可取分级荷载的 2 倍。在《工业与民用建筑地基基础设计规范》TJ 7 中规定分级荷载为单桩允许承载力的 1/10——相当于极限承载力的 1/20；《工业与民用建筑灌注桩基础设计与施工规程》JGJ 4 规定分级荷载为预估极限承载力的 1/15～1/10；《建筑地基基础设计规范》GBJ 7 规定分级荷载约为单桩承载力设计值的 1/8～1/5，承载力设计值是承载力标准值的 1.1~1.2 倍，承载力标准值是极限承载力的一半，也就是说分级荷载约为极限承载力的 1/8~1/15；修订后的《建筑地基基础设计规范》GB 50007 规定加载分级不应小于 8 级，分级荷载宜为预估极限承载力的 1/10~1/8；《建筑桩基技术规范》JGJ 94 规定分级荷载为预估极限承载力的 1/15~1/10。显然，不同规范包括其他行业标准对分级荷载的取值规定是不完全一样的，一般说来，对工程桩的验收试验，分级荷载可取大一些，对于指导设计的试桩试验宜取小一些，对于科研性质的静载试验等，根据需要可以采用非等量加载，如将最后若干级荷载的分级荷载减半。

终止试验后开始卸载，卸载应分级进行，每级卸载量取加载时分级荷载的 2 倍，逐级等量卸载。

加、卸载时应使荷载传递均匀、连续、无冲击，每级荷载在维持过程中的变化幅度不得超过分级荷载的 ±10%。

试验过程中，荷载的维持方法如下：

慢速维持荷载法试验应符合下列规定

（1）每级荷载施加后，应分别按第 5min、15min、30min、45min、60min 测读桩顶沉降量，以后每隔 30min 测读一次桩顶沉降量；

（2）试桩沉降相对稳定标准：每一小时内的桩顶沉降量不得超过 0.1mm，并连续出现两次（从分级荷载施加后的第 30min 开始，按 1.5h 连续三次每 30min 的沉降观测值计算）；

（3）当桩顶沉降速率达到相对稳定标准时，可施加下一级荷载；

（4）卸载时，每级荷载应维持 1h，分别按第 15min、30min、60min 测读桩顶沉降量后，即可卸下一级荷载；卸载至零后，应测读桩顶残余沉降量，维持时间不得少于 3h，测读时间分别为第 15min、30min，以后每隔 30min 测读一次桩顶残余沉降量。

工程桩验收检测宜采用慢速维持荷载法。当有成熟的地区经验时，也可采用快速维持荷载法。

快速维持荷载法的每级荷载维持时间不应少于 1h，且当本级荷载作用下的桩顶沉降速率收敛时，可施加下一级荷载。

当出现下列情况之一时，可终止加载

（1）某级荷载作用下，桩顶沉降量大于前一级荷载作用下的沉降量的 5 倍，且桩顶总沉降量超过 40mm；当桩身存在水平整合型缝隙、桩端有沉渣或吊脚时，在较低竖向荷载时常出现本级荷载沉降超过上一级荷载对应沉降 5 倍的陡降，当缝隙闭合或桩端与硬持力层接触后，随着持载时间或荷载增加，变形梯度逐渐变缓；当桩身强度不足桩被压断时，也会出现陡降，但与之前相反，随着沉降增加，荷载不能维持甚至大幅降低。所以，出现陡降后不宜立即卸荷，而应使桩下沉量超过 40mm，以大致判断造成陡降的原因。

（2）某级荷载作用下，桩顶沉降量大于前一级荷载作用下的沉降量的 2 倍，且经 24h 尚未达到相对稳定标准。

（3）已达到设计要求的最大加载值且桩顶沉降达到相对稳定标准。

（4）工程桩作锚桩时，锚桩上拔量已达到允许值；由于地质条件的差异或成桩工艺的原因（如泥皮过厚等），锚桩的实际抗拔力可能会小于计算值，导致锚桩上拔量过大。《公路桥涵地基与基础设计规范》JTG 3363 规定桥涵基桩兼作锚桩时，其上拔量不得大于

15mm。建筑行业标准中未提出锚桩上拔量的允许值是多少，事实上，用作锚桩的工程桩，不得影响其作工程桩的使用功能，这是验算锚桩拔力和控制锚桩上拔量的前提条件，因此应考虑试验过程中锚桩的上拔荷载与上拔量处于弹性工作状态，显然，锚桩上拔量的允许值与其地质条件、桩长等因素密切相关，可按短桩 5mm、长桩 10mm 来控制，对抗裂有要求的桩，应按抗裂要求验算锚桩的抗拔承载力。

（5）荷载-位移（Q-s）曲线呈缓变型时，可加载至桩顶总沉降量 60～80mm；当桩端阻力尚未充分发挥时，可加载至桩顶累计沉降量超过 80mm。

非嵌岩的长（超长）桩和大直径（扩底）桩的 Q-s 曲线一般呈缓变型，前者由于长径比大、桩身较柔，弹性压缩量大，当桩顶沉降较大时，桩端位移还很小；后者虽然桩端位移较大，但尚不足以使端阻力充分发挥。在桩顶沉降达到 40mm 时，桩端阻力一般不能充分发挥，因此，放宽桩顶总沉降量控制标准是合理的。此外，国际上普遍的看法是：当沉降量达到桩径的 10% 时，才可能达到破坏荷载。

对绝大多数桩基而言，为保证上部结构正常使用，控制桩基绝对沉降是第一重要的，这是地基基础按变形控制设计的基本原则。我国静载试验的传统做法是采用慢速维持荷载法，但在工程桩验收检测中，也允许采用快速维持荷载法。1985 年 ISSMFE 根据世界各国的静载试验的有关规定，在推荐的试验方法中，建议维持荷载法加载为每小时一级，稳定标准为 0.1mm/20min。快速维持荷载法在国内从 20 世纪 70 年代就开始应用，我国港口工程规范从 1983 年、上海地基设计规范从 1989 年起就将这一方法列入，与慢速法一起并列为静载试验方法。快速维持荷载法每一级荷载维持时间为 1h，各级荷载下的桩顶沉降相对慢速法要小一些，但相差不大。

表 8-3 列出了某市 23 根摩擦桩慢速维持荷载法试验实测桩顶稳定时的沉降量和 1h 时沉降量的对比结果。从表 8-3 可见，在 1/2 极限荷载点，快速法 1h 时的桩顶沉降量与慢速法相差很小（0.5mm 以内），平均相差 0.2mm；在极限荷载点相差要大些，为 0.6～6.1mm，平均为 2.9mm。关于快慢速法极限承载力比较，根据该地区统计的 71 根试验桩资料（桩端在黏性土中 47 根，在砂土中 24 根），这些对比是在同一根桩或桩土条件相同的相邻桩上进行的，得出的结果见表 8-4。从表 8-4 中可以看出快速法试验得出的极限承载力较慢速法略高一些，其中桩端在黏性土中平均提高约 1/2 级荷载，桩端在砂土中平均提高约 1/4 级荷载。

稳定时的沉降量 s_w 和 1h 时的沉降量 s_{1h} 的对比 表 8-3

荷载点	s_w 与 s_{1h} 之差（mm）		s_{1h}/s_w（%）	
	幅度	平均	幅度	平均
极限荷载	0.57～6.07	2.89	71～96	86
1/2 极限荷载	0.01～0.51	0.20	95～100	98

快速法与慢速法极限承载力比较 表 8-4

桩端土类别	快速法比慢速法极限荷载提高幅度
黏性土	0～9.6%，平均 4.5%
砂土	−2.5%～9.6%，平均 2.3%

相对而言，"慢速维持荷载法"的加荷速率比建筑物建造过程中的施工加载速率要快得多，慢速法试桩得到的使用荷载对应的桩顶沉降与建筑物桩基在长期荷载作用下的实际沉降相比，一般是其几分之一到十几分之一，相比之下快慢速法试验引起的沉降差异是可以忽略的。而且快速法因试验周期的缩短，又可减少昼夜温差等环境影响引起的沉降观测误差。尤其在很多地方的工程桩验收试验中，最大试验荷载小于桩的极限荷载，在每级荷载施加不久，沉降迅速稳定，缩短荷载维持时间不会明显影响试桩结果，是可以采用快速法的。但有些软土中的摩擦桩，按慢速法加载，在 2 倍设计荷载的前几级，就已出现沉降稳定时间逐渐延长，即在 2h 甚至更长时间内不收敛，此时，采用快速法是不适宜的。

8.1.4 试验资料记录

静载试验资料应准确记录。试验前应收集工程地质资料、设计资料、施工资料等，填写桩静载试验概况表（表 8-6）。概况表包括三部分信息：一是有关拟建工程资料；二是试验设备资料，千斤顶、压力表、百分表的编号等；三是受检桩试验前后表观情况及试验异常情况的记录。试验油压值应根据千斤顶校准公式计算确定。试验过程记录表可按表 8-5 记录，应及时记录百分表调表等情况，如果沉降量突然增大，荷载无法稳定，还应记录桩"破坏"时的残余油压值。

桩静载试验记录表 表 8-5

工程名称				桩号			日期			
加载级	油压（MPa）	荷载（kN）	测读时间	位移计(百分表)读数				本级沉降（mm）	累计沉降（mm）	备注
				1号	2号	3号	4号			

检测单位： 校核： 记录：

桩静载试验概况表 表 8-6

工程名称		建设单位		结构形式	
工程地点		设计单位		层数	
委托单位		勘察单位		工程桩总数	
兴建单位		基桩施工单位		混凝土强度等级	
桩型		持力层		单桩承载力特征值(kN)	
桩径(mm)		设计桩长(m)		试验最大荷载量(kN)	
千斤顶编号及校准公式			压力表编号		
百分表编号					
试验序号	工程桩号	试验前桩头观察情况		试验后桩头观察情况	试验异常情况
1					
2					

试验序号	工程桩号	试验前桩头观察情况	试验后桩头观察情况	试验异常情况
3				
4				

8.1.5 检测数据分析与判定

确定单桩竖向抗压承载力时，应绘制竖向荷载-沉降（Q-s）、沉降-时间对数（s-lg$t$）曲线，需要时也可绘制 s-lg$Q$、lg$s$-lg$Q$ 等其他辅助分析所需曲线，并整理荷载沉降汇总表（参考表 8-7）。

桩静载试验结果汇总表 表 8-7

工程名称：   日期：   桩号：   试验序号：

序号	荷载(kN)	历时(min)		沉降(mm)	
		本级	累计	本级	累计

注：同一工程的一批试桩曲线应按相同的沉降纵坐标比例绘制，满刻度沉降值不宜小于 40mm，当桩顶累计沉降量大于 40mm 时，可按总沉降量以 10mm 的整模数倍增加满刻度值，使结果直观、便于比较。

1. 单桩竖向抗压极限承载力确定

单桩竖向抗压极限承载力 Q_u 可按下列方法综合分析确定。

（1）根据沉降随荷载变化的特征确定。对于陡降型 Q-s 曲线，单桩竖向抗压极限承载力取其发生明显陡降的起始点所对应的荷载值。有两种典型情况，可根据残余油压值来判断：一种是荷载加不上去，只要补压，沉降量就增加，不补压时，沉降基本处于稳定状态，压力值基本维持在较高水平——接近于极限承载力对应的压力；另一种情况是在高荷载作用下桩身破坏，在破坏之前，沉降量比较正常，总沉降量比较小，桩的破坏没有明显的前兆，施加下一级荷载时，沉降量明显增大，压力值迅速降至较低水平并维持在这个水平。

（2）根据沉降随时间变化的特征确定。在前面若干级荷载作用下，s-lg$t$ 曲线呈直线状态，随着荷载的增加，s-lg$t$ 曲线变为双折线甚至三折线，尾部斜率呈增大趋势，单桩竖向抗压极限承载力取 s-lg$t$ 曲线尾部出现明显向下弯曲的前一级荷载值。采用 s-lg$t$ 曲线判定极限承载力时，还应结合各曲线的间距是否明显增大来判断，如果 s-lg$t$ 曲线尾部明显向下弯曲，本级荷载对应的 s-lg$t$ 曲线与前一级荷载的间距明显增大，那么前一级荷载即为桩的极限承载力，必要时应结合 Q-s 曲线综合判定。

（3）如果在某级荷载作用下，桩顶沉降量大于前一级荷载作用下沉降量的 2 倍，且经 24h 尚未达到稳定标准，在这种情况下，单桩竖向抗压极限承载力取前一级荷载值。

（4）如果因为已达加载反力装置或设计要求的最大加载量，或锚桩上拔量已达到允许值而终止加载时，桩的总沉降量不大，桩的竖向抗压极限承载力取不小于实际最大试验荷载值。

(5) 对于缓变型 $Q\text{-}s$ 曲线可根据沉降量确定，宜取 $s=40\text{mm}$ 对应的荷载值；当桩长大于 40m 时，宜考虑桩身弹性压缩量；对直径大于或等于 800mm 的桩，可取 $s=0.05d$ 对应的荷载值。

桩身弹性压缩量可根据最大试验荷载时的桩身平均轴力 $\overline{Q}$、桩长 L、横截面积 A、桩身弹性模量 E，按 $\overline{Q}L/AE$ 来近似计算。桩身轴力一般按梯形分布考虑（桩端轴力应根据实践经验估计），对于摩擦桩，桩身轴力可按三角形分布计算（近似假设桩端轴力为零）；对于端承桩，桩身轴力可按矩形分布计算（近似假设桩端轴力等于桩顶轴力）。

对大直径桩，按 $Q\text{-}s$ 曲线沉降量确定直径大于等于 800mm 的桩极限承载力，取 $s=0.05d$ 对应的荷载值。因为 $d\geqslant800\text{mm}$ 时定义为大直径桩，当 $d=800\text{mm}$，$0.05d=40\text{mm}$，这样正好与中、小直径桩的沉降标准衔接。应该注意的是，世界各国按桩顶总沉降确定极限承载力的规定差别较大，这与各国安全系数的取值大小、特别是上部结构对桩基沉降的要求有关。因此当按桩顶沉降量确定极限承载力时，尚应考虑上部结构对桩基沉降的具体要求。

对于缓变型 $Q\text{-}s$ 曲线，根据沉降量确定极限承载力，各国标准和国内不同规范规程有不同的规定，其基本原则是尽可能挖掘桩的极限承载力而又保证有足够的安全储备。

2. 单桩竖向抗压极限承载力统计值确定

岩土工程和地基基础工程的参数统计主要有以下几种方法：

(1)《建筑结构可靠性设计统一标准》GB 50068 指出，岩土性能指标和地基、桩基承载力等，应通过原位测试、室内试验等直接或间接的方法确定，岩土性能的标准值宜采用原位测试和室内试验的结果，当有可能采用可靠性估值时，可根据区间估计理论确定。

《岩土工程勘察规范》GB 50021 为了便于应用，也为了避免工程上误用统计学上过小样本（如 $n=2$，3，4），取置信概率 σ 为 95%，通过拟合求得下列公式：

$$\varphi_k=\gamma_s\varphi_m$$
$$\gamma_s=1\pm(1.704/\sqrt{n}+4.678/n^2)\delta$$

式中　φ_k——岩土参数的标准值；

φ_m——岩土参数的平均值；

δ——岩土参数的变异系数；

γ_s——统计修正系数。

《建筑地基基础设计规范》GB 50007 关于岩石单轴抗压强度标准值的计算就是采用上述公式。

(2)《建筑地基基础设计规范》GB 50007 中指出，参加统计的试桩，当满足其极差不超过平均值的 30% 时，可取其平均值为单桩竖向极限承载力统计值。极差超过平均值的 30% 时，宜增加试桩数量并分析极差过大的原因，结合工程具体情况确定极限承载力统计值，对桩数为 3 根及 3 根以下的柱下桩台，应取最小值。

由于《建筑桩基技术规范》JGJ 94 中的方法是根据统计承载力标准差大于 15% 时，采用极限承载力标准值折减系数的修正方法，实际操作中对桩数大于等于 4 根时，折减系数的计算比较繁琐，且静载检测本身是通过小样本来推断总体。样本容量愈小，可靠度愈低，而影响单桩承载力的因素复杂多变，故新版的《建筑基桩检测技术规范》JGJ 106 未采用这种方法，而是参照《建筑地基基础设计规范》GB 50007 中的方法。

当一批受检桩中有一根桩承载力过低，若恰好不是偶然原因，则该验收批一旦被接受，就会增加使用方的风险。因此规定级差超过平均值的 30% 时，首先应分析原因，结合工程实际综合分析判别。例如一组 5 根试桩的承载力值依次为 800kN、900kN、1000kN、1100kN、1200kN，平均值为 1000kN，单桩承载力最低值和最高值的极差为 400kN，超过平均值的 30%，则不得将最低值 800kN 去掉后面 4 个值取平均，或将最低值和最高值都去掉取中间 3 个值的平均值，应查明是否出现桩的质量问题或场地条件变异；若低值承载力出现的原因并非由偶然的施工质量造成，则按本例依次去掉高值后取平均，直至满足极差不超过 30% 的条件。此外，对桩数小于或等于 3 根的柱下承台，或试桩数量仅为 2 根时，应采用低值，以确保安全。对于仅通过少量试桩无法判明级差大的原因时，可增加试桩数量。

综上所述，《建筑基桩检测技术规范》JGJ 106 规定单桩竖向抗压极限承载力统计值按以下方法确定：

成桩工艺、桩径和单桩竖向抗压承载力设计值相同的受检桩数不小于 3 根时，可进行单位工程单桩竖向抗压极限承载力统计值计算。

参加统计的受检桩试验结果，当满足其极差不超过平均值的 30% 时，取其平均值为单桩竖向抗压极限承载力。

当极差超过平均值的 30% 时，应分析极差过大的原因，结合工程具体情况综合确定。必要时可增加受检桩数量。

对桩数为 3 根或 3 根以下的柱下承台，或工程桩抽检数量少于 3 根时，应取低值。

（3）单桩竖向抗压承载力特征值。

单位工程同一条件下的单桩竖向抗压承载力特征值 R_a 应按单桩竖向抗压极限承载力统计值的一半取值。《建筑地基基础设计规范》GB 50007 规定的单桩竖向抗压承载力特征值是按单桩竖向抗压极限承载力统计值除以安全系数 2 得到的。

8.2 单桩竖向抗拔静载试验

8.2.1 适用范围

单桩竖向抗拔静载试验就是采用接近于竖向抗拔桩实际工作条件的试验方法，确定单桩的竖向抗拔极限承载能力，是最直观、可靠的方法。迄今为止，桩基础上拔承载力的计算还是一个没有从理论上解决的问题，在这种情况下，现场原位试验在确定单桩竖向抗拔承载力中的作用就更为重要。

单桩竖向抗拔静载试验一般按设计要求确定最大加载量，为设计提供依据的试验桩，应加载至桩侧岩土阻力达到极限状态或桩身材料达到设计强度；工程桩验收检测时，施加的上拔荷载不得小于单桩竖向抗拔承载力特征值的 2.0 倍或使桩顶产生的上拔量达到设计要求的限值。

基础承受上拔力的建（构）筑物主要有以下几种类型：（1）高压送电线路塔；（2）电

视塔等高耸构筑物；（3）承受浮托力为主的地下工程和人防工程，如深水泵房、（防空）地下室或其他工业建筑中的深坑；（4）在水平力作用下出现上拔力的建（构）筑物；（5）膨胀土地基上的建筑物；（6）海上石油钻井平台；（7）索拉桥和斜拉桥中所用的锚桩基础；（8）修建船舶的船坞底板等。而且在特定条件下，原来的承压桩可能承受拉拔荷载。如深水泵房一类的取水结构、港口船坞等，其底板下端桩群会因地下水位的提高、建筑物承受巨大浮托力而使桩顶产生拉应力，水闸、船闸一类建筑除浮托力作用外，还可能受到水流的脉动压力（有拉有压）。又如在地震荷载的作用下，砂土或粉土地基液化使泵房、船坞等基础底板连同上部封闭筒状结构一起上浮，这时其底板下的桩群所受的拉力将十分可观。为了保证受拔建（构）筑物的稳定安全，单桩竖向抗拔静载试验在工程中就显得比较重要了。

8.2.2 试验仪器设备

单桩竖向抗拔静载荷试验设备装置基本与单桩竖向抗压静载试验装置相同，但是其使用及安装方式不尽一样，现介绍如下：

1. 反力装置

抗拔试验反力装置宜采用反力桩（或工程桩）提供支座反力，也可根据现场情况采用天然地基提供支座反力；反力架系统应具有不小于极限抗拔力1.2倍的安全系数。

采用反力桩（或工程桩）提供支座反力时，反力桩顶面应平整并具有一定的强度。为保证反力梁的稳定性，应注意反力桩顶面直径（或边长）不宜小于反力梁的梁宽，否则，应加垫钢板以确保试验设备安装的稳定性。

采用天然地基提供反力时，两边支座处的地基强度应相近，且两边支座与地面的接触面积宜相同，施加于地基的压应力不宜超过地基承载力特征值的1.5倍，避免加载过程中两边沉降不均造成试桩偏心受拉，反力梁的支点重心应与支座中心重合。

2. 加荷装置

加载装置采用油压千斤顶，千斤顶的安装有两种方式：一种是千斤顶放在试桩的上方、主梁的上面，因拔桩试验时千斤顶安放在反力架上面，比较适用于一个千斤顶的情况，特别是穿心张拉千斤顶，当采用两台以上千斤顶加载时，应采取一定的安全措施，防止千斤顶倾倒或其他意外事故发生。如对预应力管桩进行抗拔试验时，可采用穿心张拉千斤顶，将管桩的主筋直接穿过穿心张拉千斤顶的各个孔，然后锁定，进行试验。另一种是将两个千斤顶分别放在反力桩或支承墩的上面、主梁的下面，千斤顶顶主梁，如图8-9所

图 8-9 单桩竖向抗拔静载试验示意图

示，通过"抬"的形式对试桩施加上拔荷载。对于大直径、高承载力的桩，宜采用后一种形式。

3. 荷载量测装置

荷载可用放置于千斤顶上的应力环、应变式压力传感器直接测定，也可采用连接于千斤顶上的标准压力表测定油压，根据千斤顶荷载-油压率定曲线换算出实际荷载值。一般说来，桩的抗拔承载力远低于抗压承载力，在选择千斤顶和压力表时，应注意量程问题，特别是试验荷载较小的试验桩，采用"抬"的形式时，应选择相适应的小吨位千斤顶。对于大直径、高承载力的试桩，可采用两台或四台千斤顶对其加载。当采用两台及两台以上千斤顶加载时，为了避免受检桩偏心受荷，千斤顶型号、规格应相同且应并联同步工作。

4. 位移量测装置

（1）基准桩

基准桩的安装按照单桩竖向抗压的要求执行，注意安装距离。

（2）基准梁

基准梁的一端应固定在基准桩上，另一端应简支于基准桩上，并采取有效遮挡措施。

（3）百分表或位移传感器

桩顶上拔量测量平面必须在桩顶或桩身位置，安装在桩顶时应尽可能远离主筋，严禁在混凝土桩的受拉钢筋上设置位移观测点，避免因钢筋变形导致上拔量观测数据失实。

试桩、反力支座和基准桩之间的中心距离的规定与单桩抗压静载试验相同。在采用天然地基提供支座反力时，拔桩试验加载相当于给支座处地面加载。支座附近的地面也因此会出现不同程度的沉降。荷载越大，这种变形越明显。为防止支座处地基沉降对基准梁的影响，一是应使基准桩与反力支座、试桩各自之间的间距满足表 8-2 的规定，二是基准桩需打入试坑地面以下一定深度（一般不小于 1m）。

5. 自动测试装置

参照 8.1 节中的自动测试装置部分。

8.2.3　现场检测

1. 桩头处理及系统检查

（1）对受检桩进行桩头处理，保证在试验过程中，不会因桩头破坏而终止试验。

对预应力管桩进行植筋处理，并且对桩头应用夹具夹紧，防止拉裂桩头；对于混凝土灌注桩，对桩顶部做出处理，并且预留出足够的主筋长度。

（2）对现场使用的仪器进行检查，对现场的锚拉钢筋等进行详细的检查，对现场的场地等进行处理等。

2. 试验中的加载方法

《建筑基桩检测技术规范》JGJ 106 中规定抗拔静载试验宜采用慢速维持荷载法。需要时，也可采用多循环加、卸载方法。慢速维持法的加卸载分级、试验方法及稳定标准同抗压试验。《建筑地基基础检测技术规范》DB 42/269 规定加载量不宜少于预估或设计要求的单桩抗拔极限承载力。每级加载为设计或预估单桩极限抗拔承载力的 1/10～1/8，每级荷载达到稳定标准后加下一级荷载，直至满足加载终止条件，然后分级卸载到零。

（1）慢速法载荷试验沉降测读规定

每级加载后按第 5min、10min、15min 各测读一次，以后每隔 15min 测读一次，累计 1h 以后每隔 30min 测读一次。

（2）慢速荷载试验的稳定标准

每一级荷载作用下，1h 内上拔变形量不超过 0.1mm，达到相对稳定标准。

（3）试验加载终止条件

对于抗拔试验的终止条件，行业标准和湖北地方标准有些区别，现将这两种规范的试验终止条件分述如下：

《建筑基桩检测技术规范》JGJ 106 规定试验过程中，当出现下列情况下之一时，即可终止加载：

① 在某级荷载作用下，桩顶上拔量大于前一级上拔荷载作用下的上拔量 5 倍；

② 按桩顶上拔量控制，累计桩顶上拔量超过 100mm；

③ 按钢筋抗拉强度控制，钢筋应力达到钢筋强度设计值，或某根钢筋拉断；

④ 对于工程桩验收检测，达到设计或抗裂要求的最大上拔量或上拔荷载值。

《建筑地基基础检测技术规范》DB 42/269 规定试验过程中，当出现下列情况下之一时，即可终止加载：

① 桩顶荷载达到桩受拉钢筋强度标准值的 0.9 倍，或某根钢筋拉断；

② 某级荷载作用下，上拔位移量陡增且总上拔量已超过 80mm；

③ 累计上拔量超过 100mm；

④ 验收检测时，施加的上拔力达到设计要求，当桩有抗裂要求时，不应超过桩身抗裂要求所对应的荷载。

（4）试验的卸载规定

卸载后间隔 15min 测读一次，读两次后，隔 30min 再读一次，即可卸下一级荷载。全部卸载后，隔 3 小时再测读一次。

3. 抗拔检测注意事项

（1）在拔桩试验前，对混凝土灌注桩及有接头的预制桩采用低应变法检查桩身质量，目的是防止因试验桩自身质量问题而影响抗拔试验成果。

（2）对抗拔试验的钻孔灌注桩在浇注混凝土前进行成孔检测，目的是查明桩身有无明显扩径现象或出现扩大头，因这类桩的抗拔承载力缺乏代表性，特别是扩大头桩及桩身中下部有明显扩径的桩，其抗拔极限承载力远远高于长度和桩径相同的非扩径桩，且相同荷载下的上拔量也有明显差别。

（3）对有接头的预制桩应进行接头抗拉强度验算。对电焊接头的管桩除验算其主筋强度外，还要考虑主筋墩头的折减系数以及管节端板偏心受拉时的强度及稳定性。墩头折减系数可按有关规范取 0.92，而端板强度的验算则比较复杂，可按经验取一个较为安全的系数。

（4）对于管桩抗拔试验，存在预应力钢棒连接的问题，可通过在桩管中放置一定长度的钢筋笼并浇筑混凝土来解决。

（5）从成桩到开始试桩的时间间隔一般应遵循下列要求：在确定桩身强度已达到要求的前提下，对于砂类土，不应少于 10d；对于粉土和黏土，不应小于 15d；对于淤泥质土或淤泥，不应小于 25d。单桩竖向抗拔静荷载试验一般采用慢速维持荷载法。

（6）试桩桩身钢筋伸出长度不宜小于 $40d+500mm$（d 为钢筋直径）。为设计提供依据时，试桩按钢筋强度标准值计算的抗拉力应大于预估极限承载力的 1.25 倍。试桩的成桩工艺和质量控制应遵循有关规程。

8.2.4 试验资料记录

静载试验资料应准确记录。试验前应收集工程地质资料、设计资料、施工资料等，填写桩静载试验概况表，概况表包括三部分信息：一是有关拟建工程资料；二是试验设备资料，千斤顶、压力表、百分表的编号等；三是受检桩试验前后表观情况及试验异常情况的记录。试验油压值应根据千斤顶校准公式计算确定。试验过程记录表可按表 8-8 记录，应及时记录百分表调表等情况，如果上拔量突然增大，荷载无法稳定，还应记录桩"破坏"时的残余油压值。

单桩静载试验记录表　　　　　　　　　　　表 8-8

工程名称：　　　　　　　日期：　　　　　　桩号：　　　　　试验序号：

油压表读数（MPa）	荷载（kN）	读数时间	时间间隔（min）	读数(mm)					上拔(mm)		备注
				表 1	表 2	表 3	表 4	平均	本次	累计	

试验记录：　　　　　　校对：　　　　　　审核：　　　　　　页次：

8.2.5 检测数据分析与判定

1. 绘制表格

单桩竖向抗拔静载荷试验概况可整理成表 8-8 的形式，并对试验出现的异常现象作补充说明。

绘制单桩竖向抗拔静载荷试验上拔荷载和上拔量之间的 $U\text{-}\delta$ 曲线以及 $\delta\text{-}\lg t$ 曲线；当进行桩身应力、应变量测时，尚应根据量测结果整理出有关表格，绘制桩身应力、桩侧阻力随桩顶上拔载荷的变化曲线；必要时绘制相对位移 $\delta\text{-}U/U_u$（U_u 为桩的竖向抗拔极限承载力）曲线，以了解不同入土深度对抗拔桩破坏特征的影响。

2. 单桩竖向抗拔承载力极限值的确定

（1）根据上拔量随荷载变化的特征确定

对陡变型 $U\text{-}\delta$ 曲线，取陡升起始点对应的荷载值。对于陡变型的 $U\text{-}\delta$ 曲线（如图 8-10 所示），可根据 $U\text{-}\delta$ 曲线的特征点来确定，大量试验结果表明，单桩竖向抗拔 $U\text{-}\delta$ 曲线大致上可划分为三段：第Ⅰ段为直线段，$U\text{-}\delta$ 按比例增加；第Ⅱ段为曲线段，随着桩土相对位移的增大，上拔位移量比侧阻力增加的速率快；第Ⅲ段又呈直线段，此时即使上拔荷载增加很小，桩的位移量仍急剧上升，同时桩周地面往往出现环向裂缝；第Ⅲ段起始点所对应的荷载值即为桩的竖向抗拔极限承载力 U_u。

（2）根据上拔量随时间变化的特征确定

取 $\delta\text{-}\lg t$ 曲线斜率明显变陡或曲线尾部明显弯曲的前一级荷载值，如图 8-11 所示。

当在某级荷载下抗拔钢筋断裂时，取其前一级荷载为该桩的抗拔极限承载力值。这里所指的"断裂"，是指因钢筋强度不足情况下的断裂。如果因抗拔钢筋受力不均匀，部分钢筋因受力太大而断裂时，应视为该桩试验失效，并进行补充试验，此时不能将钢筋断裂前一级荷载作为极限荷载。

根据 $\lg U\text{-}\lg\delta$ 曲线来确定单桩竖向抗拔极限承载力时，可取 $\lg U\text{-}\lg\delta$ 双对数曲线第二拐点所对应的荷载为桩的竖向极限抗拔承载力。当根据 $\delta\text{-}\lg U$ 曲线来确定单桩竖向抗拔极限承载力时，可取 $\delta\text{-}\lg U$ 曲线的直线段的起始点所对应的荷载值作为桩的竖向抗拔极限承载力。

工程桩验收检测时，混凝土桩抗拔承载力可能受抗裂或钢筋强度制约，而土的抗拔阻力尚未发挥到极限，若未出现陡变型 $U\text{-}\delta$ 曲线、$\delta\text{-}\lg t$ 曲线斜率明显变陡或曲线尾部明显弯曲等情况时，应综合分析判定，一般取最大荷载或取上拔量控制值对应的荷载作为极限荷载，不能轻易外推。

图 8-10　陡变型 $U\text{-}\delta$ 曲线确定
单桩竖向抗拔极限承载力

图 8-11　根据 $\delta\text{-}\lg t$ 曲线确定单桩
竖向抗拔极限承载力

（3）当在某级荷载下抗拔钢筋断裂时，应取前一级荷载值。

工程桩验收检测时，混凝土桩抗拔承载力可能受抗裂或钢筋强度制约，而土的抗拔阻力尚未充分发挥，只能取最大试验荷载或上拔量控制值所对应的荷载作为极限荷载，不能轻易外推。当然，在上拔量或抗裂要求不明确时，试验控制的最大加载值就是钢筋强度的设计值。

3. 抗拔承载力特征值的确定

单桩竖向抗拔极限承载力统计值按以下方法确定：成桩工艺、桩径和单桩竖向抗拔承载力设计值，单桩竖向抗拔承载力特征值应按单桩竖向抗拔极限承载力的 50％ 取值。当工程桩不允许带裂缝工作时，应取桩身开裂的前一级荷载作为单桩竖向抗拔承载力特征值，并与按极限荷载 50％ 取值确定的承载力特征值相比，取低值。

8.3　单桩水平静载试验

8.3.1　适用范围

单桩水平静荷载试验一般以桩顶自由的单桩为对象，采用接近于水平受荷桩实际工作条件的试桩方法来达到以下目的：

（1）确定试桩的水平承载力，检验和确定试桩的水平承载能力是单桩水平静荷载试验的主要目的；

（2）确定试桩在各级水平荷载作用下桩身弯矩的分配规律；

（3）确定弹性地基系数，在进行水平荷载作用下单桩的受力分析时，弹性地基系数的选取至关重要；

（4）推求桩侧土的水平抗力（q）和桩身挠度（y）之间的关系曲线。通过试验可直接获得不同深度处地基土的抗力和挠度之间的关系，绘制桩身不同深度处的 q-y 曲线，并用它来分析工程桩在水平荷载作用下的受力情况更符合实际。

桩的抗弯能力取决于桩和土的力学性能、桩的自由长度、抗弯刚度、桩宽、桩顶约束等因素。试验条件应尽可能和实际工作条件接近，将各种影响降低到最小程度，使试验成果能尽量反映工程桩的实际情况。通常情况下，试验条件很难做到和工程桩的实际情况完全一致，此时应通过试验桩测得桩周土的地基反力特性，即地基土的水平抗力系数。它反映了桩在不同深度处桩侧土抗力和水平位移之间的关系，可视为土的固有特性。根据实际工程桩的情况（如不同桩顶约束、不同自由长度），用它确定土抗力大小，进而计算单桩的水平承载力和弯矩。因此，通过试验求得地基土的水平抗力系数具有更实际、更普遍的意义。

8.3.2 仪器设备

水平静载试验装置及仪器设备如图 8-12 所示。

1. 反力装置

反力装置的选用应考虑充分利用试桩周围的现有条件，但必须满足其承载力应大于最大预估荷载的 1.2 倍的要求，其作用力方向上的刚度不应小于试桩本身的刚度。

常用的方法是利用试桩周围的工程桩或垂直静荷载试验用的锚桩作为反力墩，也可根据需要把两根或更多根桩连成一体作为反力墩，条件许可时也可利用周围现有结构物作反力墩。必要时，也可浇筑专门支墩来作反力墩。

图 8-12 水平静载试验装置

2. 加载装置

试桩时一般都采用卧式千斤顶加载，加载能力不小于最大试验荷载的1.2倍，用测力环或测力传感器测定施加的荷载值，对往复式循环试验可采用双向往复式油压千斤顶，水平力作用线应通过地面标高处（地面标高处应与实际工程桩基承台地面标高一致），若水平力作用点位置高于基桩承台底标高，试验时在相对承台底面处产生附加弯矩，影响测试结果，也不利于将试验成果根据实际桩顶的约束予以修正。

千斤顶和试验桩接触处应安置球形铰支座，千斤顶作用力应水平通过桩身轴线；球形铰支座的作用是在试验过程中，保持作用力的方向始终水平和通过桩轴线，不随桩的倾斜或扭转而改变。

当千斤顶与试桩接触面的混凝土不密实或不平整时，应对其进行补强或补平处理，为了防止桩身荷载作用点处局部的挤压破坏，一般可用钢块对荷载作用点进行局部加强或对千斤顶与试桩接触处进行补强。

3. 荷载量测装置

荷载量测可用放置在千斤顶上的荷重传感器直接测定，或采用并联与千斤顶油路的压力表或压力传感器测定油压；根据千斤顶率定曲线换算成荷载；荷载传感器在使用的过程中，注意传感器的计量等问题。

4. 位移量测装置

（1）基准桩

搭设基准桩宜将基准桩搭设在试桩侧面靠位移的反方向，与试桩的净距不应小于1倍试桩直径，位移测量的基准点设置在与作用力方向垂直且与位移方向相反的试桩侧面，基准点与试桩净距不应小于1倍桩径且不小于2m。

（2）基准梁

基准梁的一端应固定在基准桩上，另一端应简支于基准桩上，以减少温度变化引起的基准梁挠曲变形，并采取有效的遮挡措施，减少环境变化对位移的影响。

（3）百分表和位移传感器架设

桩的水平位移测量宜采用大量程位移计。在水平力作用平面的受检桩两侧应对称安装两个位移计，以测量地面处的桩水平位移；当需测量桩顶转角时，尚应在水平力作用平面以上50cm的受检桩两侧对称安装两个位移计，利用上下位移计差与位移计距离的比值可求得地面以上桩的转角。

固定位移计的基准点宜设置在试验影响范围之外（影响区见图8-13），与作用力方向垂直且与位移方向相反的试桩侧面，基准点与试桩净距不小于1倍桩径。在陆上试桩可用入土1.5m的钢钎或型钢作为基准点，在港口码头工程设置基准点时，因水较深，可采用专门设置的桩作为基准点，同组试桩的基准点一般不少于2个。搁置在基准点上的基准梁要有一定的刚度，以减少晃动，整个基准装置系统应保持相对独立。为减少温度对测量的影响，基准梁应采取简支的形式，顶上用篷布遮阳。

图 8-13　影响区图

D—桩径或桩宽

8.3.3 现场检测

单桩水平静载试验宜根据工程桩实际受力特性，选用单向多循环加载法或与单桩竖向抗压静载试验相同的慢速维持荷载法。单向多循环加载法主要是模拟实际结构的受力形式，但由于结构物承受的实际荷载异常复杂，很难达到预期目的。对于长期承受水平荷载作用的工程桩，加载方式宜采用慢速维持荷载法。对需测量桩身应力或应变的试验桩不宜采取单向多循环加载法，因为它会对桩身内力的测试带来不稳定因素，此时应采用慢速或快速维持荷载法。

1. 桩头处理及系统检测

（1）桩头处理

预应力管桩桩头在必要的时候应浇筑混凝土桩帽；混凝土灌注桩桩头处理应凿掉桩顶部的松散破碎层和低强度混凝土，露出主筋，冲洗干净桩头后再浇筑桩帽。桩帽的规格可参考前面的章节。

（2）系统检查

在试验设备安装完毕后，进行一次系统检测，消除整个量测系统和被检桩由于人为因素造成的非桩身位移，排出千斤顶间的空气等。

2. 确定加卸载方式

（1）加卸载方式和水平位移测量

单向多循环加载法的分级荷载应小于预估水平极限承载力或最大试验荷载的 1/10，每级荷载施加后，恒载 4min 后可测读水平位移，然后卸载为零，停 2min 后测读残余水平位移。至此完成一个加卸载循环，如此循环 5 次，完成一级荷载的位移观测。试验不得中间停顿。

慢速维持荷载法的加卸载分级、试验方法及稳定标准应按"单桩竖向抗压静载试验"一节的相关规定执行。测量桩身应力或应变时，测试数据的测读宜与水平位移测量同步。

（2）终止加载条件

当出现下列情况之一时，可终止加载：

桩身折断；对长桩和中长桩，水平承载力作用下的破坏特征是桩身弯曲破坏，即桩发生折断，此时试验自然终止。

水平位移超过 30～40mm；软土中的桩或大直径桩时可取高值；

水平位移达到设计要求的水平位移允许值。

对抗弯性能较差的长桩或中长桩而言，承受水平荷载桩的破坏特征是弯曲破坏，即桩身发生折断，此时试验自然终止。在工程桩水平承载力验收检测中，终止加荷条件可按设计要求或标准规范规定的水平位移允许值控制。考虑软土的侧向约束能力较差以及大直径桩的抗弯刚度大等特点，终止加载的变形限可取上限值。

3. 现场检测前注意事项

（1）试桩的位置应根据场地地质、地形条件和设计要求及地区经验等因素综合考虑，选择有代表性的地点，一般位于工程建设或使用过程中可能出现最不利条件的地方；

（2）试桩前应在试桩边 2～6m 范围内布置工程地质钻孔，在 16d（d 为桩径）的深度范围内，按间距为 1m 取土样进行常规的物理力学试验，有条件时亦应进行其他原位测试，如十字板剪切试验、静力触探试验、标准贯入试验等；

（3）试桩数量应根据设计要求和工程地质条件确定，一般不少于 2 根；

（4）沉桩时桩顶中心偏差不大于 $d/8$，并不大于 10m，轴线倾斜度不大于 0.1%。当桩身埋设有量测元件时，应严格控制试桩方向，使最终实际受荷方向与设计要求的方向之间的夹角小于 ±10°；

（5）从成桩到开始试验的时间间隔，砂性土中的打入桩不应少于 3d；黏性土中打入桩不应少于 14d，钻孔灌注桩从灌入混凝土待试桩的时间间隔一般不少于 28d。

8.3.4　试验资料记录

静载试验资料应准确记录。

单桩水平静载试验记录表　　　　　　　　表 8-9

工程名称				桩号			日期		表距		
油压 (MPa)	荷载 (kN)	观测时间	循环环数	加载		卸载		水平位移(mm)		加载上下表读数差	转角	备注
				上表	下表	上表	下表	加载	卸载			

检测单位：　　　　　　校核：　　　　　　记录：

试验前应收集工程地质资料、设计资料、施工资料等，填写桩静载试验概况表，概况表包括三部分信息：一是有关拟建工程资料；二是试验设备资料，千斤顶、压力表、百分表的编号等；三是受检桩试验前后表观情况及试验异常情况的记录。试验油压值应根据千斤顶校准公式计算确定。试验过程记录表可按表 8-9 记录，应及时记录百分表调表等情况，如果位移量突然增大，荷载无法稳定，还应记录桩"破坏"时的残余油压值。

8.3.5　检测数据分析与判定

1. 绘制有关试验成果曲线

（1）采用单向多循环加载法，应绘制水平力-时间-作用点位移（H-t-Y_0）关系曲线和水平力-位移梯度（H-$\Delta Y_0/\Delta H$）关系曲线。

（2）采用慢速维持荷载法，应绘制水平力-力作用点位移（H-Y_0）关系曲线、水平力-位移梯度（H-$\Delta Y_0/\Delta H$）关系曲线、力作用点位移-时间对数（Y_0-$\lg t$）关系曲线和水平力-力作用点位移双对数（$\lg H$-$\lg Y_0$）关系曲线。

（3）绘制水平力、水平力作用点位移-地基土水平抗力系数的比例系数的关系曲线（H-m、Y_0-m）。

当桩顶自由且水平力作用位置位于地面处时，m 值可根据试验结果按下列公式确定：

$$m = \frac{(\nu_y \cdot H)^{\frac{5}{3}}}{b_0 Y_0^{\frac{5}{3}} (EI)^{\frac{2}{3}}}$$

$$\alpha = \left(\frac{mb_0}{EI}\right)^{\frac{1}{5}}$$

式中　m——地基土水平土抗力系数的比例系数（kN/m^4）；

　　　α——桩的水平变形系数（m^{-1}）；

　　　ν_y——桩顶水平位移系数；

　　　H——作用于地面的水平力（kN）；

　　　Y_0——水平力作用点的水平位移（m）；

　　　EI——桩身抗弯刚度（$kN \cdot m^2$）；

　　　b_0——桩身计算宽度（m）；对于圆形桩：当桩径 $D \leqslant 1m$ 时，$b_0 = 0.9$（$1.5D +$ 0.5）；当桩径 $D > 1m$ 时，$b_0 = 0.9$（$D+1$）。对于矩形桩：当边宽 $B \leqslant 1m$ 时，$b_0 = 1.5B + 0.5$；当边宽 $B > 1m$ 时，$b_0 = B+1$。

对 $\alpha h > 4.0$ 的弹性长桩（h 为桩的入土深度），可取 $\alpha h = 4.0$，$\nu_y = 2.441$；对 $2.5 < \alpha h < 4.0$ 的有限长度中长桩，应根据表 8-10 调整 ν_y 重新计算 m 值。

桩顶水平位移系数 ν_y　　　　　　　　　　　　表 8-10

桩的换算埋深 αh	4.0	3.5	3.0	2.8	2.6	2.4
桩顶自由或铰接时的 ν_y 值	2.441	2.502	2.727	2.905	3.163	3.526

注：当 $\alpha h > 4.0$ 时取 $\alpha h = 4.0$。

试验得到的地基土水平抗力系数的比例系数 m 不是一个常量，而是随地面水平位移及荷载变化的曲线。

2. 单桩水平临界荷载的确定

对中长桩而言，桩在水平荷载作用下，桩侧土体随着荷载的增加，其塑性区自上而下逐渐开展扩大，最大弯矩断面下移，最后造成桩身结构的破坏。所测水平临界荷载 H_{cr} 即当桩身产生开裂时所对应的水平荷载。因为只有混凝土桩才会产生开裂，故只有混凝土桩才有临界荷载。

（1）取单向多循环加载法时的 H-t-Y_0 曲线或慢速维持荷载法时的 H-Y_0 曲线出现拐点的前一级水平荷载值；

（2）取 H-$\Delta Y_0 / \Delta H$ 曲线或 $\lg H$-$\lg Y_0$ 曲线上第一拐点对应的水平荷载值；

（3）取 H-σ_s 曲线第一拐点对应的水平荷载值。

3. 单桩水平极限承载力的确定

单桩水平极限承载力是对应于桩身折断或桩身钢筋应力达到屈服时的前一级水平荷载。

（1）取单向多循环加载法时的 H-t-Y_0 曲线产生明显陡降的前一级，或慢速维持荷载法时的 H-Y_0 曲线发生明显陡降的起始点对应的水平荷载值。

（2）取慢速维持荷载法时的 Y_0-$\lg t$ 曲线尾部出现明显弯曲的前一级水平荷载值。

（3）取 H-$\Delta Y_0 / \Delta H$ 曲线或 $\lg H$-$\lg Y_0$ 曲线上第二拐点对应的水平荷载值。

（4）取桩身折断或受拉钢筋屈服时的前一级水平荷载值。

对于单向多循环加载法中利用 H-t-Y_0 曲线确定水平临界荷载和极限荷载，可参照图 8-14。

图 8-14　单向多循环加载法 H-t-Y_0 曲线

4. 单桩水平承载力特征值的确定

单位工程同一条件下的单桩水平承载力特征值的确定应符合下列规定：

（1）当桩身不允许开裂或灌注桩的桩身配筋率小于 0.65% 时，可取水平临界荷载的 0.75 倍作为单桩水平承载力特征值。

（2）对钢筋混凝土预制桩、钢桩和桩身配筋率不小于 0.65% 的灌注桩，可取设计桩顶标高处水平位移所对应荷载的 0.75 倍作为单桩水平承载力特征值；水平位移可按下列规定取值：

① 对水平位移敏感的建筑物取 6mm；

② 对水平位移不敏感的建筑物取 10mm。

（3）取设计要求的水平允许位移对应的荷载作为单桩水平承载力特征值，且应满足桩身抗裂要求。

单桩水平承载力特征值除与桩的材料强度、截面刚度、入土深度、土质条件、桩顶水平位移允许值有关外，还与桩顶边界条件（嵌固情况和桩顶竖向荷载大小）有关。由于建筑工程基桩的桩顶嵌入承台深度通常较浅，桩与承台连接的实际约束条件介于固接与铰接之间，这种连接相对于桩顶完全自由时可减少桩顶位移，相对于桩顶完全固接时可降低桩顶约束弯矩并重新分配桩身弯矩。如果桩顶完全固接，水平承载力按位移控制时，是桩顶自由时的 2.60 倍；对较低配筋率的灌注桩按桩身强度（开裂）控制时，由于桩顶弯矩的增加，水平临界承载力是桩顶自由时的 0.83 倍。如果考虑桩顶竖向荷载作用，混凝土桩的水平承载力将会产生变化，桩顶荷载是压力，其水平承载力增加，反之减小。

桩顶自由的单桩水平试验得到的承载力和弯矩仅代表试桩条件的情况，要得到符合实际工程桩嵌固条件的受力特性，需将试桩结果转化，而求得地基土水平抗力系数是实现这一转化的关键。考虑到水平荷载-位移关系的非线性且 m 值随荷载或位移增加而减小，有必要给出 H-m 和 Y_0-m 曲线并按以下考虑确定 m 值：

　　① 可按设计给出的实际荷载或桩顶位移确定 m 值；

　　② 设计未作具体规定的，可取水平承载力特征值对应的 m 值。

　　与竖向抗压、抗拔桩不同，混凝土桩在水平荷载作用下的破坏模式一般为弯曲破坏，极限承载力由桩身强度控制。所以，《建筑基桩检测技术规范》JGJ 106 在确定单桩水平承载力特征值 H_a 时，未采用按试桩水平极限承载力除以安全系数的方法，而按照桩身强度、开裂或允许位移等控制因素来确定 H_a。不过，也正是因为水平承载桩的承载能力极限状态主要受桩身强度制约，通过试验给出极限承载力和极限弯矩对强度控制设计是非常必要的。抗裂要求不仅涉及桩身强度，也涉及桩的耐久性。《建筑基桩检测技术规范》虽允许按设计要求的水平位移确定水平承载力，但根据《混凝土结构设计规范》GB 50010，只有裂缝控制等级为三级的构件，才允许出现裂缝，且桩所处的环境类别至少是二级以上（含二级），裂缝宽度限值为 0.2mm。因此，当裂缝控制等级为一、二级时，按上述（3）中确定的水平承载力特征值就不应超过水平临界荷载。

8.4　地基载荷试验

8.4.1　基本理论

　　地基载荷试验是通过在一定面积的承压板上向地基土施加荷载，测定承压板下应力主要影响范围内岩土的承载力和变形特性的原位测试方法。地基载荷试验要验证承载力及获得地基的变形参数。地基载荷试验实际上是一种与建筑物基础工作条件相似，直接对地基土进行的现场模拟试验。一般认为，地基载荷试验确定的地基承载力比用其他测试方法得到的地基承载力更接近实际。

1. 地基的分类

　　地基主要分为天然地基和人工地基。

　　建（构）筑物基础直接建造在未经加固的天然岩土层上时，这种地基称之为天然地基。

　　当天然地基不能满足建筑基础要求时，需要对地基进行加固处理，这样的地基统称为人工地基。人工地基一般是通过物理或化学处理而来。

　　复合地基也属于人工地基中的一种，是指地基中部分土体被增强或置换形成增强体，由增强体和周围地基土共同承担荷载的地基。

2. 地基的载荷试验种类

　　地基的静载荷试验主要分为土（岩）地基载荷试验、复合地基载荷试验以及竖向增强体载荷试验。

　　土（岩）地基载荷试验分为浅层平板载荷试验、深层平板载荷试验和岩基载荷试验。浅层平板载荷试验适用于确定浅层地基土、破碎、极破碎岩石地基的承载力和变形参数；深层平板载荷试验适用于确定深层地基土和大直径桩的桩端土的承载力和变形参数，深层平板载荷试验的试验深度不应小于 5m；岩基载荷试验适用于确定完整、较完整、较破碎岩石地基的承载力和变形参数。

复合地基载荷试验适用于水泥土搅拌桩、砂石桩、旋喷桩、夯实水泥土桩、水泥粉煤灰碎石桩、混凝土桩、树根桩、灰土桩、柱锤冲扩桩及强夯置换墩等竖向增强体和周边地基土组成的复合地基的单桩复合地基和多桩复合地基载荷试验，用于测定承压板下应力影响范围内的复合地基的承载力特征值。

竖向增强体载荷试验适用于确定水泥土搅拌桩、旋喷桩、夯实水泥土桩、水泥粉煤灰碎石桩、混凝土桩、树根桩、强夯置换墩等复合地基竖向增强体的竖向承载力。

8.4.2　适用范围和承载原理

换填、预压、压实、挤密、强夯、注浆等方法处理后的地基应进行土（岩）地基载荷试验；

水泥土搅拌桩、砂石桩、旋喷桩、夯实水泥土桩、水泥粉煤灰碎石桩、混凝土桩、树根桩、灰土桩、柱锤冲扩桩等方法处理后的地基应进行复合地基载荷试验；

水泥土搅拌桩、旋喷桩、夯实水泥土桩、水泥粉煤灰碎石桩、混凝土桩、树根桩等有粘结强度的增强体应进行竖向增强体载荷试验；

强夯置换墩地基，应根据不同的加固情况，选择单墩竖向增强体载荷试验或单墩复合地基载荷试验。

1. 地基载荷试验确定地基承载力特征值的原理

典型的地基载荷试验所得压力与相应的土体稳定沉降的关系曲线（即 $p\text{-}s$ 曲线），按其所反映土体的应力状态，一般可划分为三个阶段，如图 8-15 所示。

图 8-15　地基荷载 $p\text{-}s$ 曲线及 $s\text{-}\lg t$ 曲线

（1）第 I 阶段曲线从原点到第一拐点（相应的荷载从零至比例界限值 p_0），$p\text{-}s$ 呈直线关系（即正比关系）。这个阶段，受荷土体中任意点产生的剪应力小于土的抗剪强度，土体变形主要由于土中孔隙的减少引起，土粒主要是竖向变位，且随时间渐趋稳定而土体压密，故称为压密阶段。

（2）第 II 阶段 $p\text{-}s$ 曲线从第一拐点到第二拐点（相应的荷载从比例界限值 p_0 至极限荷载值 p_i），$p\text{-}s$ 转为曲线关系，曲线的斜率随荷载的增加而增大。这个阶段除了土的压密外，在承压板边缘已有小范围点的剪应力达到土的抗剪强度，并开始向周围土体发生剪切破坏，即产生了塑性变形区。土体的变形由土中孔隙的减少和土粒剪切移动同时引起，土粒兼有竖向和侧向变位，且随时间不易稳定。该阶段称为局部剪切阶段。

（3）第Ⅲ阶段 p-s 曲线超过第二拐点后（相应的荷载大于极限荷载值 p_i），p-s 曲线出现陡降，至最后即使压力不增加，承压板仍不断下沉。土中形成连续的滑动面，土从承压板下挤出，在承压板周围土体发生隆起及环状或放射状裂隙，故该阶段称为破坏（或挤出）阶段。此时，在滑动土体范围内各点的剪应力均达到土体的抗剪强度，土体变形主要由土粒剪切引起，土粒主要是侧向变位，且随时间不能达到稳定。

显然，如控制基底压力不超过比例界限值 p_0，则地基强度不会发生破坏，且地基变形也是不大的。这就是载荷试验确定地基承载力特征值的基本原理。

2. 载荷试验确定变形模量的原理

载荷试验确定变形模量是对于荷载－沉降关系的直线段应用线弹性理论得出的结果。浅层平板载荷试验是假设在均质各向同性的弹性半无限体的表面，一刚性平板上作用竖直向下的荷载，由刚性平板位移的弹性力学公式反推求得变形模量。

3. 载荷试验的适用范围

由于地基载荷试验在一般情况下可以比较好地模拟建筑基础的工作条件，因而试验成果对于确定地基承载力和变形模量是比较可靠的。但必须指出的是，与实际基础相比较，载荷试验受荷面积相对较小，加载后载荷板下受影响的地基土深度一般不超过 2~3 倍承压板直径（或边长）。因此，载荷试验成果的应用是有条件的，要充分估计到试验影响深度的局限性，注意分析试验成果与实际基础下地基土的性状之间可能存在的差异。如在沿海软土地区，地表往往分布一层厚度不大的"硬壳层"，当用小承压板时，受压范围还在地表"硬壳层"内，其下软弱土层还未受到承压板的影响；而对于实际建筑物的大尺寸基础，下部软弱土层对建筑物沉降起着主要的影响。当地基压缩层范围内是非均质土或多层土，对载荷试验的尺寸效应要有充分的估计，必要时可进行足够大的承压板或不同深度的载荷试验。

8.4.3 地基载荷试验一般规定

1. 土（岩）载荷试验

（1）工程验收检测的平板载荷试验最大加载量不应小于设计承载力特征值的 2 倍，岩石地基载荷试验最大加载量不应小于设计承载力特征值的 3 倍；为设计提供依据的载荷试验应加载至极限状态。

（2）土（岩）地基载荷试验的检测数量应符合下列规定：

① 单位工程检测数量为每 500m² 不应少于 1 个点，且总点数不应少于 3 个；

② 复杂场地或重要建筑地基应增加检测数量。

（3）地基土载荷试验的加载方式应采用慢速维持荷载法。

2. 复合地基载荷试验

（1）工程验收检测载荷试验最大加载量不应小于设计承载力特征值的 2 倍，为设计提供依据的载荷试验应加载至复合地基达到规范规定的破坏状态。

（2）复合地基载荷试验的检测数量应符合下列规定：

① 单位工程检测数量不应少于总桩数的 0.5%，且不应少于 3 点；

② 单位工程复合地基载荷试验可根据所采用的处理方法及地基土层情况，选择多桩

复合地基载荷试验或单桩复合地基载荷试验。

（3）复合地基载荷试验的加载方式应采用慢速维持荷载法。

3. 竖向增强体载荷试验

（1）工程验收检测载荷试验最大加载量不应小于设计承载力特征值的 2 倍；为设计提供依据的载荷试验应加载至极限状态。

（2）竖向增强体载荷试验的单位工程检测数量不应少于总桩数的 0.5％，且不得少于 3 根。

（3）载荷试验的加载方式应采用慢速维持荷载法。

8.4.4 仪器设备

平板载荷试验的设备主要由反力装置、承压板、加荷装置、荷载量测装置和位移量测装置等几大部分组成。

1. 反力装置

常用加荷载装置　　　　　　　　　　　　　　　表 8-11

类别	序号	名称	示意图	主要特点	适用范围
重物加荷	1	荷载台重重加荷		结构简单，加工容易，可保持荷载静、稳、恒，但堆载有限易倾斜欠安全	适用于试验荷载在 50～100kN 且要求重物几何形状规则
液压加荷装置	2	墩式荷载台		重物提供反力，具有较大的反力条件，安全、可靠	适用于具有砌制垛台及吊装重物的条件，垛基距试坑边应大于 1.2m
	3	伞形构架式		结构简单，装拆容易，对中灵活，下锚费力，且反力大小取决于土层性质	适用于能下锚的场地及土层条件，地锚距试坑边应大于 0.8m
	4	桁架式		反力梁能根据试验需要配备，荷载易保持竖向，安全	适用于采用地锚（或锚桩）的场地，地锚距试坑边应大于 1m
	5	K 形反力构架式		反力装置重心低，稳定性能较好，但开挖成型较困难，且受土质条件约束	适用于地下水位以上的坚实土层条件

续表

类别	序号	名称	示意图	主要特点	适用范围
液压加荷装置	6	坑壁斜撑式		设备简单,反力受坑壁土质强度控制	适用于试验深度大于2m,地下水位以上,硬塑或坚硬的土层
	7	硐室支撑法		装置简单,反力大小取决于硐顶土层性质	适用于黄土等稳定性好,地下水位低,硐顶土层性质良好的条件

反力装置有多种,常用的可分为以下四大类:

(1) 堆重平台反力装置:利用钢锭、混凝土块、砂袋等重物堆放在专门平台上。压重应在试验开始前一次加上,并均匀稳固放置于平台上。

(2) 锚桩横梁反力装置:(二桩、四桩、六桩、八桩) 最大反力可达 40000kN。

(3) 伞形构架式地锚反力装置:(12 锚、24 锚、32 锚等) 最大反力可达 2000kN。

(4) 撑壁式反力装置:适用于天然土。土质坑壁稳定,坑深 1.5m 以上。

综合国内的实验装置,常用加荷装置见表 8-11。

2. 承压板

承压板是模拟基础传力给地基的设备,其刚度和尺寸理应与基础相当,即承压板应有足够的刚度和足够大的尺寸,承压板可采用圆形板或矩形板。对于勘察阶段的平板载荷试验一般可采用 $0.25\sim0.5m^2$ 的平板。我们涉及较多的是建筑地基土的检验性平板载荷试验,天然的原状土平板载荷试验较少,更多的是复合地基(经处理过的地基,如强夯、振冲、搅拌桩等复合地基)的平板载荷试验,考虑复合地基的代表性和影响深度,一般所选用的平板面积都较大。常用的平板尺寸为:$1m\times1m=1m^2$,$1.5m\times1.5m=2.25m^2$,$2m\times2m=4m^2$,$2.5m\times2.5m=6.25m^2$,$3m\times3m=9m^2$。对于小尺寸承压板可采用厚钢板制成,对于大尺寸承压板可采用钢板与混凝土组合而成的大压板。

正确选用承压板面积是确保试验结果准确性的重要环节,地基试验中承压板的选择规则如下:

土(岩)地基载荷试验的承压板可采用圆形、正方形钢板或钢筋混凝土板。浅层平板载荷试验承压板面积不应小于 $0.25m^2$,换填垫层和压实地基承压板面积不应小于 $1.0m^2$,强夯地基承压板面积不应小于 $2.0m^2$。深层平板载荷试验的承压板直径不应小于 $0.8m$。岩基载荷试验的承压板直径不应小于 $0.3m$。承压板应有足够强度和刚度,在拟试压表面和承压板之间应用粗砂或中砂层找平,其厚度不应超过 $20mm$。

单桩复合地基载荷试验的承压板可用圆形或方形,面积为一根桩承担的处理面积;多桩复合地基载荷试验的承压板可用方形或矩形,其尺寸按实际桩数所承担的处理面积确定,并应采用预制或现场制作的有足够刚度板。试验时承压板中心应与增强体的中心(或形心）保持一致，并应与荷载作用点相重合。

竖向增强体试验前应对桩头进行处理。水泥粉煤灰碎石桩、混凝土桩等强度较高的桩宜在桩顶设置带水平钢筋网片的混凝土桩帽或采用钢护筒桩帽，加固桩头前应凿成平面，混凝土宜提高强度等级和采用早强剂。桩帽高度不宜小于一倍桩的直径，桩帽下桩顶标高及地基土标高应与设计标高一致。

3. 加荷装置

试验加载宜采用油压千斤顶，且千斤顶的合力中心、承压板中心应在同一铅垂线上。当采用两台或两台以上千斤顶加载时应并联同步工作，且千斤顶型号、规格应相同。

加载反力宜选择压重平台反力装置。压重平台反力装置应符合下列规定：

（1）加载反力装置能提供的反力不得小于最大加载量的 1.2 倍；

（2）应对加载反力装置的主要受力构件进行强度和变形验算；

（3）压重应在试验前一次加足，并应均匀稳固地放置于平台上；

（4）压重平台支墩施加于地基的压应力不宜大于地基承载力特征值的 1.5 倍。

深层平板载荷试验应采用合适的传力柱，传力柱应有足够的刚度，传力柱宜高出地面 50cm；传力柱宜与承压板连接成为整体，传力柱的顶部可采用钢筋等斜拉杆固定。

4. 荷载量测装置

荷重测量可采用放置在千斤顶上的荷重传感器直接测定；或采用并联于千斤顶油路的压力表或压力传感器测定油压，并应根据千斤顶校准结果换算荷载。

试验仪器设备性能指标应符合下列规定：

压力传感器的测量误差不应大于 1%，压力表精度应优于或等于 0.4 级；

试验用千斤顶、油泵、油管在最大试验荷载时的压力不应超过规定工作压力的 80%；

荷重传感器、千斤顶、压力表或压力传感器的量程不应大于最大加载量的 3.0 倍，且不应小于最大加载量的 1.2 倍。

5. 位移量测装置

（1）基准桩

基准桩的安装按照表 8-12、表 8-13 的要求执行，注意安装距离。

承压板、压重平台支墩与基准桩之间的净距　　　　　　　　　表 8-12

承压板与基准桩(m)	承压板与压重平台支墩(m)	基准桩与压重平台支墩(m)
$>b$,且>2.0	$>b$,且$>B$,且>2.0	$>1.5B$,且>2.0

注：b 为承压板边宽或直径（m），B 为支墩宽度（m）。

增强体、压重平台支墩边和基准桩之间的中心距离　　　　　　表 8-13

增强体中心与压重平台支墩边(m)	增强体中心与基准桩中心(m)	基准桩中心与压重平台支墩边(m)
$\geqslant 4D$,且>2.0	$\geqslant 3D$,且>2.0	$\geqslant 4D$,且>2.0

注：1. D 为增强体直径；

2. 对于强夯置换墩或大型荷载板，可采用逐级加载试验，不用反力装置，具体试验方法参考结构楼面荷载试验。

（2）基准梁

基准桩和基准梁应具有一定的刚度，基准梁的一端应固定在基准桩上，另一端应简支于基准桩上；固定和支撑位移测量仪表的夹具及基准梁应避免太阳照射、振动及其他外界因素的影响。

（3）百分表和位移传感器

位移测量仪表的测量误差不应大于 0.1%FS，分辨率应优于或等于 0.01mm。

承压板面积大于 0.5m² 时，应在其两个方向对称安置 4 个位移测量仪表，承压板面积小于等于 0.5m² 时，可对称安置 2 个位移测量仪表；

位移测量仪表应安装在承压板上，各位移测量点距承压板边缘的距离应一致，宜为 25～50mm；对于方形板，位移测量点应位于承压板每边中点；

深层平板载荷试验应采用合适的位移传递装置，位移传递装置宜采用钢管或塑料管做位移测量杆，位移测量杆的底端应与承压板固定连接，位移测量杆宜每间隔一定距离与传力柱滑动相连，位移测量杆的顶部宜高出孔口地面 20cm。

8.4.5 现场检测

1. 试坑开挖和平整

在地基载荷板试验中，需要对试验的场地进行处理后才能开始试验，其处理要求如下：

浅层平板载荷试验的试坑宽度或直径不应小于承压板宽度或直径的 3 倍。当挖至距试验深度 150～200mm 处暂停，作为预留保护层。在放置承压板之前，再挖去保护层并铺覆中粗砂垫层，原状地基土垫层厚度不宜超过 20mm；复合地基的垫层厚度宜取 50～150mm，复合地基中的桩身强度高时宜取大值。试验前还应采取措施，防止试验场地地基土含水量变化或地基土挠动，如架设防雨防晒帐篷、在周围挖好排水沟等，以免影响试验结果。

复合地基试验标高处的试坑宽度和长度不应小于承压板尺寸的 3 倍。基准梁及加荷平台支点宜设在试坑以外，且与承压板边的净距不应小于 2m。

2. 系统检查

在试验开始前应检查加载和沉降观测系统的仪器设备，如千斤顶、油压表、位移传感器、测试仪器等，检查所用仪表是否在检定周期内，各种仪器设备是否正常。

3. 预压

在进行土（岩）载荷试验和复合地基载荷试验正式试验前宜进行预压。预压同时也是对油路系统检查的一种较好的方式。预压荷载宜为最大加载量的 5%，预压时间宜为 5min。预压后卸载至零，测读位移测量仪表的初始读数并应重新调整零位。

4. 确定加载方式

不同的地基试验，其加载的方式是不一致的，在不同的规范中，加载方式同样也有差别，参照《建筑地基检测技术规范》JGJ 340，对于地基试验的主要加载方式如下：

（1）土（岩）地基载荷试验加卸载分级及施加方式

地基土平板载荷试验的分级荷载宜为最大试验荷载的 1/8～1/12，岩基载荷试验的分级荷载宜为最大试验荷载的 1/15；

加载应分级进行，采用逐级等量加载，第一级荷载可取分级荷载的 2 倍；

卸载应分级进行，每级卸载量为分级荷载的 2 倍，逐级等量卸载；当加载等级为奇数级时，第一级卸载量宜取分级荷载的 3 倍；加、卸载时应使荷载传递均匀、连续、无冲击，每级荷载在维持过程中的变化幅度不得超过分级荷载的 ±10%。

　　地基土平板载荷试验的慢速维持荷载法的试验步骤如下：

　　① 每级荷载施加后应按第 10min、20min、30min、45min、60min 测读承压板的沉降量，以后应每隔半小时测读一次；

　　② 承压板沉降相对稳定标准：在连续两小时内，每小时的沉降量应小于 0.01mm；

　　③ 当承压板沉降速率达到相对稳定标准时，应再施加下一级荷载；

　　④ 卸载时，每级荷载维持 1h，应按第 10min、30min、60min 测读承压板沉降量；卸载至零后，应测读承压板残余沉降量，维持时间为 3h，测读时间应为第 10min、30min、60min、120min、180min。

　　岩基载荷试验的试验步骤如下：

　　① 每级加荷后立即测读承压板的沉降量，以后每隔 10min 应测读一次；

　　② 承压板沉降相对稳定标准：每 0.5h 内的沉降量不应超过 0.03mm，并应在四次读数中连续出现两次；

　　③ 当承压板沉降速率达到相对稳定标准时，应再施加下一级荷载；

　　④ 每级卸载后，应隔 10min 测读一次，测读三次后可卸下一级荷载。全部卸载后，当测读 0.5h 回弹量小于 0.01mm 时，即认为稳定，终止试验。

　　当出现下列情况之一时，可终止加载：

　　① 当浅层载荷试验承压板周边的土出现明显侧向挤出，周边土体出现明显隆起；岩基载荷试验的荷载无法保持稳定且逐渐下降；

　　② 本级荷载的沉降量大于前级荷载沉降量的 5 倍，荷载与沉降曲线出现明显陡降；

　　③ 在某一级荷载下，24h 内沉降速率不能达到相对稳定标准；

　　④ 浅层平板载荷试验的累计沉降量已大于等于承压板边宽或直径的 6% 或累计沉降量大于等于 150mm；深层平板载荷试验的累计沉降量与承压板径之比大于等于 0.04；

　　⑤ 加载至要求的最大试验荷载且承压板沉降达到相对稳定标准。

　　（2）复合地基载荷试验加卸载分级及施加方式

　　复合地基载荷试验加载应分级进行，采用逐级等量加载；分级荷载宜为最大加载量或预估极限承载力的 1/8～1/12，其中第一级可取分级荷载的 2 倍；

　　卸载应分级进行，每级卸载量应为分级荷载的 2 倍，逐级等量卸载；

　　加、卸载时应使荷载传递均匀、连续、无冲击，每级荷载在维持过程中的变化幅度不得超过分级荷载的 ±10%。

　　复合地基载荷试验的慢速维持荷载法的试验步骤如下：

　　① 每加一级荷载前后均应各测读承压板沉降量一次，以后每 30min 测读一次；

　　② 承压板沉降相对稳定标准：1h 内承压板沉降量不应超过 0.1mm；

　　③ 当承压板沉降速率达到相对稳定标准时，应再施加下一级荷载；

　　④ 卸载时，每级荷载维持 1h，应按第 30min、60min 测读承压板沉降量；卸载至零后，应测读承压板残余沉降量，维持时间为 3h，测读时间应为第 30min、60min、180min。

　　当出现下列情况之一时，可终止加载：

　　① 沉降急剧增大，土被挤出或承压板周围出现明显的隆起；

　　② 承压板的累计沉降量已大于其边长（直径）的 6% 或大于等于 150mm；

③ 加载至要求的最大试验荷载，且承压板沉降速率达到相对稳定标准。

（3）竖向增强体试验加卸载方式

竖向增强体试验加载应分级进行，采用逐级等量加载；分级荷载宜为最大加载量或预估极限承载力的 1/10，其中第一级可取分级荷载的 2 倍；

卸载应分级进行，每级卸载量取加载时分级荷载的 2 倍，逐级等量卸载；

加、卸载时应使荷载传递均匀、连续、无冲击，每级荷载在维持过程中的变化幅度不得超过分级荷载的 ±10%。

竖向增强体载荷试验的慢速维持荷载法的试验步骤如下：

① 每级荷载施加后应按第 5min、15min、30min、45min、60min 测读桩顶的沉降量，以后应每隔半小时测读一次；

② 桩顶沉降相对稳定标准：每 1h 内桩顶沉降量不超过 0.1mm，并应连续出现两次，从分级荷载施加后的第 30min 开始，按 1.5h 连续三次每 30min 的沉降观测值计算；

③ 当桩顶沉降速率达到相对稳定标准时，应再施加下一级荷载；

④ 卸载时，每级荷载维持 1h，应按第 15min、30min、60min 测读桩顶沉降量；卸载至零后，应测读桩顶残余沉降量，维持时间为 3h，测读时间应为第 15min、30min、60min、120min、180min。

符合下列条件之一时，可终止加载：

① 当荷载-沉降（Q-s）曲线上有可判定极限承载力的陡降段，且桩顶总沉降量超过 40～50mm；水泥土桩、竖向增强体的桩径大于等于 800mm 取高值，混凝土桩、竖向增强体的桩径小于 800mm 取低值；

② 某级荷载作用下，桩顶沉降量大于前一级荷载作用下沉降量的 2 倍，且经 24h 沉降尚未稳定；

③ 增强体破坏，顶部变形急剧增大；

④ Q-s 曲线呈缓变型时，桩顶总沉降量大于 70～90mm；当桩长超过 25m，可加载至桩顶总沉降量超过 90mm；

⑤ 加载至要求的最大试验荷载，且承压板沉降速率达到相对稳定标准。

8.4.6　试验资料记录

地基载荷试验资料应准确记录，试验前应收集工程地质资料、设计资料、施工资料等，填写试点试验概况表，概况表包括三部分信息：一是有关拟建工程资料，二是试验设备资料，千斤顶、压力表、百分表的编号等，三是受检试点试验前后表观情况及试验异常情况的记录。试验油压值应根据千斤顶校准公式计算确定。

8.4.7　检测数据的分析与判定

1. 编制地基载荷试验结果汇总表

地基载荷试验的主要成果资料是荷载-沉降曲线（p-s 曲线），必要时应绘制各级荷载下沉降（s）与时间（t）或时间对数（lgt）曲线。有时，由于承压板与土之间的接触不够密合，或设备安装时某些部件不够紧固，导致荷载-沉降曲线段不一定通过坐标原点，此类荷载－沉降曲线应予修正，使其初始直线段通过坐标原点。方法是，先在坐标纸上画出荷载-沉降关系的各点，如初始的一些点基本在一直线上，则可直接用图解法进行修正。

2. 确定地基极限荷载

（1）土（岩）地基载荷试验极限荷载的确认方式

若出现如下三条中任意一条时，极限荷载取前一级荷载值：

① 当浅层载荷试验承压板周边的土出现明显侧向挤出，周边土体出现明显隆起；岩基载荷试验的荷载无法保持稳定且逐渐下降；

② 本级荷载的沉降量大于前级荷载沉降量的 5 倍，荷载与沉降曲线出现明显陡降；

③ 在某一级荷载下，24h 内沉降速率不能达到相对稳定标准；

若出现加载至要求的最大试验荷载且承压板沉降达到相对稳定标准情况时，极限荷载取最大试验荷载。

（2）复合地基载荷试验极限荷载的确认方式

沉降急剧增大，土被挤出或承压板周围出现明显的隆起或承压板的累计沉降量已大于其边长（直径）的 6％或大于等于 150mm 时，可视为复合地基出现破坏状态，其对应的前一级荷载应定为极限荷载。

（3）竖向增强体极限荷载的确定方式

① Q-s 曲线陡降段明显时，取相应于陡降段起点的荷载值；

② 当出现某级荷载作用下，桩顶沉降量大于前一级荷载作用下沉降量的 2 倍，且经24h 沉降尚未稳定的情况时，取前一级荷载值；

③ Q-s 曲线呈缓变型时，水泥土桩、桩径大于等于 800mm 时取桩顶总沉降量 s 为40～50mm 所对应的荷载值；混凝土桩、桩径小于 800mm 时取桩顶总沉降量 s 等于 40mm所对应的荷载值；

④ 当判定竖向增强体的承载力未达到极限时，取最大试验荷载值；

⑤ 按上述四点的标准判断有困难时，可结合其他辅助分析方法综合判定。

3. 确定地基承载力特征值

（1）土（岩）地基承载力特征值的确定方法

单个试验点的土（岩）地基承载力特征值确定原则如下：

① 当 p-s 曲线上有比例界限时，应取该比例界限所对应的荷载值；

② 地基土平板载荷试验，当极限荷载小于对应比例界限荷载值的 2 倍时，应取极限荷载值的一半；岩基载荷试验，当极限荷载小于对应比例界限荷载值的 3 倍时，应取极限荷载值的 1/3；

③ 当已加到最大荷载且 p-s 曲线上无法确定比例界限，承载力又未达到极限时，地基土平板载荷试验应取最大试验荷载的一半所对应的荷载值，岩基载荷试验应取最大试验荷载的 1/3 所对应的荷载值；

④ 当按相对变形值确定天然地基及人工地基承载力特征值时，可按表 8-14 规定的地基变形取值确定，且所取的承载力特征值不应大于最大试验荷载的一半。当地基土性质不确定时，对应的变形值取 $0.010b$；对有经验的地区，可按当地经验确定对应变形值。

（2）复合地基承载力特征值的确定方法

① 当压力-沉降（p-s）曲线上极限荷载能确定，且其值大于等于对应比例界限的 2倍时，可取比例界限；当其值小于对应比例界限的 2 倍时，可取极限荷载的一半；

按相对变形值确定天然地基及人工地基承载力特征值　　　表 8-14

地基类型	地基土性质	特征值对应的变形值 s_0
天然地基	高压缩性土	$0.015b$
	中压缩性土	$0.012b$
	低压缩性土和砂性土	$0.010b$
人工地基	中、低压缩性土	$0.010b$

注：s_0 为与承载力特征值对应的承压板的沉降量；b 为承压板的边宽或直径，当 b 大于 2m 时，按 2m 计算。

② 当 $p\text{-}s$ 曲线为平缓的光滑曲线时，可按表 8-15 对应的相对变形值确定，且所取的承载力特征值不应大于最大试验荷载的一半。有经验的地区，可按当地经验确定相对变形值，但原地基为高压缩性土层时相对变形值的最大值不应大于 0.015。对变形控制严格的工程可按设计要求的沉降允许值作为相对变形值。

按相对变形值确定复合地基承载力特征值　　　表 8-15

地基类型	应力主要影响范围地基土性质	承载力特征值对应的变形值 s_0
沉管挤密砂石桩、振冲挤密碎石桩、柱锤冲扩桩、强夯置换墩	以黏性土、粉土、砂土为主的地基	$0.010b$
灰土挤密桩	以黏性土、粉土、砂土为主的地基	$0.008b$
水泥粉煤灰碎石桩、混凝土桩、夯实水泥土桩、树根桩	以黏性土、粉土为主的地基	$0.010b$
	以卵石、圆砾、密实粗中砂为主	$0.008b$
水泥搅拌桩、旋喷桩	以淤泥和淤泥质土为主的地基	$0.008b\sim0.010b$
	以黏性土、粉土为主的地基	$0.006b\sim0.008b$

注：s_0 为与承载力特征值对应的承压板的沉降量；b 为承压板的边宽或直径，当 b 大于 2m 时，按 2m 计算。

（3）竖向增强体的承载力特征值取其极限值的一半。

4. 确定地基土的变形模量

地基土的变形模量，可通过土（岩）载荷试验确定，而深层平板和浅层平板的地基土的变形模量确定方式分别如下：

（1）浅层平板载荷试验确定地基变形模量，可按下式计算：

$$E_0 = I_0(1-\mu^2)\frac{pb}{s}$$

式中　E_0——变形模量（MPa）；

　　　I_0——刚性承压板的形状系数，圆形承压板取 0.785，方形承压板取 0.886，矩形承压板当长宽比 $l/b=1.2$ 时，取 0.809，当 $l/b=2.0$ 时，取 0.626，其余可计算求得，但 l/b 不宜大于 2；

　　　μ——土的泊松比，应根据试验确定；当有工程经验时，碎石土可取 0.27，砂土可取 0.30，粉土可取 0.35，粉质黏土可取 0.38，黏土可取 0.42；

　　　b——承压板直径或边长（m）；

　　　p——$p\text{-}s$ 曲线线性段的压力值（kPa）；

　　　s——与 p 对应的沉降量（mm）。

（2）深层平板载荷试验确定地基变形模量，可按下式计算：

$$E_0 = \omega \frac{pd}{s}$$

式中　ω——与试验深度和土类有关的系数，按以下要求确定；

　　　d——承压板直径（m）；

　　　p——p-s 曲线线性段的压力（kPa）；

　　　s——与 p 对应的沉降量（mm）。

（3）与试验深度和土类有关的系数 ω 可按下列规定确定：

① 深层平板载荷试验确定地基变形模量的系数 ω 可根据泊松比试验结果，按下列公式计算：

$$\omega = I_0 I_1 I_2 (1-\mu^2)$$

$$I_1 = 0.5 + 0.23 \frac{d}{z}$$

$$I_2 = 1 + 2\mu^2 + 2\mu^4$$

式中　I_1——刚性承压板的深度系数；

　　　I_2——刚性承压板的与土的泊松比有关的系数；

　　　z——试验深度（m）；

　　　μ——土的泊松比。

② 深层平板载荷试验确定地基变形模量的系数 ω 可按表 8-16 选用。

深层平板载荷试验确定地基变形模量的系数 ω　　　　　　　　表 8-16

土类 d/z	碎石土	砂土	粉土	粉质黏土	黏土
0.30	0.477	0.489	0.491	0.515	0.524
0.25	0.469	0.480	0.482	0.506	0.514
0.20	0.460	0.471	0.474	0.497	0.505
0.15	0.444	0.454	0.457	0.479	0.487
0.10	0.435	0.446	0.448	0.470	0.478
0.05	0.427	0.437	0.439	0.461	0.468
0.01	0.418	0.429	0.431	0.452	0.459

注：z 为试验深度，d 为承压板直径。

8.5　其他测试方法

8.5.1　自平衡测试方法

1. 自平衡试验方法的概述

传统单桩竖向抗压静载试验需要较大的反力装置，除非埋设桩底反力和桩身应力、应变测量元件，试验结果不能划分桩侧阻力和桩端阻力。对于大直径大吨位的桩和大开挖的桩基工程，由于试验设备无法安装，静载试验难以进行。即使施工前进行试验桩试验，由于深基础开挖，有效桩长明显变化，试验桩的承载力并不能代表开挖后的桩承载力。静载试验工作费时、费力、费钱，以致许多重要的建、构筑物的大吨位基桩往往得不到准确的承载力数据，基桩的承载潜力不能得到有效的发挥。

自平衡法静载试验技术是将千斤顶放置在桩的底部，向上顶桩身的同时，向下压桩底，使桩的摩阻力和端阻力互为反力，分别得到荷载-位移曲线，叠加后得到桩顶的承载力和位移关系的 Q-s 曲线。这种方法解决了大吨位桩竖向承载力现场试验，并分别测得桩侧阻力和桩端阻力以便更有利于指导设计。利用这种新试验技术，还可完成人工挖孔桩持力层原位荷载试验，对受场地条件限制无法进行常规静载试验的桩进行单桩竖向承载力现场试验。

这种试验方法的思路是 1969 年由日本的中山（Nakayama）和藤关（Fujiseki）提出的，1973 年他们取得了对于钻孔桩的测试专利；1978 年 Sumii 获得了对于预制桩的测试专利。基于同样的思路，相似的技术也被 Cernak 等人（1988 年）和美国西北大学教授 J. Osterberg 于 20 世纪 80 年代中期所开发，并且在美国、英国、日本、加拿大、新加坡、中国香港等地得到了广泛应用。所以，该方法又以 Osterberg 试桩法闻名于世。

我国工程界、学术界对 Osterberg 试桩法表现出极大的兴趣。史佩栋教授自 1995 年在许多地方做了推广介绍，清华大学水利水电工程系率先利用该法结合大型渗水力土工模型试验，进行了"桩底受托桩""桩顶受压桩"及"桩顶受拉桩"三者的侧阻力发挥机理的差异的试验研究，并建立了从 Osterberg 法试验结果推导抗压桩及抗拔桩承载力的关系式。通过应用实践认为，Osterberg 试桩法除了作为测定桩的承载力的一种方法外，还十分有利于对桩土相互作用机理等课题进行高水平的研究。

东南大学土木工程系等对 Osterberg 试桩法进行研究，编制了江苏省地方标准《桩承载力自平衡测试技术规程》DB32/T 291，将其命名为"自平衡试桩法"。指出自平衡试桩法适用于黏性土、粉土、砂土、岩层中的钻孔灌注桩、人工挖孔桩、沉管灌注桩等，特别适用于传统静载试桩相当困难的水上试桩、坡上试桩、基坑底试桩、狭窄场地试桩等情况。

1998 年 10 月，Osterberg 撰文总结了该试桩法在世界各地 10 年的应用经验。据称，该法已成功地应用于钻孔桩、壁板桩、打入式钢管桩及预制混凝土桩等桩型共约 300 余例。单桩最大试验荷载已达到 133MN，深长达 90m，桩径达 3m。

2. 试验装置

自平衡试桩法的主要装置是经特别设计的液压千斤顶式的荷载箱，也称为压力单元。荷载箱可以是一次性的，也可以是可回收的。可回收的荷载箱一般放置在空心预制桩的内部、离桩底不远的位置。一对精细加工的卡口事先浇筑在试验桩内部桩端的稍上部，试验时将荷载箱放到卡口的位置，顺时针旋转 90°将其锁住，试验后再逆时针旋转 90°将其卸下回收，重复使用。不可回收的千斤顶可以是锅式的，可以是鞘式的（空心圆柱式）；可以单个布置，也可以多个并联。由于千斤顶直径稍小于桩径，在其上下分别布置两块钢板（或橡胶板）使千斤顶不致被混凝土所凝固。当千斤顶在灌注桩的底部以上时，可以将几个千斤顶布置在钢筋笼之间的四周，以便中间通过导管浇筑混凝土。连接千斤顶和油泵的油管事先埋设在预制混凝土桩中，或者事先沿着钢筋笼布置固定。在美国，已有专门的公司实行商品化供应荷载箱，按不同的桩型、截面尺寸和荷载大小分别设计制作。

以钢管打入桩为例说明如下：图 8-16（a）为荷载箱被焊于钢管桩的底端，

图 8-16 (*c*)为荷载箱被推开。荷载箱由活塞 1、顶盖 2 及箱壁 3 三部分组成，箱壁由较厚的钢板制成，其外径与桩的外径相同，活塞底板外径略大于桩外径。顶盖与活塞均用钢材制成，顶盖呈漏斗状，漏斗口内有螺纹，以便安装输压竖管；活塞顶面有锥形小孔，孔内也有螺纹，以便连接测位移的芯棒。当荷载箱随钢管桩打入土中至设计标高后，将输压竖管 4 插入钢管桩，直至荷载箱顶盖 2 的漏斗口与其拧紧。再在输压竖管 4 中插入芯棒 5 直至活塞 1 顶面的锥形小孔，而后与其拧紧，芯棒的外径要适当小于输压竖管的内径。

图 8-16　自平衡法试验装置示意图

(*a*) 钢管打入桩的试验装置；(*b*) 钢管桩顶部装置；(*c*) 荷载箱被推开
1—活塞；2—顶盖；3—箱壁；4—输压竖管；5—芯棒；6—密封圈；
7—输压横管；8—压力表；9、10、11—百分表；12—基准梁

图 8-16 (*b*) 为桩的顶部装置，输压竖管 4 伸出桩顶并与输压横管 7 相连，输压竖管的顶部焊有密封圈 6，以便定位芯棒 5。密封圈 6 既要在较大油压下起密封作用又要不影响芯棒 5 自由上下移动。试验时，通过输压横管 7 加入油料开始加压，经输压竖管与芯棒之间的环状空隙传至荷载箱内，随着压力增大，活塞与顶盖被推开，桩侧阻力与桩端阻力随之发挥作用。输压横管 7 设有压力表 8，可显示所施加的压力大小，压力与荷载的关系应事先进行标定。

百分表 11 支承在基准梁 12 上。百分表 9 与芯棒 5 相连，测量活塞向下的位移，即钢管桩桩底土向下的位移；百分表 10 与输压竖管 4 相连，测量顶盖向上的位移，即钢管桩桩底向上的位移；百分表 15 与桩顶相连，测量桩顶向上的位移，桩顶向上的位移与桩底向上的位移之差就是加荷时桩身摩阻力所引起的桩身弹性压缩。随着压力增加，可根据压力表和百分表的读数，绘制相应的向上的力与位移关系图和向下的力与位移关系图；还可利用桩身的弹性模量估算桩侧阻力沿桩身的分布。由于作用力与反作用力相等，自平衡法所施加的荷载为传统试桩法桩顶荷载的一半。

对于大直径钻孔灌注桩和人工挖孔桩，Osterberg 荷载箱焊接于钢筋笼底部，做好输压竖管与顶盖、芯棒与活塞之间的连接工作，然后下放至孔底。此前应先在孔底清孔、注

浆、找平，使荷载箱受力均匀。荷载箱摆放处一般宜有加强措施，可配置加密钢筋网两层，然后灌注混凝土，待混凝土强度等级达到设计要求后进行试桩。

对于预制混凝土打入桩，早期的一般做法是在桩预制时将输压竖管预埋于桩身中，并将桩底做成平底，预埋一块钢板，然后在桩起吊就位后，用 4 只大螺栓将荷载箱迅速安装于桩底钢板。近年来的另一做法是将荷载箱的箱盖直接浇筑在桩身底部。

试验中，可能是桩侧土阻力发生破坏，也可能是桩端土阻力发生破坏。一般说来，荷载箱摆放位置应根据地质报告进行估算，当端阻力小于侧阻力时，荷载箱放在桩身平衡点处，使上、下段桩的承载力相等以维持加载；当端阻力大于侧阻力时，可适当增加桩长、让桩顶提供一定量的配重、或减小桩径。

3. 试验方法

试验方法一般采用慢速维持荷载法，也可根据实际工程特征，采用多循环加、卸载法，当考虑缩短试验时间，对工程桩做验收试验时，也可采用快速维持荷载法。试验的荷载分级、相对稳定标准、位移观测、终止加载条件等与传统试验方法相同。试验中应测读在各级荷载作用下，桩底的向上位移 $s_上$ 和桩底的向下位移 $s_下$，需要时，也可测读桩顶的向上位移 s_T。

现阶段的自平衡规范主要有交通部《基桩静载试验自平衡法》JT/T 738，以及各地方标准和方法，如江苏省《桩承载力自平衡测试技术规程》DB32/T 291；山东省的《基桩承载力自平衡检测技术规程》等。

加载方式以及判稳标准详细如下：

（1）交通部《基桩静载试验自平衡法》JT/T 738 加载方式和判稳标准

加载方式：每级加载量为预估最大加载量的 1/15～1/10，当桩端为巨粒土、粗粒土或坚硬黏质土时，第一级可按两倍分级荷载加载。卸载也应分级进行，每级卸载量为 2～3 个加载级的荷载值。加卸载应均匀连续，每级荷载在维持过程中的变化幅度不得超过分级荷载的 10%。

位移观测：采用慢速维持荷载法，每级加（卸）载后第 1h 内应在第 5min、10min、15min、30min、45min、60min 测读位移，以后每隔 30min 测读一次，达到相对稳定后方可加（卸）下一级荷载。卸载到 0 后应至少观测 2h，测读时间间隔同加载。

稳定标准：每级加（卸）载的向上、向下位移量在下列时间内均不大于 0.1mm。

① 桩端为巨粒土、粗粒土或坚硬黏质土，最后 30min。

② 桩端为半坚硬黏质土或细粒土，最后 1h。

终止加载条件：向上、向下两个方向分别判定和取值，平衡状态下两个方向都应达到终止加载条件再终止加载。每个方向的加载终止条件和相应的极限加载值的取值符合以下规定：

① 总位移量大于或等于 40mm，且本级荷载的位移量大于或等于前一级荷载的位移量的 5 倍时，加载可终止。取比终止时荷载小一级的荷载作为极限加载值。

② 总位移量大于或等于 40mm，且本级荷载加上 24h 后未达稳定，加载即可终止。取比终止时荷载小一级荷载为极限加载值。

③ 巨粒土、密实砂土类以及坚硬的黏质土中，总位移量小于 40mm，但荷载已大于或等于设计荷载乘以设计规定的安全系数，加载即可终止。取此时的荷载为极限加载值。

④ 施工过程中的检验性试验，一般加载应继续到桩两倍的设计荷载为止。如果桩的总位移量不超过 40mm，以及最后一级加载引起的位移不超过前一级加载引起的位移的 5 倍，则该桩可予以检验。

(2) 江苏省《桩承载力自平衡测试技术规程》DB32/T 291

加载方式：采用慢速维持荷载法，即逐级加载，每级荷载达到相对稳定后方可加下一级荷载，直到试桩破坏，然后分级卸载到零。当考虑结合实际工程桩的荷载特征，可采用多循环加、卸载法。当考虑缩短试验时间，对于工程桩做检验性试验，可采用快速维持荷载法，即一般每隔一小时加一级荷载。每级加载为预估极限荷载的 $1/15 \sim 1/10$，第一级可按 2 倍分级荷载加荷。

位移观测：每级加载后在第 1h 内应在 5、15、30、45、60（min）测读一次，以后每隔 30min 测读一次，每次测读值记入试验记录表。

稳定标准：每一小时的位移不超过 0.1mm 并连续出现两次（由 1.5h 内连续三次观测值计算），认为已达到相对稳定，可加下一级荷载。

终止加载条件：出现如下情况之一，即可终止加载。

① 达到极限加载值；

② 某级荷载作用下，桩的位移量为前一级荷载作用下位移量的 5 倍；

③ 某级荷载作用下，桩的位移量大于前一级荷载作用下位移量的 2 倍，且经 24h 尚未达到相对稳定；

④ 累计上拔量超过 100mm。

卸载与卸载观测：每级卸载值为每级加载值的 2 倍。每级卸载后隔 15min 测读一次残余沉降，读两次后，隔 30min 再读一次，即可卸下一级荷载，全部卸载后，隔 3～4h 再读一次。

4. 试验资料整理

试验过程中对于试验中的压力及位移进行详细的记录，同时对于桩的基本情况也应该做好详细的记录。

实测数据记录表及整理的详表如表 8-17、表 8-18 所示。

5. 结果分析及承载力的确定

确定单桩极限承载力一般应绘制 Q-$s_{\text{上}}$，Q-$s_{\text{下}}$，$s_{\text{上}}$-lg$t$，$s_{\text{下}}$-lg$t$，$s_{\text{上}}$-lg$Q$，$s_{\text{下}}$-lg$Q$ 曲线。

单桩竖向静载试验记录表　　　　　　　　　　　　表 8-17

试桩编号		试桩类型		桩径(mm)						桩长(m)			
桩端持力层		成桩日期		测试日期						加载方法			
荷载编号	荷载值 (kN)	记录时间 (d h min)	间隔 (min)	各表读数(mm)						位移(mm)			温度 (℃)
				1	2	3	4	5	6	下沉	上拔	桩顶	

单桩竖向静载试验结果汇总表 表 8-18

试桩名称				工程地点				
建设单位				施工单位				
桩型		桩径(mm)		桩长(m)			桩顶高程(m)	
成桩日期		测试日期		加载方法				

荷载编号	加载值(kN)	加载历时(min)		向上位移(mm)		向下位移(mm)		桩顶位移(mm)	
		本级	累计	本级	累计	本级	累计	本级	累计

　　将自平衡法测得的上下两段 Q-s 曲线等效地转换为常规方法桩顶加载的一条 p-s 曲线，转换方法分为桩身无实测轴力值和桩身有实测轴力值的转换方法，统一叫作等效转换法。

图 8-17　自平衡转换结果示意图

(a) 自平衡曲线图；(b) 等效转换曲线图

等效转换法的转换假定如下：

（1）桩为弹性体；

（2）等效的试桩分为上、下段桩，分解界面即为自平衡桩的平衡点 a 截面；

（3）自平衡法中，桩端的承载力-位移量关系及不同深度的桩侧阻力-变位量关系与传统试验法是相同的；

（4）桩上段的桩身压缩量 Δs 为荷载箱下段荷载及上段荷载引起的上段桩的弹性压缩变形之和，即

$$\Delta s = \Delta s_1 + \Delta s_2$$

式中　Δs_1——受压桩上段在荷载箱下段力作用下产生的弹性压缩变形量；

　　　Δs_2——受压桩上段在荷载箱上段力作用下产生的弹性压缩变形量。

（5）计算上段桩弹性压缩量 Δs_2 时，侧摩阻力使用平均值 q_{sm}。

（6）可由单元上下两面的轴向力和平均断面刚度来求各单元应变。

A. 桩身无轴力实测值

桩身无轴力实测值时，根据上述假定，有：

$$\Delta s_1 = \frac{Q_l l}{E_p A_p}$$

$$\Delta s_2 = \frac{(Q_u - W)l}{2E_p A_p \gamma}$$

式中　Q_l——荷载箱向下荷载，单位为 kN，可直接测定；

　　　Q_u——自平衡法 Q_u-s_u 曲线中上段桩位移绝对值等于 s_u 时上段桩荷载，单位为 kN，可根据曲线确定；

　　　　l——上段桩长度（m）；

　　　E_p——桩身弹性模量（kPa）；

　　　A_p——桩身截面面积（m²）；

　　　W——试桩荷载箱上部自重（kN）；

　　　γ——修正系数，根据荷载箱上部土的类型确定：黏性土、粉土 $\gamma = 0.8$，砂土 $\gamma = 0.7$，岩石 $\gamma = 1$；若上部有不同类型的土层，γ 取加权平均值。

Q_u 的取值对于自平衡法而言，每一级加载等级由荷载箱产生的向上、向下的力是相等的，但所产生的位移量是不相等的。因此，Q_u 应该是对应于自平衡 Q_u-s_u 曲线中上段位移绝对值等于 s_l 时的上段桩荷载，即在自平衡法向上的 Q_u-s_u 曲线上使 $s_u = s_l$ 时所对应的荷载。

而桩身的弹性压缩量为：$\Delta s = \Delta s_1 + \Delta s_2 = \dfrac{[(Q_u - W)/\gamma + 2Q_l]l}{2E_p A_p}$

桩顶等效荷载为：　　　　　$P = (Q_u - W)/\gamma + Q_l$

可得等效桩顶荷载 P 对应的桩顶位移 s 为：$s = s_l + \Delta s$

式中　s_l——荷载箱向下位移，可直接测定。

根据公式算出对应的荷载，可直接画出等效法的 p-s 曲线。

B. 桩身有轴力实测值

当桩身中埋设内力测试装置，可测出桩身轴向力值时，根据假定，可将荷载箱上部分割成 n 个单元，任意一单元 i 的轴向力 Q_i 和变位量 s_i 可用下式表示：

$$Q(i) = Q_j + \sum_{m=1}^{n} \tau(m)\{U(m) + U(m+1)\}h(m)$$

$$s(i) = s_j + \sum_{m=i}^{n} \frac{Q(m) + Q(m+1)}{A(m)E(m) + A(m+1)E(m+1)}h(m)$$

$$= s_p(i+1) + \frac{Q(i) + Q(i+1)}{A_p(i)E_p(i) + A_p(i+1)E_p(i+1)}h(i)$$

式中　Q_j——$i = n+1$ 点（荷载箱深度）桩的轴向力（荷载箱荷载）（kN）；

　　　s_j——$i = n+1$ 点桩向下的变位量（m）；

　　　τ_m——m 点（$i \sim n$ 之间的点）的桩侧摩阻力（假定向上为正值）（kPa）；

　　$U(m)$——m 点处桩周长（m）；

　　$A_p(m)$——m 点处桩截面面积（m²）；

　　$E_p(m)$——m 点处桩弹性模量（kPa）；

　　$h(m)$——分割单元 m 的长度（m）。

单元 i 的中点变位量 $s_m(i)$ 可用下式表示：

$$s(i) = s(i+1) + \frac{Q(i) + 3Q(i+1)}{A_p(i)E_p(i) + 3A_p(i+1)E_p(i+1)}$$

$$\left\{ 2Q_j + \sum_{m=i+1}^{n} \tau(m)[U(m) + U(m+1)]h(m) + \tau(i)[U(i) + U(i+1)]\frac{h(i)}{2} \right\}$$

$$s_m(i) = s(i+1) + \frac{h(i)}{A_p(i)E_p(i) + 3A_p(i+1)E_p(i+1)} \left\{ 2Q_j + \sum_{m=i+1}^{n} \tau(m) \right.$$

$$\left. [U(m) + U(m+1)]h(m) + \tau(i)[U(i) + U(i+1)]\frac{h(i)}{4} \right\}$$

当 $i=n$ 时，则：

$$s(n) = s(j) + \frac{h(n)}{A_p(n)E_p(n) + A_p(n+1)E_p(n+1)} \left\{ 2Q_j + \tau(n)[U(n) + U(n+1)]\frac{h(n)}{2} \right\}$$

$$s_m(n) = s(j) + \frac{h(n)}{A_p(n)E_p(n) + 3A_p(n+1)E_p(n+1)} \left\{ 2Q_j + \tau(n)[U(n) + U(n+1)]\frac{h(n)}{4} \right\}$$

用以上公式，由自平衡法测试出的桩侧摩阻力 $\tau_{(i)}$ 与变位量 s_m (i) 的关系曲线，可将 $\tau_{(i)}$ 作为 $s_m(i)$ 的函数，对于任意 s_m (i)，可求出 $\tau_{(i)}$，还可由荷载箱荷载 Q_j 与位移量 s_j 的关系曲线求出 Q_j。所以，对于 s_i 和 $s_m(i)$ 的 $2n$ 个未知数，可建立 $2n$ 个联系方程式。

根据位移随荷载的变化特征确定极限承载力，对于陡降型 Q-s 曲线取 Q-s 曲线发生明显陡降的起始点。对于缓变形 Q-s 曲线，按位移值确定极限值，极限侧阻 $Q_{u上}$ 取 $s_上$ = $40 \sim 60$mm 对应的荷载；极限端阻 $Q_{u下}$ 取 $s_下$ = $40 \sim 60$mm 对应的荷载。当 s-$\lg t$ 尾部有明显弯曲时，取其前一级荷载为极限荷载。

分别求出上、下段桩的极限承载力 $Q_{u上}$ 和 $Q_{u下}$，然后考虑桩自重影响，得出单桩竖向抗压极限承载力为：

$$Q_u = (Q_{u上} - W)/\gamma + Q_{u下}$$

式中　γ——对于黏性土、粉土取 0.8，对于砂土取 0.7；

　　　W——荷载箱上部桩的自重。

6. 自平衡法承载机理探讨

应当说，采用此法确定单桩设计承载力或检验已施工的桩的承载力，可以满足工程实用要求，而且从经济性、安全性和适用性角度来看有较大的发展空间。

自平衡试桩方法的条件与桩的实际工作状态不同，尤其是它的桩身是向上移动的，亦即产生的摩擦力是负摩擦力，那么这种方法所测定的桩的承载力与工作桩的承载力的关系如何呢？有些文献对此进行了比较系统的模型试验和数值分析，研究了两种情况下桩的摩阻力的影响因素：关于正负摩阻力的问题，一般认为，单桩在抗拔时的负摩擦力是小于在受压时的正摩擦力的，其比值是受地基土的种类、饱和度、加载速度和其他边界条件影响的。在粒状土中，负摩擦力与正摩擦力之比为 $0.4 \sim 0.5$，黏性土可达 $0.6 \sim 0.8$。我国的地基基础规范大体上也是这样规定的。

这些研究和规范都表明，抗拔桩的负摩阻力总是小于正摩阻力的。但是，在自平衡试桩法中，桩身受到从下而上的顶压的荷载，这与抗拔桩的负摩擦力还是不同的；而且，桩的实际工作状态一般是侧阻力先发挥一部分，随后是侧阻力与端阻力协调发挥，侧阻力与端阻力一般不会同时达到极限状态，在许多情况下，端阻力较晚发挥到极限；若桩端阻力

F 地基基础工程检测技术
oundation engineering

发挥到极限，桩顶沉降量必定很大，也就是说桩土相对位移很大，这时桩侧阻力已从最大阻力降至"残余阻力"。桩身的上下移动不同，使桩周土中的应力发生变化。数值计算结果表明，在压桩时，接近于垂直方向的最大主应力是增加的，平均主应力也是增加的，其二维应力路径非常接近于三轴压缩试验的应力路径，这必然导致桩的摩擦力增加。在拔桩和顶桩时，接近于垂直方向的主应力是减小的（甚至不一定是大主应力），平均主应力也是减小的，其二维应力路径接近于三轴伸长试验（或者三轴减压压缩试验：$\Delta\sigma_1=0$，$\Delta\sigma_3$ <0）的应力路径，所以摩阻力减小。这个因素可能是造成这种方法测定的承载力不同于实际工作桩的承载力的主要原因。

另外，桩的刚性假定对于长的混凝土桩不适用，忽略桩身压缩也可能带来较大的误差。

加载机理不同对试验结果的影响有待进一步研究。国内外对此已做了大量的对比试验，其中日本建筑研究促进会简化试桩方法研究委员会发表了16组用自平衡法和用传统静载试验法进行比较研究的结果。它们表明，用两种方法所得到的桩顶荷载-桩顶位移曲线及桩端荷载-桩端位移曲线均十分接近。

但自平衡试桩法通常情况下可能只得到一个偏保守的承载力，其工作原理和破坏机理与传统的静载荷试验也是有区别的，需要进行深入的试验研究和理论分析，积累大量的现场测试资料和经验，以便能合理判断和应用自平衡试桩法得到的试验成果。

8.5.2 美国规范 ASTM D1143 简介

美国规范 ASTM D1143 主要内容是桩基轴向抗压静载试验方法，下面简要介绍。

1. 加载装置

加载反力装置为锚桩（杆）横梁反力装置、压重平台反力装置等。对于锚桩横梁反力装置，要求锚桩与试验桩的净距不应小于5倍桩径（取锚桩与试验桩桩径中的最大直径），且大于等于 2.5m；对于压重平台反力装置，要求支墩与试验桩的净距大于等于 1.5m。

加载系统由千斤顶、油泵、压力测量仪组成，试验前加载系统应尽可能作为一个系统进行整体校准，误差不大于5%加载量；当加载系统不能作为整体进行校准时，可分别对千斤顶、压力表和压力传感器进行校准，要求千斤顶、压力表和压力传感器的测量精度应优于或等于2%的加载量，压力表和荷载传感器的最小分辨率应优于或等于1%的最大加载量，且测量误差不大于1%FS。

2. 位移测量装置

位移测量仪表的量程应选用 100mm 或至少 50mm，测量精度和分辨率应优于或等于 0.25mm；当选用 150mm 量程的测量仪表时，测量精度和分辨率应优于或等于 0.5mm，能估读至 0.1mm；水准仪测量精度和分辨率应优于或等于 1mm，能估读至 0.1mm。

基准桩与试验桩的距离应大于等于5倍的受检桩直径，且大于等于 2.5m；基准桩与锚桩的距离应大于等于5倍的锚桩直径，且大于等于 2.5m；基准桩与压重平台支墩的距离应尽可能远，且大于等于 2.5m。

3. 加载程序

加载方式分为以下7种情况。

（1）维持荷载法加载方式

最大加载量为预估单桩设计荷载的2倍（群桩为预估设计荷载的1.5倍，以下只介绍单桩情况），每级加载量为 25％设计荷载（对于单桩竖向抗压静载试验，相当于荷载分八级）。每级荷载维持时间：当沉降速率小于等于 0.25mm/h 时，可加下一级荷载，但每级荷载维持时间不超过 2h。最大试验荷载维持时间：当沉降速率小于等于 0.25mm/h 时，荷载维持 12h；当沉降速率大于 0.25mm/h 时，荷载维持 24h。卸载：每级卸载量为 25％最大试验荷载，维持时间 1h，零荷载时维持 12h。

如果桩在试验过程中发生破坏，应继续加载至桩顶沉降量达到桩径或边宽的 15％。

（2）循环加载方式

循环加载方式分四个循环进行加卸荷，各个循环的最大试验荷载分别为 50％、100％、150％和 200％的设计荷载。前三个循环的最大试验荷载的持荷时间为 1h，第四循环加荷至全部试验荷载（200％设计荷载）时按维持荷载法加载程序进行稳定荷载和卸荷。可列成如表 8-19～表 8-23 所示表格（表中 Q 为设计荷载）。

第一循环（最大试验荷载为 50％Q） 表 8-19

加、卸载量	25％Q	50％Q	50％Q	0
荷载维持时间	≤2h 且沉降速率≤0.25mm/h	1h	20min	20min

第二循环（最大试验荷载为 100％Q） 表 8-20

加、卸载量	50％Q	75％Q	100％Q	75％Q	50％Q	0
荷载维持时间	20min	≤2h 且沉降速率≤0.25mm/h	1h	20min	20min	20min

第三循环（最大试验荷载为 150％Q） 表 8-21

加、卸载量	50％Q	100％Q	125％Q	150％Q	125％Q	100％Q	50％Q	0
荷载维持时间	20min	20min	≤2h 且沉降速率≤0.25mm/h	1h	20min	20min	20min	20min

第四循环（最大试验荷载为 200％Q） 表 8-22

加、卸载量	50％Q	100％Q	150％Q	175％Q	200％Q
荷载维持时间	20min	20min	20min	≤2h 且沉降速率≤0.25mm/h	12h(沉降速率≤0.25mm/h) 或 24h(沉降速率＞0.25mm/h)

第四循环后卸载 表 8-23

卸载量	150％Q	100％Q	50％Q	0
荷载维持时间	1h	1h	1h	12h

（3）超过标准试验荷载的加载

按维持荷载法加载程序进行完加卸载试验后，再以 50％的设计荷载进行分级加载，每级荷载维持 20min，达到 2 倍设计荷载后，再以 10％的设计荷载进行分级加载，每级荷载维持 20min，加载到要求的最大试验荷载时，荷载维持 2h，然后分四级等量卸载，每级卸荷维持时间 20min。如果桩在试验过程中发生破坏，应继续加载直至桩顶沉降量达到桩径或边宽的 15％。

（4）等时间间隔加载

分级荷载为 20％设计荷载（相当于荷载分十级），每级加卸荷时间为 1h。

（5）等贯入速率法

对黏性土以 0.25～1.25mm/h 的贯入速率、对砂土或其他土以 0.75～2.5mm/h 的贯入速率，或约定的贯入速率进行加载，直至桩的贯入度达到 15% 的桩的直径或边宽，然后卸载。如果在最大试验荷载下桩不再贯入，卸除荷载。

（6）快速荷载试验法

以 5% 的预期破坏荷载进行分级加载，逐级加荷，直至最大试验荷载或桩发生破坏或达到设备加载能力后，停止加载。卸载分 5～10 级等量卸载。每级加卸荷的维持时间为 4～15min。荷载卸载至 0 时，应适当延长观测时间，已评估桩的回弹量或试桩破坏后的蠕变性能。

（7）等沉降增量加载法

按沉降分级加载，每级沉降为 1%D（D 为桩的直径或边宽），每级加荷量为使桩产生 1%D 的沉降量所需的荷载，然后根据每级沉降增量调整荷载。荷载维持时间：维持沉降增量不变，而每小时荷载变化率小于 1% 的总加载量时，可以加下一级荷载。总加载量为使桩产生总沉降量为 10% 的桩径（或边宽）所需的荷载。分四级进行等量卸载，荷载维持至桩的回弹量小于每小时 0.3% 的桩径或边宽。

4. 沉降观测

（1）维持荷载法测量程序：每级加卸荷前后各记录一次时间、荷载和沉降。每级加荷维持时间内，在 5min、10min、20min 记录一次，以后每 20min 记录一次。最大试验荷载，前 2h 按上述要求记录，2～12h 读数时间间隔不超过 1h，12h 以后读数时间间隔不超过 2h。如果试桩出现破坏，在卸载前立即记录一次读数，每级卸荷维持时间内，读数时间间隔为 20min。全部卸除荷载后第 12h 再记录一次读数。

（2）等贯入速率法沉降观测

至少每 30s 记录一次读数，或以能够确定（分辨）贯入速率是否达到要求的足够小的时间间隔区段内各记录一次读数。达到指定的贯入速率后，继续记录读数，并确定最大加载量。卸载后立即记录一次读数，全部卸荷后 1h 再记录一次读数。

（3）快速荷载试验法沉降观测

每级荷载加载完 0.5min、1min、2min、4min 记录一次，当需要延长荷载维持时间时，按 8min、15min 记录一次；卸荷时在 1min、4min 记录一次，当需要延长荷载维持时间时，按 8min、15min 记录一次。所有荷载卸载完后在 1min、4min、8min、15min 记录一次。

（4）等沉降增量法沉降观测

每级加荷前后各记录一次读数，随后须有足够的中间记录数，以确定荷载变化率和要求维持每级沉降增量的实际荷载。每级卸荷前后各记录一次读数，随后须有足够的中间记录数，以确定桩的回弹速率。全部荷载卸除后第 12h 再记录一次读数。

8.5.3 《公路桥涵施工技术规范》试桩方法简介

下面简要介绍《公路桥涵施工技术规范》JTG/T F50—2011 有关静载试验的内容，原规范附录中的工艺试验、冲击试验以及静拔、静推试验等内容省略。

1. 一般规定

（1）本方法适用于施工阶段检验性的试桩，其内容包括工艺试验、动力试验及静压、静拔和静推试验。但在多年冻土、湿陷性黄土等地层的试桩试验，不适用本办法。

（2）试桩的位置应符合设计要求，设计未规定时，宜选择在地质条件有代表性的地方，并尽量靠近地质钻孔或静力触探孔，其间距一般不宜大于 5m 或小于 1m。

试桩的桩径、桩长和测试内容应符合设计要求。

（3）施工阶段的试桩数量应符合下列规定：

① 静压试验应按施工合同规定的数量进行试桩，试桩的数量宜根据设计要求和工程地质条件确定，但不宜少于 2 根；位于深水处的试桩，根据具体情况，由主管单位研究确定。

② 工艺试验由施工单位拟定，报主管单位批准。

（4）试桩前应进行下列准备工作：

① 试桩的桩顶如有破损或强度不足时，应将破损和强度不足段凿除后，修补平整。

② 当在原地面处施加荷载时，对承台底面以上部分或局疵冲刷线以上部分设计不能考虑的摩擦力应予扣除。

③ 做静压的试桩，对桩身需通过尚未固结新近沉积的土层或湿陷性黄土、软土等土层对桩侧产生向上的负摩擦力部分，应在桩表面涂设涂层，或设置套管等方法予以消除。

④ 在冰冻季节试桩时，应将桩周围的冻土全部融化，其融化范围：静压、静拔试验时，离试桩周围不小于 1m；静推试验时，不小于 2m。融化状态应保持到试验结束。

在结冰的水域做试验时，桩与冰层间应保持不小于 100mm 的间隙。

2. 静压试验

（1）试验目的：通常用来确定单桩承载力和荷载与位移的关系，以及校核动力公式的准确程度。

（2）试验方法：采用慢速维持荷载法，若设计无特殊要求时，用单循环加载试验。

（3）试验时间：静压试验应在冲击试验后立即进行。对于钻（挖）孔灌注桩，应待混凝土达到能承受设计要求荷载后，方可进行试验。

（4）试验加载装置：一般采用油压千斤顶加载。千斤顶的反力装置可根据现场的实际条件选用下列三种形式之一：

① 锚桩承载梁反力装置：锚桩承载梁反力装置能提供的反力，应不小于预估最大试验荷载的 1.3～1.5 倍。

锚桩一般采用 4 根，如入土较浅或土质松软时可增至 6 根。锚桩与试桩的中心间距，当试桩直径（或边长）小于或等于 800mm 时，可为试桩直径（或边长）的 5 倍；当试桩直径大于 800mm 时，上述距离不得小于 4m。

② 压重平台反力装置：利用平台上压重作为对桩静压试验的反力装置。压重不得小于预估最大试验荷载的 1.3 倍，压重应在试验开始前一次加上。

试桩中心至压重平台支承边缘的距离与上述试桩中心至锚桩中心距离相同。

③ 锚桩压重联合反力装置：当试桩最大加载量超过锚桩的抗拔能力时，可在承载梁上放置或悬挂一定重物，由锚桩和重物共同承受千斤顶反力。

（5）测量位移装置：测量仪表必须精确，一般使用 1/20mm 光学仪器或力学仪表，如水平仪、挠度仪、偏移计等。支承仪表的基准架应有足够的刚度和稳定性。基准梁的一端在其支承上可以自由移动，不受温度影响引起上拱或下挠。基准桩应埋入地基表面以下一定深度，不受气候条件等影响。基准桩中心与试桩、锚桩中心（或压重平台支承边缘）之间的距离宜大于等于 4 倍试桩的直径或边长且大于等于 2.0m（若试桩直径 $D>800mm$）时，基准桩中心至试桩中心（或压重平台支承边）的距离不宜小于 4.0m。

（6）加载方法：

① 加载重心应与试桩轴线相一致。加载时应分级进行，使荷载传递均匀，无冲击。加载过程中，不应使荷载超过每级的规定值。

② 加载分级：每级加载量为预估最大荷载的 $1/15\sim1/10$。当桩的下端埋入巨粒土、粗粒土以及坚硬的黏质土中时，第一级可按 2 倍的分级荷载加载。

③ 预估最大荷载：对施工检验性试验，一般可采用设计荷载的 2.0 倍。

（7）沉降观测：

① 下沉未达稳定不得进行下一级加载。

② 每级加载的观测时间规定为：每级加载完毕后，每隔 15mm 观测一次；累计 1h 后，每隔 30min 观测一次。

（8）稳定标准：每级加载下沉量，在下列时间内如不大于 0.1mm 时即可认为稳定。

① 桩端下为巨粒土、砂类土、坚硬黏土，最后 30min。

② 桩端下为半坚硬和细粒土，最后 1h。

（9）加载终止及极限荷载取值：

① 总位移量大于或等于 40mm，本级荷载的下沉量大于或等于前一级荷载的下沉量的 5 倍时，加载即可终止。取比终止时荷载小一级的荷载为极限荷载。

② 总位移量大于或等于 40mm，本级荷载加上后 24h 未达稳定，加载即可终止。取比终止时荷载小一级的荷载为极限荷载。

③ 巨粒土、密实砂类土以及坚硬的黏性土中，总下沉量小于 40mm，但荷载已大于或等于设计荷载×设计规定的安全系数，加载即可终止。取此时的荷载为极限荷载。

④ 施工过程中的检验性试验，一般加载应继续到桩的 2 倍的设计荷载为止。如果桩的总沉降量不超过 40mm，及最后一级加载引起的沉降不超过前一级加载引起的沉降的 5 倍，则该桩可以予以检验。

⑤ 极限荷载的确定有时比较困难，应绘制荷载-沉降曲线（P-s 曲线）、沉降-时间曲线（s-t 曲线）确定，必要时还应绘制 s-$\lg t$ 曲线、s-$\lg P$ 曲线（单对数法）、s-$[1-P/P_{max}]$ 曲线（百分率法）等进行综合比较，确定比较合理的极限荷载取值。

（10）桩的卸载和回弹量观测：

① 卸载应分级进行，每级卸载量为两个加载级的荷载值。每级荷载卸载后，应观测桩顶的回弹量，观测办法与沉降相同。直到回弹稳定后，再卸下一级荷载。回弹稳定标准与下沉稳定标准相同。

② 卸载到零后，至少在 2h 内每 30min 观测一次，如果桩尖下为砂类土，则开始 30min 内，每 15min 观测一次；如果桩尖下为黏性土，第一小时内，每 15min 观测一次。

（11）试验记录：所有试验数据应按规范表格及时填写记录，绘制静压试验曲线，并编写试验报告。

8.6 桩身内力测试

对于单桩静载试验，不得不提的是桩身内力测试，随着大型、超高层建筑物的不断增加，这项检测技术越来越被广泛的应用，所以了解和掌握这一技术，也是非常有必要的。

桩身内力测试适用于混凝土预制桩、钢桩、组合型桩，也可应用于桩身断面尺寸基本恒定或已知的混凝土灌注桩。预应力混凝土管桩的桩身内力测试在国内外目前很少有报道，其原因是管桩的生产工艺不利于钢筋应力计的埋设和"成活"。曾有过钢筋应力计埋于管壁中，但随着管桩蒸养应力计会全部失效，所以目前一般采取在管桩的内腔中埋设钢筋应力计并浇筑混凝土的方式。

对竖向抗压静载试验桩，可得到桩侧各土层的分层抗压摩阻力和桩端支承力；对竖向抗拔静载试验桩，可得到桩侧土的分层抗拔摩阻力；对水平静载试验桩，可求得桩身弯矩分布，最大弯矩位置等；对打入式预制混凝土桩和钢桩，可得到打桩过程中桩身各部位的锤击压应力、锤击拉应力。

灌注桩桩身轴力换算准确与否与桩身横截面尺寸有关，某一成孔工艺对不同地层条件的适应性不同，因此对成孔质量无把握或预计桩身将出现较大变径时，应进行灌注前的成孔质量检测。

8.6.1 测试设备

桩身内力测试宜根据测试目的、试验桩型及施工工艺选用电阻应变式传感器、振弦式传感器、滑动测微计或光纤式应变传感器。

测试方案选择是否合适，一定程度上取决于检测技术人员对试验要求、施工工艺及其细节的了解，以及对振弦、光纤和电阻应变式传感器的测量原理及其各自的技术、环境性能的掌握。对于灌注桩，传感器的埋设难度随埋设数量的增加而增大，为确保传感器埋设后有较高的成活率，重点需要协调成桩过程中与传感器及其电缆固定方式相关的防护问题；为了确保测试结果可靠，检测前应针对传感器的防水、温度补偿、长电缆及受力状态引起的灵敏度变化等实际情况，对传感器逐个进行检查和自校。当需要检测桩身某断面或桩端位移时，可在需检测断面设置位移杆，也可通过滑动测微计直接测量。

桩身内力测试所需设备有：电阻应变式传感器或振弦式传感器、滑动测微计、光纤式应变传感器。数据的测读应与桩顶位移测量同步。当沉降杆底端固定断面处桩身埋设有内力测试传感器时，可得到该断面处桩身轴力和位移。

桩身内力测试可根据试验目的及要求，宜按照表8-24中的传感器技术、环境特性，选择适合的传感器，也可采用滑动测微计。需要检测桩身某断面或桩底位移时，可在需检测断面设置沉降杆。

传感器技术、环境特性一览表　　　　　　　　　　表8-24

特性 ＼ 类型	振弦式传感器	电阻应变式传感器	滑动测微计	光纤应变计
传感器体积	大	较小	大	小

特性＼类型	振弦式传感器	电阻应变式传感器	滑动测微计	光纤应变计
蠕变	较小,适宜于长期观测	较大,需提高制作技术、工艺解决	无蠕变问题	较小,适宜于长期观测
测量灵敏度	较低	较高	较高	较高
温度变化的影响	温度变化范围较大时需要	可实现温度变化的自补偿	温度变化范围较大时应修正	可以实现温度变化的自补偿
长导线影响	不影响测试结果	除非采用六线制,否则需进行长导线电阻影响的修正	不存在导线影响问题	不影响测试结果
自身补偿能力	补偿能力弱	对自身的弯曲、扭曲可以自补偿	可通过标定解决零漂和温度影响	可以自补偿
对绝缘的要求	要求不高	要求高	无要求	要求不高
动态响应	—	好	—	较好
埋设工作量	大	大	大	较大

8.6.2 传感器埋设方式

传感器测量断面应设置在两种不同性质土层的界面处,且距桩顶和桩底的距离不宜小于 1 倍桩径。在地面处或地面以上应设置一个测量断面作为传感器标定断面。传感器标定断面处应对称设置 4 个传感器,其他测量断面处可对称埋设 2～4 个传感器,当桩径较大或试验要求较高时取高值。

1. 应变式传感器

应变式传感器可按全桥或半桥方式制作,宜优先采用全桥方式。传感器的测量片和补偿片应选用同一规格同一批号的产品,按轴向、横向准确地粘贴在钢筋同一断面上。测点的连接应采用屏蔽电缆,导线的对地绝缘电阻值应在 $500M\Omega$ 以上;使用前应将整卷电缆除两端外全部浸入水中 1h,测量芯线与水的绝缘;电缆屏蔽线应与钢筋绝缘;测量和补偿所用连接电缆的长度和线径应相同。

应变式传感器可视以下情况采用不同制作方法:

(1) 对钢桩可采用以下两种方法之一:

① 将应变计用特殊的粘贴剂直接贴在钢桩的桩身,应变计宜采用标距 3～6mm 的 350Ω 胶基箔式应变计,不得使用纸基应变计。粘贴前应将贴片区表面除锈磨平,用有机溶剂去污清洗,待干燥后粘贴应变计。粘贴好的应变计应采取可靠的防水防潮密封防护措施。

② 将应变式传感器直接固定在测量位置。

(2) 对混凝土预制桩和灌注桩,应变传感器的制作和埋设可视具体情况采用以下两种方法之一:

① 在 600～1000mm 长的钢筋上,轴向、横向粘贴四个(二个)应变计组成全桥(半桥),经防水绝缘处理后,到材料试验机上进行应力-应变关系标定。标定时的最大拉力宜控制在钢筋抗拉强度设计值的 60％以内,经三次重复标定,应力-应变曲线的线性、滞后

和重复性满足要求后，方可采用。传感器应在浇筑混凝土前按指定位置焊接或绑扎（泥浆护壁灌注桩应焊接）在主筋上，并满足规范对钢筋锚固长度的要求。固定后带应变计的钢筋不得弯曲变形或有附加应力产生。

② 直接将电阻应变计粘贴在桩身指定断面的主筋上，其制作方法及要求同本条第 1 款钢桩上粘贴应变计的方法及要求。

电阻应变测量通常采用四线制，导线长度超过 5～10m 就需对导线电阻引起的桥压下降进行修正。采用六线制长线补偿是指通过增加 2 根导线作为补偿取样端，从而形成闭合回路，消除长导线电阻及温度变化带来的误差。

由于混凝土属于非线性材料，当应变或应力水平增加时，其模量会发生不同程度递减，E_i 并非常数，实则为割线模量。因此需要将测量断面实测应变值对照标定断面的应力-应变曲线进行内插取值。

进行长期监测时，桩体在内力长期作用下除发生弹性应变外，也会发生徐变，若得到的应变中包含较大的徐变量，应将徐变量予以扣除。

应变测量所用的仪器，宜具有多点自动测量功能，仪器的分辨率应优于或等于 $1\mu\varepsilon$。

2. 滑动测微计的安装

滑动测微计测管的体积较大，测管的埋设数量一般根据桩径的大小以及桩顶上的操作空间决定：对灌注桩宜对称埋设不少于 2 根；对预制桩，当埋设 1 根测管时，宜将测管埋设在桩中心轴上。对水平静荷载试验桩，宜沿受力方向在桩两侧对称埋设 2 根测管，测管可不通长埋设，但应大于水平力影响深度。

滑动测微计探头直接测试的是相邻测标间的应变，应确保测标能与桩体位移协调一致才能测试得到桩体的应变；同时桩身内力测试对应变测试的精度要求极高，必须保持测标在埋设直至测试结束过程中的清洁，防止杂质污染。对灌注桩，若钢筋笼过长、主筋过细，会导致钢筋笼及绑扎在其上的测管严重扭曲从而影响测试，宜采取措施防范。

滑动测微计测试前后，应进行仪器标定，获得仪器零点和标定系数。

3. 弦式钢筋计

弦式钢筋计应按主筋直径大小选择，并采用与之匹配的频率仪进行测量。频率仪的分辨率应优于或等于 1Hz，仪器的可测频率范围应大于桩在最大加载时的频率的 1.2 倍。使用前，应对钢筋计逐个标定，得出压力（拉力）与频率之间的关系。

带有接长杆的弦式钢筋计宜焊接在主筋上，不宜采用螺纹连接。

8.6.3 数据记录

试桩检测前预压一级荷载 3 次，读取荷载 0kN 和预压荷载时的钢筋计频率数，读数记录在桩身应力检测记录表中，三次读数基本一致后隔 30min 开始试验。每级荷载稳定后，下一级加载前读取钢筋计频率数，记录在桩身应力检测记录表，直至试验结束。注意对异常数据做好标记。

8.6.4 桩身内力测试数据分析

在各级荷载作用下进行桩顶沉降测读的同时，对桩身内力进行测试记录。测试数据整理应符合下列规定：

（1）采用应变式传感器测量时，按照以下公式对实测应变值进行导线电阻修正：

采用半桥测量时

$$\varepsilon = \varepsilon' \left(1 + \frac{r}{R}\right)$$

采用全桥测量时

$$\varepsilon = \varepsilon' \left(1 + \frac{2r}{R}\right)$$

式中　ε——修正后的应变值；

　　　ε'——修正前的应变值；

　　　r——导线电阻（Ω）；

　　　R——应变计电阻（Ω）。

（2）将钢筋计实测频率通过率定系数换算成力，再计算成与钢筋计断面处的混凝土应变相等的钢筋应变量。

（3）在数据整理过程中，应将零漂大、变化无规律的测点删除，求出同一断面有效测点的应变平均值，并计算该断面处桩身轴力：

$$Q_i = \overline{\varepsilon_i} E_i A_i$$

式中　Q_i——桩身第 i 断面处轴力（kN）；

　　　$\overline{\varepsilon_i}$——第 i 断面处应变平均值；

　　　E_i——第 i 断面处桩身材料弹性模量（kPa）；当桩身断面、配筋一致时，宜按标定断面处的应力与应变的比值确定；

　　　A_i——第 i 断面处桩身截面面积（m^2）。

（4）按每级试验荷载下桩身不同断面处的轴力值制成表格，并绘制轴力分布图。再由桩顶极限荷载下对应的各断面轴力值计算桩侧土的分层极限摩阻力和极限端阻力：

$$q_{si} = \frac{Q_i - Q_{i+1}}{ul_i}$$

$$q_p = \frac{Q_n}{A_0}$$

式中　q_{si}——桩第 i 断面与第 $i+1$ 断面间侧摩阻力（kPa）；

　　　q_p——桩的端阻力（kPa）；

　　　i——桩检测断面顺序号，$i=1$，2，$\cdots$，n，并自桩顶以下从小到大排列；

　　　u——桩身周长（m）；

　　　l_i——第 i 断面与 $i+1$ 断面之间的桩长（m）；

　　　Q_n——桩端的阻力（kN）；

　　　A_0——桩端面积（m^2）。

（5）桩身第 i 断面处的钢筋应力可按下式计算：

$$\sigma_{si} = E_s \varepsilon_{si}$$

式中　σ_{si}——桩身第 i 断面处的钢筋应力（kPa）；

　　　E_s——钢筋弹性模量（kPa）；

　　　ε_{si}——桩身第 i 断面处的钢筋应变。

8.7 工程实例

1. 工程实例一

某工程采用静压预制方桩，进行为设计提供依据的试桩试验，测试桩边长 b 为 400mm，单桩承载力设计值为 1000kN，要求试桩最大试验荷载为 2000kN，这里仅介绍 102 号桩的试验结果，试验荷载与沉降数据汇总表如表 8-25 所示。$Q\text{-}s$ 曲线和 $s\text{-}\lg t$ 曲线见图 8-18。

图 8-18　102 号桩曲线图

显然，$\Delta s_3/\Delta s_2 = 16.06\text{mm}/2.14\text{mm} > 5$，但第 3 级沉降不大于 40mm。按照 JGJ 106 的有关规定，需继续加载，试验数据表明，自第五级荷载后，在每级荷载作用下，桩均能稳定且沉降量不大，而且在最大试验荷载作用下，桩的沉降仍能稳定。

根据规范中终止加载条件，该桩的极限承载力为 600kN，造成承载力低的原因可能是桩接头脱接，但该桩经静载试验后竖向承载力可满足设计要求，就竖向抗压荷载而言，无须对该桩再进行处理。对同类型桩，应有针对性地制定扩大检测方案或处理方案，如果是接头问题，还应考虑脱接对水平荷载等的影响。

某工程 102 号桩荷载与沉降数据汇总表　　　　　　　　　　表 8-25

	荷载(kN)	维持时间(min)	本级沉降量	累计沉降量（mm）
加载	400	120	2.66	2.66
	600	120	2.14	4.80
	800	120	16.06	20.86
	1000	120	23.26	44.12
	1200	120	2.17	46.29
	1400	120	2.39	48.68
	1600	120	2.47	51.15
	1800	120	2.79	53.94
	2000	120	3.44	57.38
卸载	1600	60	−0.04	57.34
	1200	60	−0.56	56.78
	800	60	−0.84	55.94
	400	60	−1.31	54.63
	0	180	−4.06	50.57

2. 工程实例二

某场地进行复合地基试验，振冲砂土复合地基，试验最大荷载为720kN，通过面积置换法确定其承压板面积为 $1.5m \times 1.5m = 2.25m^2$，试验数据及曲线图如表8-26和图8-19所示。

图 8-19　地基试验曲线

某工程桩荷载与沉降数据汇总表　　　　　　　　　　　　　　　　表 8-26

	荷载(kPa)	维持时间(min)	本级沉降量(mm)	累计沉降量(mm)
加载	64	90	6.56	6.56
	96	90	2.89	9.45
	128	90	3.73	13.18
	160	60	4.16	17.34
	192	90	4.44	21.78
	224	120	5.33	27.11
	256	90	6.22	33.33
	288	120	7.23	40.56
	320	180	8.22	48.78
卸载	256	60	0.99	49.77
	192	60	−1.21	48.56
	128	60	−2.67	45.89
	64	60	−5.22	40.67
	0	180	−13.34	27.33
	64	90	6.56	6.56

试验结论：根据 p-s 曲线可知，按相对变形 s/b 确定最大承载力，确定如下：

(1) 振冲砂土复合地基 $s/b = 0.01$；

(2) 板宽 $b = 1.5m < 2m$，取 $b = 1.5m$；

(3) $s = 0.01 \times 1500 = 15mm$，所对应的 $p = 142kPa$；

承载力特征值为 min（142，320/2）＝142kPa

即可确定该地基的承载力特征值为 142kPa。

3. 工程实例三

武汉白沙洲大桥，某桥墩试桩 1 号，桩型为钻孔扩底灌注桩，桩长为 27m，桩径为 1.0m，桩端直径为 1.7m，桩身采用混凝土强度等级为 C30，单桩设计承载力为 7600kN，设计选择的桩端持力层为粗砂层。试验得出曲线和数据如图 8-20 和表 8-27 所示。

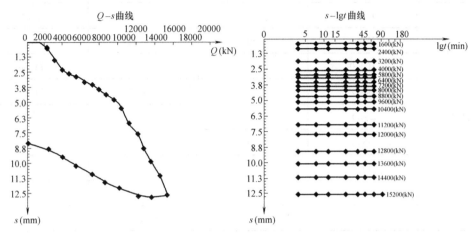

图 8-20　1 号试桩静载曲线图

如表 8-27 所示，可以观察该工程桩在荷载加到 15200kN 时，累计沉降是 12.12mm，并且从 $s-\lg t$ 曲线中可以知道，此级荷载基本稳定，所以可以确定该工程桩的极限承载力为 15200kN。

1 号试桩数据表　　　　　　　　　　　　　　　　表 8-27

	荷载(kN)	维持时间(min)	本级沉降量(mm)	累计沉降量（mm）
	1600	120	0.25	0.25
	2400	120	0.40	0.65
	3200	120	1.01	1.66
	4000	120	0.73	2.39
	4800	120	0.34	2.73
	5600	120	0.21	2.94
	6400	120	0.39	3.33
加载	7200	120	0.27	3.6
	8000	120	0.3	3.9
	8800	120	0.46	4.36
	9600	120	0.47	4.83
	10400	120	0.55	5.38
	11200	120	1.26	6.64
	12000	120	0.71	7.35

续表

	荷载(kN)	维持时间(min)	本级沉降量(mm)	累计沉降量(mm)
加载	12800	120	1.26	8.61
	13600	120	1.02	9.63
	14400	120	0.99	10.62
	15200	150	1.5	12.12
卸载	13600	60	−0.02	12.1
	12000	60	−0.12	11.98
	10400	60	−0.4	11.58
	8800	60	−0.49	11.09
	7200	60	−0.61	10.48
	5600	60	−0.73	9.75
	4000	60	−0.65	9.1
	2400	60	−0.62	8.48
	0	60	−0.54	7.94

4. 工程实例四

武汉市轨道交通某线路二期区间车站某基础桩采用自平衡法进行试验,试桩主要参数如表 8-28 所示,场地工程地质条件如表 8-29 所示。

现场测试曲线及数据如表 8-30 及图 8-21、图 8-22 所示。

根据现场测试数据以及等效计算法处理,对数据总表计算,可得出表 8-30。

试桩主要参数　　　　　　　　　　　　　　　　　　　　表 8-28

编号	直径(m)	桩顶标高(m)	桩底标高(m)	桩长(m)	单桩承载力设计值(kN)	预估最大加载力(kN)
1 号	1.5	−5.50	−21.50	16	2300	2300×2

场地工程地质条件　　　　　　　　　　　　　　　　　　表 8-29

地层编号、名称、成因	描　　述
(1-1)杂填土(Q_{ml})	杂色,稍密～中密,中压缩性,由混凝土地坪、碎石、砖块组成,含 5%～15%煤渣等生活垃圾及黏性土。普遍分布,层厚 0.5～5.8m
(1-2)素填土(Q_{ml})	黄褐色,软～可塑,高压缩性,高压缩性,以黏性土为主组成,混少量碎石、砖瓦片等,多为地表耕填土,含植物根茎。普遍分布,层顶埋深 1.0～5.8m,层厚 0.6～3.8m
(1-3)淤泥质黏土(Q_4^l)	灰～灰褐色,流塑,高压缩性,含有机质,偶见螺壳碎片,切面稍有光滑,干强度中等,中等韧性。部分分布,层顶埋深 1.4～5.0m,层厚 0.8～4.5m
(3-2)黏土(Q_4^{al})	灰～黄褐色,软～可塑,高压缩性,含铁、锰质氧化物及少量有机质,局部为粉质黏土,无摇振反应,切面光滑,干强度中等,中等韧性。局部分布,层顶埋深 2.0～7.0m,层厚 0.3～4.4m

续表

地层编号、名称、成因	描述
(6-2)粉质黏土(Q_3^{al+pl})	黄褐色、棕红色,硬塑,中偏低压缩性,含少许铁、锰质氧化物,无摇振反应,切面稍有光滑,干强度中等,中等韧性。自由膨胀率介于18%~58%,膨胀力为8~23kPa,具弱膨胀潜势,膨胀土地基的胀缩等级为Ⅰ级。部分分布,层顶埋深0.9~9.0m,层厚0.7~13.0m
(10-1)黏土	黄褐色、棕红色,硬塑,低压缩性,无摇振反应,切面光滑,干强度高,高韧性,自由膨胀率为25%~58%,膨胀力为8~33kPa,具弱膨胀潜势,膨胀土地基的胀缩等级为Ⅰ级。含少许铁、锰质氧化物及结核,偶含碎石,含量约占2%,呈棱角状,一般粒径在0.5~3.0cm不等。普遍分布,层顶埋深1.5~16.2m,层厚1.4~14.9m
(11-1)细砂混粉质黏土(Q_2^{al+pl})	黄色,稍密,中压缩性,砂的矿物成分为长石、石英,该层中混有黄色的粉质黏土大部分分布,层顶埋深10.3~18.1m,层厚2.6~12.0m
(11-2)中细砂混粉质黏土(Q_2^{al+pl})	黄色,中密,中压缩性,砂的矿物成分为长石、石英,中密,混有黄色的粉质黏土,普遍分布,层顶埋深17.1~25.3m,层厚14.2~23.9m
(12)中粗砂混砾卵石(Q_1^{al})	黄色,中密~密实,低压缩性,砂的矿物成分为长石、石英;砾、卵石直径0.5~30cm不等,钻孔揭露最大粒径为500mm,砾石含量一般为20%~40%;砾石成分为石英砂岩、长石砂岩,分选性和磨圆度较好。场地内均有分布,层顶埋深38.8~43.1m,层厚13.0~18.0m
(20a-1)强风化泥岩(S)	主要矿物成分为黏土矿物、白云母、绢云母,泥质胶结,散体状结构~碎裂状结构。强度低,锤击易碎,局部可折断或捏碎,遇水极易崩解和软化。近垂直状节理裂隙发育,岩芯破碎呈碎块状及土状。为极软岩,极破碎~破碎,岩体基本质量等级为Ⅴ级。场地内均有分布,层顶埋深53.8~58.4m,层厚0.9~9.2m
(20a-2)中风化泥质砂岩(S)	灰色、褐红色,主要矿物成分为黏土矿物,泥质胶结,镶嵌碎裂结构。锤击声哑,自然风干后易崩解开裂,软化系数介于0.18~0.59之间,为软化岩石。近垂直状节理裂隙发育,裂隙面光滑,岩芯呈碎块状和柱状。为极软岩,较破碎,岩体基本质量等级为Ⅴ级。场地内均有分布

1号桩自平衡试验汇总表　　　　　　　　　　表8-30

荷载编号	加载值(kN)	历时(min)		向上位移(mm)		向下位移(mm)		换算后桩顶位移(mm)	
		本级	累计	本级	累计	本级	累计	本级	累计
0	0	0	0	0	0	0	0	0	0
1	460×2	120	120	1.02	1.02	−1.13	−1.13	−1.26	−1.26
2	690×2	120	240	1.34	2.36	−1.26	−2.39	−1.33	−2.59
3	920×2	120	360	1.78	4.14	−1.76	−4.15	−3.09	−4.41
4	1150×2	120	480	2.13	6.27	−2.34	−6.49	−3.73	−6.82
5	1380×2	120	600	3.16	9.43	−3.26	−9.75	−6.41	−10.14
6	1610×2	120	720	4.23	13.66	−4.35	−14.10	−8.15	−14.56
7	1840×2	120	840	5.07	18.73	−5.55	−19.65	−12.03	−20.17
8	2070×2	120	960	26.00	44.73	−28.64	−48.29	−36.85	−48.88

图 8-21　1 号试桩自平衡试验荷载图

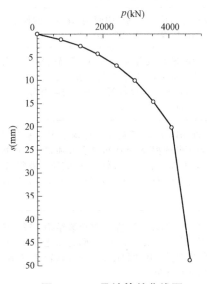

图 8-22　1 号桩等效曲线图

试验结论：

1 号桩自 2012 年 7 月 7 日开始，至 7 月 8 日结束。上段桩第 7 级沉降 5.07mm，第 8 级沉降 26.00mm，大于第 7 级沉降量的 5 倍，累计沉降 44.73mm；下段桩第 7 级沉降 −5.55mm，第 8 级沉降 −28.64mm，大于第 7 级沉降量的 5 倍，累计沉降 −48.29mm。满足终止加载条件。因此，取第 7 级荷载为桩的极限加载值，即 $Q_u \geqslant$ 1840kN，$Q_l \geqslant$ 1840kN。对应的静载试验结果汇总表如表 8-30 所示，桩的 $Q\text{-}s$ 曲线如图 8-21 所示。

按公式计算桩的极限承载力 $p = 4077$kN；按公式换算桩顶位移 $s = -48.88$mm。等效转换曲线如图 8-22 所示。

8.8　静载若干问题

8.8.1　静载试验本身对基桩承载力的影响

就单桩竖向抗压承载力而言，当静载试验结果判定单桩竖向承载力不满足设计要求时，有这样三种情况值得注意：第一种是经过静载试验后桩的承载力提高了，例如桩底有沉渣，静载试验将沉渣压实，桩端阻力能正常发挥；桩身有水平裂缝或水平接缝，在竖向荷载作用下，裂缝闭合；预制桩沉桩时因挤土效应而使桩上浮，静载试验消除了上浮现象等。当然，按规范确定该桩极限承载力不满足设计要求（这个承载力代表的是这一类桩的承载力），但可能不需要对该桩本身进行工程处理。第二种情况是经过静载试验后桩的承载力明显降低了，原本承载力略低于设计要求的桩，例如静载试验第 9 级或第 10 级加载时发生桩身破坏或持力层夹层破坏，千斤顶油压值降到很低，按照规范，虽然这根桩极限承载力可以定得很高（这个承载力代表的是这一类桩的承载力），经过设计复核可能满足使用要求，但该桩本身几乎成为废桩，一般需要补桩。第三种静载试验的破坏情况：一般在比较接近最大试验荷载（最后 1～2 级）无法稳定，但千斤顶油压值降得很少，只要不补压就能稳定，虽然我们说"这根桩做到破坏了"，但实际上不是桩身破坏，而是桩周土发生破坏，试验前和试验后该桩承载力基本上没有发生变化。

还有两种试验现象值得注意：例如桩存在水平裂缝，在某级荷载作用下沉降明显偏大，但每级都能稳定，最后按规范判定该桩竖向承载力满足设计要求，在这种情况下，在报告结论中应提请设计单位注意可能存在水平承载能力降低的隐患。

8.8.2 支墩下沉导致主梁压实千斤顶

采用压重平台反力装置时，试验前压重全部由支承墩承受，若地基支撑力不够，支承墩可能产生较大的下沉，严重时会出现试验前主梁已经压实千斤顶的情况，导致未开始试验桩已承受了竖向抗压荷载，而桩的沉降未及时记录。如果在这种情况下继续试验，则前几级荷载对应的桩顶沉降量非常小甚至为 0，原始记录实际上是不真实的记录，因此会影响试验结果的判断。

在堆载过程中，也可能出现对主梁的变形预估不够，并且在千斤顶与主梁之间的预留距离较小，导致主梁在堆载过程中挠度变形超过预留距离，从而出现压实千斤顶的问题，在这种情况下继续试验，前几级荷载对应的桩顶沉降量也会非常小，原始记录不能反映真实情况，也会影响试验结果的判断（图 8-23）。

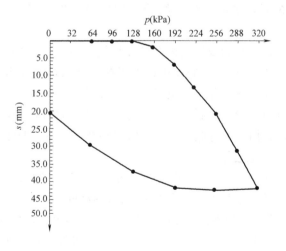

图 8-23 千斤顶压实 p-s 曲线图

8.8.3 边堆载边试验

某些情况下受场地限制，压重平台支墩尺寸不能满足加载需要，为了避免主梁压实千斤顶，或避免支承墩下地基土可能破坏而导致安全事故等，便在荷载不足时提前进行试验，即"边堆载边试验"，一般应在堆载量大于应堆载量的 50%～60% 后开始试验，确保试验过程中桩顶的堆载量不小于试验荷载的 1.2 倍。只要桩的试验荷载满足规范要求——每级荷载在维持过程中的变化幅度不得超过分级荷载的 ±10%，应该说试验结果是可靠的。但是，这种做法除要注意安全外，还要注意堆载方法，处理不当也会严重影响数据的真实性。

图 8-24 边堆载边加压方式试验 Q-s 曲线图

由于堆载架上的重物越来越多，其重力直接由主梁反压到千斤顶上，使千斤顶内的压强增加，千斤顶出力增大，直接作用于桩顶上，使桩身下沉加快，如果采用现阶段用的双向油泵，不卸载的情况时，压力表读数会持续上升，本级实际荷载偏大，导致本级沉降偏大。如图 8-24 所示。

因此，若是不得已要进行边堆载边试验时，应在各级荷载达到稳定后准备加下一级荷载前进行堆载，堆载期间不加压，且堆载不应超过该级荷载，或是在最后一级或两级荷载时进行堆载，以免影响桩的

最终累计沉降量。总之，尽量使边堆载边试验的不良影响降低到可接受的程度。

8.8.4 采用静力压桩机作为单桩竖向抗压试验加载反力装置

采用静力压桩机架或类似打桩机作为单桩竖向抗压静载试验加载反力装置，可以省去设置反力梁、锚桩或配重，节省运输、组装费用以及工期，但是该做法存在下列三个问题：

（1）基准桩中心与压重平台支墩边的距离违反规范中"基准桩中心或压重平台支墩边的距离大于或等于 $4D$ 且大于 2m"的要求；由于桩机结构是长方体，两只脚船几乎靠在一起，无法满足规范规定的试桩距平台支墩的距离要求，使得基准桩不"基准"，量测的沉降不可靠。另外，由于试桩周围软弱地基土被桩机移动时扰动，其影响半径在 $10 \sim 20m$，每级对桩加载，又相当于对地面卸荷，由于基准梁太高，即使基准梁间距能够达到规范要求，扰动后的蠕变也会导致测试结果失真。

（2）加、卸载时荷载的传递达不到规范中"加、卸载时应使荷载传递均匀、连续、无冲击，每级荷载在维持过程中的变化幅度不得超过分级荷载的 $\pm10\%$"的要求。由于桩机重量大、地基强度低或加荷前千斤顶被桩机压牢，当加压系统稍稍启动，油压升高，力值会大幅上升，容易超出分级荷载的 $\pm10\%$；卸载时，油压稍稍回落，力值骤减，超出分级荷载的 -10%。无论是人工观测，还是自动仪器都很难控制加、卸荷载量，卸载很难卸至零。

（3）桩机重量大或地基强度低，千斤顶被桩机压牢，加荷前桩顶实际上就已经开始下沉，到正式试验时，该部分的沉降由于未能记录而缺失，导致试验前几级的沉降偏小，甚至没有沉降，从而影响了 Q-s 曲线的形态及最终累计沉降量，严重时还会导致错误的结论。

8.8.5 最大试验荷载的确定

这里有两个问题，一个是最大试验荷载的确定，例如某工程基础采用预应力管桩，单桩承载力设计值为 2000kN，分项系数取 1.65，确定最大试验荷载为 3300kN，试验加载

至第 10 级（最后一级）时沉降无法稳定，检测单位判定该桩竖向抗压承载力为 2970kN，施工单位对结果提出异议，理由是最大试验荷载按规范应取为 3200kN 而不应取为 3300kN，桩有可能在 3200kN 作用下不发生破坏。不可否认，因为第 10 级（最后一级）发生破坏，破坏荷载有可能是 9.1 级，也有可能是 9.9 级。存在这类争议的问题，是因为目前许多检测数据采用"定值"法来判断是否满足设计要求。实际上，任何测量均存在不确定度，检测人员应注意和重视"临界状态"的判断。

另一个问题是最大试验荷载的维持时间。现在许多地方为了加强管理，要求检测单位加载至最大试验荷载时通知甲方或监理人员到场检查，或检测单位要求检测人员通知单位负责人到场检查。有这样的实例，因检查人员未及时到场，桩在最大试验荷载长时间作用下发生破坏，引起纠纷。

8.8.6　偏心问题

试验过程中应观察并分析桩偏心受力状态，偏心受力主要由以下几个因素引起：

（1）制作的桩帽轴心与原桩身轴线严重偏离；

（2）支墩下的地基土不均匀变形；

（3）用于锚桩的钢筋预留量不匹配，锚桩之间承受的荷载不同步；

（4）采用多个千斤顶，千斤顶实际合力中心与桩身轴线严重偏离。

桩是否存在偏心受力，可以通过四个对称安装的百分表或位移传感器的测量数据分析获得。图 8-25 给出了某桩四个百分表测得的荷载-沉降曲线，从图中可以看出，1 号百分表测得的沉降量 s_1 明显比 4 号百分表测得的沉降量 s_4 大，说明存在偏心受力。到底允许偏心受力多大而不影响试验结果，要结合工程实践经验确定，显然，不同桩径、不同配筋情况、不同桩型、不同桩身设计强度、甚至不同地质条件，抵抗偏心力矩的能力是不同的。一般说来，四个不同测点的沉降差，不宜大于 $3 \sim 5$mm，对于偏心弯矩抵抗能力强的桩，不应大于 10mm。

图 8-25　桩的偏心 Q-s 曲线

8.8.7　静载试验过程中的意外情况

1. 堆载平台倾斜

采用堆载平台加载反力装置时，由于堆载重量不足，或有时由于堆载吨位过大，堆载中心难以控制，造成偏心过大，试验中还未达到目标吨位堆载便被向上顶动，堆载平台的两支承墩局部出现悬空，以致压力无法加上，试验被迫中止。若不及时发现，停止加载操作，那么严重时出现堆载平台塌方，以致危及试验人员安全。

处理步骤：按快速法要求逐级卸荷至零；修复；每级荷载维持 15min，逐级加载至原试验荷载的前两级；从原试验荷载的前一级开始，按原试验方法维持荷载，继续逐级加载。

对于堆载法试验尤其是大吨位堆载试验，试验前必须编制详细可靠的施工方案，且在现场堆载反力装置过程中应做好两个一致，即平台的中心应与试桩中心一致，重物的中心应与平台的中心一致。

2. 千斤顶、高压油管漏油等故障，压力无法加上

处理步骤：按快速法要求逐级卸荷至零；修复；每级荷载维持 15min，逐级加载至原试验荷载的前两级；从原试验荷载的前一级开始，按原试验方法维持荷载，继续逐级加载。

3. 无法加载

（1）先检查供电是否正常，再检查能否正常卸载，再检查油泵工作是否正常，观察是否有油压，如果没有油压，则为油泵故障，如果有油压显示，观察进油油管是否变硬，如变硬则可能是千斤顶故障（或千斤顶达最大行程）。

（2）反力系统不能提供足够的反力，如堆载重量不够。

4. 有压力而没有沉降或沉降很小

（1）采用进油与回油分离系统，可能是回油油路故障且安全阀不能正常工作，会严重损坏千斤顶；

（2）千斤顶达到最大行程，此时千斤顶是在顶油缸，会损坏千斤顶；

（3）油压表或压力传感器故障；

（4）位移测量系统故障；

（5）试桩确实没有沉降（如桩与附近基础相连接）；

（6）基准梁或基准桩不符合规范。

5. 使用自动化的静载荷测试仪控制时，压力加不上的原因可能有

（1）油泵不工作，电源开关没有合上，电源电压不够，油泵内油量不够；

（2）压力传感器没有连接好；

（3）千斤顶达到行程，反力平台堆载不够；

（4）出现"压力不足"报警，报警时限过短，压力在设置时间内没有加上去。

8.8.8 安全问题

安全问题必须引起我们足够的重视。除了前面介绍的边堆载边试验存在安全隐患外，我国大部分地区采用堆载法，常用堆重重物为砂包或混凝土块，采用砂包配重的试验架多为散架，整体稳定性较差，也存在许多安全隐患。除尽可能地将砂包重叠稳妥堆放外，高度不宜超过 5m，混凝土块高度不宜超过 8m，如果桩周地表土承载力较低，要随时防止堆重重物倾斜，尤其是在下雨天。采用锚桩法时，除对桩的抗拔承载力严格验算外，还应对锚筋进行力学试验，使用时要留有足够的安全储备，即使存在少许不均匀受力，钢筋也不会产生断裂。采用人工读数，必须保证进出通道畅顺。应确立试验区范围，悬挂警告标志。

8.8.9 其他相关表格

静载试验试桩概况野外记录表   表 8-31

工程名称		地 点		建设单位	
设计单位		施工单位		检测单位	
建筑物	规模		建筑桩基安全等级	抽检桩数	
	结构模型			总桩数	
试桩编号					
实际桩号					
成桩工艺					
断面尺寸					
桩顶标高					
桩底标高					
施工完成日期					
试验开始时间					
试验终止时间					
	沉渣厚度				
	设计强度等级				
	实际强度等级				
	充盈系数				
	规格				
	长度				
	配筋率				
预制桩	混凝土强度等级				
	停锤标准				
	垂直度				
成桩中异常现象说明					

检测单位：　　　　　资料整理：　　　　　校核：

静载试验工程概况与工程地质概况 表 8-32

工程名称			地点			试验单位		
试桩编号			桩型			试验起止时间		
成桩工艺			桩断面尺寸			桩长		
混凝土强度等级	设计		灌注桩沉渣厚度		配筋	规格		配筋率
	实际		灌注桩充盈系数			长度		

综合柱状图						试桩平面示意图
层次	土层名称	描述	地质符号	相对标高	桩身剖面	

土的物理力学指标

层次	深度 (m)	γ (kN/m^3)	ω (%)	e	S_r	ω_p (%)	I_p	I_L	α_{1-2} (MPa^{-1})	E_p (MPa)	φ (°)	f_k (kPa)

检测单位：　　　　　　资料整理：　　　　　　校核：

工程检测过程登记表 表 8-33

项目		责任单位	责任人	时间	记录内容
下达检测任务					
检测方法确认					
设备	配备情况				
	出库检查				
	运行检查				
	使用情况				
	入库检查				
现场检测情况					
检测报告					
记录归档					
备注					

检测单位：　　　　　　　　　　　　　　　　归档负责人：

工程检测现场环境监测记录 表 8-34

桩号	记录时间			气温	天气	场地环境影响因素			
	年	月	日	(℃)	(晴、阴、雨、风力)	振动	地下水	电磁波	电源

检测单位：　　　　　　记录：　　　　　　校核：

8.8.10 静载试验相关规范及试验类型

常见静载试验相关规范及试验类型 表 8-35

规范名称	规范编号	内附试验类型
建筑基桩检测技术规范	JGJ 106—2014	单桩竖向抗压静载试验
		单桩竖向抗拔静载试验
		单桩水平静载试验
建筑地基基础设计规范	GB 50007—2011	单桩竖向静载荷试验要点
		单桩竖向抗拔载荷试验要点
		单桩水平载荷试验要点
		浅层平板载荷试验要点
		深层平板载荷试验要点
		岩石地基载荷试验要点
		岩石锚杆抗拔试验要点
		土层锚杆试验要点
建筑地基处理技术规范	JGJ 79—2012	处理后地基静载荷试验要点
		复合地基静载荷试验要点
		复合地基增强体单桩静载荷试验要点
湿陷性黄土地区建筑规范	GB 50025—2004	湿陷性黄土现场静载荷试验
		湿陷性黄土现场试坑浸水试验
公路桥涵地基与基础设计规范	JTG D63—2007	浅层平板载荷试验要点
		深层平板载荷试验要点
		岩基载荷试验要点
岩土工程勘察规范	GB 50021—2001(09 版)	浅层平板载荷试验
		深层平板载荷试验
		螺旋板载荷试验
高层建筑岩土工程勘察规程	JGJ 72—2017	大直径桩端阻力载荷试验要点
		抗浮桩和抗浮锚杆抗拔静载荷试验要点
建筑地基检测技术规范	JGJ 340—2015	土(岩)地基载荷试验
		复合地基载荷试验
		竖向增强体载荷试验

续表

规范名称	规范编号	内附试验类型
基桩静载试验 自平衡法	JT/T 738—2009	基桩静载试验自平衡法
水运工程地基基础试验检测技术规程	JTS 237—2017	轴向抗压静载荷试验
		轴向抗拔静载荷试验
		水平静载荷试验
建筑边坡工程技术规范	GB 50330—2013	锚杆试验一般规定、基本试验、验收试验
岩土锚杆(索)技术规程	CECS 22:2005	锚杆试验一般规定、基本试验、验收试验、蠕变试验

注：上述主要为行业标准，各省市地方标准未录入。

第9章 地基基础检测实时监控平台

9.1 概述

随着国家对基础建设投入不断加大以及建筑业的高速发展，特别是 2005 年建设部第 141 令《建设工程质量检测管理办法》实施以来，建设工程质量检测市场得到了大发展，全国各地的检测机构数量呈现快速增长的态势。面对参差不齐的检测机构，如何确保实验室质量体系全面落实和有效执行，如何监管检测过程、杜绝虚假数据、确保检测数据的准确性，是工程质量监督机构和实验室管理人员面临的问题和挑战。

以往的建筑工程检测流程是检测人员首先在工地现场做检测，检测数据以文件的形式存储在检测仪器上，而后运用单机版的分析软件对检测数据进行分析并形成报告。这种工作方式不宜实施实时监控，难以保证数据的真实性和实时性，特别是难以杜绝虚假数据，导致管理漏洞。问题的关键在于如何实现对现场检测工作的远程实时监控。

随着无线通信数字网络技术的发展，无线远程数据传输技术已经成为一种成熟的技术，其应用领域极为广阔。通过无线远程数据传输可实现对建设工程质量检测的远程实时、动态监控，让一切尽在掌握中。目前很多省市在运用计算机技术和无线网络技术、实现对检测机构检测流程管理和资源管理、提高实验室管理人员对实验室检测人员和检测数据的管理水平、强化工程质量监督机构对检测实验室的监管能力等方面做了大量的工作，特别是在建立地基基础静载荷实验远程实时监控平台方面有了重大进展。

地基基础检测实时监控平台是通过 GPRS（General Packet Radio Service）传输及数据库和网络通信等先进的信息技术，在管理机构建立一个覆盖全市（全省）范围的建设工程地基基础检测监控网络，实现对本市（全省）范围的所有地基基础检测工程的集中管理，实现对地基基础检测工作的实时监控。用高效、准确、可靠的数据库管理取代以往松散、杂乱、易出错的人为管理，极大地提高了地基基础检测工作的效率以及业务和管理水平。

目前多数地区的地基基础检测实时监控平台主要应用于基桩静载检测的管理，通过这套管理模式的推广，可以实现以下管理需求：

（1）通过互联网终端将全市进行基桩检测技术服务的单位纳入一个网络统一进行管理，达到企业管理信息化和集中化。

（2）对全市持证的基桩检测人员集中管理，避免非持证人员扰乱市场或持证人员到处兼职的情况出现。

（3）对各基桩检测单位的设备进行管理，避免检测单位间的恶意竞争，并对稳定基桩检测市场价格起到一定的作用。

（4）可以实时获取正在实施基桩检测工作的人员、设备、检测数据等信息，验证各基桩检测单位提供的检测数据是否符合实际检测情况，是否符合检测规范，是否存在人为修改行为。

（5）可以对各基桩检测项目的档案留存规范统一。由此，采用本系统对于管理机关检查各基桩检测单位的工作提供了极大的方便，对于各基桩检测单位的工作起到了有效的监督制约作用，同时为各基桩检测单位加强内部管理提供了支持，对基桩检测市场的稳定性、提升各单位的检测技术竞争力起到积极的促进作用和长期影响作用。

9.2 监控平台的基础技术

9.2.1 GPRS 技术

GPRS 即通用分组无线业务，是在 GSM 系统的基础上建立的移动网络系统，使用分组交换技术，能兼容 GSM，并且能在网络上传输高速数据，GPRS 在传统的 GSM 网络中引入了 3 个新的器件：PCU（Packet Control Unit，分组控制单元）、SGSN（Serving GPRS Support Node，GPRS 服务支持节点）和 GGSN（Gateway GPRS Support Node，GPRS 网关支持节点）。

GPRS 通信具有以下特点：

1. 资源利用率高

GPRS 引进了分组交换的传输模式，用户只有在发送或接收数据期间才占用资源，也就是说多个用户可高效率地共享同一无线通信，从而提高了资源的利用率，而 GSM 传输数据方式为电路交换模式，在整个连接时期内，用户无论是否传送数据都将独自占用无线信道。GPRS 用户的计费按通信的数据流量作为计费标准。

2. 传输速度高

GPRS 数据传输速度可达 57.6kb/s，最高可达到 115～117.2kb/s，完全可以满足用户应用的需求。

3. 接入时间短

GPRS 接入等待时间短，可快速建立连接，平均为 2s。

4. 提供实时在线功能

用户将初始处于连线和在线状态，这将使访问服务变得非常简单、快速。

5. 支持 IP 协议和 X.25 协议

GPRS 支持 Internet 上应用最广泛的 IP 协议和 X.25 协议，而且由于 GSM 网络覆盖面广，使得 GPRS 能提供 Internet 和其他分组网络的全球性无线接入。

GPRS 传输系统的结构如图 9-1 所示。

图 9-1 GPRS 传输系统结构图

用户终端设备通过串行接口或无线通信方式连接到 GPRS 数据终端上，然后将数据打成 IP 包，再通过 GPRS 空中接口接入 GPRS 网络，最终通过各种网关和路由到达系统数据中心。

9.2.2 3G 技术

3G 是第三代移动通信技术，是指支持高速数据传输的蜂窝移动通信技术。3G 服务能够同时传送声音及数据信息，速率一般在几百 kbps 以上。3G 是指将无线通信与国际互联网等多媒体通信结合的新一代移动通信系统，目前 3G 存在 3 种标准：CDMA2000、WCDMA、TD-SCDMA。

3G 与 2G 的主要区别是在传输声音和数据的速度上的提升，它能够在全球范围内更好地实现无线漫游，并处理图像、音乐、视频流等多种媒体形式，提供包括网页浏览、电话会议、电子商务等多种信息服务，同时也要考虑与已有第二代系统的良好兼容性。为了提供这种服务，无线网络必须能够支持不同的数据传输速度，也就是说在室内、室外和行车的环境中能够分别支持至少 2Mbps（兆比特/每秒）、384kbps（千比特/每秒）以及 144kbps 的传输速度（此数值根据网络环境会发生变化）。

9.2.3 数据库技术

数据库技术是现代信息科学与技术的重要组成部分，是计算机数据处理与信息管理系统的核心，是一种计算机辅助管理数据的方法，它研究如何组织和存储数据，如何高效地获取和处理数据。数据库技术研究和解决了计算机信息处理过程中大量数据有效地组织和存储的问题，在数据库系统中减少数据存储冗余、实现数据共享、保障数据安全以及高效地检索数据和处理数据。数据库技术研究和管理的对象是数据，所以数据库技术所涉及的具体内容主要包括：通过对数据的统一组织和管理，按照指定的结构建立相应的数据库；利用数据库管理系统和数据挖掘系统设计出能够实现对数据库中的数据进行添加、修改、删除、处理、分析、理解、报表和打印等多种功能的数据管理和数据挖掘应用系统；并利用应用管理系统最终实现对数据的处理、分析和理解。

数据库技术产生于 20 世纪 60 年代末 70 年代初，近年来，数据库技术和计算机网络技术的发展相互渗透，相互促进，已成为当今计算机领域发展迅速，应用广泛的两大领域。数据库技术不仅应用于事务处理，并且进一步应用到情报检索、人工智能、专家系统、远程数据监控等领域。数据库技术的根本目标是要解决数据的共享问题。

数据库技术涉及许多基本概念，主要包括：信息、数据、数据处理、数据库、数据库管理系统以及数据库系统等。

1. 数据管理技术的发展

数据管理技术是对数据进行分类、组织、编码、输入、存储、检索、维护和输出的技术。数据管理技术的发展大致经过了以下三个阶段、人工管理阶段、文件系统阶段、数据库系统阶段。

（1）人工管理阶段

20 世纪 50 年代以前，计算机主要用于数值计算。从当时的硬件看，外存只有纸带、卡片、磁带、没有直接存取设备；从软件看（实际上，当时还未形成软件的整体概念），没有操作系统以及管理数据的软件；从数据看，数据量小，数据无结构，由用户直接管理，而且数据间缺乏逻辑组织，数据依赖于特定的应用程序，缺乏独立性。

（2）文件系统阶段

20 世纪 50 年代后期到 60 年代中期，出现了磁鼓、磁盘等数据存储设备。新的数据处理系统迅速发展起来。这种数据处理系统是把计算机中的数据组织成相互独立的数据文件，系统可以按照文件的名称对其进行访问，对文件中的记录进行存取，并可以实现对文件的修改、插入和删除，这就是文件系统。文件系统实现了记录内的结构化，即给出了记录内各种数据间的关系。但是，文件从整体来看却是无结构的。其数据面向特定的应用程序，因此数据共享性、独立性差，而且冗余度大，管理和维护的代价也很大。

（3）数据库系统阶段

20 世纪 60 年代后期，出现了数据库这样的数据管理技术。数据库的特点是数据不再只针对某一特定应用，而是面向全组织，具有整体的结构性，共享性高，冗余度小，具有一定的程序与数据间的独立性，并且实现了对数据进行统一的控制。

2. 数据库技术的应用方式

从其应用方式来看，数据库技术主要起着两方面的作用。

（1）信息系统开发作用。利用数据库技术以及互联网技术，并结合具体的编程语言，可以开发一个信息系统，从而解决业务数据的输入和管理问题。在信息系统开发中，主要利用的是关系型数据库管理系统（RDBMS）的基本功能，即数据定义功能、数据操纵功能、数据查询功能以及数据控制功能。

（2）数据分析与展示作用。利用 RDBMS 的数据查询功能对数据库中的数据进行关联组合或逐级汇总分析，并以表格、图形或报表形式将分析结果进行展示，从而解决业务数据的综合利用问题。

9.3　监控平台的组成及功能

9.3.1　监控平台系统组成

监控平台系统由检测单位模块、监督管理模块、数据自动接收软件、具有 GPS 定位功能和 GPRS 无线发射功能的检测设备、移动网络、因特网（Internet）及商用电脑组成（图 9-2）。GPS 定位精度可达 15m，可有效锁定检测现场的地理位置；近年来 GPRS 无线通信网络已基本覆盖全国，特别是城市及周边地区已无盲区，通过 GPRS 传输数据不受时空限制，通信费用也较低，完全可以满足远程实时监控的需要。

（1）检测单位模块

① 实现检测单位信息、测试人员、检测设备的档案录入。

② 查询实时检测数据及资料数据。

③ 工程项目申报。

④ 历史数据查看及下载。

⑤ 检测报告的上传及打印。

图 9-2 监控平台系统示意图

（2）监督管理模块

检测单位、测试人员、检测设备的信息审核管理。

工程申报管理：对检测单位申报的工程信息进行审核，并由系统发放检测流水号。

实时查看各检测单位的检测数据，监督检测过程。

检测报告管理：接收并审核检测单位的检测报告。

通过 GIS 地理信息系统查看工程地点及情况。

（3）服务器上的数据自动接收软件：该软件的功能是实时接收现场测试数据。

（4）检测设备（如静载荷测试仪）进行数据自动采集，能够实时将检测数据传输至质量管理部门设立的建设工程质量检测实时监控平台。它应具备下列功能：

① 全球定位功能；

② 按现行国家相关标准、技术规程规范，自动控制荷载的加载、卸载，并完成荷载和位移数据的自动采集和实时显示；

③ 保存检测原始数据及检测过程相关信息，严禁提供二次操作采集数据、模拟数据或预录入数据再传功能；

④ 实时将检测数据通过无线远程通信模块传输至质量管理部门指定的建设工程质量检测实时监控平台；

⑤ 必须经法定计量检定机构检定。

9.3.2 监控平台系统功能

1. 检测机构管理

管理检测机构的资质等基本信息。数据内容有：数据锁定状态、资质证号、检测机构名称、资质是否到期状态、所属区域、计量认证号、法定代表人、人员总数、检测范围等信息。

检测机构人员登录系统可对本企业的信息进行新增、修改和删除等操作。

监管机构与检测机构确认信息录入完成后，监管机构可通过锁定功能对企业信息包括该企业的检测设备、人员、检测能力一并锁定，锁定后检测机构不能再对这些信息进行修改。

2. 检测设备管理

管理检测设备基本信息。数据内容包括：主要仪器设备的检定/校准等信息，设备锁定状态、设备编号、设备名称、型号规格、厂商、检测机构名称、设备有效检定日期、是否到期状态等。

如果数据锁定状态显示未锁定状态，管理人员可对设备信息进行新增、删除和修改操作；可通过所属机构、设备名称、有效日期等条件对设备信息进行检索。

3. 检测人员管理

管理检测人员基本信息，主要技术人员和管理人员的变动等信息。数据内容包括：数据锁定状态、姓名、性别、年龄、职务、身份证号、岗位证书编号、检测机构名称、从事检测项目、证书注册类型、证书有效期等。

如果数据锁定状态显示为未锁定状态，管理人员可对人员信息进行新增、删除和修改操作；可通过所属检测机构、姓名、从事检测项目等条件对人员信息进行检索。

4. 工程申报管理

在地基基础试验前，由检测单位登录地基基础检测实时监控平台进行网上工程申报，录入工程基本信息以及五方主体单位的基本信息。申报成功后，系统自动随机生成测试流水号或由监管人员审核通过后系统自动发放流水号，如图 9-3 所示。

5. 实时监控数据查看

监控平台上查看实时监控数据，可查看：

（1）静载：数据详表、数据总表、Q-s 曲线、s-$\lg Q$ 曲线、s-$\lg t$ 曲线、测试日志、现场照片等信息。图 9-4～图 9-6 分别为查看状态的数据详表、数据总表和测试日志。

（2）高应变：桩身信息、原始曲线、F-ZV 曲线、上下行波曲线、现场照片等信息。图 9-7～图 9-9 分别为查看现场检测信息、原始曲线和 F-ZV 及上下行波曲线。

（3）声波透射法：桩身信息、原始波速-深度、波幅-深度曲线、波列图、现场照片等信息。图 9-10～图 9-12 分别为查看现场检测信息、声速-深度、声幅-深度，现场波列图。

（4）低应变：桩身信息、原始曲线、分析结果、现场照片等信息。图 9-13、图 9-14 分别为查看现场检测信息，现场曲线图。

（5）钻芯：钻孔信息、现场芯样照片、电子芯样照片、现场照片等信息。图 9-15、图 9-16 分别为查看现场检测信息，现场芯样照片、钻孔电视照片。

图 9-3　工程申报界面

控载(kN)	间隔时间(min)	荷载(kN)	记录时间	接收时间	表1沉降(mm)	表2沉降(mm)	本次平均沉降(mm)
204.0	0	206.0	03-02 14:12	03-02 14:34	2.25	3.33	2.79
	5	200.6	03-02 14:17	03-02 14:35	2.85	4.00	0.63
	15	203.3	03-02 14:27	03-02 14:37	2.92	4.07	0.07
	30	200.6	03-02 14:42	03-02 14:52	2.96	4.10	0.03
	45	197.9	03-02 14:57	03-02 15:07	2.96	4.10	0.00
	60	198.6	03-02 15:12	03-02 15:22	2.96	4.10	0.00
306.0	0	308.0	03-02 15:12	03-02 15:22	3.10	4.30	0.17
	5	298.5	03-02 15:17	03-02 15:27	3.73	5.03	0.68
	15	308.0	03-02 15:27	03-02 15:37	3.83	5.13	0.10
	30	299.2	03-02 15:42	03-02 15:52	3.86	5.15	0.03
	45	301.2	03-02 15:57	03-02 16:07	3.88	5.18	0.02
	60	297.8	03-02 16:12	03-02 16:22	3.91	5.21	0.03
408.0	0	410.0	03-02 16:12	03-02 16:23	4.02	5.31	0.11
	5	401.9	03-02 16:17	03-02 16:28	4.66	5.99	0.66
	15	400.5	03-02 16:27	03-02 16:38	4.82	6.11	0.14
	30	402.6	03-02 16:42	03-02 16:52	4.87	6.17	0.05
	45	402.6	03-02 16:57	03-02 17:07	4.91	6.20	0.03
	60	403.2	03-02 17:12	03-02 17:23	4.96	6.23	0.04

图 9-4　静载数据详表

荷载(kN)	本级历时(min)	累计历时(min)	本级沉降(mm)
204.0	60	60	3.53
306.0	60	120	1.03
408.0	60	180	1.04
510.0	60	240	0.96
612.0	60	300	0.98
714.0	60	360	0.68
816.0	60	420	0.78

图 9-5　静载数据总表

日志类型	修改时间	修改内容	原始值	修改值
参数	03-02 14:11	加载修订	10.2	10.0
控制	03-02 14:11	开始实验	0.0	0.0
控制	03-02 20:51	暂停实验	0.0	0.0
控制	03-02 20:53	继续实验	0.0	0.0
控制	03-02 20:53	暂停实验	0.0	0.0
控制	03-02 20:54	继续实验	0.0	0.0
控制	03-02 20:54	暂停实验	0.0	0.0
控制	03-02 20:54	继续实验	0.0	0.0
控制	03-02 21:03	暂停实验	0.0	0.0
控制	03-02 21:06	开始调表	0.0	0.0
控制	03-02 21:06	结束调表	0.0	0.0
控制	03-02 21:06	继续实验	0.0	0.0
控制	03-02 21:06	继续实验	0.0	0.0
控制	03-02 21:07	暂停实验	0.0	0.0
控制	03-02 21:09	开始调表	0.0	0.0
控制	03-02 21:09	结束调表	0.0	0.0
控制	03-02 21:09	继续实验	0.0	0.0
控制	03-02 21:09	继续实验	0.0	0.0
控制	03-02 21:10	暂停实验	0.0	0.0

图 9-6　静载现场测试日志

图 9-7　高应变现场测试信息

图 9-8　高应变现场原始曲线

图 9-9　高应变 *F-ZV* 及上下行波曲

桩信息	桩号：	1#
	桩长(m)：	43.60
	桩径(mm)：	1
	管数：	3
	方位角：	0
	声测管外径(mm)：	50
	声测管内径(mm)：	44
	声测管材料速度(km/s)：	5.119
	传感器直径(mm)：	15
	采样精度(μs)：	1.0
	采样长度：	512
	轮径(mm)：	61.9
	线径(mm)：	10.0

	剖面	1-2	1-3	2-3
检测信息	测试深度(m)：	43.60	43.60	43.60
	传感器高差(m)：	0.00	0.00	0.00
	跨距(mm)：	590	570	550
	增益：	40	40	40
	标零(μs)：	2	2	2
	延迟时间(μs)：	40	40	40
	高通(kHz)：	50	50	50
	低通(kHz)：	5	5	5

图 9-10　声波透射法现场检测信息

图 9-11　声波透射法声速-深度曲线、声幅-深度曲线

图 9-12　声波透射法波列图

桩信息	桩号：	1
	桩径(mm)：	500
	预设桩长(m)：	5.00
	预设波速(m/s)：	3000
	采样间隔(μs)：	9
	高通滤波(Hz)：	0
	低通滤波(Hz)：	20000
	指数放大：	1
	指数放大位置(m)：	0.00
	备注：	NONE
传感器信息	传感器类型(0:加速度计 / 1:速度计)：	0
	积分状态(0:是 / 1:否)：	1
	传感器灵敏度(加速度计)(mv/g))：	1.00

图 9-13　低应变现场检测信息

图 9-14　低应变现场检测原始曲线

桩信息	桩号:	5#
	孔号:	2
	桩径(mm):	800.0
	施工桩长(m):	10.0
	钻孔深度(m):	10.0
	桩顶标高(m):	1.0
	设计强度:	30.0
	经度:	114
	纬度:	30
检测结论	完整性类别:	
	完整性描述:	
	实测平均值(Mpa):	
	实测代表值(Mpa):	
	芯样组数:	
	强度评价:	

图 9-15　钻芯现场信息

6. GIS 地理信息系统

可在电子地图上查看工程详细地点，并可区分正在实时检测的工程和已经检测结束的工程，如图 9-17 所示。

7. 现场拍照

在工程检测中进行现场检测拍照，可将工程检测中的重要细节进行拍照留档（图9-18～图 9-21）。

图 9-16　钻芯现场取芯样照片及钻孔电视照片

图 9-17　GIS 地理信息

8. 统计筛查

可按一定设置条件，如是否强制加载、修改参数等条件，按时间和单位将符合条件的数据直接列举出来，大大提高管理效率，如图 9-22 所示。

图 9-18　静载现场拍照

图 9-19　高应变现场拍照

图 9-20　声波透射法现场拍照

图 9-21　低应变现场拍照

图 9-22　统计筛查结果

9.4　监控的实施作用及流程

9.4.1　现有的监管情况及其局限性

针对工程检测当前存在的问题，全国各地均推出相应措施来加强工程检测质量监管，主要有：

（1）成立检测行业协会加强自查、自律，检测任务统一分配，遏制无序竞争；

（2）通过行政手段监督，建委/质检站成立专门监督科，配备现场监督员对检测工程实行现场见证制度；

（3）强制推广全自动测试仪，杜绝人工抄表检测方式。

虽然针对工程检测监管方面采取了不少措施，但还是存在下述局限性：

（1）行业协会是一民间机构，没有执法权，在保证有序竞争及检测项目收费保护方面起到一定积极作用。但在工程检测的监管方面无能为力，而且收费多少与检测质量方面没有必然联系，所以靠行业协会来提高工程检测质量的方式收效甚微；且由于通过协会分配业务，没有了承揽业务的压力，在一定程度上造成检测单位的急速增长，更加剧了检测市场的竞争状况。

（2）建委监督科直接担负着现场监管的责任，但由于各地建筑市场规模和地域的扩大，市内交通的拥堵，且很多工程的检测工作均在晚上进行，监督员的工作量和工作强度急剧增大，实现每个工程监督员必须到场监督是很难实现的。

（3）虽然国内有些地方也强制要求采用仪器测试，但未规范仪器应达到的具体技术要求，致使国内某些仪器厂家为迎合用户要求，采用各种手段为用户弄虚作假提供方便。上述提到的东南某省会在 2007 年也是强制要求采用仪器测试，但没有规定仪器应达到的具体技术要求（即没有要求仪器应具备的监督功能），致使全部单位均采用方便作假的厂家仪器测试，而诸多有先进仪器（带监督功能、数据不可更改）的用户也不得不停用先进仪器，最终导致整个检测市场均以虚假数据出具报告，完全丧失了检测与监督的意义。

9.4.2 监控平台的作用和意义

监控平台不管针对检测人员、检测单位还是监管机构都具有重要的意义。

1. 对检测人员而言，其主要有以下作用。

（1）提升数据可靠性

检测人员从事的工作是一个类似于裁判员的工作，数据自动接收软件结果判定的准确与否直接决定于检测过程是否规范。实时监控平台的建立可以有效杜绝诸如静载的堆载重量不达标、高应变检测用锤不达标等现象，杜绝设备使用不规范等现象。现场检测人员将更加关注于现场数据自动接收软件的准确性和取得数据的检测过程的规范性，从而保证现场检测人员做到检测数据无误，确保分析人员对结果的判定无误，确保检测工作的质量，降低质量事故的风险，最终保护检测人员利益。

（2）提升检测效率

检测工作现场条件通常很艰苦，且往往工期较长，检测人员的工作负荷较大，工作时间不宜控制，工作时段往往夜以继日。随着科技的进步，目前的检测仪器设备智能化程度很高，有些检测试验在试验正常进行之后，检测人员可以不必时刻关注检测设备。实时监控平台建立以后，现场的数据与网络的数据可以实现同步，检测人员只要能上网就可以通过数据的情况了解现场，甚至可以同时掌控多个检测项目，有时通过手机也可以做到这一点，这样既可以保障安全，又可以节约人力成本。

（3）数据保全

对于提交的检测报告，必须保证报告原件、原始数据、分析数据随时可查，保证数据的可追溯性。有些检测单位管理规范程度不高，有数据丢失现象，在出现工程质量问题时，不能追溯原始数据，导致陷于非常被动的局面。通过建立实时监控平台，所有的原始数据都会自动在实时监控平台系统中备档，这样就可以保障后期提交报告的数据可溯源性。同时，检测人员可以随时查询系统中的备档数据，也便于总结规律，有利于个人能力的提高。

2. 对检测机构而言，其主要有以下作用。

（1）市场更规范，遏制无序的恶性竞争

随着国家投入的逐步稳定，检测市场的份额也趋于稳定，而且随着检测机构的增加，各检测机构间的竞争会更激烈。有些业务能力差的检测机构会一味以低价竞争，在检测工作中偷工减料，导致工程质量得不到有效控制，极大地扰乱了检测市场的正常秩序。建立实时监控平台系统之后，企业必须严格按照规范的要求来进行试验，那些市场扰乱者要么规范行为，要么退出市场，必然会促进检测市场的规范发展。

（2）负责人能够随时掌控检测进程

目前很多检测机构的操作模式是检测人员在现场检测数据，室内资料处理人员对检测数据进行处理分析，检测机构技术负责人对报告进行审核后提交。如果现场采集的数据不准确，检测机构技术负责人也不可能对检测的最终结果进行把关。有了实时监控平台系统之后，检测机构技术负责人可以通过网络远程掌控现场检测过程，可以实时监控现场数据。检测机构其他领导也可以随时对检测结果进行监管。

（3）负责人可跨地区对检测机构在外的各个工地进行监控和指导

随着检测市场的发展，很多检测机构可以跨行业、跨地域从事检测业务，往往有很多检测业务同时进行，传统的管理方法，检测机构领导或技术负责人很难兼顾多个检测任务。因此，有了实时监控平台系统之后，检测机构领导或者技术负责人可以通过网络查看多个检测工地的数据情况，可以监控数据的准确性，也可以为现场的检测人员提供技术支持。

（4）检测机构人员的检测数据可以按照设备、使用人员等情况进行备档，可跟踪检测人员的情况与仪器设备的使用情况。

目前的检测机构的设备都有严格的设备使用情况记录，而检测工作往往都是在外地，有时设备不能及时送交仓库，设备的状况有时得不到及时的跟踪。有了实时监控平台系统之后，通过网络可以及时跟踪不同的检测人员采集的数据情况，也可以跟踪不同的设备的数据采集情况，可以及时根据人员的情况或者设备的情况，对现场进行指导。

3. 对监管机构而言，主要有如下几个方面的作用。

（1）提高监管机构的管理水平和决策水平

在实时监控平台实施以前，监管机构对检测数据及检测报告的监管通常采用定期检查和突击抽查的方式，由相应的管理工作人员到企业现场进行检查，达到监管目的。人工检查效率不高和人为因素，很难做到准确的核查。要核查数据的准确性可能需要制定很繁琐的工作流程才能办到，但是这样管理工作的效率显然不高。

利用 Internet 网络监管平台实现工程质量检测信息的实时、自动上传，确保市、区监管机构等相关主管部门能及时获得各建设工程项目的质量检测数据（尤其是检测结果不合格数据），可随时根据质量监督工作的要求调用、查询和汇总检测质量数据，有助于对全市工程项目尤其是重点工程项目实施有效的实体质量监管。

（2）提高建设工程检测质量，保证人民群众的切身利益

检测机构的检测质量事关广大人民群众的切身利益，加强检测机构的检测质量是稳定社会秩序、确保经济发展的大事。检测机构涉及的大多是道路、桥梁、楼房等，对建设这些工程项目的检测报告进行有效监控，保证质量对广大人民群众的切身利益有重大意义。

（3）规范检测行业工作，促进检测行业良性发展

利用工程质量检测管理信息系统，可以规范各工程质量检测机构内部的业务流程和管理模式，配合以检测数据自动采集的应用更可以确保检测数据的公正性与准确性，以信息化手段提高各检测机构的管理水平和工作效率，最终达到提升检测机构的技术能力和市场竞争力的目标，促进工程质量检测市场的健康、稳步发展。

（4）监控手段多样化，规范检测行为

监管机构可以通过多种手段来监控试验的情况，监管人员可以通过 GIS 查看辖区之内的所有在测工地。可以随时随地对辖区内单位的测试情况进行监控与跟踪，对于有前科或者被举报过的检测机构可以重点关注。还可以根据数据库的数据与提交的报告进行比对，保证数据的真实性。

9.4.3 检测管理流程

在做桩基静载试验前，由检测单位登录平台进行网上工程申报，录入工程基本信息及五方主体单位的基本信息。申报成功后，系统自动随机生成测试流水号。

试验时，试验人员将测试流水号输入测试仪器中，在数据上传时自动将相关的试验数据归类到该测试流水号，试验数据包括试验时间、试桩号（测试仪上输入）、检测类型、设备编号、测试数据等一并上传到远程监测系统。

检测管理流程示意图如图 9-23 所示。

图 9-23 检测管理流程

9.5 目前各地平台运行情况

近两年来，随着各地建设监管部门对检测市场的管理要求越来越严格，同时一些大型的检测单位也逐渐意识到内部检测质量控制的重要性，全国各地纷纷建立监控平台并实际投入了运行，并在运行过程中发展出了不同的模式。大体上可分为以下几种模式：

（1）利用设备厂家搭建平台模式，以某厂家的平台系统为主，由该厂家提供数据接口，其他厂家修改设备的发送程序，使各厂家的仪器能够统一接入到系统平台中，实施监管。但此模式的弊端在于过于依赖某厂家的系统，且各厂家的数据种类不一，调试过程周期往往较长。

（2）多个设备厂家平台并存模式，由于很难解决各个厂家仪器兼容问题，一些检测单位较少的地区，使用多平台并存的模式，有两家甚至三家以上的平台同时运行，各自监管各自的数据。这种模式的弊端显而易见，基本只是起到数据保存的目的，很难进行统一监管。

（3）第三方软件平台模式，在一些经济发达地区，形成了以管理部门下文，并进行公开招标，由专业的软件公司来进行系统设计开发，并公布公开的数据接口，供各厂家使用。这种模式相对来说比较公正和科学，但仍存在的问题是，由于一些软件公司对地基基础检测并不熟悉，在项目开发和调试阶段，往往需要仪器厂家的全力配合。

（4）多平台融合模式，在某些省市和地区，由于原来就运行的有一些相关的实验室管理平台，使用时间较长，系统成熟度高。在这些地区，往往要求平台设计和开发时，能兼容原系统，或者是能作为一个子模块纳入到原有的大系统中去。

另外从检测门类上来看，目前的各地的地基基础检测实时监控平台主要应用于基桩静载检测数据的上传及监控，部分地区已经考虑并开始更新系统，将高应变、低应变及声波透射法测桩、钻孔电视、取芯等方法也纳入监控平台进行实时监管。

总体来看，最近两年地基基础监控平台已经由过去的"雷声大、雨点小"或者说是试运行阶段，真正进入到运行管理阶段。尤其是像武汉、长沙、广州等省市，在运行地基基础监管平台的同时，配套制定了相关的文件和管理措施，而海南和广东等省，更是制定了针对地基基础监管平台的地区规范和技术标准，地基基础监管平台已经向正式化、标准化方向前进了一大步。

9.6 监控平台的功能扩展及未来发展方向

9.6.1 移动互联网技术

目前各地的地基基础检测实时监控平台主要是运行在 PC 平台，在计算机端进行操作和查看。随着目前移动互联网技术的飞速发展，从技术角度来讲，下一阶段的监控平台，必然会由 PC 电脑端进入到移动互联端。将会以手机 APP 软件的形式，将一些图形展示，现场拍照及小视屏录像，甚至是 GPS 地理信息等功能进行集成，将系统由办公室延伸到工程现场。

9.6.2 照片及视频监控

1. 照片存储

现场检测设备配置摄像头，可要求对试验关键点照片资料（如：配重块进行堆载，自动荷载测试仪初始化等）进行拍照并上传到远程监测平台进行存档。

2. 远程视频观看

监管人员可通过 3G 网络随时连接工地进行远程观看现场试验视频。当监督员进行视频观看时，即时进行远程传输，不观看时不传输，节省网络资源。

9.6.3 远程控制

1. 远程锁定

当监管人员发现某工地检测数据异常时，如能确定是未按管理流程或未进行规范操作，可远程锁定此次检测，一段时间内此工程无法进行检测和上传。

2. 远程报警处理

静载检测时间跨度较长，多数要跨夜晚进行。检测人员相对比较疲惫，或暂时未在仪器旁值守，此时如出现有可能影响工程和人员安全的情况，仪器上软件判定后将报警信息发送至监控平台，并以短信形式通知监管人员，在极端情况下如一段时间内各方面仍无反应，监控平台可发送指令远程暂停或停止该检测。

9.6.4　云数据技术

云技术这两年也是互联网发展较快的一种技术。目前的地基基础监控平台，基本都是单服务器部署运行的平台，随着平台运行时间的加长，数据存储容量受限制及跨网段访问的问题会越来越凸显。下一阶段，可将平台进行分布式部署，甚至多个数据平台对应一个监管平台，数据分类分地域存储。

总的来说，质量监督机构要加强对桩基工程质量检测的监督管理，对地基基础试验检测数据实时远程传输及监控实施情况进行网上监控，同时加大随机监督检查的力度，对发现的不良行为，要依据管理规定予以记录与通报，同时定期上报建设行政主管部门。地基基础试验检测数据实时远程传输及监控系统对规范桩基检测市场、科学判定地基基础工程质量具有重要意义，我们相信，技术手段与相应的管理手段的有机结合，必然会使现场检测的管理和工程检测质量控制迈上新的台阶。

第 10 章　其他相关检测方法

众所周知，基桩工程是隐蔽工程，具有高度的复杂性和隐蔽性，发现质量问题难，事故处理更难。目前，普遍通过成桩后的验收检测来保证工程质量，检测评定后往往处理比较麻烦，显而易见，仅仅通过施工完成后的检测结果既不利于指导施工，也不利于质量控制。《建筑地基基础工程施工质量验收规范》GB 50202 及《建筑基桩检测技术规范》JGJ 106 等规范明文指出应进行桩基过程监测。近年来桩基施工质量实时检测、监测技术也得到了大力发展。本章主要是简单介绍一些与地基基础相关的过程检测及其他检测方法。

10.1　成孔质量检测

10.1.1　概述

钻孔灌注桩是桥梁等结构较为常用的基础形式，对应的施工有钻孔、冲击成孔、冲抓成孔等。由于钻孔施工时往往采用泥浆护壁，如果施工时泥浆原料不合适、地质条件复杂或施工人员操作不当等，容易导致泥浆性能指标达不到规范要求，从而在施工过程中出现塌孔、扩径、缩径、孔底沉渣过厚等缺陷，进而导致桩基出现各种各样的质量问题。

桩径、垂直度、沉渣厚度是确保基桩承载力的关键因素，成孔质量的好坏会直接影响钻孔灌注桩的成桩质量。一旦出现成孔质量问题，在成桩后很难处理，需要充分重视成孔质量检测工作。通过成孔质量检测可以在施工过程中及时发现问题并及时处理。通过测试还可以对施工情况进行综合评价，最终选取适合实际场地特点的施工工艺和施工机具。另外，一般来讲如果成孔质量满足设计要求，只要严格控制灌注混凝土程序，成桩质量是容易保障的。因此，成孔质量检测既是对施工过程的监测和指导，也是对成桩质量的有利保证。

10.1.2　检测标准及内容

成孔检测的主要规范、标准包括《公路桥涵施工技术规范》JTG/T F50、《建筑桩基技术规范》JGJ 94、《建筑地基基础工程施工质量验收规范》GB 50202 以及江苏、天津等地的地方标准，如《钻孔灌注桩成孔、地下连续墙成槽检测技术规程》。成孔质量检验内容包括孔的中心位置、孔径、倾斜度、孔深、沉淀厚度、清孔后泥浆指标。其中清孔后泥浆指标包含相对密度、黏度、含砂率、胶体率四个参数，且仅限大直径桩或有特定要求的钻孔桩才进行测试。

10.1.3　检测方法及原理

由于孔的中心位置、清孔后泥浆指标检测方法较为简单，下面重点介绍孔径、倾斜

384

度、孔深、沉淀厚度的检测方法及原理。

1. 接触式成孔检测

测试原理及仪器设备：

桩孔径、垂直度及孔底沉渣厚度检测是成孔质量检测中的重要内容。目前用于孔径检测的仪器大多可同时测量桩的垂直度，应用比较广泛的是伞形孔径仪。

伞形孔径仪也称井径仪，是国内目前采用较多的一种孔径测量仪器。它是由孔径仪、孔斜仪、沉渣厚度测定仪三部分组成的一个测试系统，仪器由孔径测头、自动记录仪、电动绞车等组成。仪器通过放入到桩孔中的专用测头测得孔径的大小，通过在测头上安装的电路将孔径值转化为电信号，由电缆将电信号送到地面被仪器接收、记录，根据接收、记录的电信号值可计算或直接绘出孔径。

灌注桩孔径检测系统如图 10-1 所示，上位机采用笔记本电脑进行上位机检测，通过与下位机进行通信，实现灌注桩成孔检测的数字化。系统主件由笔记本电脑（便携式打印机）、微机检测仪（下位机）、井径仪、绞车及井下仪器等几部分组成。图 10-2 为武汉中岩科技股份有限公司生产的机械式孔径测试仪。

图 10-1　伞形孔径检测系统　　　　图 10-2　机械式孔径测试仪

1—笔记本电脑（便携式打印机）；2—微机检测仪（下位机）；
3—井径仪；4、5—电动绞车和井口滑轮；
6—沉渣测定仪井下仪器；7—高精度测斜仪井下仪器

2. 声波法成孔检测

（1）测试原理及仪器设备

超声波孔壁测试仪，主要包含主机和绞车两个部分。现场检测时，利用绞车将探头放入孔内，依靠自重保持测试探头处于铅垂位置。测试时，超声振荡器产生一定频率的电脉冲，经放大后由发射换能器转换为声波，通过泥浆向孔壁方向传播，由于泥浆与孔壁的声阻抗有较大差异，声波到达孔壁后绝大部分被反射回来，经接收换能器接收。声波从发送到接收的时间，即为声波在孔内泥浆中的传播时间。由于超声波在泥浆介质中传播速度 V 是恒定的，假设超声波的探头至孔壁的距离为 L，实测声波发射至接收的时间差为 t，则距离 $L = V \cdot t/2$。

声波探头中的四组换能器一般呈十字交叉布置，故可以探测孔内某高程测点两个方向相反的探头与孔壁之间的距离，进行连续测试，即可得到该钻孔两个方向孔壁的剖面变化图。如此改变测点高度，就可获得整个钻孔在该断面测点剖面变化图。当绞车在测试时始终保持吊点不变且钢丝绳垂直，即可通过钻孔孔壁剖面图得到钻孔的垂直度。实际钻孔孔深减去实测孔深值即得到沉渣厚度。超声波测试原理如图 10-3 所示，声波法检测孔径和垂直度的实测成果如图 10-4 所示，武汉中岩科技股份有限公司的超声孔径检测仪如图 10-5所示，成孔分析界面和三维效果如图 10-6 所示。

图 10-3　超声波成孔检测原理图

图 10-4　成孔倾斜度超标图

图 10-5　超声波成孔检测仪-主机和绞车

（2）计算原理

如图 10-7 所示，假设 O 为测试探头中心点，AB、CD 为孔顶截面探头两个测试方向，L_{OA}、L_{OB}、L_{OC}、L_{OD} 为探头中心至孔顶截面孔壁四个方向的距离，O' 为孔顶截面中心。A''、B''、C''、D'' 为孔底截面探头两个测试方向，$L_{OA''}$、$L_{OB''}$、$L_{OC''}$、$L_{OD''}$ 为探头中心至孔底截面孔壁四个方向的距离，O' 为孔底截面中心，H_n 为孔顶至孔底截面的高度。

图 10-6　超声波成孔检测仪-成果图

根据图 10-7，可以计算得出孔顶截面的半径：

$$R=[\sqrt{(L_{OC}+L_{OD})^2+(L_{OB}-L_{OA})^2}+$$
$$\sqrt{(L_{OA}+L_{OB})^2+(L_{OC}-L_{OD})^2}]/4$$

孔顶位置探头中心偏离：

$$OO'=\sqrt{(L_{OA}-L_{OB})^2+(L_{OC}-L_{OD})^2}。$$

同样可以得到孔底截面的半径 R' 和 OO''。

根据图 10-7 可以看出，孔顶、孔底截面中心的偏位为 $O'O''$。首先计算孔顶截面探头中心 O 相对于截面中心 O' 的偏离坐标 X_0、Y_0，以及孔底截面探头中心 O 相对于截面中心 O'' 的偏离坐标 $X_{0''}$、$Y_{0''}$。

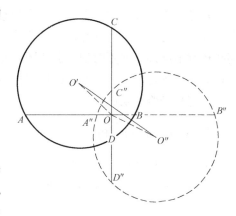

图 10-7　孔径及倾斜度计算示意图

$$X_0=L_{OB}-(L_{OB}+L_{OA})/2;Y_0=L_{OC}-(L_{OC}+L_{OD})/2;$$
$$X_{0''}=L_{OB''}-(L_{OB''}+L_{OA''})/2;Y_{0''}=L_{OC''}-(L_{OC''}+L_{OD''})/2$$
$$O'O''=$$

$$\sqrt{[L_{OB}-(L_{OB}+L_{OA})/2-L_{OB''}+(L_{OB''}+L_{OA''})/2]^2+[L_{OC}-(L_{OC}+L_{OD})/2-L_{OC''}+(L_{OC''}+L_{OD''})/2]^2}$$

孔顶至孔底的倾斜度 $=OO''/H_n\times100\%$。

（3）主要影响因素

超声波测孔是个复杂的过程，其测量精度受介质条件、仪器性能参数、测量方法等多种因素影响。介质条件影响主要表现在泥浆参数变化引起超声波的衰减，泥浆温度 w、比重 E、压力 P 变化引起声速 C 变化，泥浆温度升高声速增高，泥浆比重增大，声速变慢。波速影响公式 $C=a_1w+a_2E+a_3P$（其中：a_1，a_2，a_3。为影响因子系数）

仪器性能参数的影响，主要有发射频率、电压、发射角及接收波前沿误差等。测量方法影响主要有仪器对中、测量方位、孔径校正和记录灵敏度增益控制等误差。但归纳起来，泥浆比重的控制、距离校正的好坏以及测量方法的调整是最主要的影响因素，它直接决定着测量结果的精度。另外，如果孔顶护筒已严重变形或桩孔进行多次扫孔，容易导致灌注桩成孔截面变成非圆形，若仍然按照前述公式进行计算，可能会产生严重的计算偏差，这一点需特别注意。

① 泥浆比重

桩孔施工时，机械难免会刮碰孔壁。但如果地层松散或泥浆孔壁不好，容易导致塌孔，使得泥浆中悬浮颗粒增多，泥浆比重较大，再加上机械设备旋转而产生的气泡，会对超声波能量造成严重的散射和衰减。当泥浆比重超过某一限度后，尽管测试仪器增益已经调试很大，但由于回波信号太弱而不能接收到，无法显示孔壁图形。但泥浆比重也不能太低，因为钻孔随深度增加，周围土体的应力将进行重新调整，一旦最大主压应力和最小主压应力及垂直主应力达到某一比例关系时即超过土体的抗剪强度容易造成塌孔，这不仅对成孔的质量产生影响，而且会导致仪器探头因塌孔而埋入孔底，造成较大的经济损失。大量现场试验表明，泥浆比重控制在 1.18～1.22kg/L 之间比较好。

② 孔径校正

孔径校正是以孔口附近某平面作为参考平面，对孔壁反射波加以校正，使得参考平面直径与实测孔径相等。这是保证桩孔检测成败的关键。如果孔口距离校正不准确，那么实测孔径就不准确。严重时记录曲线还会发生畸变。实际上，由于孔壁或护筒不规则，距离校正为零是不可能的。一般可以根据护筒顶的实测直径进行校正，而一般的超声波成孔检测仪均有孔径修正功能。

10.1.4　实例分析

某工程的设计桩孔孔径 2000mm，孔深 88.410m，护桶直径 2200mm。实际钻孔孔深 88.550m。成孔检测实测曲线（见图 10-8）及计算过程如下：

图 10-8　某工程灌注桩成孔检测实测曲线图

（1）孔深、沉渣厚度

根据上述实测曲线图可知，实测孔深为 88.450m＞88.410m，沉渣厚度＝（88.550－88.450）×1000mm＝100mm＜300mm；孔深、沉渣厚度满足规范要求。

（2）孔径

将 L_{OA}＝1090mm、L_{OB}＝1091mm、L_{OC}＝1053mm、L_{OD}＝1165mm，代入公式计算，孔顶位置 R＝1100mm；

将 $L_{OA''}$＝1090mm、$L_{OB''}$＝850mm、$L_{OC''}$＝900mm、$L_{OD''}$＝1163mm，代入公式计算，孔底位置 R＝1009mm。

结论：经类似计算知，孔身各截面半径均大于1000mm，满足规范要求。

（3）倾斜度

取孔顶、孔底截面进行分析，将 L_{OA}、L_{OB}、L_{OC}、L_{OD} 及 $L_{OA''}$、$L_{OB''}$、$L_{OC''}$、$L_{OD''}$ 代入公式计算得，孔顶截面 OO'＝56mm，孔底截面 OO''＝178mm。孔位偏差 $O'O''$＝142mm＜500mm，故倾斜度＝$O'O''/H_n×100\%$＝142/88450×100%＝0.16%，满足规范要求。

（4）结果判定

综合考虑上述计算结果，该孔各项指标均满足规范要求，为合格孔。

10.2 桩的垂直度检测

10.2.1 概述

随着预制桩尤其是预应力管桩的大量应用，基桩偏位、倾斜的工程事故屡见不鲜。预应力管桩在成桩过程中，打桩机导杆不直、施工场地不平或软弱地基承载力不足引起打桩机前倾后仰、桩身弯曲、端头板倾斜或桩锤、桩帽、桩身重心线不在同一直线上造成偏心受力、遇到孤石或障碍物跑位倾斜、桩端沿倾斜面滑移、送桩器套筒太大或送桩器倾斜、接桩时不垂直等造成管桩倾斜的情况时有发生。尤其是在淤泥软土中打桩，边打桩边开挖基坑或者基坑开挖不当，坑边堆载等情况，最易造成管桩倾斜。

高桩码头成桩后没有及时采取夹桩措施，也会造成基桩在风浪、水流、土坡变化及倾斜自重作用下发生倾斜、偏位和折裂现象。

桩身倾斜过大的危害显而易见，基桩偏心受压，承载力减小，倾斜太大甚至会造成桩身折断。因此，国家标准《建筑地基基础工程施工质量验收标准》GB 50202 中明确规定，基桩垂直度允许偏差不得超过1%。随着桩基检测技术手段的进步，对桩的实际垂直度进行检测成为可能。另一方面，对桩的实际垂直度进行检测可对桩身完整性判定、纠偏处理及纠偏效果评价等提供一定的帮助。

湖北省地方标准《预应力混凝土管桩基础技术规程》DB 42/489 规定：开挖基坑中应对工程桩的外露桩头或在桩孔内进行桩身垂直度检测，抽检数量不应少于总桩数的5%，在基坑开挖中如发现土体位移或机械运行影响桩身垂直度时，应加大检测数量。对倾斜率大于3%的桩不应使用；对倾斜率为1%～2%（含2%）及2%～3%的桩宜分别进行各不少于2根的单桩竖向抗压静载荷试验，并将试验得出的单桩抗压承载力乘以折减系数，作为该批桩的使用依据。载荷试验最大加载量应为设计要求的单桩极限承载力，试验中可同时进行桩顶水平位移的测量。

10.2.2 测试方法

由于使用管桩的工程越来越多，在实行质量控制过程中对管桩桩身垂直度的测量，国家没有相应的检测标准，而此项技术指标直接影响到管桩的承载能力。为解决如何对管桩垂直度进行测量和评价，湖北省专门组织力量对管桩垂直度测量技术进行了研究，也初步起草了关于垂直度测量的标准。

1. 三维直接测量法

三维直接测量法的基本原理是利用三轴传感器直接测量管桩的垂直度，如图 10-9 所示。

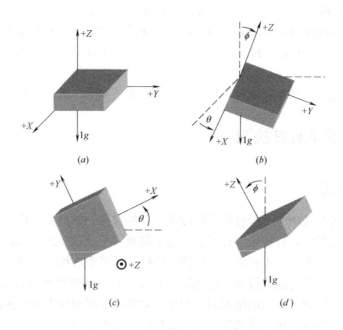

图 10-9 三轴传感器姿态示意图

当传感器处于不同的姿态时，其角度满足如下公式：

$$\theta = \tan^{-1}\left[\frac{A_{X,out}}{\sqrt{A_{Y,out}^2 + A_{Z,out}^2}}\right]$$

$$\psi = \tan^{-1}\left[\frac{A_{Y,out}}{\sqrt{A_{X,out}^2 + A_{Z,out}^2}}\right]$$

$$\phi = \tan^{-1}\left[\frac{\sqrt{A_{X,out}^2 + A_{Y,out}^2}}{A_{Z,out}}\right]$$

因此，通过三轴传感器的输出测量就可以直接得出管桩的倾斜角和倾斜度。

同时可以外配三维电子罗盘，直接测量出管桩倾斜的方位，这一功能对码头斜桩的检测尤其重要。该仪器的典型代表是武汉中岩科技股份有限公司生产的管桩测斜仪，如图 10-10 所示。它具备以下功能：

（1）垂直倾斜角测量精度应达 0.01°或 0.01%；

（2）水平方位角测量精度应达 1°；

（3）实时显示测量结果（角度、倾斜率和方位），并能输出 Excel 报表，可生成不同格式的检测报告，报告格式可预先设定；

（4）倾斜程度超过设定警戒值时能自动报警。

2. 经纬仪投影法检测

经纬仪投影法可以对预应力混凝土管桩外露桩头的倾斜度进行检测，其主要是通过分别测出外露桩头在互相垂直的两个方向上的倾斜率分量，并根据倾斜率分量计算出总倾斜率及倾斜方向。为保证精度，在测量之前应将待测桩头外表面清洗干净。

采用经纬仪投影法检测时，可选择经纬仪或全站仪作为检测设备。仪器的标准状态、检定及保养应符合相关国家及行业规范的要求。观测精度应满足如下要求：

$$m_s \leqslant \Delta/(6\sqrt{2})$$

式中　m_s——倾斜率的测定中误差；

　　　Δ——管桩倾斜率允许值。

倾斜分量的观测精度应满足：

$$m_x \leqslant m_s/\sqrt{2} = \Delta/12$$

式中　m_x——x 方向倾斜率的测定中误差。

采用经纬仪投影法检测时，应选择互相垂直的两个方向上对桩身外轮廓相应的 4 个部位进行倾斜率测量。测站点应选在与待测倾斜方向垂直的桩身外圆切线上，测站点与待测桩中心位置宜在 5～10m 之间，如图 10-11 所示。

投影时以桩身外轮廓边线为照准目标，也可根据现场情况在桩身上安装辅助标志作为照准目标。投影时上下照准点之间的垂直距离不小于 300mm。不同方位测站相应照准点的高度应保持一致，选择照准点时应尽量避开有表面缺陷或形状不规则的部位。

图 10-10　管桩测斜仪

图 10-11　经纬仪投影法

测站仪器平整对中后测量测线边长。每个测站进行 4 次测量，记录上下照准点的垂直角及水平角，测站 i 测得的管桩外轮廓倾斜率按以下步骤计算。

（1）测站 i 上下照准点之间的高差

$$h_i = D_i(\tan\alpha_{\pm i} - \tan\alpha_{\mp i})$$

式中　h_i——测站 i 上下照准点之间的高差（m）；

D_i——测站 i 测量边的水平距离（m）；

$\alpha_{\pm i}$——测站 i 上照准点的垂直角；

$\alpha_{\mp i}$——测站 i 下照准点的垂直角。

（2）测站 i 上下照准点之间在与视线垂直方向上的偏离值

$$a_i = D_i\tan\beta_i$$

式中　a_i——测站 i 上下照准点在与视线垂直方向上的偏离值（m）；

D_i——测站 i 测量边的水平距离（m）；

β_i——测站 i 上下照准点之间的水平夹角。

（3）测站 i 测得的管桩外轮廓在与视线垂直方向上的倾斜率

$$I_i = \frac{a_i}{h_i}$$

式中　I_i——测站 i 测得的在与视线垂直方向上的管桩外轮廓倾斜率。

管桩总体倾斜率用矢量相加的方法计算（图 10-12）

$$I = \sqrt{(I_x')^2 + (I_y')^2}$$

式中　I——管桩外轮廓的总体倾斜率；

I_x'——管桩在 x 方向的倾斜率，$I_x' = \frac{(I_2 + I_4)}{2}$；

I_y'——管桩在 y 方向的倾斜率，$I_y' = \frac{(I_1 + I_3)}{2}$。

每一站按该站 4 次测量得到数据进行计算，取计算倾斜率的平均值作为相应方向的倾斜率。倾斜度检测报告应包括工程名称、检测日期、被测桩桩号、仪器型号、上下照准点高度、x 及 y 方向的实际方位、倾斜总量及倾斜方位等。

3. 倾斜仪法检测

倾斜仪法可以对预应力混凝土管桩外露桩头的倾斜度进行检测。其主要是通过分别测出外露桩头在互相垂直两个方向上的倾斜率分量，并根据倾斜率分量计算出总倾斜率及倾斜方向。为保证测试精度，测量之前应将待测桩桩头外表面清洗干净。

测试设备可选择数字式测斜仪作为检测设备，测斜仪应有适用于圆柱面的定位槽，其长度不小于 200mm。仪器的标准状态、检定及保养应符合相关国家及行业规范的要求。仪器在每次使用前应进行校正。仪器的精度应能保证以下要求：

$$m_s \leqslant \Delta/(6\sqrt{2})$$

式中　m_s——倾斜率的测定中误差；

Δ——管桩倾斜率允许值。

倾斜分量的观测精度应满足

$$m_x \leqslant m_s/\sqrt{2} = \Delta/12$$

式中　m_x—— x 方向倾斜率的测定中误差。

采用倾斜仪法检测时，应选择互相垂直的两个方向对桩身外轮廓相应的 4 个部位进行倾斜率测量（图 10-13）。

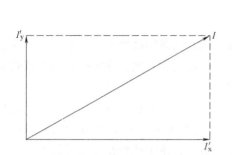

图 10-12　管桩总体倾斜率　　　　　图 10-13　倾斜仪法检测

检测时以桩身外轮廓为测量面，将倾斜仪定位槽置于待测面上并与其紧密贴合。各测量点的标高应保持一致。选择测量点时应尽量避开有表面缺陷或形状不规则的部位。仪器完成定位且数据稳定之后进行读数，每个测点进行 3 次读数，记录倾斜仪的倾斜角度或倾斜率，将数据填入记录表格。

测点 i 测得的管桩外轮廓倾斜率应按下列公式计算：

$$I_i = \tan(\theta_i)$$

式中　I_i——测点 i 测得的相应方向上的管桩外轮廓倾斜率；

θ_i——测点 i 处的外轮廓面与垂直面的夹角。

管桩总体倾斜率用矢量相加的方法进行计算。

倾斜度检测报告应包括工程名称、检测日期、仪器型号、被测桩桩号、测点上下标高、x 及 y 方向的实际方位、倾斜总量及倾斜方位。

10.3　管桩孔内摄像检测

10.3.1　概述

预应力管桩由于其质量稳定、强度高、造价低、施工速度快等优点，目前被广泛应用于各类建筑物和构筑物的基础工程上，如高层建筑、港口、码头、桥梁等领域。

预应力管桩的质量包括产品质量和工程质量两大类，而工程质量又有勘察设计质量和施工质量之分；就施工质量而言，也包括打桩质量、吊装、运输、堆放及打桩后的开挖土方、修筑承台时的质量问题。衡量管桩产品质量最直观的尺度就是它的耐打性；评价管桩工程质量最主要的指标是桩的承载力，检查桩体的完整性、桩的偏位值和倾斜率就是为了保证桩的承载力。

产品质量问题包括：抗裂弯矩及极限弯矩不能满足设计要求；没有经过高压养护或养护时间不足；串型；预应力钢棒直径偏细，预应力张拉不足；钢筋笼架箍筋偏细，间距过大；端板厚度偏薄、环宽偏小且端板内壁采用凹槽处理；端板装配缺陷；桩身中轴与端板的垂直度不满足设计要求等。检测单位要对进入施工场地的管桩进行随机见证抽样检测。

工程质量问题包括：桩顶偏位及桩身倾斜；桩头打碎，抱裂、压爆、局部磕损或缺损、环向或纵向裂缝甚至断裂、接头焊接不佳；设计标高不能到位；单桩承载力不满足设计要求等。

工程质量常见问题及其原因如下：

（1）管桩桩头损坏：打桩时选用了过重的桩锤，过高的落锤高度或过硬的垫层使锤击应力过大而导致桩头钢箍和桩顶混凝土分离、开裂；桩顶与替打接触面不平；桩身或打桩机倾斜，偏心锤击；局部硬夹层，锤击数过多，桩顶混凝土疲劳破坏等。

（2）桩身开裂或断裂：吊运时吊点设置错误；张拉力不足；接头焊接质量不佳；地层存在"上软下硬、软硬突变"，打桩时拉应力过大；地下障碍物等造成桩身倾斜，偏心锤击；打桩船移位；基坑开挖不当，基坑顶部周围堆放重物；重型机械挤压或碰撞等。

（3）沉桩标高不能到位：勘探资料有误；持力层选择不当；遇到地下障碍物或硬夹层；桩锤太小或柴油锤锤击力不足，跳动不正常，密集沉桩施工顺序不当；间歇时间太长等。

（4）桩端破碎：当基桩交界面较大、桩端进入持力层较深、峰值趋势值极大且多采用锤击工艺时，桩端反力过大并超过桩身结构抗力时，将产生桩端破碎。

现阶段应力波反射法使用最为普遍，但该方法对预应力管桩的检测有一定的局限性，可能带来的检测不准确。例如：有效检测长度有限，深部缺陷难以测到，特别是裂缝缺陷；不能检测平行于桩身轴线的垂直裂隙；若浅部存在严重缺陷时，很难再发现其下部的第二个缺陷；多缺陷时，一般只能识别第一个缺陷，等间距缺陷的识别难度更大；应力波在管桩接头位置出现重复反射时的判断尺度很难掌握；不能明确缺陷的具体形式。同时，低应变检测给出的缺陷位置常有一定的误差，给管桩常用的填芯法补强带来很大的不确定性。事实上，中国建筑科学研究院陈凡等人的研究显示对于混凝土管桩来说，平截面假定非严格成立。对于管桩尤其是对于桥梁、码头等工程常用的后张法预应力混凝土大管桩，其尺寸效应值得进一步探索。同时，后张法预应力混凝土大管桩是由许多管节采用胶结材料拼接而成，多个拼接点相当于多个阻抗变化界面，造成信号分析与解释困难。再有，开口管桩底部的土塞或管内积水时的积水界面，可能会对桩身缺陷诊断带来一定的干扰。低应变技术的适用性见表10-1。

低应变技术的适用性 表 10-1

序　　号	缺陷的具体类型	适　用　性
1	桩身明显倾斜	局部适用
2	桩身裂缝或破碎	局部纵向裂缝无法检出，其余局部适用
3	接桩处脱开、错位	局部适用
4	桩身结构强度不足	不适用
5	桩身壁厚不足	不适用
6	桩长不足	仅在有桩底反射且桩长缺陷明显时适用
7	桩端破碎	不适用

静荷载试验法是确定工程桩承载力最直观、最准确可靠的方法，目前是承载力检测方法中无可代替的。但是其费用高、时间长造成抽检的数量有限，缺乏代表性，加载条件受现场环境限制，最大加载量受设备限制。同时只要承载力能够满足要求，桩身存在某种缺陷亦被认可，忽视了缺陷对承载的长期效应。

高应变动力试桩是在对桩和土做出诸多假定的基础上，达到以"动"求"静"的目的，同时现场采集不可避免地带来一定的误差，结果存在多解性。目前，高应变法有滥用、误用的趋势，试验者不注意适用条件，更不重视动静对比验证。

由以上分析可知，对于管桩的质量的检测控制，迫切需要选择一种操作简便，直观的方法进行测试。

10.3.2 孔内摄像检测技术

1. 基本原理

基桩孔内摄像检测技术是在具有桩身竖向孔的预应力管桩上，采用高精度、高清晰度和高分辨率的孔内摄像头对整根桩或者局部桩身进行拍摄，拍摄孔壁结构图像，观测桩身有无弯曲；有无裂缝、裂缝的形态、间距、宽度、长度；上端与下段有无错位；有无混凝土脱落、破碎区域形态、高度、宽度、深度；孔内有无地下水、渗漏源、水位高度、变动趋势等，摄像头通过带有刻度标识的防水电缆与监视器相连，孔壁结构的状态清晰显示、储存到地面的监视器中，可及时进行图像资料的分析、处理和储存。通过现场观察及后期逐帧观察，可识别桩身的缺陷位置、形式及大小，据此分析桩身的完整性并能准确定位缺陷位置。

2. 孔内摄像检测系统

孔内摄像检测系统主要包括如下器件：

（1）孔内探头。孔内探头是采集基桩钻孔内部成像的主要器件，包括摄像头、镜头、灯光、采集视窗、罗盘。探头要求防水，视窗清晰，结实耐用。

（2）深度记录器。对探头下放时的深度进行相应的记录，精度要求达到 0.1mm。

（3）地表采集系统。对孔中的图像进行采集，并对采集的信号进行记录，辅助记录探头在孔中的深度、方位角等。

现阶段国内外做孔内摄像仪器的厂家比较多，以武汉中岩科技研发的 SR-DCT（A）和 SR-DCT（W）钻孔电视成像仪为例，该仪器具有良好的防水能力、实时可调的灯光亮度、清晰的成像效果以及无现场电源使用的能力，同时 SR-DCT（W）具有无线采集功能。该型钻孔电视成像仪包括高清摄像模块、三维角度电子罗盘、可调光源、充电电池、编码器以及工控机。该探头系统采用 360°全景摄像头、精度为 0.1 度的三维电子罗盘，探头采用钢身结构，视窗采用钢化玻璃，它能更好地观测孔内的成像，在采集的过程中可以同时采集图像和视频。

10.3.3 孔内摄像法检测的特点

《建筑基桩检测技术规定》JGJ 106 将孔内摄像法作为基桩完整性检测的方法之一。湖北省地方标准《预应力混凝土管基桩础技术规程》DB 42/489 规定：所有工程桩应逐根对桩孔壁内进行灯光照射目测或孔内摄像检查，观察孔内是否进土、渗水，有无明显破损、错位、挠曲现象，并做出详细记录，注明发现缺陷的位置及进土、进水的深度。广东省地方标准《锤击式预应力混凝土管桩基础技术规程》DBJ/T 15-22 规定：封口型管桩收锤后，应用低压灯泡吊放入管桩内腔或用孔内摄像进行管壁质量检查。

（1）孔内摄像技术的优势。利用管桩特有的管状内腔，对管桩整个桩身的完整性进行检测，不受地质条件、场地条件等因素的限制；使用孔内摄像技术，直观，可对缺陷做出定量的分析，对缺陷的位置做出准确的测量，对缺陷的形式进行准确的描述，给补强设计带来了很大的方便；并且使用孔内摄像技术可对多道裂纹的管桩进行判断及定位，对桩身有脱节的地方清晰的查看，可检测管桩的竖向裂缝；检测不受管桩的长度限制，可对深部桩身缺陷和桩端破损进行检测，可对加筋灌芯之前管桩内壁泥浆的清理工作进行监视跟踪。

（2）孔内摄像技术的不足。孔内摄像技术验证桩身缺陷比较直观，适合工程桩反射波法低应变完整性复合性检测，特别适合于司法鉴定或仲裁，可以提供简单明白的依据。

但是该方法的局限性在于：只能勘察桩的内壁情况，无法看到焊缝的情况；要求管桩内部没有杂物；对于斜桩，摄像探头容易受到桩身内壁障碍物的影响，造成摄像头移动困难和摄像的死角，不能取得完整的图像资料；受摄像探头的照明光源限制，对距离稍远或孔内水体浑浊的情况，较难采集到清晰的图像，以致造成检测数据的不准确。

10.3.4　孔内摄像法的应用范围及评定标准

孔内摄像技术由于其对基桩孔内要求较高，很难作为普查手段。一般对于偏位较大、低应变没有明显缺陷反射的基桩或曲线较为复杂、不易或不能做判定的基桩，采用孔内摄像作为补充检测。

低应变反射波法因其方法的特点无可替代成为管桩的普查手段，有疑问或发现问题时可结合孔内摄像看清问题的大小、位置和程度，并对有严重缺陷或怀疑的桩可进一步检验承载力是否达到要求。

对于使用孔内摄像法检验桩身完整性，建议按照如表 10-2 或表 10-3 判定桩身完整性。

桩身完整性判定建议标准一　　　　　　　　　　　表 10-2

类　型	特　征
Ⅰ类	桩身未发现可见缺陷
Ⅱ类	桩身有轻微缺陷，缺陷宽度较小或宽度中等但仅局部扫描截面存在
Ⅲ类	桩身有明显缺陷，缺陷宽度中等、全扫描截面存在
Ⅳ类	桩身存在严重缺陷，缺陷宽度较大、甚至出现错位

桩身完整性判定建议标准二　　　　　　　　　　　表 10-3

类　别	特　征
Ⅰ类	无缺陷，桩孔内壁无裂缝（混凝土收缩引起的龟裂不视为裂缝），无渗水或流挂现象，接桩处密贴且吻合程度较好
Ⅱ类	轻微缺陷，桩孔内壁有轻微裂纹（混凝土收缩引起的龟裂不视为裂缝）或轻微渗水、流挂现象，或接桩处稍欠密切，或接桩处吻合程度一般
Ⅲ类	明显缺陷，桩孔内壁明显裂缝（多呈环状），或渗水、流挂现象明显可见，或接桩处局部脱开、吻合程度较差，或接桩处存在明显错位但不大于壁厚的 1/5
Ⅳ类	严重缺陷，桩孔内壁严重开裂（多呈破碎状），或渗水、流挂现象严重，或接桩处全部脱开，或接桩处存在严重错位且大于壁厚的 1/5

另外有人建议，对于预应力管桩，当桩身存在下列缺陷时，应判定为不合格：裂缝环状闭合且上段与下段已发生错位的断桩；环状裂缝已达周长的 1/2 及以上的裂缝；局部破损面大于 $50cm^2$ 的桩；纵向裂缝最大宽度 $\geqslant 1.0mm$，长度 $\geqslant 20cm$。

任何一种检测方法都存在各自的局限性。实践证明，单桩完整性检测应采用多种检测方法相结合、多种方法相互印证和补充，综合分析后作出评价，建议采用表 10-4 来进行综合分析判断。

综合分析判断标准　　　　　　　　　　　　　　　　　　表 10-4

桩身完整性类别	综合分析判断标准
Ⅰ 类	多种检测方法显示,无任何不利缺陷,桩身结构完整
Ⅱ 类	——一种检测方法显示有轻度不利缺陷,其余方法显示为无任何不利缺陷; ——一种检测方法显示有轻度不利缺陷,其余方法显示有轻度不利缺陷,但该缺陷相互之间构成印证关系或该缺陷在运营时不会对另一种缺陷产生明显不利影响
Ⅲ 类	——一种检测方法显示有明显不利缺陷,其余方法显示为无任何不利缺陷; ——一种检测方法显示有明显不利缺陷,其余方法显示有轻度不利缺陷,但该缺陷相互之间构成印证关系或该缺陷在运营时不会对另一缺陷产生明显不利影响; ——一种检测方法显示有明显不利缺陷,其余方法虽亦显示有明显不利缺陷,但该缺陷相互之间构成印证关系
Ⅳ 类	有严重不利缺陷,或同时存在两个明显不利缺陷(荷载施加后,往往因为一个缺陷的存在会导致另一个缺陷加剧)且该缺陷相互之间不构成印证关系

10.4　管桩焊缝检测

10.4.1　概述

预应力混凝土管桩（简称管桩）由于单桩承载力高、施工速度快、价格适宜等优点，已得到了广泛的应用。国家标准建筑设计图集《预应力混凝土管桩》10G 409 规定：当管桩上、下节桩拼接成整桩时，宜采用端板焊接或机械快速接头连接，连接接头强度应不小于管桩桩身强度。虽然机械式快速接头更为可靠，但是费用稍高，目前仍普遍采用端板焊接。

目前大多数接桩焊接工艺均采用手工电弧焊或 CO_2 气体保护焊。按湖北省地方标准《预应力混凝土管桩基础技术规程》规定焊接接桩除应符合现行标准《建筑钢结构焊接技术规程》JGJ 81、《钢结构工程施工质量验收规范》GB 50205 中二级焊缝要求的有关规定外，尚应符合下列要求：

（1）当管桩需要接桩时，其入土部分桩段的桩头宜高出地面 0.5～1.0m。

（2）下节桩的桩头处宜设导向箍。接桩时上下节桩段应保持顺直，上、下节桩应接直焊牢，错位偏差不宜大于 2mm，逐节接桩时，节点弯曲矢高不得大于 1/1000 桩长，且不得大于 20mm。

（3）管桩对接前，上下端板表面应用铁刷子清刷干净，坡口处应刷至露出金属光泽；上、下节桩间的缝隙应用铁垫片垫实焊牢。

（4）焊接时宜先在坡口圆周上对称点焊 4～6 点，待上下节桩固定后拆除导向箍再分层施焊，施焊宜由两个焊工对称进行。

（5）焊接层数不得少于两层，内层焊渣必须清理干净后方能施焊外层；焊缝应饱满连续。

（6）手工电弧焊接时，应先对称点焊，第一层宜用直径 3.2mm 电焊条打底，确保根部焊透，第二层方可用粗焊条（直径 4mm 或 5mm），可采用 E43XX 型焊条，其质量应符合《碳钢焊条》GB/T 5117 的规定。采用气体保护焊时，所用焊丝质量应符合《气体保护焊用钢丝》GB/T 14598 的要求，焊接工艺应符合相关标准的规定。

（7）焊好的桩接头应自然冷却后才可继续施工，自然冷却时间不应少于 1min；不得用水冷却或焊完即施工。

焊接后应进行外观检查，电焊接桩焊缝检验标准见表 10-5，焊缝应连续饱满，不得有凹痕、咬边、焊瘤、夹渣、裂缝等表面缺陷，发现缺陷时应及时返修，但同一条焊缝返修次数不得超过 2 次。

理论上讲，端板焊缝的强度远远大于桩身结构强度。尽管图集、规范、规程等均对焊接流程、冷却时间等做出明确规定，但是在实际工程中施工人员经常片面追求速度，草草行事，减少焊接层数和冷却时间，用水冷却，甚至焊好即打，或者使用劣质的焊条，焊接接头问题导致的工程事故仍然时有发生，带来隐患和危害。在反射波法完整性检测中发现的桩身缺陷，属于焊接不佳的占大多数，普遍是接桩时接头焊接质量差易引起的接头开裂。例如：焊接质量差，焊接自然冷却时间太短遇水脆裂；单桩承载力达不到设计要求管桩接驳松脱，错位严重；基坑支护用管桩在接桩处折断等。

电焊接桩焊缝检验标准 表 10-5

序号	检查项目	允许偏差或允许值		检查方法
		单位	数值	
1	上下节端部错口 （外径≥700mm） （内径＜700mm）	mm mm	≤3 ≤2	用钢尺量
2	焊缝咬边深度	mm	≤0.5	焊缝检查仪
3	焊缝加强层高度	mm	≥2	焊缝检查仪
4	焊缝加强层宽度	mm	≥2	焊缝检查仪
5	焊缝电焊质量外观	无气孔，无焊瘤，无裂缝		直观
6	焊缝探伤检验	满足设计要求		按设计要求

另外在实际施工过程中，对接桩焊缝的检查，常常是对焊缝表面的质量检查，而忽略了对每层焊缝质量的检查，尤其是对根部焊透的检查。现场接桩焊接时焊道为横向，而焊接过程是竖向，焊接过程中由于重力作用，往往会产生大量焊瘤，造成焊道内的焊接不均匀、不连续，焊接不能保证三层焊满，焊缝高度也是参差不齐。采用焊接连接时，连接处表面未清理干净，桩端不平整；焊接质量不好，焊缝不连续、不饱满、焊肉中夹有焊渣等杂物；焊接好停顿时间较短，焊缝遇地下水出现脆裂；两节桩不在同一条直线上，接桩处产生曲折，压桩过程中接桩处局部产生集中应力而破坏连接。对于锤击桩，当桩尖土土质较差时，在中部（0.3～0.7）L 处产生较大的拉应力；当桩

距过密或打桩未按规范要求顺序施工时，因孔隙水压力的突然增大，会引起土的隆起，使桩受到向上的拉力作用，使得接桩质量差的接桩处拉裂，甚至完全断裂；还有侧向挤土作用使桩产生偏位。

10.4.2 依据标准

对于一般工程，除检查焊工是否持有有效的上岗证，接桩材料是否有质量保证书外，一般采用简单的方法（目测）、简单的工具（钢尺、放大镜）进行检查，要求焊缝应饱满、无夹渣、气孔、裂纹、电弧擦伤等现象，上下接头应对齐，无孔隙。

对于重要的工程接头焊接的检查，国家标准《建筑地基基础工程施工质量验收规范》GB 50202 相关规定对电焊接桩的接头应做 10%的探伤检查。行业标准《建筑桩基技术规范》JGJ 94 相关规定：焊接接头的质量检查，对于同一工程探伤抽样检验不得少于 3 个接头。另外，有些地方行政主管部门也发布了相关行政法规。湖北省地方标准《预应力混凝土管桩基础技术规程》DB 42/489（规定：应对闭口桩尖的钢板厚度、桩尖尺寸、焊缝质量等进行检测，检测数量每栋建筑物不应少于总桩数的 1%，且不应少于 2 个桩尖。永久结构的抗拔桩，应对工程桩的接头焊缝进行质量检测，检验数量不少于 6 根（每根一个接头）且不少于总抗拔桩数的 1%。检测项目应按国家标准《建筑地基基础工程施工质量验收规范》GB 50202 的有关规定，检验接头错口尺寸、焊缝咬边深度、焊缝高度和宽度、焊缝外观质量等。云南属于高烈度抗震设防地区和地震多发地区，《云南省建设厅关于严格执行管桩规程图集和强化质量监督检测工作的通知》中关于焊接接头的管桩工程应随机抽取焊接接头进行焊缝质量探伤检查，一般工程抽检不少于 5%，重要工程抽检焊缝不少于 10%。

根据国家标准《钢结构工程施工质量验收规范》GB 50205 和行业标准《建筑钢结构焊接技术规程》JGJ 81，预应力混凝土管桩的焊接质量应达到表 10-6 中Ⅲ级焊缝的要求，并建议检查 5%的总焊缝接头数量。

缺陷痕迹的分级　　　　　　　　　　　　　　　表 10-6

质量等级		Ⅰ	Ⅱ	Ⅲ	Ⅳ
不考虑的最大缺陷显示痕迹长度(mm)		≤0.3	≤1	≤1.5	≤1.5
线型缺陷	裂纹	不允许	不允许	不允许	不允许
				允许存在的单个缺陷显示痕迹长度≤0.15δ，且≤2.5mm，100mm 焊缝长度范围内允许存在的缺陷显示痕迹总长≤25mm	允许存在的单个缺陷显示痕迹长度≤0.2δ，且≤3.5mm，100mm 焊缝长度范围内允许存在的缺陷显示痕迹总长≤25mm
	未焊透				
	夹渣或气孔		≤0.3δ，且≤4mm；相邻两缺陷显示痕迹的间距应不小于其中较大缺陷显示痕迹长度的 6 倍	≤0.3δ，且≤10mm；相邻两缺陷显示痕迹的间距应不小于其中较大缺陷显示痕迹长度的 6 倍	≤0.3δ，且≤20mm；相邻两缺陷显示痕迹的间距应不小于其中较大缺陷显示痕迹长度的 6 倍

注：δ——焊缝母材的厚度。当焊缝两侧的母材厚度不相等时，取其中较小的厚度值作为δ。

10.4.3 测试方法

因为管桩接头端板并非完全焊合，又因端板厚度较薄且外周包裹裙板，焊后露出的几乎只有焊缝部分，无法采用射线检测法和超声波斜探法进行探伤，所以，超声波纵波直探法是一个可行、有效的检测方法，目前管桩焊缝质量检测采用超声波探测。

1. 标准依据

管桩超声探伤目前没有现行的行业标准，寻找一种快捷、准确、有效的探伤方法对保证管桩质量至关重要。有人试图将《钢焊缝手工超声波探伤方法和探伤结果分级》GB/T 11345 用于管桩焊接接头的探伤，但该标准只适用于焊接厚度 8mm 以上的母材。借鉴 JG/T 3034 标准，苏州热工研究院李晓雪等人研究采用距离-波幅曲线对缺陷进行定量的方法。该方法借用 CSK-IC 试块，解决了无斜探头检测扫查面，现有探头晶片大，焊缝深度小，易形成多次反射，导致荧光屏上各类波形难于辨认，使缺陷定量困难的问题。根据试块 $\phi 3$ 孔反射波高大小，被测件表面补偿，以及探头扫查结果，确定管桩焊缝超标缺陷尺寸位置和大小。

2. 探伤工艺

(1) 检测仪器。选用 A 型脉冲反射式超声波探伤仪，要求仪器性能符合 ZB/Y230 的规定，具有波形清晰、显示稳定的示波装置，并在计量有效期内使用；若使用数字探伤仪，其连续使用时间不得小于 4h。考虑到端板法兰只有 12.5mm 厚，两桩接前在其边缘车出 U 形坡口，故连焊缝在内只有 25～30mm，由于普通探头在近场区对反射波的影响强烈，因此还要求仪器具有抑制近场区杂波的能力。探伤采用耐高温双晶直探头和斜探头直接接触法，频率 5.0MHz，仪器探头组合灵敏度 36～40dB。根据管桩的特点，耦合剂的浓度不低于 75% 的甘油水溶液或黏稠机油；双晶探头应在磨平的焊缝上及其两侧进行周向平行和斜平行扫查，且蛇形移动。其目的是为了探测焊缝及热影响区的横向缺陷；同时，探测纵向缺陷，还要使用小晶片短前沿的单晶斜探头，垂直于焊缝中心线位置在法兰面上作 B 级直射法探伤扫查。

试块可用 JG/T 3034 标准试块 CSK-IC 型，材料与管桩端板 Q235 相同，内部无缺陷，表面粗糙度也符合要求。

(2) 扫描速度调整。双晶探头利用 CSK-IC 型试块，进行扫描速度调整。为了充分利用荧光屏的整个屏幕，使显示的缺陷反射波清晰、易辨，使一次波、直射波占满整个荧光屏。管桩使用深度比例为 4:1 或 2:1。

(3) 起始灵敏度调整。在 CSK-IC 型试块上，深度以 $h = 5mm$、10mm、15mm 的 $\phi 3 \times 20$ 横通孔调整，同时测定其反射当量，使其最强的反射波幅达到荧光屏满幅的 80% 为基准波高，在增益 16dB（评定线）作为探伤起始灵敏度。

(4) 探伤方法。在管桩端板施焊后进行超声检测。双晶探头可从圆环体外表面（凸面）周向正反方向进行扫描；利用直探头只能在焊缝打磨位置扫查，也可使用折射角为 45°、56°、63°、68° 的小探头。只能在法兰侧曲面，进行平行及斜平行往复扫描检查。

3. 焊接及探伤面的要求

(1) 焊接要求。端板母材 Q235，属于普通低碳钢，电焊条应满足《碳钢焊条》GB/

T 5117 标准要求，熔敷金属化学成分、力学性能、外观检查必须合格，才能进行无损探伤，即上下节端口错口不大于 2mm（外径小于 700mm），焊缝咬边深度不得大于 0.5mm，焊缝加强高度与宽度为 2mm。外观质量要求无气孔、无焊瘤、无裂缝。

（2）探伤表面的处理。首先用电动砂轮，把焊缝及其两侧探伤面上的飞溅物、焊瘤、焊渣等杂物清除掉，使表面平整光滑，使超声耦合良好。另还需针对不同表面粗糙度 Ra 状况进行耦合补偿，一般为 $-6\sim-4$dB。

4. 波形分析及其结果分级

（1）缺陷波形分析。管桩焊缝主要缺陷波形分析如下：

未焊透：反射波出现于根部（深 10～12mm 处）。根部位置确定后，再改用小探头在两侧面扫查均有缺陷波，几乎是对称的，波幅也相近。

未熔合：反射波出现在根部附近则仅是单侧出现缺陷波，与未焊透相比波高略弱；而出现在层间或法兰母材侧的未熔合，其缺陷方向可用变换探头角度探测。

气孔、夹渣：反射波比较弱，指示长度也短，通长 5～10mm，当缺陷尺寸达到一定程度时，会出现稍高反射波，且正逆方向扫查均可出现。

对这些信号波分析，考虑到限于焊缝较浅，且使用直射波，因此管桩探伤时要善于区分杂波对正常信号的干扰。如需要变换探头折射角为 68°～70°时应注意区分表面波，判读方法为：用手指蘸耦合剂在探头前焊缝上轻轻敲打，信号波上下跳跃，即产生了表面波。

（2）检测结果分级。管桩超声检测评定缺陷依照表 10-7 和表 10-8 执行。

管桩全焊透焊缝中上部缺陷的评定   表 10-7

级别	允许的最大缺陷指示长度(mm)	级别	允许的最大缺陷指示长度(mm)
Ⅰ	$0<L_1\leqslant10$	Ⅲ	$15<L_1\leqslant20$
Ⅱ	$10<L_1\leqslant15$	Ⅳ	超过Ⅲ级者

管桩全焊透焊缝根部缺陷的评定   表 10-8

级别	允许的最大缺陷指示长度(mm)	
	波高为Ⅱ区的缺陷	波高为Ⅲ区的缺陷
Ⅰ	$\leqslant10$	$\leqslant5$
Ⅱ	$\leqslant10\%$周长	$\leqslant10$
Ⅲ	$\leqslant20\%$周长	$\leqslant15$
Ⅳ	超过Ⅲ级者	

10.5 弹性波 CT 技术

10.5.1 概述

1917 年，奥地利数学家 J. Radon 发表的著名论文《关于由函数沿某些流形的积分确定该函数》（即 Radon 变换），为层析成像技术的形成和发展起到了指导性作用。CT 技术是指在不损伤研究"对象"内部结构的条件下，利用某种射线源，根据物体外部的某种物理量的分布函数，生成二维、三维图像，重现物体内部特征。所谓 CT 技术就是根据投影数据反演物理内部图像，故也可称为图像重建。

CT 技术是一门涉及数学、物理、计算机等知识的边缘性学科，同遗传工程、新粒子发现和宇航技术一起被称为 20 世纪 70 年代国际四大科技成果。CT 技术最初应用于医学领域，并获得巨大成功，它能够提供人体内部高清晰度、高分辨率的三维图像，为医学诊断带来了极大的方便。1979 年，第一台 CT 发明者 G. N. Housefield 和 A. M. Cormack 获得了诺贝尔医学奖。受医学领域里取得成功的鼓励，近年来，CT 技术的应用已经拓展到科学和工程等诸多领域，特别在地球物理学和土木工程质量无损检测等方面得到了广泛的应用。20 世纪 80 年代开展的国际地球岩石圈计划中，美国哈佛大学和加州理工学院应用 CT 技术取得了揭示地球内部精细结构的层析图像，为板块对流学说提供了依据。Bergman 等介绍了以二维射线追踪为基础的迭代方法应用于野外实测数据处理，表明人工地震 CT 开始从实验室模拟走向实际应用。1986 年，Gustavsson 等在瑞典北部铁矿将人工地震 CT 应用于矿产探测，T. lnazzhi 等人则用 CT 方法评价岩体的质量。近几年来，声波 CT 技术在土木工程质量无损检测领域得到了快速发展，取得了良好的应用效果。其结果形象直观、准确全面，给最终的定量评价带来了极大的方便。1992 年第 62 届美国勘探地球物理学会年会上开始设专题讨论高分辨率 CT 在工程与探矿方面的应用问题。

根据应用领域，CT 技术可分为医学 CT、工业 CT 和工程 CT 等。工程 CT 根据所使用的射线源不同，又可分为弹性波 CT、电磁波 CT 和电阻率 CT 等。其中弹性波 CT 精度最高，应用范围最广，根据振源及信号频率又可分为声波 CT 和地震波 CT；根据投影数据类型可分为走时层析、振幅层析和波形层析等；根据反演的物性参数，可分为波速层析和衰减系数层析等；根据反演的理论基础，可分为以射线理论为基础的射线层析和以波动理论为基础的衍射层析和散射层析。

10.5.2　CT 成像基本原理

目前，在地质构造探测和土木工程质量检测方面，基于射线理论的弹性波 CT 是应用效果最好成像精度最高的方法之一。以波动理论为基础的弹性波成像方法具有明显的发展前景，但在具体应用中，仍然有许多技术问题需要研究解决。

在弹性波 CT 取得成功应用之前，探测两孔间介质波速变化和隐患分布位置，透射波法是最常用方法之一。这种方法具有快速简便之优点，但是不能准确判定隐患具体位置，并且当高速与低速异常同时分布或者异常区域较小时常常会漏判或者错判。使用交汇测试方法可以在某种程度上提高判定精度，但由于需要大量的人工计算工作，因此在实际工作中很少使用。

弹性波 CT 又可分为地震波 CT 和超声波 CT，两者成像方法原理完全一样，首先通过扇形测试获取大量的首波走时数据，然后通过求解大型矩阵方程来获取两孔之间速度剖面图像，根据速度剖面图像可以直观准确地判定隐患大小分布，是目前最为有效最为精确的测试方法之一。设在成像剖面内共测有 n 条射线，首先根据测试精度把剖面分为 m 个单元（网格），以射线理论为基础的工程勘察成像方法归结为求解如下方程：

$$\begin{bmatrix} l_{11} & l_{12} & \ldots & l_{1m} \\ l_{12} & l_{22} & \ldots & l_{2m} \\ \ldots & \ldots & \ldots & \ldots \\ l_{n1} & l_{n2} & \ldots & l_{nm} \end{bmatrix} \begin{bmatrix} S_1 \\ S_2 \\ \ldots \\ S_m \end{bmatrix} = \begin{bmatrix} t_1 \\ t_2 \\ \ldots \\ t_n \end{bmatrix}$$

式中　l_{ij}——第 i 条射线在第 j 个单元内的路径长度；

$S_j = 1/V_j$——第 j 单元的慢度值；

　　t_i——第 i 条射线的走时值。

10.5.3　弹性波 CT 方法技术

根据检测设备和信号频率，弹性波 CT 又可分为声波 CT 和地震波 CT。两者的成像方法原理完全一样，所不同的是前者具有精度高、测试快速简单等优点，但是能量较小适用于短距离透射，主要应用于混凝土质量检测以及岩石分类；后者读时精度较低，但是信号能量很大可以进行长距离透射，一般使用孔间透射法对大型地质构造进行探测。

根据反演物性参数，弹性波 CT 又可分为波速 CT 和吸收系数 CT，最常用的成像方法是基于射线理论的级数展开法。在级数展开法中，正演、反演过程都需要确定射线路径矩阵。确定射线路径矩阵的关键是如何快速计算每条射线通过每个单元的距离，追踪首波传播路径及走时。最简单的方法是把波传播路径近似为直线，其特点是计算简单，当观测系统确定后，射线路径矩阵也就随之固定不变了。然而，由于成像剖面上各点的波速并不相等，特别是当各点之间波速（即异常体界面波阻抗）变化差异较大时，首波传播路径会发生明显的弯曲。因此，弯曲射线快速追踪，是提高 CT 成像精度，实现弯曲射线层析成像的关键技术之一。

弹性波层析成像算法从最初的 BPI（Back Projection Technique）和 ART（Algebraic Reconstruction Technique）发展到目前普遍使用的 SIRT（Simultaneous Iterative Reconstruction Technique）已经十分成熟。当异常体波速变化较大时，应用快速射线追踪技术和 SIRT 算法，可以实现高精度弯曲射线 CT。这一技术具有很强的适用性，在实际生产中发挥着重要作用。

根据费马原理和 Dijkstra 最佳路径算法进行快速射线追踪较普通方法具有明显的优越性。设剖面离散结点数为 n，其计算次数由 $O(n!)$ 降低到 $O(n^2)$。然而如果在整个 CT 剖面内进行射线追踪，由于 n 很大计算速度仍然受到限制。应用"椭圆约束"方法可以实现更快速射线追踪。具体方法是，首先以激发点和接收点为焦点作一个椭圆，根据椭圆方程性质，如果声波射线路径任意一点弯曲到椭圆之外，射线路径将会大于 $2a$（a 为椭圆长轴），由于首波走时必须最小，即弯曲射线路径较直射线路径不可能偏离太多，所以只要适当选择椭圆长轴 a 值，然后在椭圆区域内进行弯曲射线追踪即可。

10.5.4　软件设计与应用实例

基于射线理论的弹性波 CT 与常规的透射波测定方法相比，具有成果直观、分辨率高和定位精确等优点。然而，另一方面，弹性波 CT 成像精度容易受到观测系统和测试精度、成像方法和误差控制等许多因素影响，因此，弹性波 CT 软件设计和使用方法技术，对于提高成像精度具有决定性作用。

1. 软件设计与系统结构

目前，基于射线理论的弹性波层析成像技术已经十分成熟，RSM-CT 桩基三维成像系统是武汉中岩科技股份有限公司结合多年的生产实践和科学研究千锤百炼而来。系统采用模块化设计方式，通过数据库信息管理技术，各种功能被有机地结合在一起，使用非常方便。RSM-CT 桩基三维成像系统主要包括数据库信息管理系统、信号预处理和弹性波层析成像三个部分。

（1）数据库信息管理系统，是整个系统的主控部分，所有的计算分析在其控制下完成，同时对资料实现快速查询和高效率管理。

（2）信号分析和数据校正对弹性波 CT 成果质量起着重要作用。根据所选择的 CT 成像方法（即波速 CT 或者衰减系数 CT），数据预处理软件可以快速读取信号首波走时，或者计算频谱质心和衰减系数投影向量。然后绘制观测系统图和实测数据曲线，检查测点坐标和成像数据是否正确。

（3）弹性波波速 CT 和吸收系数 CT，采用先进的设计建模技术和快速射线追踪算法，使得直射线 CT 和弯曲射线 CT 两种方法均可以快速高精度实现；通过优化 SIRT 成像方法和图像处理技术，进一步提高成像精度，保证 CT 成像系统的实用性和先进性。

弹性波 CT 分辨率的大小，一方面受到反演算法、目标体的形态及性质（高速体还是低速体）等技术与客观条件限制，另一方面与观测系统和信号频率等因素密切相关。在理想条件下弹性波 CT 分辨率不小于第一菲涅尔带，因此如果探测的异常体尺寸越小，所需要的信号频率就越高。由于射线追踪必须已知源点和接收点的坐标位置，因此需要根据测试剖面建立标准直角坐标系。坐标原点可根据需要或者习惯任意确定，剖面内任意一个源点或者接收点位置使用二维坐标来表示。

基于射线理论的弹性波 CT 是根据 Radon 变换原理而来，测试时要求尽可能全方位对被测剖面进行透射测量，才能提高成像精度。不同的射线密度和射线视角直接影响着成像质量，这好像看一个物体，只有从物体的各个方位观察，才能了解物体的全部。然而在具体测试时，由于受客观条件的限制很难做到，一般常用的方法有两侧透射、三侧透射以及最为理想的四侧透射。为了保证成像精度，要尽可能加大扇形角度（$a > n/2$）和保证射线密度，设 d 为异常体尺寸，Δx 为激发点和接收点的距离，观测系统激发点和接收点布置应该尽可能满足 $\Delta x \leqslant d/3$。即异常体尺寸越小，需要的射线密度越大。

由于弹性波 CT 成像方程一般是不适定的或者病态的，所以要充分利用已知的边界条件和约束条件，提高解的唯一性和成像精度。例如声波测试数据具有更高的精度可以充分利用。根据所了解的测区物性条件，设置成像剖面波速变化范围对成像过程进行约束。在对数据进行校正和加入适当的已知约束条件之后，即可进行成像计算。在迭代计算一定次数之后，可根据每条射线实测走时与计算走时之相对误差值绘制误差曲线，如果某条射线相对误差绝对值较大，需要重新对其进行检查、校正或者删除掉，然后再次进行计算，提高成像精度。

2. 工程实例

武汉中岩科技股份有限公司模型桩基地，桩径 2m，桩长 13m，采用 4 根声测管。采用武汉中岩科技股份有限公司 RSM-SY8 基桩超声波 CT 成像测试仪进行 CT 成像测试。测试结果发现，桩底沉渣和桩头缺陷较大，桩身部分较多缺陷。与设计缺陷相符。分析部分成果图如图 10-14、图 10-15 所示。

图 10-14　某单个剖面测试图

图 10-15　桩基 CT 三维成像效果图

10.6 其他相关检测

10.6.1 桩底沉渣检测

混凝土灌注桩施工难度大、工艺复杂、隐蔽性强，混凝土硬化环境及成型条件复杂，容易产生桩身缺陷，对建（构）筑物的安全与耐久性产生严重威胁。灌注桩成桩质量通常存在两个方面的问题：一是属于桩身完整性，常见的缺陷有夹泥、断裂、缩径、离析等；二是属于桩底支承条件，一般是灌注混凝土前清孔不彻底，桩底沉渣（灌注桩成孔后淤积于孔底部的非原状沉淀物）厚度超过规定限值。

孔底沉渣（或称沉淀）厚度，不同的规范的规定不尽相同：

《建筑地基基础工程施工质量验收标准》GB 50202 规定，端承桩小于等于 50mm，摩擦桩小于等于 150mm。

《建筑桩基技术规范》JGJ 94 规定，端承桩小于等于 50mm，摩擦桩小于等于 100mm。

从定性上讲，沉渣可以定义为钻孔灌注桩成孔或者地下连续墙成槽后，淤积于孔（槽）底部的非原状沉淀物。从定量上准确区分沉渣和下部原状地层，目前还有一定难度。所以对于沉渣厚度的检测，实际上是利用有效的沉渣测定仪或其他检测工具，检测估算沉渣厚度。

根据现行国家标准《建筑地基基础工程施工质量验收标准》GB 50202 的规定，沉渣厚度可以采用沉渣测定仪或者重锤测量。

图 10-16 为武汉中岩科技股份有限公司生产的沉渣测试设备及探头。

10.6.2 旁孔透射波法

旁孔透射波法（Parallel Seismic Method，或称为人工地震波竖向折射法、平行地震法、平行震测法、桩外孔法）的基本原理是：在桩顶面（或与桩顶联结的建筑物）上用锤子敲击产生压缩波或剪切波，沿着桩身向下传播，遇到周围土层进行透射，同时在桩旁边事先钻好的孔内利用传感器来接收透射波信号，由此读取不同深度的波到达时间，绘制时间-深度图，由图中直线斜率发生变化的位置来判断桩的长度，也可以观察波幅消减的程度来进行辅助分析（图 10-17）。

对于既有建筑物，由于不可能在桩顶进行检测，对有可能存在缺陷的基桩或者基桩长度不明，用常规动测法不便进行检测时，旁孔透射波法便可以发挥其长处。

实例：某工程基础采用钻孔灌注桩，桩径 1000mm，桩长约 66m，混凝土强度等级为 C30。因匝道墩附近沉井施工，导致桩周土体发生滑动，该墩下部的桩距沉井最近处承台边约 40cm，在沉井工程下沉施工大约 9m，墩身出现裂缝，为确定承台下基桩是否因旁侧沉井施工受到损失开裂和出现缺陷，为确保基础工程质量，受指挥部委托，分别对本工程墩下 3 根桩进行旁孔透射波法测试，其目的是：查明被测桩的桩身完整性、缺陷的位置以及缺陷的性质。

通过对 B 匝道墩 3 根桩旁孔透射波速测试和资料处理结论如下：

图 10-16　仪器及沉渣探头　　　　图 10-17　旁孔透射波法原理示意图

图 10-18　1 号桩波形图

图 10-19　2 号桩波形图

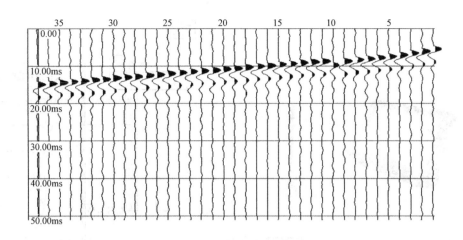

图10-20 3号桩波形图

（1）经探测墩1号桩距桩顶往下9m和14m处存在缺陷（桩身裂），如图10-18所示；墩2号桩距桩顶往下10m处存在缺陷（桩身裂），如图10-19所示，该二桩的缺陷较明显，将可能影响对桩的正常使用。

（2）墩3号桩在距桩顶往下10m处存在轻微缺陷，属该处有桩身轻微裂，如图10-20所示，对桩的正常使用无影响。

10.6.3 双速度低应变测试

常规的低应变方法一般是将加速度计安装在桩顶，当用于锤敲击桩顶时，该传感器会记录下桩顶的运动，将加速度信号积分成速度信号，依据速度信号的反射特性来判读有无缺陷、缺陷的程度及位置。因此，对于带承台（或桩帽）基桩的完整性判定，桩顶一般是嵌固在承台或桩帽里面，桩顶已不具备传感器的安装及激振条件。因此此时可采用双速度方法测试。

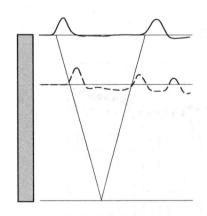

图10-21 双速度确定波速

当既有建筑下基桩桩顶与上部结构相连且桩长未知时，采用应力波反射法测试，有两个复杂因素无法回避：一是桩身平均波速未知，影响桩长的确定；二是由于传播的应力波是纵波，对于既有结构下基桩，纵波在结构交界面处或桩顶处会产生极为复杂的应力波，不仅产生下行波，而且产生上行波。这些次生的反射波必须要识别出来，避免与桩身阻抗变化或桩底引起的上行反射波混淆。

同时，对于有些波速比较难确定的，也可以通过安装两个加速度计，通过两个加速度计到达的时间差来确定桩身波速，如图10-21所示。

10.6.4 标贯试验

标贯试验是在现场测定砂或黏性土的地基承载力的一种方法。这种方法通过测量规定重量的重锤自某一特定高度自由锤击地基，贯入深度达某一值时的锤击数，以评价该处地基土的性质及承载力。通常重锤质量取 63.5±0.5kg，落距取 76±2cm。标贯试验是一种勘探与原位试验相结合的地基勘探方法，可以简便快捷地得到近似的黏性土地基承载力标准值。

标准贯入试验适用于评定砂土、粉土、黏性土天然地基及其采用换填垫层、压实、挤密、夯实、注浆加固等处理后的地基承载力、变形参数、加固效果以及砂土液化判别。也可用于砂桩和初凝状态的水泥搅拌桩、旋喷桩、灰土桩、夯实水泥桩等竖向增强体的施工质量评价。

砂土、粉土、黏性土等岩土性状可根据标准贯入试验实测锤击数平均值或标准值和修正后锤击数标准值按下列规定进行评价：

砂土的密实度可按表 10-9 分为松散、稍密、中密、密实。

砂土的密实度分类 表 10-9

$\overline{N}$（实测平均值）	密实度
$\overline{N} \leqslant 10$	松散
$10 < \overline{N} \leqslant 15$	稍密
$15 < \overline{N} \leqslant 30$	中密
$\overline{N} > 30$	密实

粉土的密实度可按表 10-10 分为松散、稍密、中密、密实。

粉土的密实度分类 表 10-10

孔隙比 e	N_k（实测标准值）	密实度
	$N_k \leqslant 5$	松散
$e > 0.9$	$5 < N_k \leqslant 10$	稍密
$0.75 \leqslant e \leqslant 0.9$	$10 < N_k \leqslant 15$	中密
$e < 0.75$	$N_k > 15$	密实

黏性土的状态可按表 10-11 分为软塑、软可塑、硬可塑、硬塑、坚硬。

黏性土的状态分类 表 10-11

I_L	N_k'（修正后标准值）	状态
$0.75 < I_L \leqslant 1$	$2 < N_k' \leqslant 4$	软塑
$0.5 < I_L \leqslant 0.75$	$4 < N_k' \leqslant 8$	软可塑
$0.25 < I_L \leqslant 0.5$	$8 < N_k' \leqslant 14$	硬可塑
$0 < I_L \leqslant 0.25$	$14 < N_k' \leqslant 25$	硬塑
$I_L \leqslant 0$	$N_k' > 25$	坚硬

初步评价地基土承载力特征值时，可按表 10-12～表 10-14 进行估算。

砂土承载力特征值 f_{ak}（kPa） 表 10-12

N'	10	20	30	50
中砂、粗砂	180	250	340	500
粉砂、细砂	140	180	250	340

粉土承载力特征值 f_{ak}(kPa) 表 10-13

N'	3	4	5	6	7	8	9	10	11	12	13	14	15
f_{ak}	105	125	145	165	185	205	225	245	265	285	305	325	345

黏性土承载力特征值 f_{ak}(kPa) 表 10-14

N'	3	5	7	9	11	13	15	17	19	21
f_{ak}	90	110	150	180	220	260	310	360	410	450

采用标准贯入试验成果评定地基土承载力和变形模量或压缩模量时，应与地基处理设计时依据的地基承载力和变形参数的确定方法一致。

地基处理效果可依据比对试验结果、地区经验和检测孔的标准贯入试验锤击数、同一土层的标准贯入试验锤击数标准值、变异系数等对下列地基做出相应的评价：

非碎石土换填垫层（粉质黏土、灰土、粉煤灰和砂垫层）的施工质量（密实度、均匀性）；

压实、挤密地基、强夯地基、注浆地基等的均匀性；有条件时，可结合处理前的相关数据评价地基处理有效深度；

消除液化的地基处理效果，应按设计要求或现行国家标准《建筑抗震设计规范》GB 50011 规定进行评价。

10.6.5 静力触探试验

静力触探是指利用压力装置将有触探头的触探杆压入试验土层，通过量测系统测土的

贯入阻力，可确定土的某些基本物理力学特性，如土的变形模量、土的容许承载力等。静力触探加压方式有机械式、液压式和人力式三种。静力触探在现场进行试验，将静力触探所得比贯入阻力（P_s）与载荷试验、土工试验有关指标进行回归分析，可以得到适用于一定地区或一定土性的经验公式，可以通过静力触探所得的计算指

图 10-22 静力触探主机和探头

标确定土的天然地基承载力。图 10-22 为武汉中岩科技股份有限公司生产的静力触探测试仪。

适用条件：静力触探主要适用于黏性土、粉土、砂土。就黄河下游各类水利工程、工业与民用建筑工程、公路桥梁工程而言，静力触探适用于地面以下 50m 内的各种土层，特别是对于地层情况变化较大的复杂场地及不易取得原状土的饱和砂土和高灵敏度的软黏土地层的勘察，更适合采用静力触探进行勘察。

工作特点：静力触探既是一种原位测试手段，也是一种勘探手段，它和常规的钻探-取样-室内试验等勘探程序相比，具有快速、精确、经济和节省人力等特点。此外，在采用桩基工程勘察中，静力触探能准确地确定桩端持力层等特征也是一般常规勘察手段所不能比拟的。

试验成果：静力触探成果应用很广，主要可归纳为以下几方面：划分土层；求取各土层工程性质指标；确定桩基参数。

1. 划分土层及土类判别

根据静力触探资料划分土层应按以下步骤进行：

（1）将静力触探探头阻力与深度曲线分段。分段的依据是根据各种阻力大小和曲线形状进行综合分段。如阻力较小、摩阻比较大、超孔隙水压力大、曲线变化小的曲线段所代表的土层多为黏土层；而阻力大、摩阻比较小、超孔隙水压力很小、曲线呈急剧变化的锯齿状则为砂土。

（2）按临界深度等概念准确判定各土层界面深度。静力触探自地表匀速贯入过程中，锥头阻力逐渐增大（硬壳层影响除外），到一定深度（临界深度）后才达到一较为恒定值，临界深度及曲线第一较为恒定值段为第一层；探头继续贯入到第二层附近时，探头阻力会受到上下土层的共同影响而发生变化，变大或变小，一般规律是位于曲线变化段的中间深度即为层面深度，第二层也有较为恒定值段，以下类推。

（3）经过上述两步骤后，再将每一层土的探头阻力等参数分别进行算术平均，其平均值可用来定土层名称，定土层（类）名称办法可依据各种经验图形进行。还可用多孔静力触探曲线求场地土层剖面。

2. 求土层的工程性质指标

用静力触探法推求土的工程性质指标比室内试验方法可靠、经济，周期短，因此很受欢迎，应用很广。可以判断土的潮湿程度及重力密度、计算饱和土重力密度 γ_{sat}、计算土的抗剪强度参数、求取地基土基本承载力 f_0、用孔压触探求饱和土层固结系数及渗透系数等。

3. 在桩基勘察中的应用

用静力触探可以确定桩端持力层及单桩承载力，这是由于静力触探机理与沉桩相似。双桥静力触探远比单桥静力触探精度高，在桩基勘察中应优先采用。

10.6.6 动力触探试验

动力触探是动力检测试验的一种，即圆锥动力触探试验，一般将圆锥动力触探试验简称为动力触探或动探。分为轻型、重型和超重型 3 种试验，3 种重锤的重量分别为 10kg、63.5kg 和 120kg。

圆锥动力触探试验应根据地质条件，按下列原则合理选择试验类型：

轻型动力触探试验适用于评价黏性土、粉土、粉砂、细砂地基及其人工地基的地基土性状、地基处理效果和地基承载力；

重型动力触探试验适用于评价黏性土、粉土、砂土、中密以下的碎石土及其人工地基以及极软岩的地基土性状、地基处理效果和地基承载力；也可用于检验砂石桩和初凝状态的水泥搅拌桩、旋喷桩、灰土桩、夯实水泥土桩、注浆加固地基的成桩质量、处理效果以及评价强夯置换效果及置换墩着底情况；

超重型动力触探试验适用于评价密实碎石土、极软岩和软岩等地基土性状和地基承载力，也可用于评价强夯置换效果及置换墩着底情况。

动力触探在勘察和工程检测中应用甚广，其主要功能有以下几方面：

图 10-23　动探分层示意图

1. 划分土层（图 10-23）

2. 确定地基土的承载力

中国建筑西南勘察院采用 120kg 重锤和直径 60mm 探杆的超重型动探，并与载荷试验的比例界限值进行统计，对比资料 52 组，得如下公式：

$$f_k = 80N_{120} \qquad (3 \leqslant N_{120} \leqslant 10)$$

中国地质大学（武汉）对黏性土也有类似经验公式：

$$f_k = 32.3N_{63.5} + 89 \qquad (2 \leqslant N_{63.5} \leqslant 16)$$

3. 求单桩容许承载力

动力触探试验对桩基的设计和施工也具有指导意义。实践证明，动力触探不易打入时，桩也不易打入。这对确定桩基持力层及沉桩的可行性具有重要意义。用标准贯入击数预估打入桩的极限承载力在国内外都是比较常用的方法。

4. 按动力触探和标准贯入击数确定粗粒土的密实度

动力触探主要用于粗粒土，用动力触探和标准贯入测定粗粒土的状态有其独特的优势。标准贯入可用于砂土，动力触探可用于砂土和碎石土。

成都地区根据动力触探击数确定碎石土密实度的规定如表 10-15 所示。

成都地区碎石土的密实度划分标准　　　　　　　　表 10-15

密实度 触探类型	松散	稍密	中密	密实
N_{120}	$N_{120} \leqslant 4$	$4 < N_{120} \leqslant 7$	$7 < N_{120} \leqslant 10$	$N_{120} > 10$
$N_{63.5}$	$N_{63.5} \leqslant 7$	$7 < N_{63.5} \leqslant 15$	$15 < N_{63.5} \leqslant 30$	$N_{63.5} > 30$

利用动力触探和标准贯入的测试成果还可以判断砂土液化可能性、确定黏性土的黏聚力 c 及内摩擦角 φ、确定地基土的变形模量、检验碎石桩的施工质量等。

总之，动探和标贯的优点很多，应用广泛。对难以取原状土样的无黏性土和用静探难以贯入的卵砾石层，动探是十分有效的勘测和检验手段。但是，影响其测试成果精度的因素很多，所测成果的离散性大。因此，它是一种较粗糙的原位测试方法。在实际应用时，应与其他测试方法配合；在整理和应用测试资料时，运用数理统计方法，效果会好一些。

10.6.7　十字板剪切法

十字板剪切试验是一种用十字板测定软黏性土抗剪强度的原位试验。将十字板头由钻孔压入孔底软土中，以均匀的速度转动，通过一定的测量系统，测得其转动时所需之力矩，直至土体破坏，从而计算出土的抗剪强度。由十字板剪力试验测得之抗剪强度代表土的天然强度。其涉及土的抗剪强度的测定，用于判断土的抗剪强度。

成果应用：

（1）饱和软黏土的抗剪强度和灵敏度。

（2）地基加固效果和强度变化规律。

（3）测定地基或边坡滑动位置。

（4）可计算地基容许承载力。

十字板剪切试验适用于饱和软黏性土天然地基及其人工地基的不排水抗剪强度和灵敏度试验，十字板剪切仪如图 10-24 所示。

十字板剪切试验深度宜按工程要求确定。试验深度对原状土地基应达到应力主要影响深度，对处理土地基应达到地基处理深度；试验点竖向间距可根据地层均匀情况确定。

图 10-24　十字板剪切仪示意图

测定场地土的灵敏度时，宜根据土层情况和工程需要选择有代表性的孔、段进行。

10.6.8　多道瞬态面波法

多道瞬态面波试验适用于天然地基及换填、预压、压实、夯实、挤密、注浆等方法处理的人工地基的波速测试。通过测试获得地基的瑞利波速度和反演剪切波速，评价地基均匀性，判定砂土地基液化，提供动弹性模量等动力参数。

多道瞬态面波试验宜与钻探、动力触探等测试方法密切配合，正确使用。

采用多道瞬态面波试验确定地基承载力和变形参数时，应结合单位工程地质资料和载荷试验比对结果进行。

当采用多种方法进行场地综合判断时，宜先进行瑞利波试验，再根据其试验结果有针对性地布置载荷试验、动力触探等测点进行点测。

现场测试前应制定满足测试目的和精度要求的测试方案，以及拟采用的采集参数、激振方式、测点和测线布置图及数据处理方法等。测试应避开各种干扰震源，先进行场地及其邻近的干扰震源调查。

图 10-25　面波仪示意图

图 10-26　面波现场测试图

工程实例：某工程施工勘测采用工程物探技术勘测手段，查明沿线部分测点的地层变化情况，解决勘探点上部覆盖层厚度、基岩全风化和中等风化分界面的问题。

根据任务要求，在野外通过采用武汉中岩科技股份有限公司 SR-SWS 面波仪

（图 10-25）进行试验，现场测试示意图如图 10-31 所示。确定了本次面波探测具体的观测系统参数为：

检波器：4.5Hz 低频检波器；道间距：2m；偏移距：10m；排列长度：52m；炮间距：2m；激发方式：20 磅大锤敲击铁板（6 次以上垂直叠加）；采样间隔：0.125ms；采样长度：1024 样点/道；记录道数：24 道。

工程勘察结果如图 10-27～图 10-30 及表 10-16 所示。

图 10-27 S2 测线中心点面波频散曲线

图 10-28 S4 测线中心点面波频散曲线

图 10-29 S6 测线中心点面波频散曲线图

图 10-30 S8 测线中心点面波频散曲线

勘探点物探资料解释表　　　　　　　　　　　　　　　表 10-16

勘探点 岩性分层	S2	S4	S6	S8
第一层	0 ~ 4.55m，粉质黏土	0 ~ 2.30m，粉质黏土	0 ~ 3.60m，粉质黏土	0 ~ 3.30m，粉质黏土
第二层	4.55~8.44m，粉土	2.30~6.15m，较软的岩石或密实的碎石土	3.60~6.40m，较软的岩石或密实的碎石土	3.30~6.31m，较软的岩石或密实的碎石土
第三层	8.44~17.62m，岩石层	6.15~12.98m，岩石层（可能存在破碎）	6.40~11.89m，岩石层（可能存在破碎）	6.31~12.98m，岩石层

10.6.9　扁铲试验

扁铲侧胀试验是利用静力或锤击动力将一扁平铲形测头贯入土中，达到预定深度后，利用气压使扁铲测头上的钢膜片向外膨胀，分别测得膜片中心向外膨胀不同距离（分别为 0.05mm 和 1.10mm 这两个特定值）时的气压值，进而获得地基土参数的一种原位测试方法。

扁铲侧胀仪器主要包含扁铲测头、测控箱、气压源和贯入设备四个部分，试验示意图如图 10-31 所示，仪器示意图如图 10-32 所示。

（1）扁铲测头和弹性钢膜

扁铲测头的外观尺寸为 95mm 宽，15mm 厚，扁铲测头具有楔形底端，用以贯穿土层，楔形底端的顶角介于 24°~32°。测头下端逐渐变薄的区段长 50mm。圆形钢薄膜直径为 60mm，正常厚度为 0.2mm（在可能剪坏测头的土层中，常使用 0.25mm 厚的钢膜），薄膜固定在扁铲测头一个侧面上。

图 10-31　扁铲侧胀试验示意图

图 10-32　扁铲侧胀仪

（2）测控箱

测控箱一般包括两个压力计、与压力源的连接口、与气电管路的连接口、接地电缆接口、检流计和蜂鸣器（由扁铲测头电路的闭合决定是否发出响声，这样，蜂鸣器可以有效地提示电路的闭合与否，促使操作者可以确定 A、B、C 读数的时机），另外还有排气阀，能够顺利排泄气体。

（3）气压源

扁铲侧胀试验用高压钢瓶的高压气作为气压源，气体必须是干燥的空气或氮气。一只充气 15MPa 的 10L 气瓶，在中密度土中做 25m 长管路的试验，一般可进行约 1000 个测点，约 200m。耗气量随土质密度和管路增长而增加。因此，在试验前，应先检查气量是否充足，以免在试验中途更换气源。

（4）贯入设备

贯入设备是将扁铲测头贯入预定土层的机具。通常采用的有静力触探机具、标准贯入试验锤击机具和液压钻机机具等。

在一般土层中，通常采用静力触探机具，而在较坚硬的黏性土或较密实的砂土层，可以采用标贯机具来替代。锤击法会影响试验精度，CPT 设备较为理想，应优先选用。

试验中的贯入阻力是很有用的数值，可用以确定如砂土摩擦角等土工参数。若采用 CPT 机具贯入时，贯入速率应控制在 20cm/min。

扁铲侧胀试验测试要求和应用范围如下：

扁铲侧胀试验适用于推测黏性土、粉土和松散～中密的砂土、预压地基和注浆加固地基的承载力和变形参数，评价液化特性和地基加固前后效果对比。在密实的砂土、杂填土和含砾土层中不宜采用。

对处理地基土质量进行验收检测时，单位工程检测数量不应少于 10 点，检测同一土层的试验有效数据不应少于 6 个。

采用扁铲侧胀试验确定地基承载力和变形参数，应结合单位工程载荷试验比对结果进行。

天然地基和人工地基的地基承载力及进行液化判别可根据扁铲侧胀的试验指标和载荷试验的对比试验或地区经验进行评价。

扁铲侧胀试验应给出每个试验孔（点）主要土层的检测和评价结果。

根据扁铲侧胀试验指标和地区经验，可以判别土类，确定黏性土的状态、静止侧压力系数、水平基床系数等。

具体成果可应用于浅基础的沉降分析；在超固结黏土中确定滑动面；压实度控制；计算滑坡后部水平应力松弛；侧向受荷桩的设计；地下连续墙的设计；FEM 有限元分析参数取值；砂土液化势评估；抗震设计（欧洲标准）。

附录 桩基检测常用词中英文对照

1. geotechnical engineering 岩土工程
2. foundation engineering 基础工程
3. soil，earth 土
4. soil mechanics 土力学
5. foundation pile 基桩
6. pile foundation 桩基础
   1）cast-in-place 灌注桩
   - diving casting cast-in-place pile 沉管灌注桩
   - bored pile 钻孔桩
   - special-shaped cast-in-place pile 机控异型灌注桩
   - piles set into rock 嵌岩灌注桩
   - rammed bulb pile 夯扩桩
   2）belled pier foundation 钻孔墩基础
   - drilled-pier foundation 钻孔扩底墩
   - under-reamed bored pier
   3）precast concrete pile 预制混凝土桩
   4）steel pile 钢桩
   - steel pipe pile 钢管桩
   - steel sheet pile 钢板桩
   5）prestressed concrete pile 预应力混凝土桩
       prestressed concrete pipe pile 预应力混凝土管桩
7. sand-gravel pile 砂石桩
8. silent piling 静力压桩
9. uplift pile 抗拔桩
10. anti-slide pile 抗滑桩
11. pile driving（by vibration）（振动）打桩
12. pile rig 打桩机
13. caisson foundation 沉井（箱）
14. diaphragm wall 地下连续墙 截水墙
15. shaft 竖井；桩身
16. pile caps 承台（桩帽）
17. pile head＝butt 桩头
18. pile tip＝pile point＝pile toe 桩端（头）

417

19. pile shoe　桩靴

20. pile cushion　桩垫

21. friction pile　摩擦桩

22. end-bearing pile　端承桩

23. pileend bearing＝pile tip resistance　桩端阻

24. pileskin（side）friction＝pile shaft resistance　桩侧阻

25. bearing capacity of single pile　单桩承载力

26. ultimate lateral resistance of single pile　单桩横向极限承载力

27. vertical allowable load capacity　单桩竖向容许承载力

28. vertical ultimate uplift resistance of single pile　单桩抗拔极限承载力

29. low pile cap　低桩承台

30. high-rise pile cap　高桩承台

31. pile groups　群桩

32. efficiency of pile groups　群桩效应

33. pile group action　群桩作用

34. final set　最后贯入度

35. pile spacing　桩距

36. pile plan　桩位布置图

37. arrangement of piles＝pile layout　桩的布置

38. pile pulling test　拔桩试验

39. lateral pile load test　单桩横向载荷试验

40. static loading test　静载试验

41. cyclic loading　周期荷载

42. unloading　卸载

43. reloading　再加载

44. core drilling method　钻芯法

45. dynamic load test of pile　桩动荷载试验

46. dynamic pile testing　桩基动测

47. low strain integrity testing　低应变法

48. pile integrity test　桩的完整性试验

49. non-destructive testing　无损检测

50. stress wave principles　应力波原理

51. wave Propagation Velocity　波的传播速率

52. longitudinal wave　纵波

53. impedance　波阻抗

54. accelerometer　加速度计

55. impact-Echo test method/Sonic Echo Method　敲击回波法

56. hand-held hammer　手持锤

57. impact force　敲击力

58. pile defects　桩身缺陷

59. necking　缩径

60. bulging　扩颈

61. high strain dynamic testing　高应变法

62. wave equation analysis　波动方程分析

63. crosshole sonic logging　声波透射法

64. groundwater level /table　地下水位

65. landslides　滑坡

66. bore hole columnar section　钻孔柱状图

67. engineering geologic investigation　工程地质勘察

68. boulder　漂石

69. cobble　卵石

70. gravel　砂石

71. gravelly sand　砾砂

72. coarse sand　粗砂

73. medium sand　中砂

74. fine sand　细砂

75. siltysand　粉土

76. clayey soil　黏性土

77. clay　黏土

78. silty clay　粉质黏土

79. silt　粉土

80. sandy silt　砂质粉土

81. clayey silt　粘质粉土

82. saturated soil　饱和土

83. unsaturated soil　非饱和土

84. fill（soil）　填土

85. over consolidated soil　超固结土

86. normally consolidated soil　正常固结土

87. under consolidated soil　欠固结土

88. zonal soil　区域性土

89. soft clay　软黏土

90. expansive（swelling）soil　膨胀土

91. peat　泥炭

92. loess　黄土

93. frozen soil　冻土

参 考 文 献

[1] 刘明贵，佘诗刚，汪大国，等. 桩基检测技术指南 [M]. 北京：科学出版社，1995.

[2] 刘明贵，蔡忠理，佘诗刚. 桩基检测技术指南 [M]. 武汉：湖北科学技术出版社，1995.

[3] 陈凡，徐天平，陈久照等. 基桩质量检测技术 [M]. 北京：中国建筑工业出版社，2003.

[4] 史佩栋. 实用桩基工程手册 [M]. 北京：中国建筑工业出版社，1995.

[5] 刘金砺. 桩基工程技术 [M]. 北京：中国建材工业出版社，1996.

[6] 刘兴录. 桩基工程与动测技术 200 问 [M]. 北京：中国建筑工业出版社，2000.

[7] 罗骐先. 桩基工程检测手册 [M]. 北京：人民交通出版社，2003.

[8] 刘金砺. 桩基础设计与计算 [M]. 北京：中国建筑工业出版社，1990.

[9] 中华人民共和国行业标准. 建筑基桩检测技术规范（JGJ 106—2003）[S]. 北京：中国建筑工业出版社，2003.

[10] 中华人民共和国行业标准. 建筑基桩检测技术规范（JGJ 106—2014）[S]. 北京：中国建筑工业出版社，2014.

[11] 中华人民共和国行业标准. 建筑地基检测技术规范（JGJ 340—2015）[S]. 北京：中国建筑工业出版社，2015.

[12] 中华人民共和国国家标准. 建筑地基基础工程施工质量验收规范（GB 50202—2002）[S]. 北京：中国建筑工业出版社，2002.

[13] 中华人民共和国行业标准. 建筑地基处理技术规范（JGJ 79—2002）[S]. 北京：中国建筑工业出版社，2002.

[14] 中华人民共和国国家标准. 建筑基地基础设计规范（GB 50007—2002）[S]. 北京：中国建筑工业出版社，2002.

[15] 中华人民共和国国家标准. 岩土工程勘察规范（GB 50021—2001）[S]. 北京：中国建筑工业出版社，2002.

[16] 中华人民共和国行业标准. 建筑桩基技术规范（JGJ 94—2008）[S]. 北京：中国建筑工业出版社，2008.

[17] 周镜，刘金砺，等. "桩基工程手册" 编写委员会. 桩基工程手册 [M]. 北京：中国建筑工业出版社，1995.

[18] 中华人民共和国国家标准. 建筑工程施工质量验收统一标准（GB 50300—2001）[S]. 北京：中国建筑工业出版社，2001.

[19] 中华人民共和国国家标准. 岩土工程勘察规范（GB 50021—2001）[S]. 北京：中国建筑工业出版社，2002.

[20] 中华人民共和国行业推荐性标准. 公路工程基桩动测技术规程（JGJ/T F81-01—2004）[S]. 北京：人民交通出版社，2017.

[21] 中华人民共和国行业标准. 铁路工程基桩检测技术规程（TB 10218—2008）[S]. 北京：中国铁道出版社，2008.

[22] 王礼立. 应力波基础 [M]. 北京：国防工业出版社，1985.

[23] 中华人民共和国建筑工业行业标准. 基桩动测仪（JG/T 3055—1999）[S]. 北京：中国标准出版社，1999.

[24] 徐攸在. 桩的动测新技术（第二版）[M]. 北京：中国建筑工业出版社，2002.

[25] 中国工程建设标准化协会标准. 超声法检测混凝土缺陷技术规程（CECS 21：2000）[S]. 北

京：中国计划出版社，2000.

[26] 广东省建设工程质量安全监督检测总站. 工程桩质量检测技术培训教材［M］. 北京：中国建筑工业出版社，2009.

[27] 中国科学院武汉岩土力学研究所，武汉中岩科技股份有限公司. 基桩动测实用技术指南［G］. 2006.

[28] 刘屠梅，赵竹占，吴慧明. 基桩检测技术与实例［M］. 北京：中国建筑工业出版社，2006.

[29] 周东泉. 基桩检测技术［M］. 北京：中国建筑工业出版社，2010.

[30] 陈建荣，高飞，郑小勇. 建设工程基桩检测技术问答［M］. 上海：上海科学技术出版社，2011.

[31] 陈建荣，高飞. 现代桩基工程试验与检测——新技术、新方法、新设备［M］. 上海：上海科学技术出版社，2011.

[32] 陈凡，徐天平，陈久照，等. 基桩质量检测技术（第二版）［M］. 北京：中国建筑工业出版社，2014.